Safon Uwch Daearyddiaeth
Meistroli'r Testun

SYSTEMAU BYD-EANG

Golygydd
y Gyfres:
Simon Oakes

Simon Oakes

HODDER
EDUCATION
AN HACHETTE UK COMPANY

Safon Uwch Daearyddiaeth Meistroli'r Testun Systemau Byd-eang

Addasiad Cymraeg o *A-Level Geography Topic Master Global Systems* a gyhoeddwyd yn 2019 gan Hodder Education

Ariennir yn Rhannol gan
Lywodraeth Cymru
Part Funded by
Welsh Government

Cyhoeddwyd dan nawdd Cynllun Adnoddau Addysgu a Dysgu CBAC

Mae rhestr o Gydnabyddiaeth a Chydnabyddiaeth Ffotograffau ar dudalen 218

Gwnaed pob ymdrech i gysylltu â'r holl ddeiliaid hawlfraint, ond os oes unrhyw rai wedi'u hesgeuluso'n anfwriadol, bydd y cyhoeddwyr yn falch o wneud y trefniadau angenrheidiol ar y cyfle cyntaf.

Er y gwnaed pob ymdrech i sicrhau bod cyfeiriadau gwefannau yn gywir adeg mynd i'r wasg, nid yw Hodder Education yn gyfrifol am gynnwys unrhyw wefan y cyfeirir ati yn y llyfr hwn. Weithiau mae'n bosibl dod o hyd i dudalen we a adleolwyd trwy deipio cyfeiriad tudalen gartref gwefan yn ffenestr LlAU (*URL*) eich porwr.

Polisi Hachette UK yw defnyddio papurau sy'n gynhyrchion naturiol, adnewyddadwy ac ailgylchadwy o goed a dyfwyd mewn coedwigoedd cynaliadwy. Disgwylir i'r prosesau torri coed a gweithgynhyrchu gydymffurfio â rheoliadau amgylcheddol y wlad y mae'r cynnyrch yn tarddu ohoni.

Archebion

Hachette UK Distribution, Hely Hutchinson Centre, Milton Road, Didcot, Oxfordshire, OX11 7HH

ffôn: (44) 01235 827827

e-bost: education@hachette.co.uk

ISBN 978 1 3983 6942 9

© Simon Oakes, 2019 (Yr argraffiad Saesneg)

Cyhoeddwyd gyntaf yn 2019 gan

Hodder Education,
an Hachette UK Company,
Carmelite House,
50 Victoria Embankment
London EC4Y 0DZ
www.hoddereducation.co.uk

© CBAC 2022 (Yr argraffiad Cymraeg hwn ar gyfer CBAC)

Llun y clawr © Paul White – Transparent Infrastructures / Alamy Stock Photo

Darluniau gan Aptara Inc.

Teiposodwyd yn India gan Aptara Inc.

Wedi'i argraffu a'i rwymo gan CPI Group (UK) Ltd, Croydon CR0 4YY

Mae cofnod catalog y teitl hwn ar gael gan y Llyfrgell Brydeinig.

Cynnwys

Cyflwyniad

Mae adolygiad y llyfr hwn o systemau byd-eang cyfoes yn dangos bod *daearyddiaeth wirioneddol yn bwysig*. Meddyliwch am ddigwyddiadau diweddar fel: Refferendwm Brexit 2016; y gystadleuaeth fasnach rhwng UDA, China a phwerau eraill; newid hinsawdd; ac ailffurfio'r ffordd rydyn ni'n byw gyda thechnolegau newydd a grëwyd gan Google a chorfforaethau trawswladol (neu amlwladol) pwerus eraill. Mae'r cysyniadau daearyddol sydd wedi'u cynnwys yn y llyfr hwn nawr yn diffinio syniadau gwleidyddol ein hoes. Maen nhw'n cynnwys globaleiddio a'i gydberthnasau grym (Penodau 1 a 2), manteision ac anfanteision rhyngddibyniaeth fyd-eang (Pennod 3), anghydraddoldeb byd-eang (Pennod 4) a'r anghyfiawnderau dilynol y mae cymunedau lleol yn eu dioddef (Pennod 5). Mae Pennod 6 yn archwilio'r berthynas rhwng y materion hyn ac ymchwydd diweddar mewn gwrthwynebiad poblogaidd yn erbyn systemau byd-eang.

Cyfres Meistroli'r Testun Safon Uwch Daearyddiaeth

Nod y llyfrau yn y gyfres hon yw cynorthwyo dysgwyr sy'n ceisio cyrraedd y graddau uchaf. Er mwyn cyflawni hynny, mae angen i fyfyrwyr wneud mwy na dysgu ar gof. Traean yn unig o'r marciau sydd ar gael yn yr arholiad Safon Uwch Daearyddiaeth sy'n cael ei roi am gofio gwybodaeth (*Amcan Asesu 1*, neu *AA1*). Mae cyfran uwch o farciau'n cael eu cadw ar gyfer tasgau gwybyddol mwy heriol, gan gynnwys **dadansoddi, dehongli** a **gwerthuso** gwybodaeth a syniadau daearyddol (*Amcan Asesu 2*, neu *AA2*). Mae'r deunydd yn y llyfr hwn yn annog darllen gweithredol a meddwl yn feirniadol. Y nod cyffredinol yw eich helpu i ddatblygu'r 'galluoedd daearyddol' dadansoddol ac arfarnol sydd eu hangen arnoch i lwyddo mewn arholiad. Mae cyfleoedd i ymarfer a datblygu **sgiliau trin data** wedi'u cynnwys drwy'r testun cyfan hefyd (sy'n cefnogi *Amcan Asesu 3*, neu *AA3*).

Mae pob llyfr *Meistroli'r Testun Daearyddiaeth* yn annog myfyrwyr i 'feddwl yn ddaearyddol' drwy'r amser. Yn ymarferol, mae hyn yn gallu golygu dysgu sut i integreiddio **cysyniadau daearyddol** – gan gynnwys globaleiddio, achosiaeth, lle, graddfa, hunaniaeth, anghydraddoldeb, rhyngddibyniaeth, adborth a risg – yn y ffordd rydyn ni'n meddwl, yn dadlau ac yn ysgrifennu. Mae'r llyfrau hefyd yn manteisio ar bob cyfle i gyfeirio at dudalennau er mwyn sefydlu **cysylltiadau synoptig** (sef gwneud cysylltiadau 'pontio' rhwng themâu a thestunau). Yn ogystal, mae cysylltiadau wedi'u pwysleisio rhwng *Systemau byd-eang* a thestunau Daearyddiaeth eraill, fel *Lleoedd newidiol* neu *Cylchredau dŵr a charbon*.

Defnyddio'r llyfr hwn

Gellir darllen y llyfr hwn o glawr i glawr gan fod dilyniant rhesymegol rhwng y penodau. Ar y llaw arall, mae'n bosibl darllen pennod yn annibynnol yn ôl yr angen. Mae'r un nodweddion yn cael eu defnyddio ym mhob pennod:

- Mae *Amcanion* yn sefydlu'r prif bwyntiau (ac adrannau) ym mhob pennod.
- Mae *Cysyniadau allweddol* yn syniadau pwysig sy'n ymwneud naill ai â disgyblaeth Daearyddiaeth yn ei chyfanrwydd neu ag astudio systemau byd-eang yn fwy penodol.
- Mae *Astudiaethau achos cyfoes* yn cymhwyso syniadau, damcaniaethau a chysyniadau daearyddol i gyd-destunau yn y byd go iawn.
- Mae nodweddion *Dadansoddi a dehongli* yn eich helpu i ddatblygu'r sgiliau daearyddol sydd eu hangen er mwyn cymhwyso gwybodaeth a dealltwriaeth (AA2) a thrin data (AA3).
- Mae *Gwerthuso'r mater* yn cau pob pennod drwy drafod mater allweddol yn ymwneud â systemau byd-eang (gyda safbwyntiau croes).
- Hefyd, ar ddiwedd pob pennod, mae *Crynodeb o'r bennod, Cwestiynau adolygu, Gweithgareddau trafod, Ffocws y gwaith maes* (i gefnogi'r ymchwiliad annibynnol) a *Darllen pellach* dethol.

Systemau byd-eang a globaleiddio

Mae newid mawr yng nghymhlethdod y systemau byd-eang wedi digwydd yn ystod y degawdau diwethaf. Mae pobl, lleoedd ac amgylcheddau llawer yn fwy rhyng-gysylltiedig a rhyngddibynnol nawr nag oedden nhw'n arfer bod. Mae'r bennod hon:

- yn dadansoddi'r cysyniadau cysylltiedig: systemau byd-eang a globaleiddio
- yn ymchwilio i sut mae technoleg cyfathrebu a thrafnidiaeth yn helpu i achosi'r llifoedd masnach, mudo, arian a gwybodaeth sy'n cysylltu lleoedd â'i gilydd
- yn archwilio pwysigrwydd masnach a chorfforaethau trawswladol (TNCs) ar gyfer twf systemau byd-eang
- yn trafod y rhyngberthnasoedd rhwng technoleg, corfforaethau trawswladol a globaleiddio.

CYSYNIADAU ALLWEDDOL

Systemau (neu rwydweithiau) byd-eang Y strwythurau economaidd, cymdeithasol a gwleidyddol ar raddfa fyd-eang sy'n cael eu creu pan fydd pobl yn rhyngweithio â'i gilydd ar draws ffiniau cenedlaethol ar raddfeydd bydol a phlanedol. Mae llifoedd arian, pobl, nwyddau, gwasanaethau a syniadau yn cysylltu pobl, lleoedd ac amgylcheddau â'i gilydd.

Rhyngddibyniaeth Cysylltiadau rhwng pobl a/neu bethau sydd ddim yn ddynol lle mae'r naill a'r llall yn dibynnu ar ei gilydd. Er enghraifft, mae gwladwriaethau'n gallu mynd yn ddibynnol ar eu hadnoddau dynol a ffisegol ei gilydd o ganlyniad i lifoedd masnach a mudo.

Cywasgiad amser–gofod Mae mwy o gysylltedd yn newid ein canfyddiad o amser, pellter a rhwystrau posibl i symudiad pobl, nwyddau, arian a gwybodaeth. Wrth i amseroedd teithio a chyfathrebu leihau o ganlyniad i ddyfeisiadau newydd, mae lleoedd gwahanol yn dod yn agosach at ei gilydd mewn 'gofod-amser': maen nhw'n teimlo'n agosach at ei gilydd nag oedden nhw yn y gorffennol. Mae'r syniad hwn yn ganolog i waith y daearyddwr David Harvey.

Achosiaeth Y berthynas rhwng achos ac effaith. Mae gan bopeth achos neu achosion. Er enghraifft, mae mudo yn cael ei sbarduno gan ffactorau tynnu a gwthio, ynghyd â'r dechnoleg sy'n hwyluso symudiad.

Systemau, llifoedd a phrosesau byd-eang

▶ *Sut mae lleoedd lleol wedi'u cysylltu â'i gilydd gan wahanol systemau a llifoedd byd-eang?*

Damcaniaeth systemau byd-eang

Mae daearyddwyr dynol yn defnyddio'r syniad o systemau byd-eang i ddeall sut mae gweithgareddau dynol yn gweithredu ar raddfa fyd-eang. Mewn daearyddiaeth ffisegol, mae'r ddamcaniaeth systemau yn cael ei defnyddio'n eang, er enghraifft wrth astudio tirweddau, ecosystemau neu feteoroleg.

Cysyniad y systemau ffisegol yw strwythurau agored neu gaeedig sydd â gwahanol rannau wedi eu cysylltu â'i gilydd gan lifoedd o egni a mater.

Gallech chi ddefnyddio dull tebyg mewn daearyddiaeth ddynol. Ar raddfa leol, gallwn ni feddwl am aneddiadau neu glystyrau penodol o ddiwydiannau fel systemau sydd â mewnbynnau ac allbynnau o ddeunyddiau, gwybodaeth, cynhyrchion a phobl. Mae astudiaethau o weithgareddau dynol ar raddfa'r blaned gyfan wedi eu seilio ar bedair prif egwyddor:

1   Mae holl bobl, diwydiannau ac economïau cenedlaethol y byd yn rhannau o un strwythur unedig, cymhleth a rhyng-gysylltiedig unigol. Mae'n debyg bod hyd yn oed y ffermwyr yn ardaloedd gwledig mwyaf anghysbell y byd wedi eu cysylltu â phobl a lleoedd sy'n bell i ffwrdd mewn rhyw ffordd, p'un a yw hynny drwy werthu'r cnydau sydd ganddyn nhw dros ben, drwy dderbyn cymorth rhyngwladol neu drwy negeseuon testun rhwng aelodau o'r teulu sydd wedi mudo i ddinasoedd neu wledydd eraill.

2   Gallwn ni feddwl am y cysylltiadau sy'n cysylltu pobl a lleoedd â'i gilydd fel 'llifoedd'. Yn yr un ffordd ag y mae systemau ffisegol yn cael eu gyrru gan lifoedd o egni a mater, mae systemau dynol yn dibynnu ar lifoedd o arian, pobl, syniadau a nwyddau (hynny yw, mae'r gwahanol lifoedd hyn fel y 'gwaed' sy'n cylchdroi ac sy'n helpu i faethu'r 'corff' o systemau byd-eang). Weithiau mae'r llifoedd hyn yn cadw'r cydbwysedd a'r sefydlogrwydd ar gyfer cymdeithasau gwahanol; ar adegau eraill, gallan nhw weithredu mewn ffyrdd sy'n amharu ar gydbwysedd a dod â newid negyddol. Wrth i syniadau a thechnolegau newydd lifo o un lle i'r llall a chael eu mabwysiadu gan gymdeithasau gwahanol, gallan nhw newid y ffordd y mae pobl yn byw ac yn meddwl yn llwyr ar raddfa fyd-eang. Yn y byd tra-chysylltiedig sydd ohoni heddiw, mae'r cysylltiadau arian, gwybodaeth a defnyddiau sy'n cysylltu busnesau â'i gilydd, yn aml yn ymestyn ar draws cyfandiroedd fel rhan o un system economaidd fyd-eang.

3   Mae'r holl lifoedd byd-eang – a'r cyfranogwyr y maen nhw'n eu cysylltu â'i gilydd – wedi'u gwreiddio mewn fframwaith gwleidyddol a chyfreithiol eang o reolau a chonfensiynau. Dros gyfnod o amser, mae consensws wedi ffurfio sydd bron yn fyd-eang ac sy'n ystyried bod pethau fel masnach rydd a hawliau eiddo yn normau byd-eang. Mae gweithgareddau economaidd lleol sy'n cynhyrchu nwyddau a gwasanaethau, yn rhan o'r strwythur gwleidyddol-economaidd mwy yma. Ochr yn ochr â'r fframwaith hwn, mae yna normau a chonfensiynau cymdeithasol sy'n cael eu derbyn yn eang (er nad yn llwyr) sy'n helpu i reoleiddio gweithgareddau dynol ar raddfa leol a byd-eang. Enghraifft dda o hyn yw gwaith y Cenhedloedd Unedig sy'n hyrwyddo ac yn amddiffyn yr egwyddor gyffredinol o hawliau dynol.

4   Mae cymhlethdod y systemau byd-eang wedi cryfhau'r rhyng-gysylltedd rhwng pobl mewn ffyrdd sydd wedi arwain, yn eu tro, at lawer mwy o ryngddibyniaeth. Mae hyn yn golygu bod pobl, lleoedd, busnesau a gwledydd wedi dod yn ddibynnol ar ei gilydd ar gyfer eu lles ac er mwyn parhau i ffynnu: ychydig iawn o gymdeithasau heddiw allai gael eu disgrifio fel rhai cwbl hunangynhaliol. Perthnasoedd rhyngddibynnol

TERMAU ALLWEDDOL

Tra-chysylltiedig Cyflwr sy'n bodoli pan mae'r cysylltiadau o fewn system wedi cynyddu cymaint, nes bod y cysyllteddau rhwng elfennau'r system (pobl a lleoedd) wedi mynd yn niferus a dwys.

Normau byd-eang Y safonau ymddygiad derbyniol sydd yr un peth ar gyfer holl lywodraethau gwladwriaethau sofran y byd. Mae'r diffiniad hwn o normau byd-eang yn cynnwys bron unrhyw faes gwneud rheolau cenedlaethol, gan amrywio o faterion diogelu'r amgylchedd a bywyd gwyllt, i faterion economaidd a diwylliannol (fel trethi mewnforio neu gydraddoldeb i leiafrifoedd).

yw ffocws Pennod 3. Mae rhyngddibyniaeth ddofn llawer yn fwy cyffredin heddiw na rhyngddibyniaeth wan.

Mae twf y systemau byd-eang dros amser wedi gweddnewid bywyd economaidd lleoedd lleol ac mae hyn, yn ei dro, yn creu gweddnewidiadau cymdeithasol a diwylliannol. Mae'r prosesau hyn o newid, gyda'i gilydd yn cael eu galw'n globaleiddio. Mae Ffigur 1.1 yn dangos sut mae cysyniadau globaleiddio a systemau byd-eang yn perthyn i'w gilydd.

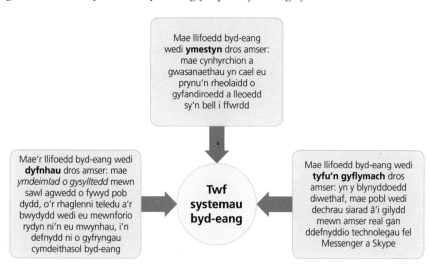

◄ **Ffigur 1.1** Gallwn ni feddwl am globaleiddio fel cyfres o newidiadau wedi'u cysylltu *sy'n arwain at dwf cyflymach systemau byd-eang*: yn ystod y degawdau diwethaf, mae cysylltiadau a llifoedd rhwng lleoedd, pobl ac amgylcheddau wedi (i) ymestyn, (ii) dyfnhau a (iii) tyfu'n gyflymach, a hynny'n sylweddol. Mae hyn yn golygu bod y gyd-ddibyniaeth rhwng lleoedd wedi tyfu o ran maint, cwmpas ac agosatrwydd

Globaleiddio: syniad dadleuol

Fel roedd yr adran uchod yn ei ddangos, mae'r term ymbarél 'globaleiddio' yn disgrifio nifer o brosesau o newid sydd wedi achosi i leoedd a phobl fod yn fwy rhyng-gysylltiedig â'i gilydd nag oedden nhw'n arfer bod. Yn debyg i'r cysyniad o 'ddatblygiad' (gweler Pennod 4), mae globaleiddio yn syniad mor ehangol nes bod pobl ym mhob man wedi dechrau dadlau yn aml am ystyr a gwerth y term – mae wedi dod yn derm dadleuol. Mae dadleuon pwysig yn bodoli ynglŷn â (i) cywirdeb hanesyddol rhai o'r hanesion am globaleiddio, (ii) y ffordd orau o ddiffinio globaleiddio, a (iii) a ddylid ystyried globaleiddio'n rhywbeth cadarnhaol neu'n rhywbeth negyddol.

Safbwyntiau gwahanol ynglŷn â hanes a globaleiddio

Pryd dechreuodd globaleiddio? Mae barn pobl yn amrywio ynglŷn ag a yw'n ffenomen gwbl newydd ai peidio. Yn sicr, mae system fyd-eang wedi bod yn tyfu ers milenia, ac mae gan y globaleiddio modern wreiddiau hanesyddol dwfn. Mae globaleiddio heddiw yn barhad o broject economaidd a gwleidyddol llawer hŷn a pharhaus, o fasnach fyd-eang ac adeiladu ymerodraethau. Dydy rhyngddibyniaeth ddim yn syniad newydd chwaith. Ers cyfnod gwareiddiadau mawr cyntaf y byd – fel yr hen Aifft, Babylon a Rhufain – mae llifoedd o bobl, nwyddau a syniadau wedi gweithredu'n fyd-eang (gweler Ffigur 1.2). Yn fwy diweddar, yn ystod y bedwaredd ganrif ar bymtheg, rhoddodd yr Ymerodraeth Brydeinig gylch dylanwad byd-eang i bobl y DU ac i'r iaith Saesneg.

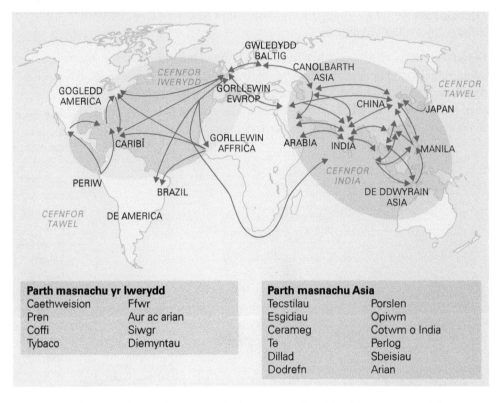

Parth masnachu yr Iwerydd

Caethweision	Ffwr
Pren	Aur ac arian
Coffi	Siwgr
Tybaco	Diemyntau

Parth masnachu Asia

Tecstilau	Porslen
Esgidiau	Opiwm
Cerameg	Cotwm o India
Te	Perlog
Dillad	Sbeisiau
Dodrefn	Arian

▲ **Ffigur 1.2** Parthau masnachu byd-eang o flynyddoedd cynnar yr unfed ganrif ar bymtheg hyd at y ddeunawfed ganrif: sut mae'r systemau byd-eang hyn yn wahanol i rai heddiw?

 TERMAU ALLWEDDOL

Trefedigaethedd Grym sofran yn sefydlu ac yn cynnal rheolaeth dros wlad israddol. Er enghraifft, erbyn diwedd y bedwaredd ganrif ar bymtheg roedd chwarter y byd a'i bobl o dan reolaeth uniongyrchol yr Ymerodraeth Brydeinig.

Dadreoleiddio Y broses o ostwng neu gael gwared â rheolau a gwaharddiadau y mae'r llywodraeth yn eu gorfodi ar ddiwydiannau penodol (fel gwasanaethau ariannol).

Does dim byd sylfaenol newydd felly mewn twf systemau byd-eang sydd o ganlyniad i unigolion, cenhedloedd a busnesau cryf yn defnyddio grym a dylanwad byd-eang. Yn y gorffennol, crëwyd cysylltiadau byd-eang drwy fasnach, trefedigaethu a chydweithredu rhwng llywodraethau. Er enghraifft, pan ddaeth y Rhyfel Byd Cyntaf i ben yn 1918, cafodd Cynghrair y Cenhedloedd ei ffurfio, sef rhagflaenydd y Cenhedloedd Unedig sydd gennym heddiw.

Ond, mae globaleiddio modern yn gwahaniaethu'n amlwg mewn llawer o ffyrdd oddi wrth y camau cynharach hyn yn natblygiad y byd. Yn arbennig, mae maint a nifer y llifoedd o arian, deunyddiau, syniadau, gwybodaeth a phobl wedi newid yn llwyr, fel y mae Ffigur 1.2 yn ei ddangos. Un casgliad synhwyrol fyddai bod globaleiddio yr oes fodern yn wahanol i'r hyn a ddigwyddodd ynghynt oherwydd *newid mawr mewn cysylltedd* a ddigwyddodd yn ystod degawdau hwyrach yr ugeinfed ganrif. Dyma pryd dechreuodd y technolegau cyfathrebu newydd weddnewid y ffordd yr oedd pobl yn byw mewn rhannau mwy cyfoethog o'r byd. Yn ystod yr 1980au yn arbennig, roedd twf y rhyngrwyd (gweler tudalen 21) a dadreoleiddio marchnadoedd ariannol wedi chwyddo a chyflymu'r llifoedd byd-eang yn sylweddol.

Safbwyntiau gwahanol am ystyr globaleiddio

Nid oes fawr o gytundeb, mae'n debyg, ynglŷn â sut y dylai globaleiddio gael ei ddiffinio. Mae nifer o wahanol ddehongliadau i'w cael ac mae'r rhain yn amrywio'n sylweddol o ran eu cymeriad, fel y mae Ffigur 1.3 yn ei ddangos. Mae geiriau, tôn a phwyslais y diffiniadau y mae gwahanol bobl ac asiantaethau'n eu defnyddio yn adlewyrchu eu blaenoriaethau amrywiol nhw eu hunain.

- Mae rhai diffiniadau yn economaidd yn bennaf, fel y datganiad mae'r Gronfa Ariannol Ryngwladol (*IMF: International Monetary Fund*) yn ei defnyddio, ac mae diffiniadau eraill yn cydnabod bod globaleiddio yn cynnwys dimensiynau diwylliannol hefyd.
- Gallwn ni adnabod *Achosiaeth* mewn rhai o'r datganiadau, lle mae globaleiddio wedi ei gyflwyno fel *canlyniad* i newidiadau technolegol neu wleidyddol.
- Mae rhai dehongliadau yn feirniadol iawn: y rheswm dros hyn yw bod rhai pobl neu sefydliadau yn credu bod y newidiadau diweddar ar raddfa fyd-eang wedi bod yn niweidiol iawn i rai pobl, lleoedd ac amgylcheddau.

Y diffiniad a gynigiodd Malcolm Waters yn ei lyfr poblogaidd *Globalization* (2000) yw: 'Proses lle mae cyfyngiadau daearyddiaeth ar drefniadau economaidd, gwleidyddol, cymdeithasol a diwylliannol yn encilio, lle mae

---

Mae'n ymwneud ag economeg

Mae'r term 'globaleiddio' yn cyfeirio at integreiddiad cynyddol economïau o amgylch y byd, yn arbennig drwy symudiad nwyddau, gwasanaethau a chyfalaf ar draws ffiniau.

Y Gronfa Ariannol Ryngwladol

Mae'n beth drwg

Cynnydd cyflym ac enfawr ym maint y gweithgaredd economaidd sy'n digwydd ar draws ffiniau cenedlaethol. Mae'r math presennol o globaleiddio... wedi dod â thlodi a chaledi i filiynau o weithwyr, yn enwedig y bobl mewn gwledydd sy'n datblygu.

Cyngres Undebau Llafur y DU

Mae'n cael ei achosi gan rymoedd pwerus

Mae economïau'r byd wedi datblygu cysylltiadau cynyddol agos ers 1950, mewn masnach, buddsoddiad a chynhyrchiad. Yr enw ar hyn yw globaleiddio ac mae'r newidiadau wedi eu gyrru gan ryddfrydoli masnach a chyllid, sut mae cwmnïau'n gweithio, a gwelliannau i gludiant a chyfathrebu.

BBC

Mae'n beth diwylliannol

Gallai globaleiddio olygu eistedd yn eich ystafell fyw yn Estonia wrth gyfathrebu gyda ffrind yn Zimbabwe. Gallai olygu gwneud gwers dawnsio Bollywood yn Llundain, neu gallai gael ei symboleiddio drwy fwyta bananas o Ecuador yn yr Undeb Ewropeaidd.

Banc y Byd (gwefan ysgolion)

Mae o fudd i bawb

Ehangu cysylltteddau byd-eang, trefnu bywyd cymdeithasol ar raddfa fyd-eang, a thwf ymwybyddiaeth fyd-eang, ac felly cyfnerthu cymdeithas y byd.

Frank Lechner, The Globalization Reader

Mae'n gymhleth, felly mae safbwyntiau yn amrywio

Proses lle mae cyfyngiadau daearyddiaeth ar drefniadau economaidd, gwleidyddol, cymdeithasol a diwylliannol yn encilio, lle mae pobl yn dod yn gynyddol ymwybodol bod y cyfyngiadau hyn yn encilio, a lle mae pobl yn gweithredu'n unol â hynny.

Malcolm Waters, Globalization

◀ **Ffigur 1.3** Diffiniadau gwahanol o globaleiddio: mae gan bob un 'gymeriad' gwahanol, sy'n adlewyrchu safbwyntiau, blaenoriaethau neu bryderon amrywiol ei awdur neu gynulleidfa

pobl yn dod yn fwy ymwybodol eu bod nhw [y cyfyngiadau] yn encilio, a lle mae pobl yn gweithredu i gyd-fynd â hynny.' I fyfyrwyr daearyddiaeth, mae gan y dehongliad hwn lawer o elfennau sy'n ei wneud yn dderbyniol. Mae'n cynnwys nifer o wahanol elfennau o weithgaredd dynol, ond – ac mae hyn yr un mor bwysig – mae Waters yn ystyried globaleiddio fel proses *a allai achosi nifer fawr o ymatebion lleol gwahanol i'r newidiadau a ddaw gydag e*. Dydy Waters ddim yn ceisio brandio globaleiddio'n gyffredinol yn rhywbeth 'da' neu'n rhywbeth 'drwg'. Yn hytrach, mae'n ein hannog ni i feddwl yn feirniadol am yr hyn sy'n digwydd go iawn 'ar lawr gwlad' i bobl mewn gwahanol gyd-destunau lleol.

Y gwahanol safbwyntiau am ganlyniadau globaleiddio

Mae barn pobl yn amrywio'n fawr ynghylch y cwestiwn 'a yw globaleiddio'n rhywbeth a ddymunwn ai peidio?'. Rydyn ni'n dychwelyd at y thema hon drwy'r llyfr cyfan, yn arbennig ym Mhennod 6. Mae un o'r diffiniadau yn Ffigur 1.3 yn hynod o feirniadol: mae Cyngres yr Undebau Llafur (TUC) yn disgrifio globaleiddio fel proses sydd 'wedi dod â thlodi a chaledi' i filiynau o weithwyr mewn gwledydd sy'n datblygu. Yn aml iawn, globaleiddio sy'n cael y bai hefyd am ddad-ddiwydianeiddio a thlodi'r gweithwyr coler las mewn dinasoedd mewnol yn y byd datblygedig. Bydd amgylcheddwyr weithiau'n nodweddu globaleiddio yn bennaf, fel 'pechadur newid hinsawdd'.

Ar y llaw arall, pan mae Lechner yn sôn am 'dwf ymwybyddiaeth fyd-eang, ac felly gyfnerthiad cymdeithas y byd' yn Ffigur 1.3, mae'n siarad mewn ffordd gymeradwyol. Mae cefnogwyr globaleiddio – sydd weithiau'n cael eu galw'n hyperglobaleiddwyr – yn cyfeirio at dystiolaeth sy'n dangos bod globaleiddio wedi codi cannoedd o filiynau o bobl allan o dlodi (gweler Pennod 4) gan hefyd ddod â nwyddau traul sy'n gwella bywydau (fel oergelloedd, poptai a gwresogyddion) i biliynau yn fwy o bobl am brisiau fforddiadwy. Mewn llawer o wledydd, mae diwydiant trwm wedi diflannu bron yn gyfan gwbl, ac mae swyddi yn y sector gwasanaeth, sy'n llai brwnt a pheryglus, wedi dod yn ei le. Mae normau cymdeithasol a diwylliannol blaengar – yn cynnwys cydraddoldeb i ferched a pharch i gymunedau *LGBTQ+* (LHDTC+: lesbiaidd, hoyw, deurywiol, trawsrywiol a chwiar/cwestiynu) – wedi ymledu'n eang. Mae globaleiddio hefyd yn meithrin y syniad o ddinasyddiaeth fyd-eang, a allai wella rhagolygon y ddynoliaeth, yn y pen draw, o ymdrin â heriau byd-eang anodd fel newid hinsawdd.

I grynhoi, mae'r cynnydd yn y tensiwn rhwng pobl sy'n cefnogi globaleiddio a phobl sy'n gwrthwynebu globaleiddio, yn fater sy'n diffinio ein hoes ni. Mae mudiadau newydd wedi mynd o nerth i nerth, ac mae llwyddiannau Donald Trump ac ymgyrch 'Gadael' y DU (yn refferendwm 2016 ar aelodaeth y DU o'r Undeb Ewropeaidd) yn cael eu portreadu'n eang iawn fel mudiadau gwleidyddol 'gwrth-global' sydd wedi dod i ddiwedd eu hoes (gweler Ffigur 1.4). Mae Pennod 5 a 6 yn archwilio'r themâu hyn yn fanylach.

Financial Times / FT.com. Mehefin 2016. O dan drwydded gan y Financial Times. Cedwir Pob Hawl

▲ **Ffigur 1.4** Mae mudiadau gwleidyddol newydd yn awgrymu bod pobl yn UDA a'r DU yn dod yn llai argyhoeddedig bod globaleiddio'n beth buddiol

Dadansoddi globaleiddio

Ystyr dadansoddi rhywbeth yw ei 'dorri i lawr' mewn ffordd drefnus. Gyda chysyniad eang iawn fel globaleiddio, gallai hynny gynnwys 'dadbacio' ei ddimensiynau gwahanol. Gallech chi ddefnyddio dau fframwaith dadansoddol posibl:

- Datgymalu globaleiddio i greu cyfres o gydrannau, ac mae pob cydran yn ymdrin ag effaith neu thema ddynol benodol (globaleiddio economaidd, globaleiddio cymdeithasol etc.).
- Meddwl yn ddilyniannol am y gwahanol fathau o lifoedd byd-eang (pobl, nwyddau, gwybodaeth etc.) y mae globaleiddio yn dibynnu arnyn nhw.

Mae Ffigur 1.5 yn cyfuno'r ddau ddull er mwyn darparu trosolwg dadansoddol o globaleiddio.

Mae'r dull cyntaf o astudio globaleiddio – ei 'ddadbacio' yn gydrannau gwahanol – yn golygu eu hidlo drwy nifer o wahanol achosion ac effeithiau globaleiddio a'u categoreiddio nhw. Un dull sy'n cael ei ddefnyddio'n aml yw gwahaniaethu rhwng globaleiddio economaidd, cymdeithasol, diwylliannol a gwleidyddol.

TERMAU ALLWEDDOL

Dad-ddiwydianeiddio
Gostyngiad ym mhwysigrwydd y gweithgareddau diwydiannol mewn man lleol neu ranbarth ehangach, wedi ei fesur yn nhermau'r gyflogaeth a/neu'r allbwn.

Gweithwyr coler las
Term sy'n cael ei ddefnyddio weithiau i ddisgrifio gweithlu'r diwydiannau gweithgynhyrchu.

Hyperglobaleiddio/ hyperglobaleiddwyr Mae'r ddamcaniaeth hyperglobaleiddio yn cynnig bod perthnasedd a grym gwledydd yn lleihau dros amser. Yn y pen draw, gallai llifoedd byd-eang o nwyddau a syniadau achosi i'r byd leihau a bod yn fyd heb ffiniau. Yn ôl gweledigaeth yr hyperglobaleiddwyr, bydd y byd yn 'bentref byd-eang'. Ni fydd unrhyw grwpiau unigol gyda'u hunaniaeth ethnig a'u crefydd eu hunain. Yn hytrach, bydd gan bawb yr un hunaniaeth sydd wedi ei seilio ar egwyddorion dinasyddiaeth fyd-eang. Ond, mae dau safbwynt gwahanol iawn am hyn, un sy'n cytuno bod hyn yn beth dymunol, a'r llall sy'n anghytuno.

Dinasyddiaeth fyd-eang
Ffordd o fyw lle mae person yn uniaethu'n gryf â materion, gwerthoedd a diwylliant ar raddfa fyd-eang, yn hytrach na (neu ochr yn ochr â) hunaniaeth fwy cul sy'n seiliedig ar un lle.

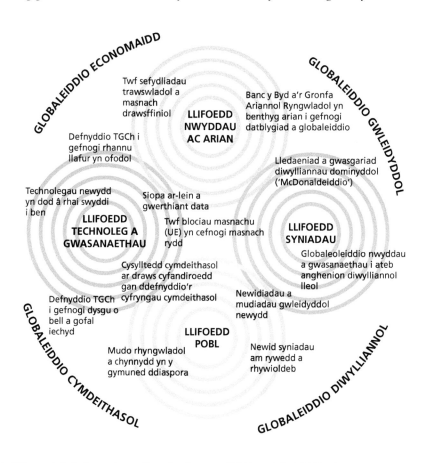

▲ **Ffigur 1.5** Gallwn ni astudio achosion ac effeithiau globaleiddio drwy (i) dadansoddi agweddau economaidd, cymdeithasol, diwylliannol a gwleidyddol yn eu trefn neu (ii) dadansoddi yn eu tro sut mae gwahanol lifoedd byd-eang yn gweithredu. Mae'r diagram hwn yn cyfuno'r ddau ddull.

- *Globaleiddio economaidd*. Dyma'r llinyn pwysicaf a'r grym sy'n gyrru twf y system fyd-eang. Mae ehangiad busnesau mawr mewn economïau cynyddol amlwg ac economïau sy'n datblygu, wedi 'cofrestru' cymunedau ledled y byd i mewn i systemau byd-eang fel cynhyrchwyr a/neu brynwyr eu nwyddau a'u gwasanaethau eu hunain.

- *Globaleiddio diwylliannol*. Mae newidiadau diwylliannol eang yn parhau i ddigwydd ar raddfa fyd-eang, ochr yn ochr â globaleiddio economaidd a lledaeniad prynwriaeth (*consumerism*). Mae'r newidiadau hyn yn cynnwys ymlediad, ac yna mabwysiadu ieithoedd, ffasiynau, cerddoriaeth a bwydydd a ddechreuodd mewn gwladwriaethau pwerus a dylanwadol fel UDA, gwledydd gorllewin Ewrop a Japan (gweler tudalen 76). Ond mae newidiadau diwylliannol weithiau'n cael eu gwrthwynebu'n chwyrn (gweler tudalen 78).

- *Globaleiddio cymdeithasol*. Mae mudo rhyngwladol wedi creu rhwydweithiau teulu estynedig sy'n ymestyn dros ffiniau cenedlaethol. Mae gwelliannau byd-eang mewn addysg a gofal iechyd dros amser wedi achosi'r lefelau llythrennedd i godi ac i bobl fyw yn hirach, er nad ydy newidiadau fel hyn yr un peth ym mhobman o bell ffordd, neu i'w gweld drwy'r byd i gyd. Mae rhyng-gysylltedd cymdeithasol wedi tyfu dros amser hefyd, diolch i ledaeniad y cyfryngau cymdeithasol.

- *Globaleiddio gwleidyddol*. Mae proses globaleiddio gwleidyddol yn cyd-fynd yn agos â'r cysyniad o lywodraethiant byd-eang, ac mae'n cynnwys twf ardaloedd masnachu mawr fel yr Undeb Ewropeaidd (UE) neu'r Undeb Affricanaidd. Dyma rai o'r sefydliadau byd-eang pwysig: y Cenhedloedd Unedig, y 'grwpiau G' (G7, G20 a'r G77) a'r Sefydliad ar gyfer Cydweithrediad a Datblygiad Economaidd (OECD), ac mae'r rhain i gyd yn gweithio i hyrwyddo twf a sefydlogrwydd rhyngwladol neu wirioneddol fyd-eang. Mae Banc y Byd, y Gronfa Ariannol Ryngwladol (IMF) a Sefydliad Masnach y Byd (WTO) gyda'i gilydd wedi helpu i greu fframwaith gwleidyddol a chyfreithiol ar gyfer buddsoddiad sy'n cael ei rannu'n fyd-eang (gweler tudalen 54), a heb hwn, byddai globaleiddio economaidd wedi datblygu'n llawer arafach.

- *Dolenni a chysylltiadau*. Mewn gwirionedd, mae'r pedwar dimensiwn gwahanol o globaleiddio sydd wedi'u hamlinellu uchod yn aml wedi'u cydblethu fel llinynnau rhaff. Er enghraifft, gallai masnach byd mewn nwyddau wedi'u gweithgynhyrchu, fel ffonau iPhone, achosi i werthoedd diwylliannol sydd wedi eu cynnwys ym meddalwedd yr iPhone, yn eu tro, gael eu lledaenu'n fyd-eang: felly mae globaleiddio diwylliannol ac economaidd yn brosesau nad oes modd eu gwahanu. Felly hefyd, mae yna rywfaint o orgyffwrdd rhwng mathau gwleidyddol a mathau economaidd o globaleiddio. Gallwn ni weld hyn yn y ffordd y mae ideoleg wleidyddol o'r enw neo-ryddfrydiaeth yn dylanwadu ar benderfyniadau Banc y byd a'r Gronfa Ariannol Ryngwladol ynglŷn â benthyg arian (ac felly mae hefyd yn effeithio ar batrymau globaleiddio economaidd).

Mae'r ail ddull o astudio globaleiddio – edrych, yn ei dro, ar sut mae gwahanol fathau o lifoedd byd-eang yn gweithredu – yn cynnwys dadansoddi'r ffyrdd y mae gwahanol bobl a lleoedd yn fwy a mwy rhyngysylltiedig, o ganlyniad i lifoedd o gyfalaf, pobl, nwyddau, gwasanaethau a syniadau.

Llifoedd cyfalaf (arian)

Mae llawer iawn o arian yn croesi ffiniau cenedlaethol bob blwyddyn.

- Mae rhywfaint o hyn – tua 2 triliwn o ddoleri UDA bob blwyddyn – yn **fuddsoddi uniongyrchol o dramor** gan gorfforaethau trawswladol mawr sy'n prynu asedau tramor (gweler tudalen 27). Yn gynyddol, mae llifoedd **de–de** buddsoddi uniongyrchol o dramor wedi dod yn rhan bwysig o'r systemau byd-eang (gweler tudalen 121).
- Yn 2017, cyrhaeddodd swm y trafodiadau cyfnewidfa dramor (sy'n cynnwys buddsoddi uniongyrchol o dramor) bron i 6 triliwn o ddoleri UDA, sy'n is na'r uchafbwynt o 12.4 triliwn o ddoleri UDA a gyrhaeddwyd yn 2007-08 (gweler Ffigur 1.6).
- Mae llifoedd enfawr o arian yn cael eu cynhyrchu gan fanciau buddsoddi, cronfeydd pensiwn a dinasyddion preifat sy'n masnachu'n fyd-eang mewn cyfranddaliadau ac arian cyfred i wneud elw. Roedd cyfanswm hyn yn fwy na 70 triliwn o ddoleri UDA yn 2016, yn ôl un amcangyfrif gan Fanc y Byd.

TERMAU ALLWEDDOL

Buddsoddi uniongyrchol o dramor Buddsoddiad ariannol gan gorfforaeth drawswladol neu gyfranogwr rhyngwladol arall (fel cronfa gyfoeth sofran sy'n cael ei rheoli gan y llywodraeth) i mewn i economi gwladwriaeth.

De–de Yng nghyd-destun llifoedd byd-eang, mae hyn yn cyfeirio at symudiadau pobl, cyfalaf neu fasnach o un rhan o'r 'de byd-eang' (Asia, Affrica, America Ladin) i ran arall o'r 'de byd-eang'. Er enghraifft, China yn buddsoddi yn Sudan.

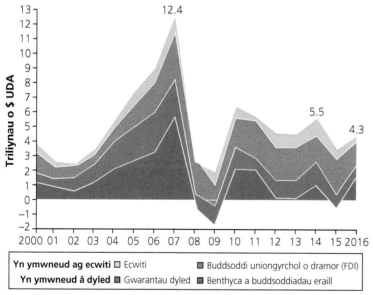

Yn ymwneud ag ecwiti ☐ Ecwiti ▨ Buddsoddi uniongyrchol o dramor (FDI)
Yn ymwneud â dyled ▨ Gwarantau dyled ▨ Benthyca a buddsoddiadau eraill

Nodwch: Mae llifoedd negyddol yn awgrymu dirywiad mewn stoc o fuddsoddiadau tramor

▲ **Ffigur 1.6** Llifoedd cyfalaf trawsffiniol 1990–2016: yn union cyn yr argyfwng ariannol byd-eang (gweler tudalen 94), cyrhaeddodd y ffigur ei uchafbwynt yn 2007, sef mwy na 12 triliwn o ddoleri UDA.

Dyma rai o'r llifoedd cyfalaf pwysig eraill:

- *Benthyca rhyngwladol a rhyddhau o ddyled.* Gall dyledion fod yn llif ariannol pwysig i wladwriaethau ar bob lefel o ddatblygiad economaidd. Mae'r symiau sy'n cael eu benthyg gan wledydd o'r Gronfa Ariannol Ryngwladol (IMF) a Banc y Byd yn biliynau o ddoleri. Yn gynyddol, mae China wedi dod yn fenthyciwr rhyngwladol pwysig hefyd (gweler dudalen 69).
- *Llifoedd cymorth rhyngwladol.* Er enghraifft, mae llifoedd cymorth o'r DU wedi eu cyfeirio at wledydd y Gymanwlad. Mae'n bosibl esbonio hyn yn rhannol drwy edrych ar y cefndir sydd gan y DU gyda'i chyn-drefedigaethau. Tan yn ddiweddar iawn, roedd India yn derbyn mwy o gymorth gan y DU nag unrhyw wlad arall (ar sail y ffaith bod hanner biliwn o Indiaid yn dal i fod yn dlawd iawn ac angen cymorth).
- *Trosglwyddo adref.* Mae tua 500 biliwn o ddoleri'r UDA yn cael eu trosglwyddo yn ôl gartref bob blwyddyn gan fudwyr. Mae hyn dair gwaith yn uwch na gwerth y cymorth datblygu gan wledydd tramor bob blwyddyn. Mae'n bosibl trosglwyddo taliadau drwy'r banciau neu eu hanfon yn y post fel arian parod. Yn wahanol i gymorth a benthyca rhyngwladol, mae trosglwyddo adref yn gallu bod yn llif ariannol cymar wrth gymar: mae arian yn teithio mwy neu lai'n uniongyrchol gan un aelod o deulu i un arall. Mae'r llif arian trawsffiniol hwn yn aml yn chwarae rôl hanfodol yn natblygiad cymdeithasol y cymunedau sydd wedi'u heithrio'n ariannol yn flaenorol, rhag cael addysg a gofal iechyd.

Llifoedd pobl (mudwyr a thwristiaid)

Mae globaleiddio wedi arwain at gynnydd mewn mudo, o fewn gwledydd (mudo mewnol) a rhwng gwledydd (mudo rhyngwladol). Roedd y nifer uchaf erioed o bobl wedi mudo'n rhyngwladol yn 2015. Erbyn hyn, mae cyfanswm o dros 250 miliwn o bobl yn byw mewn gwlad lle na chawsant eu geni. Mae hyn yn cynrychioli rhwng tri a phedwar y cant o boblogaeth y byd. Mewn gwirionedd, dydy'r canran hwn ddim wedi newid llawer dros amser, er gwaethaf y ffaith bod y nifer o bobl sy'n mudo'n rhyngwladol wedi codi. Y rheswm dros hyn, yw bod maint cyfan poblogaeth y byd wedi tyfu hefyd (rhwng 1950 a 2019, tyfodd poblogaeth y byd o 4 biliwn i 7.6 biliwn).

Mae newidiadau pwysig wedi digwydd yn y *patrwm* mudo rhyngwladol dros y blynyddoedd diwethaf.

- Mor ddiweddar â'r 1990au, roedd mudo rhyngwladol wedi'i gyfeirio'n bennaf at gyrchfannau yn y byd datblygedig fel Efrog Newydd a Paris. Ers hynny, mae dinasoedd mawr y byd yn y gwledydd sy'n datblygu fel Mumbai (India), Lagos (Nigeria), Dubai (Emiradau Arabaidd Unedig) a Riyadh (Saudi Arabia), wedi dechrau gweithredu fel canolfannau byd-eang mawr ar gyfer mewnfudo hefyd, a hynny'n gynyddol oherwydd y symudiadau de–de (gweler tudalen 131).
- Mae llawer o'r mudo rhyngwladol yn weddol ranbarthol. Yn gyffredinol, mae'r llifoedd llafur mwyaf yn cysylltu gwledydd sydd drws nesaf i'w gilydd fel UDA a Mexico, neu Wlad Pwyl a'r Almaen.

TERM ALLWEDDOL

Canolfan fyd-eang
Anheddiad (neu ranbarth ehangach) sy'n darparu canolbwynt i weithgareddau sydd â dylanwad byd-eang. Mae pob un o'r mega-ddinasoedd yn ganolfannau byd-eang, ynghyd â rhai dinasoedd llai fel Rhydychen a Chaergrawnt, am fod gan eu prifysgolion gyrhaeddiad wirioneddol fyd-eang. Mae canolfannau byd-eang yn denu ymfudwyr fel magnet. Yn eu tro, mae'r gweithwyr sydd wedi mewnfudo yn helpu i bweru economi'r mannau hyn.

Mae'r llifoedd twristiaid byd-eang yn parhau i dyfu hefyd o flwyddyn i flwyddyn; mae Pennod 5 yn archwilio rhai o achosion a chanlyniadau hynny (gweler tudalennau 162–163).

Llifoedd nwyddau masnach (deunyddiau crai a nwyddau wedi eu gweithgynhyrchu)

Yn 2015, cyrhaeddodd gwerth y cynnyrch mewnwladol crynswth (GDP) byd-eang bron i 80 triliwn o ddoleri UDA. Cafodd tua thraean o hwn ei gynhyrchu gan lifoedd masnach mewn nwyddau diwydiannol ac amaethyddol. Yn y gorffennol, roedd masnach deunyddiau crai mewn bwyd a mwynau yn helpu i gysylltu gwladwriaethau â'i gilydd. Mae'r deunyddiau hyn, ynghyd â gwerthiant tanwydd ffosil, yn dal i fod yn bwysig i fasnach fyd-eang heddiw.

- Mae Ffigur 1.7 yn defnyddio llinellau llif cyfraneddol i ddangos sut yr ehangodd y llifoedd masnach deunyddiau crai yn eu maint rhwng 2000 a 2010. Mae'r llinellau llwyd (y llinellau mewnol ar gyfer pob llif) yn dangos y meintiau masnachu yn 2000, tra bod y llinellau lliw yn dangos y cynnydd erbyn 2010.
- Y rheswm dros y cynnydd hwn mewn gweithgarwch yw datblygiad cyflym yr economïau cynyddol amlwg, yn enwedig China, India ac Indonesia (wedi eu cyfuno, mae'r gwledydd hyn yn gartref i 3 biliwn o bobl). Mae'r cynnydd yn y galw diwydiannol am ddeunyddiau, ac yn y galw gan ddefnyddwyr dosbarth canol byd-eang am fwyd, nwy a phetrol, yn gyfrifol am yr holl dwf, bron iawn, yn y defnydd o adnoddau ar draws bron bob categori sydd i'w weld.

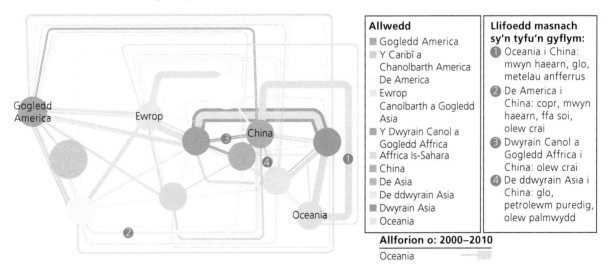

▲ **Ffigur 1.7** Twf mewn llifoedd byd-eang wedi'u masnachu o ddeunyddiau crai, 2000–2010 *Ffynhonnell: Chatham House*

Tyfodd y llifoedd byd-eang o nwyddau wedi'u gweithgynhyrchu yn eang yn ystod yr 1990au a'r 2000au. Roedd y twf yn y fasnach decstilau a nwyddau electronig wedi ei sbarduno i ddechrau gan gostau cynhyrchu isel yn China ac, yn fwy diweddar, gan dwf yn y gadwyn gyflenwi mewn gwledydd lle mae'r cyfraddau tâl i weithwyr hyd yn oed yn is, yn cynnwys Bangladesh, Viet Nam ac Ethiopia.

- Chwe deg o flynyddoedd yn ôl, roedd patrwm masnach byd-eang yn wahanol iawn. Cafodd y mwyafrif o'r nwyddau gwerth uchel a oedd yn cael eu gweithgynhyrchu eu cynhyrchu a'u gwerthu yng Ngogledd America, Ewrop, Japan ac Awstralasia. Roedd y ffatrïoedd yn y rhanbarthau hyn yn defnyddio deunyddiau crai a fewnforiwyd o Asia, Affrica a De America. Tan yn fwy diweddar, roedd y llifoedd masnach anwastad hyn yn cyfrannu at barhad yr hyn yr oedd pobl yn ei alw'n 'rhaniad gogledd–de' byd-eang.
- Mae cynnydd De Korea ar ôl hynny, ac yn ddiweddarach China (ymysg eraill) fel safleoedd arloesi, wedi gweddnewid patrwm byd-eang masnach ar gyfer nwyddau wedi'u gweithgynhyrchu. Mae'r cwmni electroneg enfawr o Korea, Samsung, a Huawei o China wedi dod yn gyfranogwyr mawr o ran cynhyrchu dyfeisiau cyfryngau'r cartref a thelegyfathrebu. O ran y cwsmeriaid sy'n prynu nwyddau wedi'u gweithgynhyrchu, mae'r ddaearyddiaeth wedi newid yn llwyr hefyd. Er enghraifft, mae mwy nag 1 biliwn o ddyfeisiau symudol wedi eu gwerthu yn India; yno hefyd mae'r farchnad geir sy'n tyfu gyflymaf yn y byd. Mae economïau mawr Affrica, neu'r rhai sy'n tyfu'n gyflym, yn cynnwys Nigeria, De Affrica, yr Aifft a Kenya, yn cael eu hystyried yn gynyddol yn farchnadoedd pwysig gan gwmnïau gweithgynhyrchu Asiaidd, ac mae hynny wedi achosi cynnydd mawr yn y fasnach rhwng gwledydd deheuol y byd, neu'r fasnach de–de.

Llifoedd y gwasanaethau (a'r technolegau sy'n eu cefnogi nhw)

Mae cynnydd yn y pŵer gwario sydd gan y dosbarth canol mewn economïau cynyddol amlwg wedi cyfrannu at gynnydd yn y nifer o wasanaethau sy'n cael eu masnachu. Mae newidiadau rheoleiddiol a thechnolegol hefyd wedi cyflymu'r twf byd-eang yn y canlynol:

- *Twristiaeth.* Y gred gyffredinol yw bod gwerth y fasnach dwristiaeth ryngwladol wedi dyblu rhwng 2005 a 2015 i ffigur sy'n uwch nag 1 triliwn o ddoleri UDA (mae'n anodd rhoi amcangyfrif manwl am ei fod yn creu cynifer o fuddion anuniongyrchol). Mae nifer y twristiaid rhyngwladol sy'n cyrraedd wedi dyblu yn yr un cyfnod ac mae'n fwy na 1 biliwn o bobl erbyn hyn. Cafodd llawer o'r twf o ran gweithgarwch ei gynhyrchu gan symudiadau twristiaid o fewn Asia. Mae China nawr yn cynhyrchu'r swm uchaf o wariant ar dwristiaeth ryngwladol, ac mae mwy o dwristiaid yn cyrraedd Ewrop nag unrhyw gyfandir arall.
- *Gwasanaethau ariannol ac yswiriant.* Mae rhyddfrydiaeth marchnad rydd wedi chwarae rôl amlwg mewn meithrin masnach ryngwladol yn y gwasanaethau ariannol. Er enghraifft, roedd dadreoleiddio Dinas Llundain yn 1986 wedi cael gwared ar lawer o'r 'biwrocratiaeth', a pharatodd hynny'r ffordd i Lundain ddod yn brif ganolfan fyd-eang y byd ar gyfer gwasanaethau ariannol. Yn yr Undeb Ewropeaidd, am nad oes rhwystrau, mae'r fasnach drawsffiniol mewn gwasanaethau ariannol wedi ehangu. Mae banciau mawr a chwmnïau yswiriant yn gallu gwerthu gwasanaethau i gwsmeriaid ym mhob un o'r gwladwriaethau sy'n aelodau o'r Undeb Ewropeaidd.
- *Y cyfryngau ar-lein ac adwerthu ar-lein.* Un datblygiad pwysig yn ddiweddar mewn masnach fyd-eang yw dyfodiad y gwasanaethau cyfryngau ar alw. Mae cyfrifiaduron llaw pwerus a band llydan cyflymach wedi caniatáu i gwmnïau fel Amazon a Netflix ffrydio ffilmiau a cherddoriaeth ar alw yn uniongyrchol i ddefnyddwyr. Mae cwmnïau dosbarthu byd-eang fel DHL wedi elwa ar y twf mewn e-fasnach.

Mae rhai gwledydd a dinasoedd mawr y byd yn ganolfannau byd-eang pwysig ar gyfer llifoedd gwasanaethau arbennig. Mae marchnadoedd stoc pwysig i'w cael yn Efrog Newydd, Tokyo, Shanghai a São Paulo. Mae gan Nigeria a De Korea ddiwydiannau teledu a ffilm llwyddiannus gyda llawer o wylwyr mewn gwledydd cyfagos.

Llifoedd byd-eang o syniadau a gwybodaeth

Mae'r rhyngrwyd wedi golygu bod lleoedd sy'n bell oddi wrth ei gilydd yn gallu cyfathrebu mewn amser real, gan rannu gwahanol syniadau a safbwyntiau. Roedd gan Facebook 2 biliwn o ddefnyddwyr yn 2018; un o effeithiau'r twf yn y cyfryngau cymdeithasol yw rhannu barn a phryderon drwy'r byd i gyd am faterion sy'n amrywio o newid hinsawdd i les anifeiliaid. Mae rhwydwaith cymdeithasol pob defnyddiwr yn system fyd-eang o ryw fath (gweler Ffigur 1.8). Fodd bynnag, cafodd yr un dechnoleg 'fyd-eang' ei defnyddio hefyd i ansefydlogi democratiaeth (mae tudalen 31 yn archwilio sut mae 'newyddion ffug' yn gweithio) ac, yn eironig, i feithrin gwrthwynebiad lleol yn erbyn globaleiddio (gweler tudalen 185).

Dadansoddi'r grymoedd sy'n siapio llifoedd byd-eang

Un farn am y systemau byd-eang yw bod eu twf wedi'i siapio gan gyfuniad o rymoedd economaidd, technolegol a gwleidyddol (gweler Ffigur 1.9). Yr olaf o'r rhain – grymoedd gwleidyddol – yw ffocws Pennod 2. Mae'r bennod yn ymdrin â'r ffordd y mae sefydliadau byd-eang,

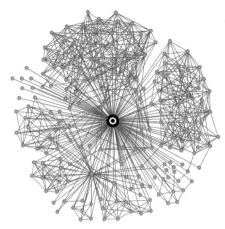

Y rhwydwaith cyfan: 179 o ffrindiau

▲ **Ffigur 1.8** Ffrindiau Facebook un person wedi eu delweddu fel rhwydwaith personol. Gall y cysyllteddau sydd i'w gweld groesi ffiniau cenedlaethol (mae'n debygol y bydd rhwydwaith Facebook mewnfudwr economaidd o India, er enghraifft, yn cynnwys ffrindiau a theulu yn India ynghyd â chysylltiadau mwy newydd yn Lloegr)

cytundebau a gwladwriaethau grymus gyda'i gilydd wedi siapio fframwaith byd-eang o gyfreithiau a normau sydd wedi (i) caniatáu i fasnach fyd-eang ffynnu (ac ehangu i mewn i farchnadoedd newydd) a (ii) meithrin twf llifoedd byd-eang o bobl a syniadau. Mae gweddill y bennod hon yn archwilio'r technolegau sy'n esblygu drwy'r amser, sydd wedi cefnogi globaleiddio a'r strategaethau y mae corfforaethau trawswladol wedi'u defnyddio i adeiladu eu busnesau byd-eang.

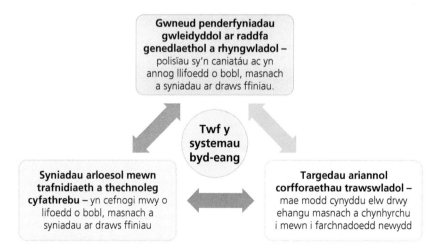

▲ **Ffigur 1.9** Un farn am y ffordd y mae twf systemau byd-eang yn cael ei siapio gan y rhyngweithio rhwng tri grym gwahanol.

DADANSODDI A DEHONGLI

Mae Ffigur 1.10 yn gynrychioliad o fasnach fyd-eang yn 1992 a 2014. Mae'r diagramau llif cylchol yn dangos llifoedd masnach o fewn (mewn-ranbarthol) a rhwng (rhyng-ranbarthol) rhanbarthau gwahanol y byd. Mae'r lliw yn dangos o ba ranbarth y daeth pob llif fasnach; mae'r niferoedd yn rhoi gwerth cyfan y fasnach rhwng ac o fewn rhanbarthau.

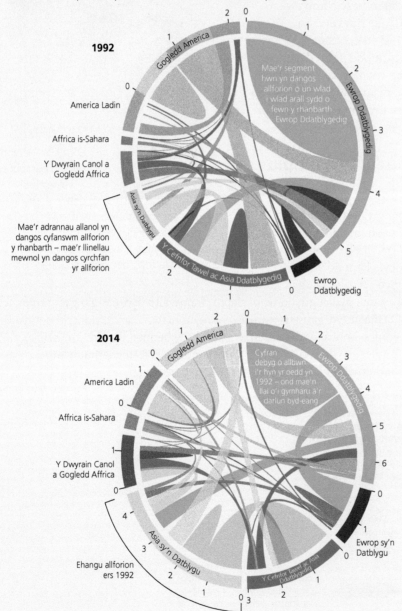

▲ **Ffigur 1.10** Patrymau newidiol rhyng-ranbarthol a mewn-ranbarthol y fasnach fyd-eang, 1992–2014: mae gwerth allforion nwyddau wedi eu dangos fesul rhanbarth fel canran o gynnyrch mewnwladol crynswth (GDP) cyfan y byd. *Wedi'i addasu o Graffigyn FT Alan Smith, Keith Fray; Ffynonellau: Cyfeiriad Ystadegau Masnach y Gronfa Ariannol Ryngwladol; Ymchwil FT*

(a) Amcangyfrifwch pa ganran o'r Cynnyrch Mewnwladol Crynswth byd-eang yn 1992 oedd yn deillio o fasnach ryng-ranbarthol o fewn y rhanbarth 'Ewrop Ddatblygedig'.

CYFARWYDDYD

Rydyn ni'n gweld bod pob rhanbarth o'r byd wedi'i gysylltu â rhanbarthau eraill y byd drwy lifoedd masnach a gallwn ni amcangyfrif gwerth y llifoedd hynny (fel canran o'r Cynnyrch Mewnwladol Crynswth byd-eang). Yn ogystal, mae segmentau sydd heb eu cysylltu. Mae'r rhain yn dangos gwerth y fasnach sy'n digwydd ymysg gwledydd *ym mhob* rhanbarth o'r byd. Ein ffocws yma yw'r segment mawr glas sydd i'w weld ar y diagram (gwerthoedd 1992). Allwch chi amcangyfrif ei werth, gan ddefnyddio'r raddfa?

(b) Dadansoddwch Ffigur 1.10 i ganfod tystiolaeth o globaleiddio.

CYFARWYDDYD

Mae pob darlun yn dweud stori, ac mae hynny'n wir am y pâr hwn o ddiagramau. Fel arfer, mae 'globaleiddio' yn cael ei ddiffinio gan ddefnyddio ymadroddion fel 'cynnydd yn yr integreiddio rhwng economïau' neu 'cysylltedd yn cyflymu'. Mewn geiriau eraill, mae dimensiwn amserol a gofodol i'r globaleiddio – mae pobl yn ei ystyried yn aml iawn fel rhywbeth sy'n 'cyflymu' ond sydd hefyd â dylanwad sy'n ehangu yn *ofodol*. A dyma'n union beth mae'r diagramau hyn yn ei ddangos. Os byddwch chi'n cymharu 2014 gydag 1992, mae nifer uwch o wahanol linynnau a chysylltiadau: mae nifer cynyddol o leoedd yn dod yn gysylltiedig â'i gilydd, gan greu byd sydd wedi'i rwydweithio'n ddwysach. Mewn geiriau eraill, mae'r llun hwn yn darlunio sut mae globaleiddio'n edrych.

(c) Aseswch werth Ffigur 1.10 fel ffordd o ddangos newidiadau mewn cysylltedd byd-eang dros amser.

CYFARWYDDYD

Gallwn ni wneud asesiad o werth graff neu siart mewn dau gam. Yn gyntaf, mae'n rhaid i ni ofyn: a yw'n dangos beth mae'n honni ei ddangos mewn gwirionedd? Yn ail, ydy'r wybodaeth wedi ei chyflwyno mewn ffordd sy'n helpu cynulleidfa i ddeall ac ymddiddori yn y materion? Yn dilyn hynny, dyma ddwy feirniadaeth bwysig am Ffigur 1.10:

1 dim ond llifoedd masnach mae'n ei ddangos (felly, dim ond cynrychiolaeth rannol ydyw o broses lawer mwy cymhleth sydd â phrosesau cymdeithasol, diwylliannol a gwleidyddol)

2 dydy diagramau llif cylchol ddim yn arbennig o hawdd eu deall ac mae angen iddyn nhw gael eu hesbonio'n ofalus, sydd efallai'n eu gwneud nhw'n llai defnyddiol (yn ogystal, mae'r data i'w gweld fel canrannau yn hytrach na niferoedd go iawn, sy'n golygu nad oes gennym unrhyw ffordd o wybod a yw'r *nifer go iawn* o fasnach fyd-eang wedi codi neu ostwng dros amser).

Dylai asesiad cytbwys o ddeunydd ffynhonnell hefyd gydnabod cryfderau'r dulliau cyflwyno a ddefnyddiwyd ac nid eu beirniadu nhw'n unig. Un o gryfderau Ffigur 1.10 yw'r ffordd y mae rhyng-gysylltedd fyd-eang cynyddol dros y cyfnod hwn o amser wedi ei gyfathrebu'n glir iawn i'r gynulleidfa.

Mae rhai sefydliadau a mudiadau wedi ceisio mesur globaleiddio, ond dydy hynny ddim yn syml am fod globaleiddio mor amrywiol ac am fod pobl yn anghytuno ynglŷn â pha fesurau priodol sy'n bodoli. Ers 2006, mae Sefydliad Economaidd y Swistir KOF (yn Zürich, Y Swistir) wedi ceisio mesur lefel y globaleiddio ym mhob gwlad yn flynyddol. Mae'r dadansoddiad hwn yn defnyddio model aml-linyn o'r globaleiddio sy'n cydnabod ei 'wahanol ddimensiynau a nodweddion'. Dyma ddiffiniad KOF o'r globaleiddio:

Y broses o greu rhwydweithiau o gysylltiadau ymysg y gweithredwyr sy'n ymestyn rhwng cyfandiroedd neu sy'n cynnwys cyfandiroedd amrywiol, wedi ei dangos gydag amrywiaeth o lifoedd sy'n cynnwys pobl, gwybodaeth a syniadau, cyfalaf a nwyddau. Mae globaleiddio yn broses sy'n erydu ffiniau cenedlaethol, yn integreiddio economïau cenedlaethol, diwylliannau, technolegau a llywodraethiant, ac yn cynhyrchu cysylltiadau cymhleth sy'n rhyngddibynnol ar ei gilydd.

Felly, beth yw'r ffordd orau o fesur hyn? Mae methodoleg gymhleth yn darparu'r wybodaeth i bob adroddiad (gweler Tabl 1.1). Mae'r lefelau globaleiddio economaidd yn cael eu cyfrifo drwy archwilio masnach, ffigurau buddsoddi uniongyrchol o dramor ac unrhyw gyfyngiadau ar fasnach ryngwladol. Yn rhan o hyn, rhaid ystyried globaleiddio gwleidyddol, er enghraifft drwy gyfri sawl llysgenhadaeth sydd i'w cael mewn gwlad a'r nifer o ymgyrchoedd heddwch y Cenhedloedd Unedig y mae'r wlad wedi cymryd rhan ynddynt. Yn olaf, rhaid rhoi cyfrif am y globaleiddio cymdeithasol, ac mae KOF yn diffinio hyn fel 'lledaeniad syniadau, gwybodaeth, delweddau a phobl'. Mae'r ffynonellau data ar gyfer hyn yn cynnwys lefelau defnydd y rhyngrwyd, perchnogaeth ar deledu a mewnforion ac allforion llyfrau. Yn 2018, Gwlad Belg a'r Iseldiroedd oedd y ddwy wlad a oedd wedi eu globaleiddio fwyaf yn y byd, yn ôl Mynegai KOF, gyda'r ddwy'n sgorio 90 allan o uchafswm damcaniaethol o 100 (gweler Ffigur 1.11).

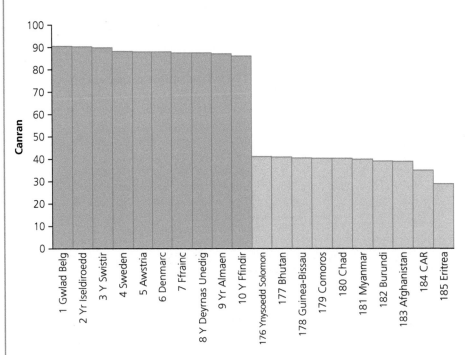

▲ **Ffigur 1.11** Y deg lle sydd wedi globaleiddio fwyaf a'r deg sydd wedi globaleiddio leiaf yn ôl mynegai KOF yn 2018

Cam	
1	I astudio globaleiddio economaidd, mae gwybodaeth yn cael ei chasglu sy'n dangos llifoedd o nwyddau, cyfalaf a gwasanaethau dros bellteroedd mawr. Mae data am fasnach, buddsoddi uniongyrchol o dramor a buddsoddi portffolio yn cael ei astudio, gan gynnwys ffigurau gan Fanc y Byd.
2	Mae'r globaleiddio economaidd yn cael ei fesur am yr ail waith drwy archwilio cyfyngiadau ar symudiad masnach a chyfalaf. Mae rhwystrau cudd ar fewngludo, cyfraddau tariff cymedrig a threthi ar fasnach ryngwladol yn cael eu cofnodi. Wrth i'r gyfradd dariff gyfartalog gynyddu, mae gwledydd yn cael sgorau is.
3	Nesaf, rhaid edrych ar y data am y globaleiddio gwleidyddol. I gyfrifo maint y globaleiddio gwleidyddol, mae KOF yn cofnodi nifer y llysgenadaethau ac uwch gomisiynau mewn gwlad, yn ogystal â'r nifer o sefydliadau rhyngwladol y mae'r wlad yn aelod ohonyn nhw, a hefyd y nifer o gyrchoedd heddwch y Cenhedloedd Unedig y mae gwlad wedi cymryd rhan ynddyn nhw.
4	I asesu globaleiddio cymdeithasol, rhaid dechrau trwy ddefnyddio data am gysylltiadau personol. Mae KOF yn mesur rhyngweithio uniongyrchol ymysg pobl sy'n byw mewn gwahanol wledydd drwy gofnodi (i) y traffig telecom rhyngwladol (traffig wedi'i fesur mewn munudau fesul person), (ii) nifer y twristiaid (maint y llifoedd sy'n dod i mewn ac yn mynd allan) a (iii) nifer y llythyrau rhyngwladol sy'n cael eu hanfon a'u derbyn.
5	I astudio'r globaleiddio cymdeithasol, mae gofyn defnyddio data am lifoedd gwybodaeth hefyd. Mae ystadegau Banc y Byd yn cael eu defnyddio i fesur y llif posibl o syniadau a delweddau. Credir bod y niferoedd cenedlaethol o ddefnyddwyr y rhyngrwyd (fesul 1000 o bobl) a'r gyfran o gartrefi sydd â theledu, yn dangos 'potensial pobl i dderbyn newyddion o wledydd eraill – felly maen nhw'n cyfrannu at ledaeniad syniadau ar draws y byd'.
6	Yn olaf, rhaid casglu data am 'agosrwydd diwylliannol'. Mae KOF ei hun yn cyfaddef mai'r dimensiwn hwn o'r globaleiddio cymdeithasol yw'r anoddaf i'w fesur. Y ffynhonnell ddata fwyaf poblogaidd yw llyfrau wedi eu mewnforio a'u hallforio. Yn ôl esboniad KOF, mae 'llyfrau wedi'u masnachu yn awgrymu i ba raddau y mae credoau a gwerthoedd yn symud ar draws ffiniau cenedlaethol.'
7	Nawr, wedi i'r data i gyd gael ei gasglu, mae cyfanswm o 24 newidyn (yn cynnwys globaleiddio economaidd, gwleidyddol a chymdeithasol) yn cael eu trosi'n fynegai ar raddfa o 1 i 100, a 100 yw'r gwerth uchaf i bob newidyn penodol dros y cyfnod 1970-2006, ac 1 yw'r gwerth isaf. Mae gwerthoedd uchel yn dynodi mwy o globaleiddio. Ond, nid yw'r data i gyd ar gael ar gyfer pob gwlad a phob blwyddyn. Os oes gwerthoedd ar goll, mae'r data diweddaraf sydd ar gael yn cael ei ddefnyddio yn eu lle. Yna, drwy gyfrifo'r cyfartaledd, rydyn ni'n cael sgôr terfynol allan o 100.
8	Mae sgorau Mynegai Globaleiddio KOF ar gyfer pob blwyddyn yn cael eu hychwanegu at gyfres hanesyddol sy'n rhychwantu mwy na 30 mlynedd, yn dechrau yn 1970. Mae'n bosibl, wedyn, astudio newidiadau mewn globaleiddio dros amser.

▲ **Tabl 1.1** Cyfrifo sgôr globaleiddio gwlad gan ddefnyddio Mynegai Globaleiddio KOF

Er bod dull aml-linyn KOF o fesur globaleiddio yn haeddu canmoliaeth, mae nifer o resymau dros ei feirniadu hefyd. Er enghraifft, ydy meddu ar deledu wir yn golygu bod teulu wedi globaleiddio'n fwy? Yn yr un modd, mae'r rhesymau pam mae rhai gwledydd yn gwirfoddoli niferoedd mawr o filwyr ar gyfer cyrchoedd y Cenhedloedd Unedig yn gymhleth; dydy hi ddim yn wir, o anghenraid, mai'r gwledydd sydd wedi eu globaleiddio fwyaf yn economaidd yw'r rhai mwyaf rhagweithiol yn filwrol *bob amser* (ystyriwch Japan a'r Almaen, er enghraifft).

🔑 **TERMAU ALLWEDDOL**

Cynwysyddeiddio Yr arfer o gludo nwyddau masnachu mewn cynwysyddion mawr. Mae cynwysyddion rhyngfoddol yn unedau storio sy'n dal llawer ac sy'n gallu cael eu cludo dros bellter mawr gan ddefnyddio gwahanol fathau o drafnidiaeth, fel llongau a threnau, heb i'r llwyth gael ei dynnu allan o'r cynhwysydd.

Deallusrwydd artiffisial (*AI: Artificial intelligence*) Mathau o ddeallusrwydd a dysgu a ddangosir gan gyfrifiaduron, sy'n amrywio o adnabod lleferydd i ddatrys problemau cymhleth. Mae rhai pobl yn credu bydd y datblygiadau o ran galluoedd deallusrwydd artiffisial yn y dyfodol agos, yn bygwth nifer o wahanol fathau o swyddi.

Effaith byd sy'n lleihau Oherwydd bod mwy o gysylltedd, mae hyn yn newid ein syniad o amser, pellter a rhwystrau posibl i'r ffordd y mae pobl, nwyddau, arian a gwybodaeth yn symud. Mae lleoedd pell yn teimlo'n agosach nag oedden nhw yn y gorffennol. Felly, mae'r diffiniad o beth yw lle 'agos' neu 'bell' yn newid i gydfynd â'r newid yn ein canfyddiadau o gydberthnasau gofodol. Mae'r syniad o fyd sy'n lleihau yn syniad pwysig iawn mewn daearyddiaeth Safon Uwch ac israddedig am ei fod yn creu 'pont synoptig' rhwng astudio systemau byd-eang a lleoedd newidiol.

② Cysyllteddau byd-eang a grëwyd gan dechnoleg

▶ *Pa rôl mae trafnidiaeth a chyfathrebu wedi'i chwarae yn nhwf y systemau byd-eang a byd sy'n lleihau?*

Trafnidiaeth, technoleg a chywasgiad amser-gofod

Cafodd y newidiadau strwythurol sydd i'w gweld yn Ffigur 1.1 – *cysylltiadau hirach, dyfnach a chyflymach sy'n helpu i gysylltu gwahanol leoedd, pobl ac amgylcheddau at ei gilydd* – eu galluogi, yn rhannol, gan newidiadau technolegol dros amser. Roedd y datblygiadau a welwyd mewn trafnidiaeth a masnach yn ystod y bedwaredd ganrif ar bymtheg (rheilffyrdd, y telegraff a llongau ager, yn fwy na dim) wedi cyflymu yn yr ugeinfed ganrif gyda chyrhaeddiad yr awyrennau jet a chynwysyddeiddio. Mae systemau cyfathrebu'r unfed ganrif ar hugain, sydd hyd yn oed yn fwy cymhleth a llawer yn fwy rhyng-gysylltiedig, yn dibynnu ar dechnolegau hynod o soffistigedig sydd wedi eu cefnogi gan rwydweithiau byd-eang o geblau opteg ffibr. Rydyn ni hefyd yn byw mewn byd lle mae systemau rheoli, gwybodaeth a diogelwch yn dibynnu'n gynyddol ar **ddeallusrwydd artiffisial (*AI*)**.

Gyda'i gilydd, mae'r technolegau hyn yn cyfrannu at broses barhaus o'r enw *cywasgiad amser–gofod* (gweler tudalen 1) sy'n arwain unigolion a chymdeithasau i brofi'r **effaith byd sy'n lleihau** sydd wedi'i chrybwyll uchod. Neillduodd y daearyddwr Doreen

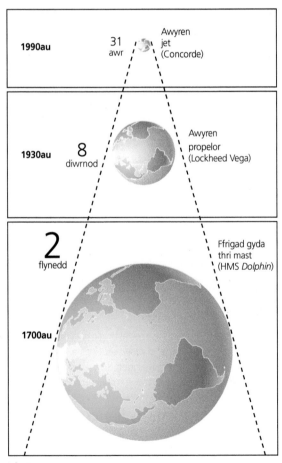

▲ **Ffigur 1.12** Byd sy'n lleihau: y newid yn yr amser mae'n ei gymryd i deithio o amgylch y byd

1990au — 31 awr — Awyren jet (Concorde)

1930au — 8 diwrnod — Awyren propelor (Lockheed Vega)

1700au — 2 flynedd — Ffrigad gyda thri mast (HMS *Dolphin*)

Massey lawer o'i gyrfa i ddeall sut mae synnwyr o le a hunaniaeth pobl wedi newid oherwydd y ffordd y mae lleoedd wedi dod yn fwy rhyng-gysylltiedig dros amser. I bobl sy'n byw yn y DU yn yr unfed ganrif ar hugain, mae'r syniad o'r hyn sy'n teimlo fel lle 'agos' neu 'bell' yn wahanol iawn i'r syniad fyddai gan y rhan fwyaf o bobl yn ystod Oes Fictoria, er enghraifft. Hyd yn oed yng nghanol yr 1800au, doedd pobl gyffredin ddim yn gwybod llawer iawn am y byd y tu hwnt i'w cymdogaeth neu eu dinas nhw eu hunain. Y rheswm dros hynny oedd bod teithio ymhell yn dal i fod yn broses ddrud ac araf – ffaith a fyddai'n eu rhwystro nhw rhag mynd. Ers hynny, mae dyfeisiadau a datblygiadau mewn technoleg a thrafnidiaeth wedi tynnu munudau, oriau a dyddiau oddi ar yr amser teithio i leoedd eraill neu'r amser y mae'n ei gymryd i gyfathrebu â phobl mewn gwledydd pell (gweler Ffigur 1.12). Yr enw ar y profiad a gawn ni o ganlyniad i hynny, yw cywasgiad amser–gofod (gweler tudalen 1).

Meddwl yn feirniadol am dechnoleg

Ddylen ni ddim cymryd yn *rhy* ganiataol bod 'pawb' bellach yn cael yr un teimlad o fyd sy'n lleihau. Yn ei lyfrau a'i herthyglau mewn cyfnodolion, roedd Massey yn feirniadol o ddarnau ysgrifenedig a oedd yn rhoi'r argraff bod teithio rhyngwladol mewn awyrennau wedi dod yn brofiad arferol i ddynoliaeth. Mae biliynau o bobl yn dal i fod mewn sefyllfa lle mae eu cysylltiad â systemau byd-eang yn *wan*. Dydy rhai cymdeithasau ddim wedi eu cysylltu bron o gwbl, er enghraifft y ffermwyr ymgynhaliol yn Fforest Mau yn Kenya (gweler tudalen 164). Mae'n wir bod ffôn symudol ar gael gan y rhan fwyaf o bobl ar gyfandir Affrica yn 2018, ond doedd y mwyafrif ohonyn nhw ddim yn eu defnyddio i gysylltu â'r rhyngrwyd (gweler tudalen 23).

Mae'n bwysig hefyd i ystyried a yw'r berthynas rhwng systemau byd-eang a thechnoleg yn fwy cymhleth efallai nag y mae llawer o hanesion yn ei awgrymu. Yn gyffredinol, mae pobl yn deall bod trafnidiaeth a chyfathrebu yn 'gyrru' globaleiddio. Ond byddai hyn ar ei ben ei hun yn ddarlun rhy fychan o'r pethau sy'n achosi globaleiddio. Mae ochr arall i'r stori, sef: bod technolegau newydd hefyd yn *ganlyniad* i globaleiddio. Y syniad pwysig hwn – bod newid technolegol yn *achosi ac yn ganlyniad i* globaleiddio ar yr un pryd – yw ffocws dadl olaf y bennod hon (gweler tudalen 32).

Datblygiadau trafnidiaeth dros amser

Mae Tabl 1.2 yn dangos pedwar arloesiad sylweddol mewn trafnidiaeth ar ôl y rhyfel, sydd wedi helpu i gynyddu'r rhyngweithio gofodol rhwng lleoedd.

TERM ALLWEDDOL

Cynhaliaeth
Hunangynhaliaeth economaidd, sy'n cael ei arfer yn aml iawn mewn cymunedau amaethyddol traddodiadol sy'n byw yn agos at y llinell dlodi. Dim ond digon o fwyd a defnyddiau i ateb anghenion uniongyrchol teulu neu gymuned fach sy'n cael ei gynhyrchu. Does bron ddim byd dros ben i'w fasnachu felly dydy economi marchnad ddim yn datblygu.

| Llongau cynwysyddion | Yn ôl un amcangyfrif, mae tua 200 miliwn o symudiadau gan longau cynwysyddion unigol yn digwydd bob blwyddyn. Er bod y nifer hwn wedi gostwng dros y blynyddoedd diwethaf, mae llongau wedi parhau i fod yn 'asgwrn cefn' i'r economi byd-eang ers yr 1950au. Mae'n bosibl cludo popeth, o fagiau te i drampolinau, yn effeithiol ar draws y blaned gan ddefnyddio cynwysyddion rhyngfoddol. Mae'r llong a adeiladwyd yn Ne Korea, *OOCL Hong Kong*, yn mesur 400 metr ar ei hyd, bron i 60 metr o led ac yn gallu cario mwy na 21,000 o gynwysyddion. |

TERM ALLWEDDOL

Dosbarth canol byd-eang Yn fyd-eang, mae'r dosbarth canol yn cael ei ddiffinio fel pobl gydag incwm sy'n ddigon uchel iddyn nhw allu dewis ei wario ar nwyddau traul. Mae'r diffiniadau'n amrywio: mae rhai sefydliadau'n diffinio'r dosbarth canol byd-eang fel pobl gydag incwm blynyddol o fwy na 10,000 o ddoleri UDA; mae eraill yn defnyddio meincnod o 10 doler UDA o incwm bob dydd.

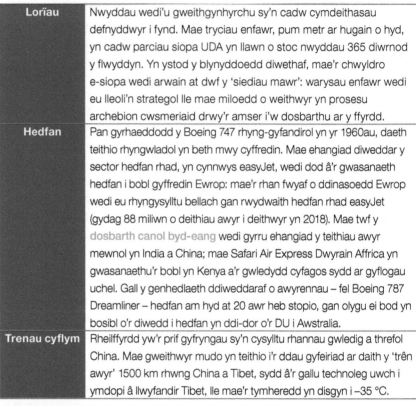

Lorïau	Nwyddau wedi'u gweithgynhyrchu sy'n cadw cymdeithasau defnyddwyr i fynd. Mae tryciau enfawr, pum metr ar hugain o hyd, yn cadw parciau siopa UDA yn llawn o stoc nwyddau 365 diwrnod y flwyddyn. Yn ystod y blynyddoedd diwethaf, mae'r chwyldro e-siopa wedi arwain at dwf y 'siediau mawr': warysau enfawr wedi eu lleoli'n strategol lle mae miloedd o weithwyr yn prosesu archebion cwsmeriaid drwy'r amser i'w dosbarthu ar y ffyrdd.
Hedfan	Pan gyrhaeddodd y Boeing 747 rhyng-gyfandirol yn yr 1960au, daeth teithio rhyngwladol yn beth mwy cyffredin. Mae ehangiad diweddar y sector hedfan rhad, yn cynnwys easyJet, wedi dod â'r gwasanaeth hedfan i bobl gyffredin Ewrop: mae'r rhan fwyaf o ddinasoedd Ewrop wedi eu rhyngysylltu bellach gan rwydwaith hedfan rhad easyJet (gydag 88 miliwn o deithiau awyr i deithwyr yn 2018). Mae twf y dosbarth canol byd-eang wedi gyrru ehangiad y teithiau awyr mewnol yn India a China; mae Safari Air Express Dwyrain Affrica yn gwasanaethu'r bobl yn Kenya a'r gwledydd cyfagos sydd ar gyflogau uchel. Gall y genhedlaeth ddiweddaraf o awyrennau – fel Boeing 787 Dreamliner – hedfan am hyd at 20 awr heb stopio, gan olygu ei bod yn bosibl o'r diwedd i hedfan yn ddi-dor o'r DU i Awstralia.
Trenau cyflym	Rheilffyrdd yw'r prif gyfryngau sy'n cysylltu rhannau gwledig a threfol China. Mae gweithwyr mudo yn teithio i'r ddau gyfeiriad ar daith y 'trên awyr' 1500 km rhwng China a Tibet, sydd â'r gallu technoleg uwch i ymdopi â llwyfandir Tibet, lle mae'r tymheredd yn disgyn i –35 °C.

▲ **Tabl 1.2** Mae datblygiad trafnidiaeth wedi arwain at fyd sy'n lleihau. Ond pa dechnolegau sydd wedi cael yr effaith fwyaf?

Patrymau a thueddiadau byd-eang llifoedd data

Ochr yn ochr â gwelliannau mewn trafnidiaeth, mae technoleg gwybodaeth a chyfathrebu (TGCh) wedi gweddnewid y ffordd y mae pobl yn rhyngweithio, yn gweithio ac yn defnyddio gwasanaethau ac adloniant. Mae Tabl 1.3 yn dangos y cerrig milltir pwysig mewn trosglwyddo data, storio data a thechnolegau adfer data. Mae'r grymoedd sy'n sail i'r chwyldro technolegol hwn yn amrywiol.

- Mae rhai datblygiadau pwysig wedi eu gyrru gan gyllid y llywodraeth ar gyfer y lluoedd arfog. Dechreuodd y rhyngrwyd ei fywyd yn rhan o gynllun a ariannwyd gan Adran Amddiffyn yr Unol Daleithiau yn ystod y Rhyfel Oer. Cafodd y rhwydwaith cyfrifiadurol cynnar ARPANET ei lunio yn ystod yr 1960au fel ffordd o gysylltu cyfrifiaduron ymchwilio pwysig mewn llond llaw yn unig o wahanol leoliadau. Ers hynny, mae'r cysylltedd rhwng pobl a lleoedd wedi tyfu'n esbonyddol.
- Daeth darganfyddiadau hollbwysig eraill gan ymchwilwyr prifysgol a phobl a oedd yn ymddiddori mewn electroneg fel hobi: cafodd y ddyfais fodern sy'n cysylltu dau gyfrifiadur â'i gilydd drwy linellau ffôn confensiynol (heb fynd drwy system gynnal) ei datblygu gan ddau fyfyriwr yn Chicago. Digwyddodd y cam hanfodol hwn yn esblygiad y

rhyngrwyd oherwydd bod y ddau fyfyriwr yn benderfynol nad oedden nhw am fynd allan yn ystod gaeaf oer Chicago yn 1978.

- Mae arloesi'n cael ei yrru'n fwy a mwy gan angen y corfforaethau trawswladol i amddiffyn eu cyfran yn y farchnad. Mae Samsung, Apple, Huawei a chwmnïau electroneg eraill yn mireinio eu cynhyrchion drwy'r amser mewn marchnad gystadleuol sy'n mynd yn 'ddirlawn' yn gyflym iawn. Ystyr hynny yw bod gwerthiant yn gostwng ar ôl i'r mwyafrif o bobl brynu'r ddyfais ddiweddaraf. Felly, er mwyn dal i wneud elw, mae'n rhaid i gwmnïau greu cynnyrch gwell a mwy newydd yn rheolaidd i'w werthu i'r cwsmeriaid, a hynny, yn ddelfrydol, mewn cyfnod byr iawn o ddim ond blwyddyn neu ddwy.

Y ffôn a'r telegraff	■ O'r diwedd daeth y ceblau telegraff cyntaf ar draws Môr Iwerydd yn yr 1860au gan olygu bod cyfathrebu ar unwaith yn bosibl, yn lle taith o dair wythnos mewn cwch. Am y tro cyntaf, daeth hi'n bosibl i bobl a oedd yn byw mewn un rhan o'r byd wybod beth oedd yn digwydd mewn lleoedd eraill ar yr un funud yn union. Roedd hon yn foment wironeddol chwyldroadol yn hanes dynoliaeth. ■ Mae olynydd y telegraff, sef y ffôn, yn parhau i fod yn dechnoleg graidd ar gyfer cyfathrebu dros bellter hir.
Cyfrifiaduron personol a'r 'rhyngrwyd pethau'.	■ Cyflwynwyd y microbrosesydd gan gorfforaeth Intel Silicon Valley yn 1971; yn fuan wedyn, dechreuodd cyfrifiaduron graddfa fach gael eu dylunio o amgylch micro-brosesyddion, gan gynnwys micro-gyfrifiaduron cynnar Apple a gafodd eu llunio gan y ddau a fethodd yn eu gyrfa ysgol uwchradd, Steve Wozniak a Steve Jobs yn Silicon Valley. ■ Rhoddwyd technoleg rhyngwyneb a meddalwedd hawdd i'w defnyddio am y tro cyntaf ar yr Apple Macintosh yn 1984, ac ar y Cyfrifiadur Personol gan Microsoft fel Windows 1.0 yn 1985. ■ Mae cyfrifiaduron wedi esblygu erbyn hyn i liniaduron, tabledi a dyfeisiau llaw bychan. Mae cyfrifiaduron bach sydd wedi'u rhwydweithio'n cael eu hintegreiddio'n fwy a mwy i mewn i geir, a hyd yn oed oergelloedd. Yr enw sy'n cael ei roi weithiau ar yr oes newydd hon o ddyfeisiau clyfar yw 'y rhyngrwyd pethau'.
Band llydan ac opteg ffibr	■ Pan gyflwynwyd y rhyngrwyd band llydan yn yr 1980au a'r 1990au, byddai'n bosibl symud meintiau mawr o ddata yn gyflym drwy'r seiberofod. Heddiw, mae llifoedd data enfawr yn cael eu cario gan geblau opteg ffibr ar lawr y cefnfor sy'n eiddo i lywodraethau cenedlaethol neu gorfforaethau trawswladol fel Google. Mae mwy nag 1 miliwn cilomedr o geblau tanfor hyblyg gyda diamedr tebyg i ddiamedr pibell ddyfrio'r ardd yn cario holl e-byst, chwiliadau a negeseuon trydar y byd. Mae patrwm y llif data i'w weld yn Ffigur 1.13. ■ Mae adeiladwyr rhwydweithiau telathrebu wedi gorfod goresgyn heriau ffisegol enfawr. Maen nhw wedi taflu milltir ar ben milltir o gebl opteg ffibr bregus ar draws y gwastatiroedd enfawr ar lawr y cefnfor. Mae hyn, yn ei dro, wedi creu risgiau economaidd newydd i gymdeithasau: yn 2006, dinistriwyd cysylltiad telathrebu Taiwan gyda'r Pilipinas (Philippines) oherwydd daeargryn a thirlithriad tanfor mawr, ac amharodd hynny ar weithredoedd corfforaethau trawswladol. Mae seiclonau a tswnamïau yn dinistrio ceblau; peth arall sy'n eu dinistrio yw angorau wedi eu gollwng.
System Gwybodaeth Ddaearyddol (GIS) a System Leoli Fyd-eang (GPS)	■ Cafodd lloeren gyntaf y system leoli fyd-eang (GPS: global positioning system) ei lansio yn yr 1970au. Erbyn hyn mae 24 wedi eu lleoli 10,000 km uwchben y Ddaear. Mae'r lloerennau hyn yn darlledu data am safle ac amser yn barhaol i ddefnyddwyr drwy'r byd i gyd. ■ Mae Systemau Gwybodaeth Ddaearyddol (GIS: Geographic Information Systems) yn gasgliad o systemau meddalwedd sy'n gallu casglu, rheoli a dadansoddi data lloeren.

▲ **Tabl 1.3** Elfennau pwysig o dwf dros amser y technolegau cyfathrebu y mae twf systemau byd-eang yn dibynnu arnyn nhw

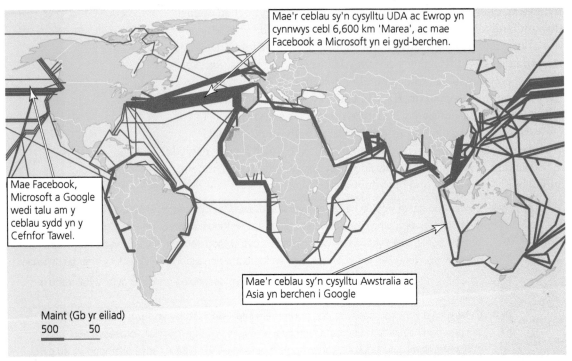

Mae'r ceblau sy'n cysylltu UDA ac Ewrop yn cynnwys cebl 6,600 km 'Marea', ac mae Facebook a Microsoft yn ei gyd-berchen.

Mae Facebook, Microsoft a Google wedi talu am y ceblau sydd yn y Cefnfor Tawel.

Mae'r ceblau sy'n cysylltu Awstralia ac Asia yn berchen i Google

Maint (Gb yr eiliad)
500   50

▲ **Ffigur 1.13** Y patrwm byd-eang o lifoedd data sy'n cael eu cludo gan geblau opteg ffibr tanfor. Yn y gorffennol, llywodraethau oedd yn talu am yr isadeiledd cyfathrebu tanfor; yn gynyddol erbyn hyn, mae corfforaethau trawswladol mawr fel y FANG (Facebook, Amazon, Netflix a Google) yn talu'r bil.

Y chwyldro ffôn symudol a bancio electronig mewn gwledydd sy'n datblygu

Roedd diffyg isadeiledd cyfathrebu yn arfer bod yn rhwystr mawr i dwf economaidd gwledydd oedd yn datblygu. Ond erbyn hyn, mae ffonau symudol yn newid bywydau er gwell drwy gysylltu pobl a lleoedd. Mae graddfa a chyflymder y newid yn anhygoel.

- Yn 2005, roedd ffôn symudol gan chwech y cant o holl bobl Affrica. Erbyn 2015, roedd hyn wedi codi ddeg gwaith i 60 y cant oherwydd bod prisiau'n gostwng ac oherwydd bod cwmnïau darparu fel Safaricom yn Kenya yn tyfu. Yn 2018, dim ond deg y cant o boblogaeth Affrica oedd yn byw mewn ardaloedd a oedd heb unrhyw wasanaeth ffôn symudol.
- Mae cynnydd yn y defnydd yn Asia (yn India, mae dros 1 biliwn o bobl wedi tanysgrifio i ffonau symudol) yn golygu bod mwy o ffonau symudol na phobl ar y blaned ers 2016.

Yn 2007, cyflwynodd Safaricom yn Kenya yr M-Pesa, sef gwasanaeth ffôn symudol syml sy'n caniatáu i gredyd gael ei drosglwyddo'n uniongyrchol rhwng defnyddwyr ffôn symudol. O fewn degawd i'r lansiad hwn, roedd mwy nag 20 miliwn o bobl Kenya yn defnyddio'r gwasanaethau i fynd i mewn i'w cyfrifon banc neu i anfon taliadau i ffonau symudol ei gilydd. Mae hyn wedi gweddnewid bywyd i unigolion a busnesau lleol.

- Mae'r hyn sy'n cyfateb i fwy na hanner cynnyrch mewnwladol crynswth (GDP) Kenya yn cael ei anfon drwy'r system M-Pesa bob blwyddyn erbyn hyn.
- Mae pobl mewn trefi a dinasoedd yn defnyddio ffonau symudol i dalu biliau gwasanaethau cyhoeddus a ffioedd ysgol.
- Mewn ardaloedd gwledig mae pysgotwyr a ffermwyr yn defnyddio ffonau symudol i weld prisiau'r farchnad cyn gwerthu cynnyrch.
- Gall merched mewn ardaloedd gwledig gael benthyciadau micro o fanciau datblygu gan ddefnyddio eu biliau M-Pesa fel tystiolaeth bod ganddyn nhw hanes credyd da. Mae'r gallu newydd hwn i fenthyg, o gymorth hanfodol i gael teuluoedd gwledig allan o dlodi (gweler tudalen 117).

Yn ddiweddar, mae M-Pesa wedi ymledu'n ehangach drwy Ddwyrain Affrica i gyd i ddod yn ffenomen ryngwladol. Yn y mwyafrif o wledydd, mae'r gyfran o ddefnyddwyr ffonau symudol sydd â chysylltiad â'r rhyngrwyd (yn hytrach nag anfon negeseuon testun yn unig) yn tyfu (gweler Ffigur 1.14). O ganlyniad, mae mwy o bobl drwy'r byd i gyd yn gallu defnyddio apiau ar gyfer gofal iechyd, addysg, cyllid, amaethyddiaeth, adwerthu a gwasanaethau'r llywodraeth. Yn barod, mae apiau gan Ddwyrain Affrica ar gyfer popeth bron: heidio gwartheg yn Kenya (i-Cow), diogelwch preifat yn Ghana (hei julor!) a monitro cleifion o bell yn Zimbabwe (Econet). Yn Uganda, mae gwasanaeth symudol o'r enw Yoza sy'n cysylltu pobl sydd angen golchi eu dillad gyda merched sydd â gwasanaethau golchi symudol.

TERM ALLWEDDOL

Microfenthyciadau
Credyd fforddiadwy sydd, er enghraifft, yn gallu helpu ffermwyr i dyfu mwy o gnydau a gwerthu beth sy'n weddill am arian parod.

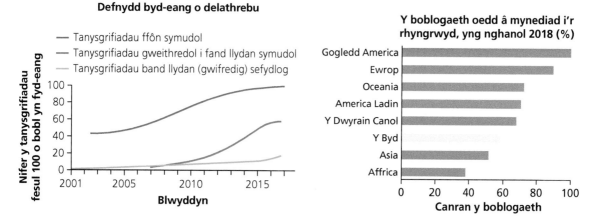

▲ **Ffigur 1.14** Tueddiadau a phatrymau byd-eang ar gyfer y defnydd o dechnoleg cyfathrebu, 2018

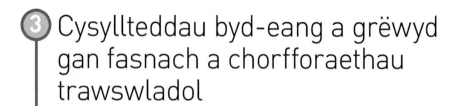

3 Cysyllteddau byd-eang a grëwyd gan fasnach a chorfforaethau trawswladol

▶ *Pa ran y mae masnach a chorfforaethau trawswladol wedi ei chwarae mewn globaleiddio a thwf systemau byd-eang?*

Masnach a llifoedd byd-eang

Masnach ryngwladol yw conglfaen y systemau byd-eang ac mae globaleiddio yn rhan annatod o ehangiad cyfalafiaeth ar raddfa fyd-eang. Corfforaethau trawswladol (TNCs) yw adeiladwyr systemau byd-eang pwysicaf y byd ac mae'r adran hon wedi ei neilltuo i astudio sut maen nhw'n cysylltu pobl, lleoedd ac amgylcheddau â'i gilydd. Ond, yn union fel adeiladwyr tai lleol, dim ond pan mae'r *deddfau cynllunio'n ei ganiatáu* y gall corfforaethau trawswladol weithredu. Dydy pob busnes ddim yn endid holl-bwerus ac yn aml iawn mae eu dwylo wedi'u clymu gan reolau a rheoliadau. Mae rhyddid corfforaethau trawswladol i fuddsoddi mewn marchnadoedd newydd yn gallu bod yn ddibynnol ar systemau gwleidyddol ar lefelau cenedlaethol a rhyngwladol. Byddwch chi'n darganfod mwy am hyn yn y dadansoddiad ym Mhennod 2 o'r fframweithiau cyfreithiol aml sgalar y mae'n rhaid i gorfforaethau trawswladol weithredu oddi mewn iddyn nhw, wrth adeiladu eu busnesau byd-eang.

Mae corfforaethau trawswladol yn cysylltu lleoedd ar raddfa fyd-eang mewn ffyrdd uniongyrchol ac anuniongyrchol drwy lifoedd arian, nwyddau a gwasanaethau.

- Efallai y bydd rheolwyr cwmnïau yn penderfynu buddsoddi arian mewn safleoedd cynhyrchu newydd neu farchnata nwyddau a gwasanaethau i farchnadoedd cynyddol amlwg. Mae'r llifoedd hyn yn cael eu cynllunio'n strategol ac maen nhw'n cael eu rheoli'n uniongyrchol gan reolwyr gweithredoedd busnes.
- Hefyd, mae corfforaethau trawswladol yn cysylltu llifoedd o syniadau a gwybodaeth â'i gilydd, a gall hynny greu newid technolegol a diwylliannol ar raddfa fyd-eang. Mae'r llifoedd hyn yn wahanol i fuddsoddi a masnachu oherwydd, fel arfer, maen nhw'n sgîl-effeithiau anfwriadol ac anuniongyrchol i'r globaleiddio economaidd. Er enghraifft, mae rhaglenni teledu a ffilmiau'r Unol Daleithiau yn cael eu ffrydio o amgylch y byd gan gorfforaethau trawswladol fel Netflix ac YouTube. Wrth i lifoedd o arian gael eu cynhyrchu gan ddefnyddwyr y gwasanaethau hyn, mae llifoedd o syniadau'n digwydd hefyd. Er enghraifft, mae gwasanaethau cyfryngau

sydd wedi eu cynhyrchu yn yr Unol Daleithiau fel arfer yn cynnig golwg gweddol ryddfrydol a blaengar ar y byd. Mae llawer o sioeau'n cynnwys merched ac actorion LGBTQ+ yn y prif rannau. Felly, gallai rhaglenni teledu helpu i newid agweddau cymdeithasol mewn gwledydd sydd ag agweddau llai cydradd a chyfartal. Rydyn ni'n dychwelyd at y thema hon ym Mhennod 4.

Corfforaethau trawswladol a'u rhwydweithiau a'u strategaethau gofodol

Mae'r corfforaethau trawswladol mwyaf yn creu rhwydweithiau o wledydd wedi'u cysylltu. Mae buddsoddiadau cwmnïau, llifoedd masnach a strwythurau sefydliadau i gyd yn helpu i gysylltu gwahanol leoedd â'i gilydd. Weithiau mae mathau cymhleth o ryngysylltedd yn datblygu, yn arbennig i gwmnïau sy'n gweithredu cadwyni cyflenwi estynedig neu'n cael eu nwyddau o filoedd o wahanol leoedd.

Mae patrymau byd-eang o gynhyrchiad, dosbarthiad a threuliant yn dibynnu ar lifoedd cyfalaf enfawr ar ffurf buddsoddi uniongyrchol o dramor.

- Buddsoddi Uniongyrchol o Dramor, yn fwy nag unrhyw fath arall o lif ariannol, sydd wedi bod yn gyfrifol am y cynnydd byd-eang mawr yn y rhyng-gysylltedd a'r rhyngddibyniaeth a welwyd dros y 30 mlynedd diwethaf. Mae buddsoddi tramor gan gorfforaethau trawswladol wedi codi'n esbonyddol o 20 biliwn o ddoleri UDA yn 1980 i uchafbwynt o tua 2 driliwn o ddoleri UDA yn 2007–08 (cyn gostwng i 1.2 triliwn o ddoleri UDA erbyn 2015–16 oherwydd ansicrwydd economi'r byd yn ystod y 2010au).
- Efallai fod cymaint â 100,000 o gorfforaethau trawswladol yn bodoli (o'u diffinio fel cwmnïau gyda 'gweithrediadau mewn mwy nag un wlad'). Mae'r 100 uchaf o'r rhain yn berchen ar 20 y cant o asedau ariannol y byd, yn cyflogi 6 miliwn o bobl ac yn mwynhau 30 y cant o'r gwerthiant i ddefnyddwyr byd-eang.

Mae dosbarthiad byd-eang pencadlysoedd y corfforaethau trawswladol wedi newid yn y blynyddoedd diwethaf wrth i fwy o gwmnïau o economïau cynyddol amlwg ddod yn fuddsoddwyr mawr mewn marchnadoedd byd-eang (gweler Ffigur 1.15). Bob blwyddyn mae cwmnïau fel CFS ac Infosys yn India, yn ogystal â Haier a Huawei yn China, er enghraifft, yn gwneud buddsoddiadau tramor tuag allan enfawr. Pan brynwyd Corus (sef British Steel gynt) gan y cwmni Tata o India yn 2006,

Ym mha genedl y mae'r rhan fwyaf o'r asedau a'r staff uwch wedi eu lleoli?

Ym mha genedl y mae'r gorfforaeth drawswladol gyfan yn cael ei threthu ar ei henillion byd-eang?

Beth yw cenedligrwydd y bwrdd cyfarwyddwyr a'r bobl sy'n gwneud y penderfyniadau?

I ba genedl fyddai'r grŵp yn troi am ddiogelwch a chymorth diplomyddol?

Beth yw cenedligrwydd cyfreithiol y rhiant-gwmni?

▲ **Ffigur 1.15** Ymchwilio i ddosbarthiad byd-eang corfforaethau trawswladol: mae'r rhain yn gwestiynau y gallwch chi eu gofyn wrth ymchwilio i 'hunaniaeth genedlaethol' corfforaethau trawswladol

🔑 **TERM ALLWEDDOL**

Globaleoleiddio *(Glocalisation)* Mae'r term hwn yn cael ei ddefnyddio weithiau i ddisgrifio'r ffordd y mae corfforaethau trawswladol yn prynu eu nwyddau cydrannol yn lleol, pan maen nhw'n sefydlu eu hunain dramor yn y mannau lle maen nhw'n creu neu'n cydosod eu cynhyrchion yn agos at eu marchnadoedd. Ar yr un pryd, maen nhw'n gallu teilwra eu cynhyrchion i gyfateb â hoffterau neu gyfreithiau lleol er mwyn ceisio rhoi hwb pellach i'w gwerthiant. Mae corfforaethau trawswladol sy'n ymwneud â'r cyfryngau neu gyhoeddi, yn aml yn globaleoleiddio cynnwys y rhaglenni teledu, y cylchgronau, y gwefannau a'r gwasanaethau gwybodaeth eraill.

roedd hwn yn ddigwyddiad cyntaf o'i fath a enwyd gan rai pobl yn 'drefedigaethedd gwrthdro'. Mae llawer o berchnogion corfforaethau trawswladol India – fel pennaeth Tata, Lakshmi Mittal – i'w cael yn y 'rhestr o 100 biliwnydd cyfoethocaf y byd'.

Y strategaethau buddsoddi uniongyrchol o dramor y mae corfforaethau trawswladol yn eu defnyddio

Mae corfforaethau trawswladol yn defnyddio amrywiaeth o strategaethau buddsoddi i adeiladu eu busnesau byd-eang, ac mae'r union lwybr y maen nhw'n ei ddefnyddio yn dibynnu'n fawr ar y sector diwydiannol y mae'r cwmni'n gweithredu ynddo (gweler Tabl 1.4). Dydy cwmnïau mwyngloddio ac olew a busnesau amaeth sy'n cynhyrchu bwyd ddim yn masnachu mewn cynhyrchion neu wasanaethau sy'n gallu cael, neu sydd angen cael, eu haddasu ar gyfer gwahanol farchnadoedd. Maen nhw'n ehangu i mewn i diriogaethau newydd, yn bennaf drwy brynu cwmnïau eraill. Yn wahanol i hynny, mae cwmnïau gweithgynhyrchu a bancio, fel Unilever, Samsung a Citigroup, yn aml yn addasu eu cynhyrchion a'u gwasanaethau ar gyfer y marchnadoedd amrywiol y maen nhw eisiau llwyddo ynddynt, gan ddefnyddio strategaeth o'r enw globaleoleiddio (gweler Ffigur 1.16).

Allanoli a rhwydweithiau cynhyrchu byd-eang

Yn lle buddsoddi yn ei weithredoedd tramor ei hun, gallai corfforaeth trawswladol ddewis cynnig contract gwaith i gwmni tramor arall: yr enw ar hyn yw *allanoli*. Yn ystod y degawdau diwethaf mae China ac India wedi dod yn brif gyrchfannau allanoli ar gyfer gweithgynhyrchu a gwasanaethau (gweler Pennod 4, tudalennau 121 a 133).

▲ **Ffigur 1.16** Globaleoleiddio: mae Nestlé yn cynhyrchu nifer o wahanol flasau o KitKat® sydd wedi eu creu yn arbennig ar gyfer y farchnad Japaneaidd

Strategaeth	Diffiniad ac enghraifft	Gwerthuso
Tramori	■ Mae hyn yn golygu bod corfforaethau trawswladol yn symud rhannau o'u proses gynhyrchu eu hunain (ffatrïoedd neu swyddfeydd) i wledydd eraill i ostwng costau llafur neu gostau eraill. Er enghraifft, symudodd y cwmni technoleg o'r DU, Dyson, ei adran weithgynhyrchu ei hun i Malaysia yn 2002; ers hynny mae wedi ychwanegu mwy o safleoedd yn China, y Pilipinas a Singapore. ■ I gwmnïau cyllid a chyfryngau mawr, gallai hynny olygu sefydlu swyddfeydd rhyngwladol newydd. Mae gan y cwmni cyfrifo ac ymgynghori Prydeinig KPMG swyddfeydd mewn mwy na 100 o wladwriaethau erbyn hyn. ■ Trwy dramori, gall corfforaethau trawswladol ganfod ffatrïoedd a swyddfeydd yn agosach at y marchnadoedd y bydden nhw'n eu gwasanaethu. Mae cwmnïau ceir o Japan fel Nissan wedi adeiladu ffatrïoedd y tu mewn i'r Undeb Ewropeaidd er mwyn gwasanaethu marchnadoedd Ewropeaidd yn uniongyrchol (a hefyd er mwyn osgoi trethi mewnforio'r Undeb Ewropeaidd).	■ Mae nifer o fuddion wrth rannu llafur yn ofodol, buddion i'r corfforaethau trawswladol (am fod eu helw'n codi) a buddion i'r gwladwriaethau maen nhw'n buddsoddi ynddynt. ■ Ond, efallai fydd costau i'w talu hefyd wrth dramori. Os bydd corfforaeth drawswladol yn symud ei gweithgynhyrchu i wlad dramor, efallai fydd swyddi'n cael eu colli yng ngwlad wreiddiol y gorfforaeth. Gallai hyn achosi beirniadaeth, gan arwain at werthiant gwael. ■ Gallai cwmnïau wynebu amrywiaeth o risgiau gwleidyddol a ffisegol newydd drwy fuddsoddi mewn rhai gwladwriaethau. Yn ystod y blynyddoedd diwethaf gwelwyd tuedd gynyddol i gorfforaethau trawswladol ddad-dramori rhai o'u gweithredoedd er mwyn lleihau'r risgiau hyn (gweler Pennod 6). ■ Mae'n rhaid i gwmnïau hefyd feddwl yn ofalus faint o bŵer gwneud penderfyniadau y dylen nhw ei roi i'w gweithrediadau tramor gwahanol.
Caffael	■ Pan fydd cydsoddi corfforaethol rhyngwladol yn digwydd, mae dau gwmni mewn gwahanol wledydd yn uno i greu un endid unigol. Mae gan y gorfforaeth drawswladol ynni, Royal Dutch Shell, strwythur corfforaethol 'rhestru deuol' sy'n golygu ei bod yn cadw pencadlys ac yn talu treth gorfforaeth yn y DU a'r Iseldiroedd. ■ Pan mae corfforaeth drawswladol yn lansio trosfeddiant o gwmni mewn gwlad arall, yr enw ar hyn yw caffael tramor. Er enghraifft, yn 2010 cafodd y cwmni gwneud siocled o'r DU, Cadbury, ei drosfeddiannu gan y cwmni bwyd enfawr o'r Unol Daleithiau, Kraft. Mae refeniw o werthiant Cadbury yn y DU nawr yn bwydo elw'r cwmni sydd wedi'i gofrestru yn yr Unol Daleithiau, Mondelēz International (adran newydd o Kraft).	■ Yn 2015, roedd tua thraean o'r holl fuddsoddi uniongyrchol o dramor yn cynnwys cydsoddi a chaffael trawsffiniol. Mae'n amlwg bod y rhain yn strategaethau pwysig iawn y mae corfforaethau trawswladol wedi elwa ohonyn nhw mewn nifer o ffyrdd, yn cynnwys marchnadoedd wedi ehangu a'r cyfle i ostwng costau (ac felly i gynyddu elw) drwy resymoli (symleiddio gweithredoedd). ■ Mae newidiadau ym mherchnogaeth y corfforaethau trawswladol yn effeithio ar ddaearyddiaeth y llifoedd ariannol byd-eang. Mae llifoedd elw mawr yn cael eu dargyfeirio tuag at y wladwriaeth lle mae pencadlys y prynwr. Yn ei dro, mae hyn yn cael effeithiau mawr ar wladwriaethau a chymdeithasau oherwydd colledion neu enillion ariannol yn y dreth gorfforaeth sy'n cael ei thalu i lywodraethau.

Strategaeth	Diffiniad ac enghraifft	Gwerthuso
Cyd-fenter	■ Mae cyd-fenter yn ddau gwmni sy'n ffurfio partneriaeth i drin busnes mewn tiriogaeth arbennig (ond heb eu cyfuno i ddod yn un endid unigol). ■ Weithiau, mae'n rhaid i gorfforaethau trawswladol sefydlu cyd-fentrau oherwydd bod y gyfraith leol am fuddsoddi yn gorfodi hynny, er enghraifft yn India. ■ Yng Ngogledd India, mae'r Connaught Plaza Restaurants sy'n eiddo i Vikram Bakshi, yn rhannol berchen ar fwytai McDonald's. Mae'r fenter hon wedi llwyddo'n lleol i raddau helaeth oherwydd strategaethau globaleoleddio (gweler isod) a ddatblygwyd gan y bartneriaeth, fel cyflwyno'r McAloo Tikki Burger i lysieuwyr. Mae'n gwneud synnwyr busnes da i'r corfforaethau trawswladol weithio gyda chwmni lleol sydd â gwell dealltwriaeth o hoffterau'r cwsmeriaid lleol (gweler hefyd tudalen 189).	■ Pan fydd corfforaeth drawswladol yn sefydlu menter ar y cyd, mae'n lleihau y risgiau y mae'n agored iddynt; ond mae'n rhaid iddi hefyd rannu'r elw. ■ Mae cyd-fentrau yn effeithio ar batrymau llif arian byd-eang. Gyda McDonald's, dim ond cyfran o'r elw sy'n cael ei throsglwyddo i UDA; mae'r gweddill yn aros yn India. ■ Gall y cyfuniad hwn o arbenigedd y gorfforaeth drawswladol fyd-eang yn gweithio gyda chwmni lleol wneud y fenter yn fwy llwyddiannus nag y byddai unrhyw un o'r ddau randdeiliad os bydden nhw'n gweithio ar eu pen eu hun. Mae logisteg ceisio gwneud busnes mewn nifer o wahanol wledydd yn anodd a chymhleth i gorfforaethau mawr. Felly, mae gwybodaeth leol cwmni partner yn werthfawr wrth geisio cael troedle mewn marchnad proffidiol newydd sy'n dod i'r amlwg (roedd marchnad adwerthu India werth 1 triliwn o ddoleri UDA yn 2018).
Globaleoleiddio (*Glocalisation*)	■ Weithiau mae corfforaethau trawswladol yn buddsoddi mewn cynlluniau cynnyrch newydd fel rhan o'u strategaeth buddsoddi tramor. Mae globaleoleiddio yn golygu addasu cynnyrch 'byd-eang' i ystyried yr amrywiadau daearyddol o ran hoffterau, crefydd a diddordebau'r bobl leol. ■ Rydyn ni'n archwilio'r strategaeth hon yn fanylach ym Mhennod 2.	■ Mae'n gwneud synnwyr busnes i rai o'r corfforaethau trawswladol dalu sylw i ddiwylliant eu cwsmeriaid. Fodd bynnag, dydy pob cwmni ddim angen globaleoleiddio cynhyrchion. I rai corfforaethau trawswladol sydd ag enw mawr, fel Lego, yr hyn sy'n gwerthu eu cynhyrchion yw'r ffaith bod eu brand byd-eang 'dilys' yr un fath ym mhob man. I gwmnïau olew, dydy globaleoleiddio ddim yn berthnasol o gwbl, neu bron o gwbl, i'w sector diwydiannol nhw.

▲ **Tabl 1.4** Strategaethau buddsoddi gwahanol gan gorfforaethau trawswladol sy'n helpu i adeiladu systemau byd-eang

Mae allanoli yn golygu nad oes raid i'r gorfforaeth drawswladol fynd i'r ymdrech o adeiladu neu brydlesu eiddo a phobl yn uniongyrchol. Ond, mae hefyd yn cyflwyno elfennau newydd o risg i'r gadwyn gyflenwi (gweler hefyd Pennod 6, tudalen 201). Gallai corfforaeth drawswladol gael trafferth monitro cynhyrchiad nwyddau neu wasanaethau gan gyflenwr yn fanwl. Felly, gallai hynny effeithio ar ansawdd y cynhyrchion ac amodau gwaith y bobl sy'n eu gwneud nhw. Gall y ddau fater hyn effeithio ar enw da brand. Pan gwympodd yr adeilad Rana Plasa peryglus yn Dhaka, Bangladesh, yn 2013, bu farw 1,100 o weithwyr tecstiliau. Roedd hyn yn destun pryder hefyd i Walmart, Matalan a nifer o gorfforaethau trawswladol mawr eraill oedd yn allanoli eu harchebion dillad i Rana Plaza yn rheolaidd (gweler tudalen 157).

Mae daearyddiaeth nifer o'r corfforaethau trawswladol mawr hyn felly'n gyfuniad cymhleth o weithgareddau a dramorwyd ac a allanolwyd sydd, yn eu tro, yn gwasanaethu nifer o wahanol farchnadoedd byd-eang. Enw'r gyfres o ddrefniadau sy'n cael eu creu o ganlyniad i hyn yw rhwydwaith cynhyrchu byd-eang *(GPN: global production network)*. Mae corfforaeth drawswladol yn rheoli ei rhwydwaith cynhyrchu byd-eang yn yr un ffordd ag y mae capten tîm yn rheoli chwaraewyr eraill. Wrth i'r globaleiddio gyflymu, mae maint a dwysedd y rhwydweithiau cynhyrchu byd-eang wedi cyflymu hefyd – yn cynnwys bwyd, gweithgynhyrchu, adwerthu, technoleg a gwasanaethau ariannol. Mae gan y cwmni enfawr Kraft a'r cwmni electroneg IBM 30,000 o gyflenwyr yr un yn darparu'r cynhwysion y maen nhw eu hangen. Ym Mhennod 3 byddwn ni'n edrych ar rwydweithiau cynhyrchu byd-eang yn fanylach – ynghyd â'r cysylltiadau rhyngddibynnol y maen nhw'n eu creu rhwng gwahanol gyfranogwyr a lleoedd (gweler tudalen 81).

Daearyddiaeth anwastad corfforaethau trawswladol a rhwydweithiau cynhyrchu byd-eang

Mae corfforaethau trawswladol yn cysylltu gwahanol leoedd ac amgylcheddau at ei gilydd drwy eu cadwyni cyflenwi a'u strategaethau marchnata. Ond mae rhai rhannau o'r byd wedi derbyn llawer mwy o fuddsoddi uniongyrchol o dramor gan gorfforaethau trawswladol nag ardaloedd eraill.

- Nid oes gan bob lle y potensial marchnata digonol i ddenu adwerthwyr mawr eto. Am resymau sy'n ymwneud â thlodi, prinder poblogaeth (efallai am eu bod nhw'n lleoedd ynysig) neu wahaniaethau diwylliannol, mae rhai lleoedd wedi parhau i fod wedi'u 'datgysylltu' oddi wrth y llifoedd byd-eang sy'n cael eu cynhyrchu gan gorfforaethau trawswladol. Un enghraifft o hyn yw cymdeithasau coedwig law drofannol Papua Guinea Newydd, sydd ymysg y grwpiau arunig olaf o bobl frodorol yn y byd (gweler Pennod 5).
- Ar y llaw arall, mae cryfhau economïau America Ladin, Asia a'r Dwyrain Canol wedi dod â ffrwydrad o ddiddordeb gan gorfforaethau trawswladol yn y marchnadoedd cynyddol amlwg hyn, lle mae mwy na 2 biliwn o bobl wedi symud o dlodi i ddosbarth incwm uwch ers 1990.

TERMAU ALLWEDDOL

Rhannu llafur yn ofodol Dyma'r arfer cyffredin sydd gan gorfforaethau trawswladol o symud gwaith sgiliau isel i wlad arall (neu 'dramor') lle mae'r costau llafur yn isel. Maen nhw'n cadw'r swyddi rheoli medrus pwysig ym mhencadlysoedd y corfforaethau trawswladol yn eu gwlad wreiddiol.

Dad-dramori Pan fydd corfforaeth drawswladol yn rhoi'r gorau i'w chadwyni cyflenwi hir ac, yn lle hynny, yn dychwelyd ei gweithrediadau cynhyrchiol i'r wlad lle mae ei phencadlys. Ni fydd y cwmni bellach yn rhannu llafur yn ofodol.

Trosfeddiannu Pan fydd un gorfforaeth drawswladol yn cymryd rheolaeth ar un arall, ar ôl prynu cyfranddaliadau neu ddarbwyllo'r cyfranddalwyr i dderbyn y cynnig i gaffael.

Rhwydwaith cynhyrchu byd-eang *(GPN: Global production network)* Cadwyn o ddarparwyr wedi eu cysylltu â'i gilydd sy'n darparu darnau a deunyddiau sy'n cyfrannu at y gwaith o weithgynhyrchu neu gydosod nwyddau traul. Mae'r rhwydwaith yn gwasanaethu anghenion corfforaethau trawswladol, fel Apple neu Tesco.

Pobl frodorol Grwpiau ethnig sydd wedi byw mewn lle yn barhaol am gyfnod hir o amser (cyn i unrhyw fudwyr mwy diweddar gyrraedd).

ASTUDIAETH ACHOS GYFOES: FACEBOOK

Mae Facebook yn un o'r prif gorfforaethau trawswladol yn y cyfryngau ac mae'n un o benseiri pwysig globaleiddio cymdeithasol a diwylliannol. Dros y blynyddoedd diwethaf, mae ei rwydwaith cymdeithasol wedi chwyddo yn ei faint a'i ddylanwad: yn 2018, roedd mwy na 2.2 biliwn o ddefnyddwyr gan Facebook (gweler Ffigur 1.17). Mae gwasanaethau Facebook yn caniatáu i ddefnyddwyr adeiladu rhwydwaith byd-eang o gysylltiadau personol, gan olygu bod y cwmni'n un o'r cyfranwyr mawr at yr effaith o fyd sy'n lleihau.

- Mae Facebook wedi tyfu ei gyfran o'r farchnad fyd-eang yn rhannol drwy gaffael mwy na 50 o gwmnïau eraill ers 2005, yn cynnwys Instagram a WhatsApp.

- Mae'r ffrwydrad yn nhwf y cwmni wedi'i gynorthwyo gan yr arloesi mewn cwmnïau technoleg eraill, sy'n gwella cynllun eu ffonau clyfar drwy'r amser gan ddod â rhwydweithiau cymdeithasol i gannoedd o filiynau o ddefnyddwyr newydd mewn dim ond ychydig o flynyddoedd.

I reoli ei weithredoedd byd-eang, mae Facebook wedi sefydlu mwy na 70 o swyddfeydd rhanbarthol: yn 2018, roedd 24 yng Ngogledd America, 18 yn Ewrop, y Dwyrain Canol ac Affrica; 16 yn Asia a'r Cefnfor Tawel a 4 yn America Ladin. Mae buddsoddiad uniongyrchol tramor Facebook i mewn i wladwriaethau eraill yn digwydd mewn dwy ffordd.

1 *Swyddfeydd rhanbarthol lle mae strategaethau gwerthu ac ymgyrchoedd hysbysebu yn cael eu datblygu.* Mae yna swyddfeydd mawr yn Llundain a Sinagapore, er enghraifft. Mae ei weithredoedd yn India yn arbennig o bwysig: India yw'r farchnad fwyaf i Facebook y tu allan i UDA, gyda bron i 220 miliwn o ddefnyddwyr gweithredol bob mis yn 2018.

2 *Cyfleusterau storio data rhanbarthol o'r enw ffermydd gweinyddion.* Mae'r rhain yn gyfleusterau storio sy'n llawn silffoedd maint cypyrddau o weinyddion cyfrifiadurol (gyriannau caled enfawr) sy'n storio ac yn symud data fel lluniau, ffilmiau a cherddoriaeth. Mae prif ganolfan ddata gwerth 760 miliwn o ddoleri UDA Facebook yn Luleå, wedi'i lleoli yn rhanbarth oeraf Sweden. Mae'r tymereddau isel yn gostwng y gost o oeri'r degau o filoedd o yriannau caled sydd wedi eu

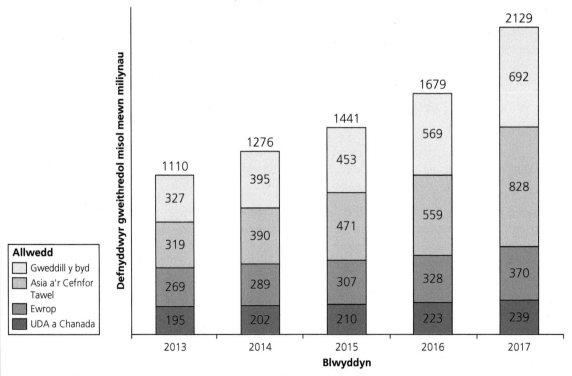

▲ Ffigur 1.17 Twf yn nifer y defnyddwyr Facebook 2013–17: dros gyfnod o ddim ond pedair blynedd, dechreuodd 1 biliwn yn ychwanegol o bobl ddefnyddio gwasanaethau'r cwmni hwn

gosod yn y cyfleuster 30,000 metr sgwar (maint 11 cae pêl-droed). Mae llawr y dyffryn yn Luleå sy'n wastad ac yn rhewlifol yn darparu digonedd o le i ehangu yn y dyfodol, gan olygu bod hon yn enghraifft ddiddorol o ddaearyddiaeth ffisegol yn dylanwadu ar lifoedd buddsoddi uniongyrchol o dramor. Mae Luleå hefyd yn rhoi ffynhonnell o ynni adnewyddadwy i Facebook: pŵer trydan dŵr. Mae'r gorfforaeth drawswladol wedi bod yn gweithio gyda Greenpeace i ddatblygu model busnes mwy cynaliadwy.

Cafodd ehangiad byd-eang diddiwedd Facebook ei gwestiynu'n ddiweddar. Mae'r dystiolaeth yn awgrymu bod plant a aned yn y 90au a phlant ysgol, yn troi eu cefnau ar y platfform ac yn ffafrio safleoedd cyfryngau cymdeithasol

eraill. Yn 2018, collodd cyfranddaliadau Facebook fwy na 120 biliwn o ddoleri UDA o'u gwerth mewn un diwrnod. Dyma oedd 'dinistriad gwerth' undydd mwyaf cwmni cofrestredig yn hanes yr Unol Daleithiau, ac roedd bron yn gyfartal â gwerth cyfan McDonald's a Nike gyda'i gilydd. O gwmpas y byd, mae llywodraethau cenedlaethol yn dod yn fwy beirniadol o (i) y ffordd y mae rhai pobl yn camddefnyddio Facebook i ecsbloetio pobl fregus (er enghraifft, meithrin perthynas amhriodol a radicaliaeth) a (ii) yr ymyrraeth honedig yn etholiadau Ewrop ac UDA (yn cynnwys negeseuon Facebook wedi eu targedu'n ofalus a anfonwyd o 'ffermydd newyddion ffug' Rwsiaidd). Dechreuodd Facebook arallgyfeirio ymhellach yn 2017 pan lansiodd Facebook Watch, sef gwasanaeth ffrydio ar-lein.

DADANSODDI A DEHONGLI

Astudiwch Ffigur 1.18, sy'n dangos y newid yn nhrefn restrol corfforaethau trawswladol mwyaf yr Unol Daleithiau rhwng 2009 a 2018.

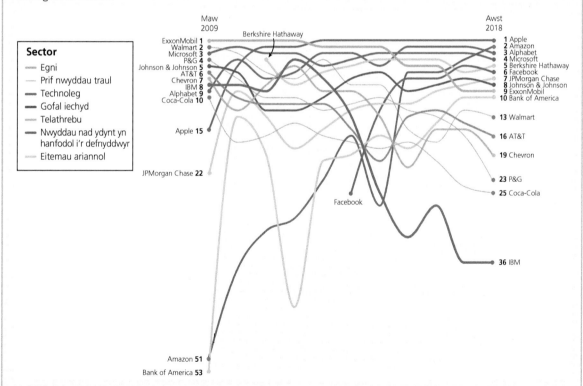

▲ **Ffigur 1.18** Newidiadau yn nhrefn restrol corfforaethau trawswladol yr Unol Daleithiau yn ôl eu gwerth cyfan yn y farchnad fel busnesau. Mae gan y cwmnïau godau lliw i gyfateb â'r sector diwydiannol y mae ganddyn nhw'r cysylltiad agosaf ag ef. *Graffigyn FT; Ffynhonnell: Bloomberg*

(a) Cyfrifwch y newid yn nhrefn restrol cymedrig y corfforaethau trawswladol 'technoleg' sydd i'w gweld yn Ffigur 1.18.

CYFARWYDDYD

Mae'r cwmnïau 'technoleg' i'w gweld mewn coch yn Ffigur 1.18. Gallwch chi gyfrifo'r gwerth cymedrig ar gyfer cwmnïau 'technoleg' yn 2009 ac eto yn 2018 (nodwch mai dim ond ar ôl 2009 y mae Facebook yn ymuno â'r grŵp yma).

(b) Awgrymwch resymau am y newidiadau sydd i'w gweld yn nhrefn restrol y corfforaethau trawswladol 'technoleg'.

CYFARWYDDYD

Mae'r cwestiwn hwn yn rhoi cyfle i chi ddefnyddio'ch gwybodaeth a'ch dealltwriaeth o bwysigrwydd cynyddol y corfforaethau trawswladol technoleg o fewn y systemau byd-eang. Mae'r cwmnïau hyn wedi gwella eu cynhyrchion ac wedi tyfu'n enfawr o ran eu gwerth yn y farchnad dros amser. Mae'r rhan fwyaf o'r mathau o weithgareddau dynol yn dibynnu'n fwy a mwy ar dechnoleg gwybodaeth a chyfathrebu. Gallai'r newid yn nhrefn y gwerthoedd sydd i'w gweld yn Ffigur 1.18 adlewyrchu'r gostyngiad ym mhwysigrwydd rhai o'r sectorau diwydiannol eraill hefyd, fel adwerthwyr traddodiadol y stryd fawr. Gallwn ni ddadlau bod eu dirywiad yn gysylltiedig â'r cynnydd yn y cwmnïau technoleg (a siopa ar-lein) sy'n rhan o ddolen adborth cadarnhaol.

(c) Aseswch gryfderau a gwendidau'r dull hwn o'u cyflwyno.

CYFARWYDDYD

Mae'r cwestiwn hwn yn gofyn i chi bwyso a mesur nodweddion cadarnhaol a negyddol Ffigur 1.18 cyn rhoi barn derfynol i esbonio a ydych chi'n teimlo mai hon, o ystyried popeth, yw'r ffordd orau o ddangos y data. Un dull addas o fynd ati, efallai, byddai ysgrifennu ynglŷn â pha mor dda y mae Ffigur 1.18 yn 'dweud stori' – mewn geiriau eraill, a yw'n cyfathrebu tueddiadau a phatrymau'n effeithiol? Neu a yw'n rhy gymhleth efallai, gan olygu nad yw'r darllenwyr yn gallu gweld y darlun yn eglur? Dull arall i'w ddefnyddio wrth feirniadu graffiau a siartiau yw gofyn: beth sydd *ddim* yn cael ei ddweud wrthyf ond y byddai'n beth da i mi wybod amdano? Er enghraifft, er ein bod ni'n cael gweld beth yw trefn y gwahanol gwmnïau yn ôl eu gwerth, does dim manylion i ddangos i ni pam mae eu *gwerth* nhw'n newid. Mae'n ymddangos bod ExxonMobil wedi perfformio'n wael am ei fod wedi syrthio o'r lle cyntaf i'r nawfed lle. Ond, efallai fod ei werth yn y farchnad wedi *cynyddu* dros amser mewn gwirionedd, ond bod yr wyth cwmni arall wedi gwneud hyd yn oed yn well.

Gwerthuso'r mater

▶ *Trafod pwysigrwydd technoleg a chorfforaethau trawswladol fel achosion globaleiddio*

Nodi cyd-destunau, meini prawf a thystiolaeth bosibl ar gyfer y drafodaeth

Mae'r ddadl sy'n cloi'r bennod hon yn ymwneud ag achosiaeth. Y ffocws yw pwysigrwydd dau rym byd-eang mawr – technoleg a chorfforaethau trawswladol – fel gyrwyr y globaleiddio sy'n cyflymu. Ond, mae'r cwestiwn hwn yn un mawr. Cyn ateb, mae'n bwysig 'dadbacio' y tair elfen dan sylw – technoleg, corfforaethau trawswladol a globaleiddio – er mwyn cael rhywfaint o strwythur dadansoddol.

- Gallwn ni ddechrau trwy feddwl yn feirniadol am y gwahanol fathau o dechnoleg a allai gael eu trafod, sy'n amrywio o drafnidiaeth ffordd i'r datblygiadau diweddaraf mewn gwyddoniaeth, fel: y genhedlaeth ddiweddaraf o ffonau; dealltwriaeth artiffisial; argraffu 3D; neu gyfrifiaduro cwantwm. Mae technolegau gwahanol yn cefnogi prosesau globaleiddio gwahanol ac yn cynnig posibiliadau amrywiol ar gyfer cysylltedd byd-eang.

- Meddyliwch yn feirniadol am y mathau gwahanol o gorfforaethau trawswladol sy'n bodoli, hefyd. Maen nhw'n amrywio'n fawr o ran eu maint (o fusnesau sy'n gweithredu mewn dim ond dwy neu dair o wledydd, i gorfforaethau byd-eang enfawr fel Walmart neu General Motors). Mae corfforaethau trawswladol yn gwahaniaethu o ran y sector(au) y maen nhw'n gweithredu ynddynt, sy'n amrywio o amaethyddiaeth ac ynni, i fancio ac ymchwil meddygol. Mae'r cwmnïau mwyaf yn uwchgwmnïau, a gall gweithgareddau'r rhain ymestyn dros nifer o sectorau diwydiannol. Er enghraifft, mae amaeth-fusnesau mawr yn tyfu ac yn prosesu bwyd (gweithgareddau sector cynradd

ac eilaidd); maen nhw hefyd yn gwerthu eu cynhyrchion yn uniongyrchol i gwsmeriaid gan ddyfeisio rhai newydd yn gyson (gweithgareddau sector trydyddol a chwaternaidd). Mae Tabl 1.5 yn dangos yr ystod eang hon o weithgareddau economaidd. Yn amlwg, mae gwahanol gategorïau o gorfforaethau trawswladol yn achosi amrywiol fathau o lif byd-eang ac, o ganlyniad, efallai y bydd ganddyn nhw rolau mwy neu lai arwyddocaol i'w chwarae yn hanes globaleiddio.

- Mae angen fframwaith dadansoddol ar gyfer ysgrifennu am globaleiddio. Yn gynharach yn y bennod hon, awgrymwyd dau ddull (gweler tudalen 7):

1 Ar un llaw, gallwn ni drafod pwysigrwydd technoleg a chorfforaethau trawswladol ar gyfer gwahanol linynnau economaidd, cymdeithasol, diwylliannol a gwleidyddol o'r globaleiddio.

2 Ar y llaw arall, gallwn ni ddewis trafod y ffordd y mae technoleg a chorfforaethau trawswladol wedi meithrin twf llifoedd byd-eang gwahanol (llifoedd o arian, pobl, nwyddau, gwasanaethau a syniadau).

Sector cynradd	Mae amaethyddiaeth fasnachol yn un o ddarparwyr cyflogaeth mawr y byd ac mae wedi'i dominyddu gan gorfforaethau trawswladol enfawr fel Del Monte a Cargill. Mae rhai archfarchnadoedd mawr yn y DU yn anfon negeseuon e-bost wedi'u hawtomeiddio at eu cyflenwyr llysiau yn Kenya yn gofyn iddyn nhw gynhyrchu mwy, pryd bynnag y mae tiliau'r siopau'n nodi gwerthiant arbennig o dda ar gyfer unrhyw eitem benodol. Mae'r archebu 'ar y pryd' hwn yn bosibl, diolch i lifoedd gwybodaeth byd-eang a thechnoleg gwybodaeth a chyfathrebu.
Sector eilaidd	Mae cwmnïau gweithgynhyrchu yn enwau adnabyddus iawn, o Samsung a Sony i BMW ac Unilever. Mae gan y cwmnïau hyn rwydweithiau cynhyrchu eang. Mae cwmnïau fel Samsung yn arloesi ac yn hysbysebu cynhyrchion newydd yn gyson. Felly, byddai eu disgrifio nhw fel gweithredwyr sector eilaidd yn unig yn gor-symleiddio pethau.
Sector trydyddol	Mae gan lawer o'r corfforaethau cyfryngau a'r banciau, rwydweithiau byd-eang mawr gyda changhennau arbenigol yn gweithredu mewn gwahanol ranbarthau o'r byd. Ers 2001, mae'r cwmni cynhyrchu Americanaidd Sony Picture Television wedi trwyddedu'r hawliau i'r fasnachfraint *Dragons' Den*, sy'n deillio o Japan, ac a ymledodd i tua 30 o wledydd, gan fynd ati i newid enw'r sioe ar brydiau (yn Colombia, ei enw yw *Shark Tank*; yn Kenya, ei enw yw *Lions' Den*).
Sector cwaternaidd	Daw ymchwil a datblygiad y dechnoleg wybodaeth newydd, biotechnoleg a gwyddor feddygol o dan ymbarél y sector cwaternaidd. Yn China, mae'r cwmni Intel o'r Unol Daleithiau yn cyflogi 1000 o staff ymchwil ar gyrion Shanghai. Mae gan y grŵp peirianneg o Sweden a'r Swistir, ABB, adain ymchwil yn Beijing, fel sydd gan Nokia a Vodafone hefyd. Mae cwmnïau Gorllewinol fel Pfizer a GlaxoSmithKline yn gwneud mwy a mwy o'u hymchwil meddygol yn India.

▲ **Tabl 1.5** Gallwn ni weld corfforaethau trawswladol yn gweithredu ym mhob sector o'r diwydiant

Yn olaf, mae unrhyw ddadl am achosiaeth yn ein gwahodd i ystyried y ffordd y mae perthynas achos ac effaith yn gallu mynd yn gymhleth. Mewn unrhyw system, mae yna gysylltiad, yn aml iawn rhwng y gwahanol brosesau, ac maen nhw'n gweithio gyda'i gilydd mewn ffyrdd sy'n cynyddu effeithiau ei gilydd. Fel y byddwn ni'n ei weld, mae'r *rhyng-gysylltiadau* rhwng technoleg a chorfforaethau trawswladol yn cael effaith bwysig ar batrymau a thueddiadau globaleiddio. Nid cwestiwn syml yn unig yw hynny o benderfynu pa rym yw'r un pwysicaf.

Safbwynt 1: Technoleg yw achos pwysicaf globaleiddio

Mae technoleg wedi chwarae rhan hanfodol bwysig yn y ffordd y mae pobloedd, lleoedd ac amgylcheddau niferus y byd wedi dechrau cyfuno â'i gilydd yn rhan o system fyd-eang unigol. Dros llawer o filoedd o flynyddoedd, mae rhwydweithiau masnach, mudo a chyfathrebu dwysach a dwysach wedi esblygu.

Yn yr 1800au roedd y rheilffyrdd a'r peiriannau ager o gymorth i gysylltu gwledydd a chyfandiroedd. Roedd rhain, a thechnolegau eraill fel y telegraff yn hanfodol i adael i wledydd Ewropeaidd adeiladu ymerodraethau byd-eang a oedd yn bodoli tan yr 1960au a'r 1970au. Yn ystod y degawdau diwethaf – cyfnod y mae llawer o bobl yn ei ystyried yn 'oes aur' globaleiddio – mae rhwydweithiau cyfathrebu a llongau cynwysyddion wedi bod o gymorth hanfodol bwysig. Heb y technolegau hyn, ni fyddai newid byd-eang y diwydiannau trwm ac ysgafn

▲ **Ffigur 1.19** Weithiau, mae pobl wedi galw llongau cynwysyddion sy'n cario nwyddau o amgylch y byd yn 'llif gwaed globaleiddio'.

▲ **Ffigur 1.20** Bu Gwraig Cyn-Arlywydd yr Unol Daleithiau, Michelle Obama, yn cymryd rhan yn yr ymgyrch #BringBackOurGirls a gododd ymwybyddiaeth fyd-eang am herwgipio 276 o ferched ysgol yn Chibok, Nigeria

wedi digwydd. Pan ddaeth China yn amlwg yn yr 1980au a'r 1990au fel 'gweithdy newydd y byd' roedd yn dibynnu ar longau cynwysyddion i allforio niferoedd mawr o nwyddau i farchnadoedd datblygedig a marchnadoedd eraill a oedd yn dod yn gynyddol amlwg (gweler Ffigur 1.19).

Ers yr 1990au, mae technoleg wedi cefnogi twf esbonyddol mewn llifoedd data, ynghyd â symudiad niferoedd uwch nag erioed o'r blaen o bobl.

- Yn 2017, cafodd 15 setabeit o ddata eu trosglwyddo drwy ganolfannau data byd-eang. Mae hyn yn faint anesboniadwy o fawr o wybodaeth. Mae'n cyfateb â chynnwys y cof mewn *triliynau* o ffonau – meddyliwch faint o ffilmiau, delweddau, sgyrsiau a darnau o ddata y mae hyn yn ei gynrychioli.
- Gall achosion cymdeithasol fynd yn firol o fewn eiliad: mae llwyddiant ymgyrchoedd codi ymwybyddiaeth fel *#Kony2012* a *#BringBackOurGirls* yn dangos sut mae technoleg yn hwyluso lledaeniad syniadau yn gyflym drwy'r byd i gyd (gweler Ffigur 1.20).
- Mae technoleg gwybodaeth a chyfathrebu hefyd yn meithrin globaleiddio diwylliannol – sydd wedi ei ddiffinio yma fel twf diwylliant byd-eang lle mae gan bawb yr un patrymau a normau cymdeithasol. Pan gafodd y gân *Gangnam Style* ei ryddhau gan Psy yn 2012,

dyma oedd y fideo cerddoriaeth cyntaf i gael ei wylio fwy na 1 biliwn o weithiau ar-lein. Roedd y porthiant RSS ar YouTube gan boblogaeth ddiaspora fawr De Korea wedi helpu'r gân i ymledu drwy'r byd i gyd; a thynnwyd tipyn o sylw ati pan fu sêr fel Britney Spears a Tom Cruise yn cyhoeddi negeseuon amdani.

- Mae mwy na chwarter biliwn o bobl yn byw erbyn hyn mewn gwledydd na chawson nhw eu geni ynddynt. Gallwn ni ystyried bod technoleg wedi achosi llifoedd cynyddol o bobl o amgylch y byd, symudiad sydd, yn ei dro, yn cynhyrchu mathau eraill o lif byd-eang. Mae'r llifoedd o daliadau sy'n cael eu cynhyrchu gan fudwyr economaidd yn cyfrannu 500 biliwn o ddoleri UDA i systemau economaidd byd-eang bob blwyddyn; mae mudwyr hefyd yn cludo eu syniadau a'u diwylliant eu hunain pan maen nhw'n teithio. Ond, heb fathau gwahanol o gludiant, ni fyddai unrhyw ran o hyn yn digwydd.

- Yn gynyddol, mae mudo'n cael ei gefnogi hefyd gan dechnoleg ddigidol. Yn 2015, bu grŵp ar Facebook o'r enw Stations of the Forced Wanderers yn helpu mwy na 100,000 o ffoaduriaid i gyfnewid cyngor am y ffordd orau o osgoi'r awdurdodau a chanfod llwybrau ar draws ffiniau Ewropeaidd gan ddefnyddio gwybodaeth GPS.

- Gall y ffordd y mae lleoedd yn cael eu cynrychioli yn y cyfryngau ar-lein effeithio ar benderfyniad cychwynnol pobl i fudo hefyd. Os bydd ffilmiau YouTube yn portreadu gwlad benodol mewn ffordd gadarnhaol, gallai hynny berswadio gwylwyr mewn gwledydd eraill i symud yno.

- Gall mudo fod yn haws yn seicolegol pan fydd pobl yn gallu cynnal perthynas gymdeithasol o bell ar-lein. Mae gwasanaethau rhad ac am ddim fel Skype a Messenger, yn caniatáu i fudwyr gynnal cysylltiadau cryf â theulu a chyfeillion y maen nhw wedi eu gadael ar ôl.

▲ **Ffigur 1.21** Brandiau byd-eang adnabyddus yn dangos eu presenoldeb ar stryd fawr ym Manceinion

Safbwynt 2: Corfforaethau trawswladol yw prif achos globaleiddio

Mae corfforaethau trawswladol wedi chwarae rôl ganolog yn nhwf globaleiddio. Mae'r busnesau gweithgynhyrchu ac adwerthu mwyaf wedi adeiladu rhwydweithiau cynhyrchu a defnydd byd-eang estynedig (gweler Ffigur 1.21). Maen nhw'n defnyddio gwahanol strategaethau buddsoddi i ehangu eu gweithrediadau. Mae'r rhain yn amrywio o sefydlu ffatrïoedd a swyddfeydd newydd am gost isel mewn economïau sy'n gynyddol amlwg, i ddefnyddio strategaethau globaleoleiddio (*glocalisation*) sy'n helpu cwmnïau i ddod yn gyfarwydd i ddefnyddwyr mewn cyd-destunau lleol hynod o amrywiol.

Nid am globaleiddio economaidd yn unig y mae'r cwmnïau hyn yn gyfrifol. Maen nhw hefyd yn dod â newidiadau cymdeithasol a diwylliannol i systemau byd-eang.

- Dyfodiad cwmnïau fel McDonald's a Yum! Gallai brandiau (KFC) newid hoffterau diwylliannol poblogaeth gwlad. Yn arbennig, mae gan gwmnïau bwyd rywfaint o gyfrifoldeb am gyflwyno cig a chynnyrch llaeth i wledydd lle'r oedd y deiet yn draddodiadol lysieuol. Yn ôl Sefydliad Bwyd ac Amaeth y Cenhedloedd Unedig, mae globaleiddio wedi arwain at newid dramatig yn y deiet Asiaidd – o'u bwydydd arferol (fel reis) i fwyta mwy o dda byw a chynnyrch y llaethdy, llysiau a ffrwythau, a brasterau ac olewau.

- Mae newidiadau diwylliannol byd-eang llai amlwg wedi digwydd o ganlyniad i lwyddiant ysgubol cwmnïau technoleg a chyfryngau yn yr Unol Daleithiau, fel Apple a Google. Mae eu systemau gweithredu a'u meddalwedd wedi cyfrannu at ymlediad byd-eang nid yn unig yr iaith Saesneg, ond hefyd, traddodiadau diwylliannol Ewrop a Gogledd America. Er enghraifft, mae gwyliau a digwyddiadau Gorllewinol traddodiadol – yn cynnwys y Nadolig, Calan Gaeaf a Diwrnod Sant Ffolant – yn ymddangos ar apiau calendr yr iPhone. Mae cwmnïau cyfryngau byd-eang, yn cynnwys y BBC, Disney ac MTV hefyd yn nodi'r amseroedd hyn o'r flwyddyn yn y mathau o raglenni maen nhw'n eu cynnig. Yn arbennig, cafwyd rhywfaint o wrthwynebiad i hyn yn Pacistan – yn 2016, cyhoeddodd yr Arlywydd Mamnoon Hussain bod Diwrnod Sant Ffolant yn 'fewnforyn diwylliannol o'r Gorllewin' sy'n bygwth gwerthoedd Pacistanaidd (gweler tudalen 73).

Nid gweithgynhyrchu a chwmnïau technoleg/y cyfryngau yn unig sydd wedi chwarae rôl bwysig mewn globaleiddio. Mae cwmnïau bwyd, mwyngloddio ac ynni mwyaf y byd wedi cael dylanwad mawr hefyd. Mae rhai amaeth-fusnesau, fel corfforaeth drawswladol yr Unol Daleithiau, Cargill, wedi globaleiddio eu gweithredoedd mewn ffyrdd sydd wedi gweddnewid bywydau cymdeithasau gwledig mewn gwledydd sy'n datblygu ac sy'n dod yn gynyddol amlwg. Mae cnydau gwerthu fel soia yn cael eu tyfu ar raddfa gynyddol i fwydo'r galw cynyddol gan ddefnyddwyr mewn marchnadoedd byd-eang; mae cwmnïau ynni yn parhau i chwilio'r blaned am adnoddau tanwydd ffosil i'w defnyddio.

- Weithiau, mae pobl yng nghefn gwlad yn cael eu gadael heb dir oherwydd y cipiadau tir, fel y mae pobl yn eu galw nhw, a allai ddigwydd oherwydd gweithgareddau corfforaethau trawswladol (gweler tudalen 164).

- O ganlyniad, mae miliynau o fudwyr gwledig wedi cyrraedd dinasoedd yn Affrica, Asia ac America Ladin lle maen nhw'n llawer mwy tebygol o wynebu dylanwadau diwylliannol byd-eang neu hyd yn oed ymuno â gweithlu sy'n cynhyrchu nwyddau brand i gorfforaethau trawswladol.

Yn olaf, mae'n rhaid i ni gofio rôl fyd-eang bwysig y corfforaethau trawswladol o'r sector ariannol. Mae'r categori hwn yn cynnwys banciau, broceriaid, cyfrifyddion, ymgynghoriaeth, buddsoddi a chwmnïau cyfreithiol. Un farn sydd gan bobl yw bod gan y cwmnïau hyn y dylanwad mwyaf o bawb dros globaleiddio, am fod llywodraethau'r byd yn mynd ati drwy'r amser i ateb dymuniadau'r cwmnïau hyn am bolisïau marchnad rydd a masnach 'ddiffwdan' mewn marchnadoedd arian. Yn ôl y bobl sy'n eu beirniadu, mae symudiadau cyfalaf sy'n cael ei sianelu o amgylch y blaned gan gorfforaethau trawswladol yn y sector ariannol, wedi dod â buddion anghymesur i elît byd-eang sydd eisoes yn gyfoethog ac a fydd yn elwa os byddan nhw'n annog globaleiddio 'busnes fel arfer' (gweler tudalen 143).

Safbwynt 3: Mae technoleg a chorfforaethau trawswladol yr un mor bwysig â'i gilydd oherwydd eu rhyng-berthnasau

Pan fyddwn ni'n gofyn am bwysigrwydd y corfforaethau trawswladol a thechnoleg mewn cymhariaeth â'i gilydd, efallai ein bod ni'n gofyn y cwestiwn anghywir. Y rheswm dros hynny yw bod rhyngberthynas mor ddwfn rhwng y ddau endid, nes ei bod hi'n amhosibl dweud y gwahaniaeth rhyngddyn nhw, yn aml iawn. Er enghraifft, ydych chi'n meddwl am Google a Microsoft fel technolegau neu fusnesau? Mae'r iPhone yn ddarn o dechnoleg, wrth gwrs, ond hwn hefyd yw prif gynnyrch Apple, corfforaeth drawswladol fwyaf y byd yn ôl ei werth yn y farchnad yn 2018 a'r cwmni cyntaf erioed i fod â gwerth tebygol o fwy nag 1 triliwn o ddoleri. Yr ail gwmni i basio'r un garreg

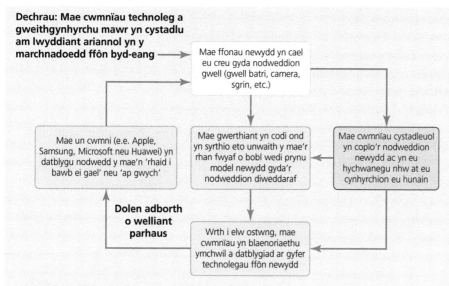

Dechrau: Mae cwmnïau technoleg a gweithgynhyrchu mawr yn cystadlu am lwyddiant ariannol yn y marchnadoedd ffôn byd-eang

Mae ffonau newydd yn cael eu creu gyda nodweddion gwell (gwell batri, camera, sgrin, etc.)

Mae un cwmni (e.e. Apple, Samsung, Microsoft neu Huawei) yn datblygu nodwedd y mae'n 'rhaid i bawb ei gael' neu 'ap gwych'

Mae gwerthiant yn codi ond yn syrthio eto unwaith y mae'r rhan fwyaf o bobl wedi prynu model newydd gyda'r nodweddion diweddaraf

Mae cwmnïau cystadleuol yn copïo'r nodweddion newydd ac yn eu hychwanegu nhw at eu cynhyrchion eu hunain

Dolen adborth o welliant parhaus

Wrth i elw ostwng, mae cwmnïau yn blaenoriaethu ymchwil a datblygiad ar gyfer technolegau ffôn newydd

▲ **Ffigur 1.22** Mae adborth cadarnhaol mewn systemau byd-eang yn esbonio pam mae ffonau wedi datblygu eu galluoedd ar garlam yn y blynyddoedd diwethaf

filltir o ran ei werth oedd Amazon, sef enghraifft arall o gwmni sydd hefyd yn creu technolegau, sy'n cyflymu globaleiddio ymhellach.

Mae David Harvey wedi ysgrifennu llawer am y ffordd y mae cyfalafiaeth fyd-eang yn dibynnu ar gylchoedd parhaus o arloesi sydd wedi eu gyrru gan fusnesau sy'n chwilio am fwy o elw. Mae tystiolaeth i gefnogi'r ddadl hon ym mhobman o'n hamgylch: cafodd y rhan fwyaf o'r technolegau y mae globaleiddio'n dibynnu arnyn nhw, eu datblygu gan gorfforaethau trawswladol, yn cynnwys IBM, Microsoft ac, yn fwy diweddar, y FANGs (Facebook, Amazon, Netflix, Google). Mewn economïau datblygedig, lle mae marchnadoedd yn mynd yn ddirlawn yn gyflym iawn, y flaenoriaeth ymchwil ar gyfer y cwmnïau hyn ers cryn amser yw dyfeisio cynnyrch sydd hyd yn oed yn well nag o'r blaen. Yn fwy na dim, rhan o'r rhesymeg y tu ôl i rannu llafur yn ofodol (gweler tudalen 29) yw gostwng costau cynhyrchu fel bod modd ail fuddsoddi mwy o elw mewn ymchwilio a datblygu cynhyrchion newydd. Mae cwmnïau fel Apple yn gwneud defnydd gwych o hysbysebion sy'n ceisio darbwyllo'r cwsmeriaid presennol y dylen nhw gael gwared â'u ffôn presennol (sy'n gweithio'n iawn) am nad oes ganddo'r nodweddion sydd gan y modelau diweddaraf.

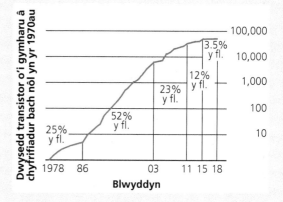

▲ **Ffigur 1.23** Graff lled-logarithmig sy'n dangos Deddf Moore (y grym prosesu sydd ar gael i gyfrifiaduron – wedi ei benderfynu gan ddwysedd transistor – yn dyblu bob dwy flynedd rhwng tua 1980 a'r 2000au cynnar). *Graffigyn FT; Ffynonellau: Computer Architecture gan John Hennessy a David Patterson; Bloomberg*

Yn fyr, pan fydd elw'n dechrau gostwng, mae'r ysgogiad yn codi i'r corfforaethau trawswladol hyn fuddsoddi'n drwm mewn technolegau newydd. Maen nhw'n gwneud hynny am fod ganddyn nhw ofn colli eu safle fel busnesau sydd ar y brig (gweler Ffigur 1.18). Yn ei dro, gallai'r arloesi newydd mewn ffonau a dyfeisiau bwrdd gwaith greu'r angen am allu lawrlwytho data yn gyflymach. Mae hyn yn rhoi hwb i gyflenwyr ceblau opteg ffibr a chwmnïau data ffonau symudol i wella eu technolegau nhw hefyd. Canlyniad hynny yw cylch parhaus o arloesi wedi'i yrru gan gwmnïau caledwedd, meddalwedd ac isadeiledd sy'n cystadlu â'i gilydd. Weithiau, mae'r cylch hwn yn cael ei gyflymu ymhellach pan fydd corfforaethau trawswladol yn cydsoddi ac yn cael eu prynu (gweler tudalen 27). Prynwyd Android gan Google; Prynwyd LinkedIn gan Microsoft; Mae Instagram yn berchen i Facebook.

Mae'r ddolen arloesi dechnolegol gyson hon – sy'n cael ei gyrru gan fusnesau ac sydd, yn eu tro, yn gyrru globaleiddio – yn fath o **adborth cadarnhaol** (gweler Ffigur 1.22). Mae Deddf Moore yn rhoi tystiolaeth empirig o hyn, sef gosodiad sy'n dweud bod perfformiad sglodyn cyfrifiadur yn dyblu yn ei rym bob dwy flynedd. Rhwng 1970 a thua'r flwyddyn 2010, cynyddodd cyflymder y cyfrifiaduron yn unol â'r rheol hon (yn fwy diweddar, mae'n ymddangos bod y datblygiadau wedi cyrraedd rhyw fath o gyfyngiadau technolegol sylfaenol o'r diwedd). Canlyniad hyn oedd twf esbonyddol yng ngalluoedd cyfrifiaduron, tabledi ac yn fwy diweddar ffonau. Mae Ffigur 1.23 yn dangos y berthynas hon (mae'r graff yn defnyddio echelin y logarithmig ac felly mae'n dangos llinell syth yn hytrach na llinell grom).

I grynhoi, mae datblygiadau enfawr ym mhŵer y cyfrifiadur wedi helpu i saethu systemau byd-eang i mewn i'r unfed ganrif ar hugain – ond mae hyn wedi digwydd am fod corfforaethau trawswladol fel Microsoft, Apple a'u partneriaid niferus yn chwilio am ffyrdd o achub y blaen ar y gystadleuaeth drwy'r amser, er mwyn sicrhau elw ariannol o'u buddsoddi byd-eang.

Dod i gasgliad gyda thystiolaeth

I ba raddau y dylai naill ai technoleg neu gorfforaethau trawswladol gael eu dal yn fwyaf cyfrifol am gyflymu globaleiddio yn y degawdau diwethaf? Mae'r drafodaeth hon wedi dangos nad oes un casgliad syml i gwestiwn o'r fath. Gallwn ni ystyried gwahanol fathau o dechnoleg neu gategori o gorfforaeth drawswladol fel rhywbeth sydd wedi achosi agwedd benodol o'r globaleiddio (ond nid twf y system fyd-eang gyfan). Gallwn ni ddadlau, er enghraifft, mai'r arloesi mewn trafnidiaeth yw'r grym sydd wedi datgloi potensial pobl i fudo, gan achosi *globaleiddio cymdeithasol a diwylliannol* ar raddfa fyd-eang – a dim ond rôl gefnogol sydd gan gorfforaethau trawswladol i'w chwarae yn yr

---

🔑 **TERMAU ALLWEDDOL**

Newid byd-eang Adleoliad rhyngwladol mathau gwahanol o weithredu diwydiannol, yn enwedig diwydiannau gweithgynhyrchu. Ers yr 1960au, mae rhai gweithgareddau economaidd wedi diflannu bron yn llwyr o Ewrop a Gogledd America. Yn eu tro, mae'r un gweithgareddau yn ffynnu erbyn hyn yn Asia, De America a fwyfwy yn Affrica. Mae'r term yn cael ei gysylltu'n aml iawn â gwaith y daearyddwr Peter Dicken.

Cipio tir Caffael darnau mawr o dir mewn gwledydd sy'n datblygu gan rymoedd o fewn y wlad neu fuddsoddwyr rhyngwladol, llywodraethau a chronfeydd cyfoeth sofran. Gallai pobl frodorol sydd wedi byw ar dir penodol am ganrifoedd neu filenia, glywed nad oes ganddyn nhw bellach yr hawl i aros yn y fan lle maen nhw wedi byw erioed.

Elît Grŵp o bobl sy'n rymus yn economaidd a/neu yn gymdeithasol. Mae llawer ohonyn nhw'n bobl broffesiynol fedrus iawn, er enghraifft pobl ag arbenigedd mewn cyllid, chwaraeon neu'r celfyddydau. Efallai fod arian yr elît tra-chyfoethog wedi ei etifeddu neu yn deillio o fentergarwch. Gall y mudwyr elît symud i wledydd newydd am resymau gwaith neu efallai i ddiogelu eu cyfoeth rhag trethiant eithafol mewn gwladwriaethau eraill.

FANGs Acronym am bedair corfforaeth drawswladol dechnolegol eithriadol o broffidiol: Facebook, Amazon, Netflix a Google.

Adborth Cadarnhaol Pan mae newid mewn system yn sbarduno newidiadau 'cynyddol' neu 'gaseg eira' pellach. O ganlyniad i'r rhain, mae'r newidiadau yn y system yn cyflymu mewn ffyrdd a allai fod yn amhosibl eu rheoli.

hanes arbennig hwn. Neu gallwn ni ystyried y corfforaethau trawswladol fel y grym sy'n gyrru *globaleiddio economaidd* – oherwydd y ffordd y maen nhw'n cyd-blethu'r rhwydweithiau cyflenwi mawr drwy'r byd i gyd sy'n rhoi eu bwydydd, nwyddau a gwasanaethau pob dydd i bobl mewn llawer o wledydd.

Fel rydyn ni wedi'i weld, gallwch chi hefyd ddadlau'n gryf bod corfforaethau trawswladol a thechnoleg wedi helpu *ar y cyd* i siapio globaleiddio yn ystod y degawdau diwethaf. Ond, nid dim ond mater o ddod i'r casgliad bod y 'ddau yn bwysig' yw hyn. Yn hytrach, maen nhw wedi

eu cysylltu mor agos nes eu bod, yn eu hanfod, yn ddwy ochr i'r un geiniog. Yn gynyddol, mae corfforaethau trawswladol hyd yn oed yn datblygu ac yn talu am y ceblau opteg ffibr y mae cysylltedd byd-eang yn dibynnu arno erbyn hyn (fel yr oedd Ffigur 1.13 yn ei ddangos). Yn aml iawn, mae'r grymoedd cymdeithasol sy'n siapio arloesi technolegol, yr un peth â'r rhai sy'n gyrru ehangiad corfforaethau trawswladol i mewn i farchnadoedd newydd. Yn arwain y ddau, y mae pobl sy'n ymdrechu i sicrhau mantais mewn economi byd-eang cystadleuol iawn; a chanlyniad y ddau yw rowndiau pellach o globaleiddio.

Crynodeb o'r bennod

✔ Gallwn ni feddwl am holl bobl, lleoedd ac amgylchiadau'r byd fel petaen nhw wedi eu cysylltu â'i gilydd gan lifoedd arian, pobl, syniadau, gwybodaeth, gwasanaethau a nwyddau. Dros amser, mae'r systemau byd-eang wedi tyfu mewn maint a chymhlethdod.

✔ Mae globaleiddio yn derm ymbarél am amrywiaeth o brosesau o newid sydd wedi sbarduno newid mawr yn nhwf y system fyd-eang dros y degawdau diwethaf. Mae'r newidiadau allweddol yn cynnwys y ffordd y mae llifoedd byd-eang wedi mynd yn hirach ac yn gyflymach, ac erbyn hyn, sut maen nhw'n gwthio'n ddyfnach i mewn i gymdeithasau a lleoedd nag oedden nhw yn y gorffennol.

✔ Mae globaleiddio yn syniad y mae pobl yn dadlau yn ei gylch, a gallwn ei ddiffinio a'i ddadansoddi mewn nifer o ffyrdd. Un dull yw ei astudio fel proses aml-linyn gyda dimensiynau economaidd, cymdeithasol, diwylliannol a gwleidyddol. Mae

gan wahanol bobl farn wahanol am gostau a buddion pob agwedd o globaleiddio.

✔ Mae gwelliannau mewn trafnidiaeth a thechnoleg dros amser wedi arwain at gywasgiad amser-gofod a'r effaith o fyd sy'n lleihau. Mae llifoedd data byd-eang wedi gweddnewid y ffordd y mae pobl yn gweithio, yn meddwl ac yn cyfathrebu ar raddfa fyd-eang.

✔ Mae masnach a chorfforaethau trawswladol yn ganolog i dwf y systemau byd-eang a globaleiddio. Trwy rychwantu pob sector o ddiwydiant, mae corfforaethau trawswladol yn cysylltu pobl â'i gilydd drwy eu rhwydweithiau cynhyrchu, dosbarthu a defnyddio. Y corfforaethau trawswladol sy'n cyfeirio'r llifoedd cyfalaf, nwyddau a gwasanaethau o amgylch y byd; un sgil-gynnyrch pwysig i hynny yw'r llif syniadau (yn cynnwys gwerthoedd a diwylliant).

✔ Trwy gydweithio ochr yn ochr â'i gilydd, mae technoleg a chorfforaethau trawswladol yn rymoedd deuol sydd wedi ailsiapio'r byd dros y degawdau diwethaf. Mae cwmnïau technoleg mawr, yn cynnwys Apple, Google, Facebook ac Amazon ar flaen y chwyldro diwydiannol diweddaraf hwn sy'n digwydd drwy'r byd i gyd.

Cwestiynau adolygu

1. Beth yw ystyr y termau daearyddol canlynol? Llif byd-eang; norm byd-eang; tra-chysylltiedig.

2. Gan ddefnyddio enghreifftiau, esboniwch sut mae globaleiddio modern yn wahanol i'r camau cynharach yn natblygiad y byd.

3. Esboniwch pam mae rhai pobl yn ystyried globaleiddio'n beth cadarnhaol tra bod gan bobl eraill safbwynt fwy negyddol.

4. Gan ddefnyddio enghreifftiau, amlinellwch ystyr: globaleiddio economaidd; globaleiddio cymdeithasol; globaleiddio diwylliannol; a globaleiddio gwleidyddol.

5. Amlinellwch gryfderau a gwendidau Mynegai Globaleiddio KOF.

6. Gan ddefnyddio enghreifftiau, esboniwch sut mae'r technolegau canlynol wedi cyfrannu at dwf y system fyd-eang: llongau cynwysyddion; hedfan; cebl opteg ffibr; gwasanaethau'r cyfryngau cymdeithasol.

7. Beth yw ystyr y termau daearyddol canlynol? Cyfalafiaeth fyd-eang; tramori; allanoli; cyd-fenter; globaleoleiddio.

8. Gan ddefnyddio enghreifftiau, amlinellwch resymau pam mae rhai corfforaethau trawswladol yn rhannu llafur yn ofodol.

9. Esboniwch pam mae corfforaethau trawswladol yn y sector technoleg, fel y FANGs, wedi dod yn gyfranogwyr allweddol mewn systemau byd-eang.

Gweithgareddau trafod

1. Yn unigol, tynnwch lun map meddwl i ateb y cwestiwn hwn: 'Faint ydw i wedi globaleiddio?' Mae'r dasg hon yn edrych yn gymhleth ond mae'n syml, ac mae angen cael fframwaith dadansoddol. Er enghraifft, efallai hoffech chi ystyried faint rydych chi wedi'ch globaleiddio yn economaidd neu'n ddiwylliannol. Neu, efallai hoffech chi ystyried sut rydych chi wedi cyfranogi mewn gwahanol lifoedd byd-eang – ydych chi wedi cysylltu mewn unrhyw ffordd â llifoedd byd-eang o bobl, syniadau a nwyddau? Ym mha ffordd? Ceisiwch ysgrifennu tua un ochr o dudalen A4. Ewch ati i gydweithio mewn grwpiau bach a chymharu eich atebion ar ôl gorffen.

2. Mewn grwpiau, trafodwch i ba raddau y mae pobl o'ch grŵp oedran chi yn mwynhau dull o fyw sy'n fwy byd-eang na dull o fyw eich mam-gu a thad-cu neu bobl eraill rydych chi'n eu hadnabod yn y genhedlaeth hŷn. Meddyliwch faint o wahanol ddiwylliannau a syniadau rydych chi wedi dod ar eu traws, er enghraifft. Sut allwch chi esbonio unrhyw wahaniaethau rydych chi wedi eu gweld rhwng grwpiau oedran?

3. Mewn grwpiau, ysgrifennwch ddiffiniad o globaleiddio (heb gyfeirio at unrhyw beth sydd wedi ei ysgrifennu yn y llyfr hwn, neu yn unrhyw le arall). Yna, cymharwch yr hyn rydych chi wedi'i ysgrifennu gyda phobl eraill, a hefyd gyda'r diffiniadau yn Ffigur 1.3 (gweler tudalen 5). Beth ydych chi wedi'i gynnwys a beth ydych chi heb ei gynnwys (ond a fyddai'n iawn ei gynnwys) yn eich diffiniad?

4. Mewn parau, ymchwiliwch i ddaearyddiaeth unrhyw gorfforaeth drawswladol y mae gennych chi ddiddordeb ynddi. Gallai hon fod yn gwmni cyfryngau, cynhyrchydd bwyd, cwmni olew, banc neu rywbeth arall yn llwyr. Ceisiwch ddod o hyd i fanylion y rhwydweithiau cynhyrchu a defnyddio sy'n gysylltiedig â'r cwmni rydych chi wedi'i ddewis (y gwledydd lle mae nwyddau a gwasanaethau'n cael eu gwneud, a'r gwledydd lle maen nhw'n cael eu gwerthu a'u defnyddio). Chwiliwch am dystiolaeth o'r strategaethau y mae corfforaethau trawswladol yn eu defnyddio, fel cyd-fentrau neu globaleoleiddio. Pan fydd pob pâr o fyfyrwyr wedi cwblhau eu hymchwiliad, gallwch rannu'r canfyddiadau gyda'r dosbarth, yn rhan o gyflwyniad ffurfiol efallai.

FFOCWS Y GWAITH MAES

Mae'r testun 'globaleiddio' yn rhoi cyfleoedd diddorol i chi i ddyfeisio ymchwiliad annibynnol creadigol. Bydd angen i unrhyw un sydd eisiau gwneud y math hwn o waith, feddwl yn gritigol am y ffordd orau o fesur globaleiddio (dydy hynny ddim yn beth syml i'w wneud bob tro).

A Cymharu dau le gwahanol i weld faint maen nhw wedi eu globaleiddio. Yn gyntaf, mae angen i chi ddyfeisio fframwaith dadansoddol i'ch helpu i ddeall faint mae eich lleoedd dewisedig wedi 'globaleiddio': nodi meini prawf mesuradwy arbennig sy'n cynrychioli globaleiddio economaidd, globaleiddio cymdeithasol, globaleiddio diwylliannol, etc. Er enghraifft, efallai y byddwch chi eisiau edrych ar y gyfran o adwerthwyr rhyngwladol (corfforaethau trawswladol) sydd i'w gweld ar y stryd fawr. Gallech chi hefyd chwilio am ddata eilaidd sy'n dangos y nifer o bobl ym mhob ardal sydd wedi symud yno o wlad dramor, yn ôl bob tebyg.

Gallai astudiaeth o globaleoleiddio diwylliannol gynnwys gofyn i bobl sy'n cerdded heibio i lenwi holiadur am y bwyd y maen nhw'n ei fwyta, neu'r rhaglenni teledu y maen nhw'n eu gwylio, er mwyn ceisio darganfod pa mor 'fyd-eang' yw eu blas a'u hoffterau diwylliannol. Os byddwch chi'n dyfeisio astudiaeth uchelgeisiol fel hyn, mae llawer o heriau i'w hwynebu ond gallai'r canlyniadau fod yn werth chweil a gallech chi gael marc uchel.

B Cyfweld â phobl sydd wedi eu dewis o wahanol grwpiau oedran neu ethnigrwydd er mwyn ymchwilio i ba raddau y mae grwpiau cyferbyniol o bobl yn cymryd rhan mewn systemau byd-eang. Mae'r math hwn o astudiaeth yn defnyddio techneg samplu haenedig: er enghraifft, efallai y byddwch chi'n penderfynu gosod targed i gyfweld â nifer penodol o bobl sy'n iau na 30 oed a grŵp arall sydd dros 70 oed. Gallai'r holiadur ganolbwyntio ar brofiadau teithio pobl neu eu defnydd o'r cyfryngau cymdeithasol.

Deunydd darllen pellach

Castree, N., Coe, N., Ward, K.G. a Samers, M. (2003) Spaces of Work: Global Capitalism and Geographies of Labour. Llundain: Sage.

Dicken, P. (2014) Global shift: mapping the changing contours of the world economy. 7fed arg. Llundain: Sage.

Harvey, D. (1989) The Condition of Postmodernity. Rhydychen: Blackwell.

Held, D., McGrew, A., Goldblatt, D. a Perraton, J. (1999) Global Transformations: Politics, Economics and Culture. Caergrawnt: Polity Press.

Martin, R. (2004) Geography: making a difference in a globalizing world. Transactions of the Institute of British Geographers, 29(2), 147–150.

Massey, D. (1993) Politics and space/time. Yn: M. Keith a S. Pile, gol. Place and the Politics of Identity. Llundain: Routledge.

Stiglitz, J. (2002) Globalisation and its Discontents. Llundain: Allen Lane.

Waters, M. (2000) Globalization. 2il arg. Llundain: Routledge.

Cydberthnasau grym mewn systemau byd-eang

Dydy pobl a busnesau ddim yn rhydd i grwydro o amgylch y byd fel y mynnon nhw. Mae'n rhaid i lywodraethau cenedlaethol gytuno yn y lle cyntaf i gymryd rhan mewn globaleiddio, drwy ganiatáu i wahanol lifoedd byd-eang groesi eu ffiniau. Mae'r bennod hon:

- yn esbonio'r strategaethau y mae llywodraethau cenedlaethol yn eu defnyddio i ddod â phobl a lleoedd lleol yn rhan o lifoedd byd-eang
- yn ymchwilio i ddylanwadau uwchwladol ar fasnach fyd-eang, symudiad rhydd pobl a llifoedd syniadau
- yn dadansoddi'r amrywiol ffyrdd y mae gwladwriaethau pwerus yn dylanwadu ar y ffordd y mae systemau byd-eang yn gweithio er eu budd nhw eu hunain
- yn gwerthuso i ba raddau y mae globaleiddio'n cynnwys gorfodi syniadau Gorllewinol ar weddill y byd.

CYSYNIADAU ALLWEDDOL

Pŵer Y gallu i ddylanwadu ar bobl eraill drwy gynnal yr ecwilibriwm neu achosi newid yn fwriadol. Mae pŵer yn cael ei roi i ddinasyddion, llywodraethau, sefydliadau a chyfranogwyr eraill ar wahanol raddfeydd daearyddol. Mae'n bosibl y bydd tegwch a diogelwch o ran yr economi a'r amgylchedd yn cael ei ennill neu ei golli, o ganlyniad i sut mae grymoedd pwerus yn gweithredu.

Graddfa Cysyniad trefnu pwysig ar gyfer daearyddiaeth: gallwn ni adnabod strwythurau, llifoedd, lleoedd ac amgylcheddau ar amrywiaeth o raddfeydd daearyddol, yn cynnwys ardaloedd lleol a thiriogaethau (gwladwriaethau) cenedlaethol.

Gwladwriaeth Pŵer mawr Gwlad sy'n defnyddio ei phŵer a'i dylanwad ar raddfa fyd-eang go iawn.

Uwchwladol Graddfa ddaearyddol sy'n mynd y tu hwnt i ffiniau cenedlaethol. Efallai fod gan sefydliadau a chytundebau uwchwladol bwerau sy'n cynyddu neu'n mynd y tu hwnt i ddylanwad llywodraethau cenedlaethol.

 Llywodraethau cenedlaethol a llifoedd byd-eang

▶ *Sut a pham mae llywodraethau cenedlaethol wedi caniatáu i rai llifoedd byd-eang weithredu'n haws nag eraill?*

Masnach rydd a pholisïau buddsoddi

Mae rhai gwledydd wedi integreiddio i raddau llawer mwy nag eraill i'r systemau ariannol a'r marchnadoedd byd-eang, ac mae'r graddau hyn yn amrywio'n fawr. Mae rhai gwledydd yn llawer mwy agored i fasnach rydd a llifoedd buddsoddi nag eraill oherwydd gweithredoedd ac agweddau eu llywodraethau cenedlaethol. Mae llawer o bethau gwleidyddol yn rhwystro llifoedd byd-eang yn y byd go iawn, ac mae'n hawdd teimlo bod y rhain yn gwrth-brofi'r ddelwedd o 'fyd sy'n lleihau' (gweler tudalen 18):

- Roedd rhai o'r sylwadau am y globaleiddio a welsom ar dudalen 5 fel petaen nhw'n awgrymu mai glôb heb ffiniau na rhwystrau yw'r byd, lle gall cwmnïau grwydro'n rhydd dros yr wyneb fel chwaraewyr ar fwrdd Monopoly, yn prynu eiddo bob tro mae'r dis yn rholio (gweler Ffigur 2.1).
- Daeth y math hwn o ddelwedd o fyd hyperglobal yn llawer mwy poblogaidd tua throad y mileniwm; yn yr 1990au, roedd y traethawd 'End of History' gan Francis Fukuama yn dadlau bod ymlediad syniadau Gorllewinol a normau marchnad rydd neo-ryddfrydol (gweler tudalen 8) o amgylch y byd yn cynrychioli 'project gorffenedig' yn natblygiad y byd.
- Ond mae'r byd heddiw yn teimlo'n wahanol iawn ac yn mynd yn fwy gwahanol drwy'r amser. Mae'r rhwystrau i fyd masnach a symudiadau pobl yn cynyddu, nid yn lleihau, mewn rhai rhannau o'r byd. Yn nes ymlaen yn y llyfr hwn, mae Pennod 6 yn edrych yn feirniadol ar faint y mae 'siociau byd-eang' diweddar wedi herio'r syniad bod globaleiddio yn rym na allwn ni ei atal.

Mae'r adran hon yn canolbwyntio ar y ffordd y mae llywodraethau cenedlaethol wedi *helpu* masnach fyd-eang a llifoedd buddsoddi ar draws eu ffiniau i dyfu'n fawr o ran eu maint, rhwng yr 1980au a dechrau'r 2000au (gweler Ffigur 2.2). Cafodd amrywiaeth o bolisïau neo-ryddfrydol, cyfreithiau ac offer economaidd eu defnyddio mewn gwahanol leoedd ac ar wahanol adegau gyda'r nod o ddenu buddsoddwyr byd-eang 'troedrydd'

▲ **Ffigur 2.1** Mewn gêm o Monopoly, mae rhai chwaraewyr yn gwibio o amgylch y bwrdd yn prynu pa bynnag eiddo y maen nhw'n glanio arnyn nhw. Ond, yn y byd go iawn, dydy buddsoddwyr byd-eang ddim bob amser yn cael mynd i mewn i farchnadoedd lleol, oherwydd polisïau a chyfreithiau'r llywodraeth. Yn y blynyddoedd diwethaf, mae rhwystrau wedi bod yn codi mewn rhai rhannau o'r byd

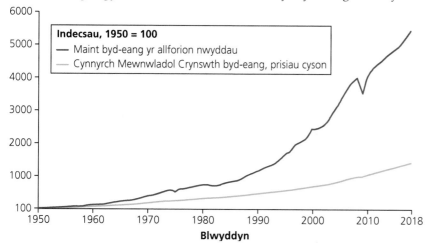

Indecsau, 1950 = 100
— Maint byd-eang yr allforion nwyddau
— Cynnyrch Mewnwladol Crynswth byd-eang, prisiau cyson

▲ **Ffigur 2.2** Mae'r data sydd wedi ei fynegeio yn y siart hwn (gwerth 1950 = 100) yn dangos cyfanswm y nifer byd-eang o nwyddau a allforiwyd ar raddfa bron yn esbonyddol rhwng 1950 a dechrau'r 2000au. Y rheswm dros hyn, yn rhannol, oedd agweddau cadarnhaol llywodraethau cenedlaethol tuag at gyfranogaeth mewn llifoedd masnach byd-eang.

TERMAU ALLWEDDOL

Diferu i lawr Yr effeithiau cadarnhaol ar ranbarthau (a phobl) mwy tlawd ar yr ymylon, wedi eu hachosi gan greu a chronni cyfalaf newydd mewn rhanbarthau craidd mwy cyfoethog (a'u cymdeithasau). Mae'r ymadrodd yn gysylltiedig hefyd â dadleuon neo-ryddfrydol sydd o blaid cyfraddau trethiant is (ar sail y ffaith eu bod yn gadael y bobl gyfoethog gyda mwy o arian i'w fuddsoddi mewn ffyrdd sydd o fudd i'r bobl dlawd).

Parth economaidd arbennig (*SEZ: Special economic zone*) Ardal ddiwydiannol, yn aml ger yr arfordir, lle mae amodau ffafriol yn cael eu creu i ddenu corfforaethau trawswladol tramor. Mae'r amodau hyn yn cynnwys cyfraddau treth isel ac eithriad rhag tariffau a thollau allforio.

▲ **Ffigur 2.3** Mae Canary Wharf yn Docklands Llundain yn un o brif ganolfannau ariannol y byd: mae llifoedd byd-eang mawr o fuddsoddi cyfalaf a llafur sgiliau uchel yn gwneud hwn yn rhywle sydd â llawer iawn o gysylltiadau. Mae penderfyniadau llywodraeth y DU wedi chwarae rôl hanfodol yn ei lwyddiant drwy greu trefn fuddsoddi ryddfrydol gan hefyd helpu i adfywio'r ardal

mewn marchnad fyd-eang gystadleuol. Mae'r polisïau hyn yn cynnwys sefydlu parthau masnach rydd, cyfundrefnau treth isel a rheoleiddio 'cyffyrddiad ysgafn' ar fuddsoddi uniongyrchol o dramor. Pan oedd Manuel Castelle yn ysgrifennu yn yr 1990au, roedd yn dadansoddi'r ffordd yr oedd llywodraethau'n defnyddio'r offer hwn yn strategol i sicrhau bod eu gwladwriaethau nhw'n ymuno â rhannau o'r economi byd-eang a'i 'gymdeithas o rwydweithiau'.

Neo-ryddfrydiaeth, dadreoleiddio a phreifateiddio

Mae Neo-ryddfrydiaeth – neu 'ryddfrydiaeth marchnad rydd' i ddefnyddio enw arall amdano – yn athroniaeth wleidyddol ac economaidd. Mae pobl yn ei gysylltu'n gryf â pholisïau'r Arlywydd Ronald Reagan yn yr Unol Daleithiau a llywodraeth Margater Thatcher yn y DU yn ystod yr 1980au; ar ôl y cyfnod hwn, cafodd y meddylfryd neo-ryddfrydol ei fabwysiadu gan wneuthurwyr polisi mewn gwledydd eraill hefyd. Yn ei hanfod, mae neo-ryddfrydiaeth yn dilyn dwy gred syml:

1 Mae ymyrraeth y llywodraeth mewn marchnadoedd – yn cynnwys marchnadoedd byd-eang a llifoedd ariannol – yn atal datblygiad economaidd gwlad.
2 Wrth i'r cyfoeth cyffredinol gynyddu, bydd yn diferu i lawr o aelodau cyfoethocaf y gymdeithas i'r tlotaf.

Yn y DU, roedd neo-ryddfrydiaeth yn golygu nad oedd cymaint o gyfyngiadau ar y ffordd yr oedd cwmnïau a banciau yn gweithredu. Er enghraifft, pan gafodd Dinas Llundain ei dadreoleiddio yn 1986, dilewyd llawer iawn o fiwrocratiaeth a pharatodd hyn y ffordd i Lundain ddod yn ganolfan fyd-eang flaenllaw mewn gwasanaethau ariannol, ac yn gartref i lawer o biliwnyddion tra-chyfoethog o wledydd tramor (gweler Ffigur 2.3, a thudalen 161). Hefyd, roedd un llywodraeth ar ôl y llall yn y DU yn annog buddsoddwyr tramor i gystadlu am gyfran yn yr isadeiledd a'r gwasanaethau cenedlaethol a oedd wedi eu preifateiddio. Hyd at yr 1980au, y wladwriaeth oedd yn berchen ar asedau pwysig, fel y rheilffyrdd a'r cyflenwadau ynni. Ond, yn aml iawn roedd hi'n gostus i redeg y gwasanaethau hyn: felly, cawson nhw eu gwerthu i fuddsoddwyr preifat er mwyn gostwng gwariant y llywodraeth a chodi arian. Dros amser, mae'r berchnogaeth ar lawer o asedau wedi mynd dramor. Er enghraifft, mae'r cwmni Keolis o Ffrainc yn berchen ar gyfran fawr o rwydwaith rheilffyrdd de Lloegr ac mae Électricité de France yn berchen ar y cwmni ynni EDF. Yn ystod y blynyddoedd diwethaf, mae llywodraeth y DU wedi mynd at fuddsoddwyr yn China a'r Dwyrain Canol ar nifer o achlysuron i gael cymorth i dalu am brojectau isadeiledd newydd.

Sefydlu parthau masnach rydd

Un rheswm pwysig iawn pam mae globaleiddio wedi cyflymu ar ôl yr 1970au yw'r newid yn agweddau'r llywodraeth mewn rhanbarthau y tu allan i Ewrop a Gogledd America. Un newid amlwg oedd bod tair gwlad fwyaf poblog

Asia – China, India ac Indonesia – wedi croesawu masnach â marchnadoedd byd-eang fel ffordd o gyrraedd targedau datblygiad economaidd. Yr hyn oedd wedi gwneud y gwahaniaeth bob tro oedd sefydlu **parthau economaidd arbennig** (*SEZs: special economic zones*), cymorthdaliadau'r llywodraeth a newid agwedd tuag at fuddsoddol uniongyrchol o dramor.

- Yn 1965, India oedd un o'r gwledydd cyntaf yn Asia i gydnabod y byddai'n effeithiol iddyn nhw ddatblygu eu hallforion er mwyn hyrwyddo twf. Heddiw, mae bron i 200 o barthau economaidd arbennig yn India.
- Cyn 1978, roedd China'n wlad dlawd a oedd wedi ei hynysu'n wleidyddol, ac a oedd wedi ei 'datgysylltu' o'r economi byd-eang. Newidiodd hyn pan gychwynnodd Deng Xiaoping y diwygiadau 'Drws Agored' radicalaidd a adawodd i China groesawu globaleiddio a pharhau o dan reolaeth awdurdodaidd un blaid. Roedd y parthau economaidd arbennig a oedd ar yr arfordir yn hanfodol i'r cynllun newydd – aeth llawer o gorfforaethau trawswladol mwyaf y byd ati yn gyflym iawn i sefydlu gweithfeydd cangen tramor (*offshore branch plants*) eraill neu ffurfio perthynas allanoli gyda ffatrïoedd a oedd yn eiddo i China yn y tiriogaethau treth-isel hyn. Erbyn yr 1990au, roedd 50 y cant o gynnyrch mewnwladol crynswth (GDP) China yn cael ei gynhyrchu mewn parthau economaidd arbennig. Mae Pennod 4 (gweler tudalen 121) yn edrych yn fanylach ar y ffordd y croesawodd China y systemau byd-eang mor llwyddiannus.
- Mae Indonesia'n enghraifft amlwg arall o ddylanwadau gwleidyddol ar ryngweithio byd-eang (gweler tudalen 62).

Cyfundrefnau treth isel

Un ffordd y mae UDA, y DU, yr Almaen a gwledydd datblygedig eraill wedi elwa'n fawr o globaleiddio, yw'r trethi corfforaeth mawr sy'n cael eu talu gan y nifer fawr o gorfforaethau trawswladol uchel eu gwerth sydd wedi sefydlu o fewn eu ffiniau. Talodd Apple, sydd â'u pencadlys yn California, 16 biliwn o ddoleri UDA i lywodraeth yr Unol Daleithiau yn 2017; y talwr trethi mwyaf oedd ExxonMobil, a dalodd 31 biliwn o ddoleri UDA.

- Yn ystod y blynyddoedd diwethaf mae rhai corfforaethau trawswladol sydd wedi eu lleoli yn Ewrop wedi cael eu denu i symud eu pencadlysoedd i Iwerddon, y Swistir, Luxemburg neu'r Iseldiroedd, lle mae trethi corfforaeth yn isel (yn 2019, y gyfradd yn y DU oedd 19 y cant, sydd tua dwywaith cyfradd y Swistir; 35 y cant oedd y gyfradd yn UDA, nes i'r Arlywydd Trump ei leihau i 21 y cant yn 2017).
- Mae hyn yn dangos sut mae llywodraethau cenedlaethol yn gallu annog corfforaethau trawswladol i symud lleoliad o fewn eu tiriogaethau eu hunain, ac felly'n 'cipio' cyfran fwy o'r llifoedd cyfalaf a'r fasnach fyd-eang – os byddwch chi'n edrych yn ôl ar Ffigur 1.11 ar dudalen 16, byddwch chi'n sylwi pa mor uchel yw sgôr yr Iseldiroedd a'r Swistir (sydd â threthi isel) ym Mynegai Globaleiddio KOF.

Yn 2010, symudodd y cwmni petrocemegol INEOS ei bencadlys o'r DU i'r Swistir. Llwyddodd y mudo corfforaethol hwn i arbed bron i hanner

 TERMAU ALLWEDDOL

Mudo corfforaethol Pan fydd corfforaeth drawswladol yn newid ei hunaniaeth gorfforaethol, gan ail leoli ei phencadlys mewn gwlad wahanol.

Prisio trosglwyddo Llif ariannol sy'n digwydd pan mae un adran o gorfforaeth drawswladol sydd wedi ei leoli mewn un wlad yn codi ffi ar adran o'r un cwmni sydd wedi ei leoli mewn gwlad arall i gyflenwi cynnyrch neu wasanaeth. Gall hyn arwain at dalu llai o dreth gorfforaeth.

TERM ALLWEDDOL

Hafan dreth Gwlad neu diriogaeth gyda chyfradd isel o dreth gorfforaeth neu ddim treth gorfforaeth o gwbl.

biliwn o bunnoedd, yn ôl yr amcangyfrifon, dros gyfnod o bum mlynedd. Pam nad ydy mwy o'r corfforaethau trawswladol yn gwneud yr un peth? Mae rhesymau ymarferol yn esbonio pam mae nifer o gwmnïau – yn enwedig y rhai mwyaf adnabyddus – yn amharod i symud. Mae'r rhesymau hyn yn ymwneud â dilysrwydd y brand, cyfrifoldeb corfforaethol, y ddelwedd sydd gan y cyhoedd ohonyn nhw, a diogelwch. Mae'r olaf o'r rhain yn arbennig o bwysig. Weithiau mae corfforaethau trawswladol yn troi at y llywodraeth genedlaethol lle mae lleoliad eu pencadlys, i gael cymorth yn ystod argyfwng ariannol, neu pan mae gwrthdaro neu genedlaetholi yn bygwth eu hasedau tramor.

- Gofynnodd y cwmni olew Repsol am gymorth gan ei wlad wreiddiol, Sbaen, pan gipiodd llywodraeth yr Ariannin reolaeth ar fuddsoddiadau Repsol yn yr Ariannin yn 2012.
- Yn ystod yr argyfwng ariannol byd-eang (*GFC: global financial crisis*) yn 2008-09, trodd General Motors a Chrysler at lywodraeth UDA i gael cymorth, a chafodd Royal Bank of Scotland ei 'achub' gan drysorlys y DU.

Yn lle symud eu pencadlys i wlad gyda threthi is, dewisodd nifer o gorfforaethau trawswladol y strategaeth o bris trosglwyddo i ostwng eu beichiau treth. Mae hyn yn golygu cyfeirio elw drwy is-gwmnïau (eilaidd) sy'n eiddo i'r rhiant-gwmni. Mae'r is-gwmnïau hyn wedi eu lleoli mewn gwladwriaeth trethi isel fel Iwerddon neu efallai mewn hafan dreth tramor (gweler Ffigur 2.4). Mae tua 40 o hafanau treth (fel mae pobl yn eu galw nhw) yn cynnig dim trethi neu drethi nominal yn unig. Mae rhai ohonyn nhw'n wladwriaethau sofran, fel Monaco. Mae un arall, Ynysoedd Cayman, yn un o diriogaethau tramor y DU sydd â'u pwerau gosod trethi eu hunain. Nid cwmnïau yn unig sy'n cyfeirio arian yn y ffordd yma. Mae rhai cyn-drigolion cyfoethog yn ceisio cyfyngu eu rhwymedigaethau treth personol drwy fudo i hafanau treth.

Economeg laissez-faire a buddsoddi uniongyrchol o dramor

Mae rhai llywodraethau cenedlaethol yn mabwysiadu dull gweddol 'laissez faire' mewn perthynas â buddsoddi uniongyrchol o dramor. Mae hynny'n golygu camu'n ôl a chaniatáu i rymoedd y farchnad weithredu heb ormod o ffwdan ac ymyrraeth wleidyddol. Mae nifer o lywodraethau Prydeinig ar ôl ei gilydd wedi gweithredu yn ôl yr athroniaeth hon ac wedi dangos agwedd gweddol lac tuag at fuddsoddi uniongyrchol o dramor, gan olygu mai'r DU yw'r farchnad fwyaf ond un i drosfeddianwyr tramor. Er enghraifft, cafodd Cadbury ei drosfeddiannu gan yr uwchgwmni Kraft o'r Unol Daleithiau yn 2010; ers hynny, mae Jaguar Land Rover (JLR) (gweler tudalen 93) wedi cael ei werthu i Tata Motors yn India, tra bod buddsoddwyr o China wedi sicrhau cyfran fawr o Thames Water, y cwmni sy'n darparu dŵr angenrheidiol i brifddinas y DU. Yn ddiweddar, fodd bynnag, mae rhai o wleidyddion y DU wedi dadlau dros gael mwy o reolaeth dros berchnogaeth dramor ar ddiwydiannau strategol bwysig. Mae gwerthu siocled i brynwyr tramor yn un peth, medden nhw, ond mae gwerthu'r rheolaeth dros ein dŵr yn fater gwahanol.

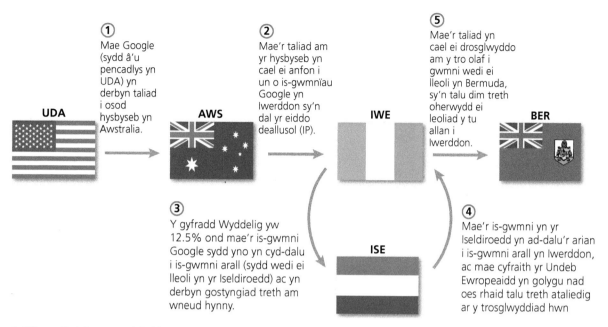

① Mae Google (sydd â'u pencadlys yn UDA) yn derbyn taliad i osod hysbyseb yn Awstralia.

② Mae'r taliad am yr hysbyseb yn cael ei anfon i un o is-gwmnïau Google yn Iwerddon sy'n dal yr eiddo deallusol (IP).

⑤ Mae'r taliad yn cael ei drosglwyddo am y tro olaf i gwmni wedi ei lleoli yn Bermuda, sy'n talu dim treth oherwydd ei leoliad y tu allan i Iwerddon.

③ Y gyfradd Wyddelig yw 12.5% ond mae'r is-gwmni Google sydd yno yn cyd-dalu i is-gwmni arall (sydd wedi ei lleoli yn yr Iseldiroedd) ac yn derbyn gostyngiad treth am wneud hynny.

④ Mae'r is-gwmni yn yr Iseldiroedd yn ad-dalu'r arian i is-gwmni arall yn Iwerddon, ac mae cyfraith yr Undeb Ewropeaidd yn golygu nad oes rhaid talu treth ataliedig ar y trosglwyddiad hwn

▲ **Ffigur 2.4** Strategaeth brisio am drosglwyddo a ddefnyddir gan rai corfforaethau trawswladol i ostwng eu biliau treth gorfforaethol. O ganlyniad, mae llifoedd cyfalaf enfawr yn croesi ffiniau gwledydd lle mae eu llywodraethau wedi dewis cyfraddau isel iawn o dreth gorfforaeth.

Yn wahanol i drefn fuddsoddi 'cyffyrddiad ysgafn' y DU, mae llywodraethau mewn gwledydd eraill yn gwneud mwy i graffu a rheoleiddio caffael a chydsoddi corfforaethol (*corporate acquisitions and mergers*) (gweler tudalen 27) gan fuddsoddwyr tramor. Hefyd, mae gan sefydliadau ar raddfa fwy, fel yr Undeb Ewropeaidd, lais yn yr hyn sy'n digwydd (mae gan yr Undeb Ewropeaidd ddyletswydd gyfreithiol i atal monopolïau grymus rhag ffurfio). O ganlyniad, mae digonedd o rwystrau gwleidyddol a chyfreithiol i gorfforaethau trawswladol eu hystyried wrth wneud eu busnes byd-eang mewn rhai cyd-destunau lleol.

- Mae llywodraeth Ffrainc a'r Eidal yn monitro, ac o bosibl yn rhwystro, trosfeddiannu tramor nad ydyn nhw eu heisiau mewn sectorau sy'n 'strategol bwysig' yn eu barn nhw, fel ynni, amddiffyn, telathrebu a bwyd.
- Mae'r Pwyllgor ar Fuddsoddi o Dramor yn yr Unol Daleithiau yn edrych yn ofalus iawn ar drosfeddiannu gan dramorwyr, ac mae gan lywodraethau Canada ac Awstralia y grym i ymyrryd. Mae llywodraeth yr Unol Daleithiau yn caniatáu i gwmnïau wedi eu seilio yn America sydd wedi eu sefydlu'n dda, i ddefnyddio strategaethau 'pilsen wenwynig' i osgoi sylw nad ydyn nhw ei eisiau gan brynwyr posibl o dramor. Pan fyddan nhw'n wynebu bygythiad o drosfeddiannu gelyniaethus, mae'n bosibl i gwmnïau wanhau gwerth eu cyfranddaliadau, gan wanhau grym pleidleisio unrhyw un a allai drosfeddiannu.
- Mae India yn gofyn bod corfforaethau trawswladol yn gweithio mewn partneriaeth â chwmnïau o India (er bod y rheolau wedi eu llacio yn ddiweddar ar gyfer adwerthwyr 'brand unigol' fel IKEA).

- Yn 2008, gwrthododd llywodraeth China i Coca Cola brynu Huiyuan Juice (er ei fod wedi caniatáu i'r gorfforaeth drawswladol Brydeinig Diageo brynu Shui Jing Fang cyn hynny, sy'n frand enwog o wirodydd).

A ddylai llywodraeth y DU wneud mwy i atal ei gwmnïau ei hun rhag cael eu colli dramor, fel y mae rhai llywodraethau'n ei wneud? Y ddadl yn erbyn gwneud unrhyw newidiadau i'r gyfraith fuddsoddi yw bod gan y DU y pumed economi mwyaf yn y byd, o'i fesur yn nhermau ei allbwn. Efallai mai'r rheswm am y llwyddiant hwn yn rhannol yw'r llifoedd cyfalaf uchel sy'n dod i mewn yn ddirwystr o'r Unol Daleithiau, Japan, yr Almaen a China, ymysg nifer o rai eraill.

Peidio â chymryd rhan mewn llifoedd byd-eang

Nid yw llywodraethau pob gwladwriaeth yn dewis cyfranogi'n llawn mewn systemau byd-eang. Mae lleiafswm wedi 'optio allan' o systemau byd-eang mewn amrywiaeth o ffyrdd, gan eu bod yn ystyried neo-ryddfrydiaeth yn fath o hegemoni a ddylai gael ei wrthod. Dros amser, er bod pobl yn gyffredinol wedi dechrau derbyn syniadau neo-ryddfrydol fel 'synnwyr cyffredin', mae'r bobl sy'n beirniadu'r systemau byd-eang marchnad rydd yn dweud bod globaleiddio wedi cynyddu anghydraddoldeb, anghyfiawnder a gwrthdaro ar raddfa fyd-eang (mae'r rhain yn themâu sy'n cael eu hymchwilio ym Mhenodau 4 a 5). Ers 2000, mae Evo Morales yn Bolivia, Robert Mugabe yn Zimbabwe a Kim Jong-un yng Ngogledd Korea wedi ceisio gwrthsefyll globaleiddio (gweler Ffigur 2.5).

Cyn ei farwolaeth yn 2013, galwodd arweinydd Venezuela, Hugo Chávez, dro ar ôl tro ar wledydd eraill America Ladin a'r Caribî i wrthod y 'drefn neo-ryddfrydol marchnad rydd' a oedd yn cael ei hyrwyddo gan yr Unol Daleithiau, Banc y Byd yn Washington a chan y Gronfa Ariannol Ryngwladol. Gwrthododd y cynigion o gymorth i Venezuela a dderbyniodd gan Gronfa Ariannol y Byd a Banc y Byd, a chymerodd reolaeth yn ôl ar weithrediadau olew o fewn y wlad yr oedd corfforaethau trawswladol fel Chevron, ExxonMobil a BP wedi buddsoddi ynddynt. Yn 2004, galwodd Chávez am fwy o gydweithio rhwng mudiadau a sefydliadau cymdeithasol o amgylch y byd i 'adeiladu modelau datblygu gwahanol yn wyneb globaleiddio'.

Ond, dydy'r llywodraethau hynny sy'n beirniadu cyfalafiaeth fyd-eang ddim wedi darbwyllo gweddill y byd eto bod model ymarferol arall ar gael ar gyfer adeiladu gwladwriaeth.

- Yng Ngogledd Korea, sydd wedi 'optio allan' o globaleiddio i bob pwrpas (er bod arwyddion cynnar y gallai hyn fod yn newid), mae disgwyliad oes y bobl fwy na deng mlynedd yn is nag ydyw yn Ne Korea gerllaw.
- Dim ond yn ddiweddar y mae Zimbabwe wedi gwella ar ôl cyfnod o orchwyddiant (pan oedd camreoli economaidd wedi arwain at gyfraddau llog a gyrhaeddodd 79 biliwn y cant).

▲ **Ffigur 2.5** Yn aml iawn, mae Kim Jong-un yn cael ei bortreadu fel arweinydd 'gwladwriaeth ddrygionus' (*rogue state*). Mae cefnogwyr y gyfundrefn hon yn ystyried Gogledd Korea yn enghraifft brin a dewr o wladwriaeth sydd wedi ceisio gwrthsefyll hegemoni Gorllewinol

- Am gyfnod, llwyddodd Venezuela i gyllido llwybr datblygu nad oedd yn gyfalafol, diolch i'w refeniw a'i chronfeydd olew mawr. Ond, am fod prisiau olew yn gostwng yn 2015–16, parlyswyd model datblygu Venezuela, gan arwain at golli gwerth ei harian cyfred, dechrau gorchwyddiant ac allfudo mawr. Ar ddechrau 2019, roedd y Cenhedloedd Unedig yn amcangyfrif bod 3 miliwn o bobl Venezuela (deg y cant o'r boblogaeth) wedi ffoi o'r wlad.

Ar raddfa lai eithafol, efallai y byddai llywodraethau cenedlaethol yn gwrthod caniatáu mathau penodol o lif masnach am resymau sy'n amrywio o anghytuno gwleidyddol i fygythiadau bioamrywiaeth. Mae Ffigur 2.6 yn dangos sut mae rhai gwledydd wedi dewis 'optio allan' o gymryd rhan mewn mathau penodol o fasnach.

Polisïau mudo

Ochr yn ochr â pholisïau masnach, mae llywodraethau cenedlaethol yn gwneud penderfyniadau strategol er mwyn atal neu alluogi i lifoedd o bobl groesi eu ffiniau. Mae gwladwriaethau yn amrywio'n fawr o ran (i) y nifer o fudwyr economaidd sy'n rhan o'u poblogaeth a hefyd (ii) y rheolau sy'n llywio mewnfudo (gweler Tabl 2.1). Mae anghenion domestig a blaenoriaethau gwleidyddol sy'n gwahaniaethu yn gyrru penderfyniadau: mae hynny'n wir hefyd am wahaniaethau eang mewn lefelau ymgysylltu economaidd gyda gweddill y byd.

- Mae'r gwledydd lletyol yn gwahaniaethu'n fawr o ran pa mor ryddfrydol yw eu rheolau mudo rhyngwladol. Mae cyfreithiau sy'n llywio mudo economaidd yn amrywio dros amser, yn unol â newidiadau yn anghenion y gweithlu. Mabwysiadodd llywodraeth y DU agwedd 'drws agored' eang tuag at fudo rhyngwladol yn yr 1950au ac eto yn y 2000au cynnar. Roedd y ddau benderfyniad yn ymwneud, yn rhannol, â'r prinder sgiliau a llafur a gododd yn ystod y cyfnodau hanesyddol hynny.
- Er mwyn i wlad integreiddio'n ddwfn i mewn i systemau byd-eang, efallai y bydd rhaid i'w llywodraeth fabwysiadu rheolau mewnfudo gweddol ryddfrydol beth bynnag. Efallai fod buddsoddi i'r tu allan gan gorfforaethau trawswladol yn dibynnu'n rhannol ar ba mor hawdd y gall cwmni drosglwyddo staff uwch i mewn i genedl benodol. Er enghraifft, mae gan lawer o brif gwmnïau cyfreithiol y byd swyddfeydd rhanbarthol ar draws y glôb, o Singapore i Moscow. I gynnal eu rhwydweithiau byd-eang, mae'r cwmnïau hyn yn dibynnu ar wladwriaethau tramor i roi caniatâd i'w staff symud yn barhaol i swyddfeydd tramor.
- Mae'r cyfreithwyr haen uchaf yn perthyn i 'elît byd-eang' o unigolion proffesiynol a hynod gyfoethog. Mae pobl fel hyn yn debygol o wynebu llai o rwystrau i fudo rhyngwladol na mudwyr sydd â sgiliau is. Mae eu talent a'u cyfoeth yn eu gwneud nhw'n fwy tebygol o fod yn gymwys am fisa neu ganiatâd preswylio, yn enwedig mewn gwladwriaethau sydd â system fewnfudo ar sail pwyntiau, fel Awstralia. Mae rhai mudwyr elît yn byw fel 'dinasyddion byd-eang' ac mae ganddyn nhw nifer o gartrefi mewn gwledydd gwahanol (gweler tudalen 130).

Llifoedd sydd wedi'u gwahardd

Cuba — UDA (tan 2015)

Gosododd UDA **embargo masnach** llwyr ar Cuba gomiwnyddol yn 1962 o ganlyniad i'r elyniaeth Rhyfel Oer rhwng y ddwy wlad. Y canlyniad? Blocâd masnachol ac ariannol.

Y Byd — China

Nid yw pob **llif gwybodaeth** yn cael mynd i mewn i China. Er enghraifft, dydy defnyddwyr y rhyngrwyd yno ddim yn cael defnyddio gwasanaeth gwefan iaith Tsieinëeg y BBC.

Awstralia — Seland Newydd

Am 50 mlynedd, roedd gwaharddiad yn Seland Newydd ar fewnforio **mêl** o Awstralia am fod ganddyn nhw ofn 'bygythiad i fioddiogelwch' (mae gwenyn Awstralia yn dioddef o haint y mae gwenynwyr Seland Newydd wedi bod yn awyddus i'w hosgoi).

China — Ewrop

Yn 2005, rhoddodd yr Undeb Ewropeaidd waharddiad am gyfnod byr ar fewnforion pellach o **decstilau rhad o China** — yn enwedig bras merched — er mwyn ceisio diogelu eu gwneuthurwyr eu hunain. Enw'r

▲ **Ffigur 2.6** Llifoedd byd-eang sydd wedi eu gwahardd

Ychydig iawn o wledydd sydd â chyfreithiau yn atal pobl rhag symud allan, am fod hyn yn mynd yn erbyn Datganiad Cyffredinol o Hawliau Dynol (*UDHR: Universal Declaration of Human Rights*) y Cenhedloedd Unedig; Mae Erthygl 13 yn gwarantu hyn: 'Mae gan bawb yr hawl i adael unrhyw wlad, gan gynnwys ei wlad ei hun, ac i ddychwelyd i'w wlad.' O ganlyniad, mewn egwyddor, gallai bron pob gwladwriaeth fod yn wlad o ble mae allfudo'n gallu digwydd yn ddiderfyn.

- Un eithriad nodedig i'r rheol hon yw Gogledd Korea, lle mae'r llywodraeth yn dal i ofyn bod y dinasyddion yn cael fisa ymadael cyn caniatáu iddyn nhw ymadael.
- Yn y gorffennol, roedd dinasyddion yr Undeb Sofietaidd yn wynebu cyfyngiadau tebyg ar eu rhyddid i symud.
- Yn Saudi Arabia a Qatar, mae'n rhaid i rai mudwyr tramor wneud cais am fisa ymadael cyn cael caniatâd i fynd adref.

Japan (rheolau mudo tynnach)	Mae llai na dau y cant o boblogaeth Japan yn dramorwyr neu wedi eu geni dramor. Er gwaethaf statws cynyddol Japan o'r 1960au ymlaen fel canolfan fyd-eang fawr, mae rheolau mudo wedi gwneud y sefyllfa'n anodd i newydd-ddyfodiaid ymgartrefu yn y wlad yn barhaol. Mae'r gyfraith genedligrwydd yn ei gwneud hi'n anodd iawn i bobl o dramor sy'n byw yn Japan gael dinasyddiaeth Japaneaidd (mae'r cyfraddau llwyddo yn y prawf 'pasiwch neu ewch adref' tymor hir yn llai nag un y cant). Ond, mae Japan yn wynebu her oherwydd poblogaeth sy'n heneiddio. Erbyn 2060, bydd tri gweithiwr i bob dau berson wedi ymddeol. Mae llawer o bobl yn credu bydd yn rhaid i lywodraeth Japan lacio ei gafael ar fewnfudo er mwyn datrys y broblem hon.
Awstralia (rheolau mudo tynnach)	Er bod gan Singapore ganran uwch o weithwyr tramor, mae'r gyfran sydd i'w cael yn Awstralia yn is oherwydd yr hanes diweddar o bolisïau mudo tynn. Ar hyn o bryd mae'r wlad yn gweithredu system bwyntiau i fewnfudwyr economaidd o'r enw'r Rhaglen Fudo. Yn 2017, dim ond 245,000 o fudwyr economaidd gafodd fynediad i Awstralia (roedd y ffigur hwn yn cynnwys dibynyddion y gweithwyr tramor medrus a oedd yn byw yno'n barod). Y pum gwlad y daeth y mwyafrif o'r mudwyr hyn ohonyn nhw oedd India, China, y DU, y Pilipinas (Philippines) a Phacistan. Hyd at 1973, roedd llywodraeth Awstralia yn dewis mudwyr ar sail hil ac ethnigrwydd, i raddau helaeth. Yr enw oedd gan rai pobl ar hyn oedd polisi 'Awstralia Gwyn'.
Singapore (rheolau mudo rhyddfrydol)	Tan yn ddiweddar, roedd pobl yn ystyried Singapore yn economi cynyddol amlwg. Erbyn hyn mae'n genedl ddatblygedig, ac mae'r ddinas-wladwriaeth hon yn anarferol mewn llawer o ffyrdd. Ymysg ei 5 miliwn o bobl y mae amrywiaeth ethnig mawr oherwydd ei gorffennol fel porthladd trefedigaethol Prydeinig a'i gweddnewidiad dilynol yn bedwaredd ganolfan ariannol fwyaf y byd. Mae digonedd o fusnesau a sefydliadau byd-eang wedi lleoli eu prif swyddfeydd ar gyfer rhanbarth Asia a'r Cefnfor Tawel yn Singapore, yn cynnwys Credit Suisse a'r Fagloriaeth Genedlaethol. Mae llawer o weithwyr tramor a'u teuluoedd wedi symud yno ac, o ganlyniad, mae gan Singapore nifer o ysgolion rhyngwladol.

▲ **Tabl 2.1** Mae gan Japan, Awstralia a Singapore agweddau gwahanol at fewnfudo

Polisïau llif data

Mae agweddau'r llywodraeth genedlaethol at symudiad rhydd data, yn agwedd ddiddorol a hynod o amserol o systemau byd-eang i ddaearyddwyr ymwneud â nhw. Yr hyn sy'n gwneud y maes hwn o lywodraethiant yn arbennig o heriol i wneuthurwyr polisïau, yw'r ffordd y mae cyfraddau arloesi cyflym (gweler tudalen 37) yn aml yn gyflymach nag y mae gwneuthurwyr deddfau'n gallu datblygu fframwaith rheoliadol digonol ar gyfer y technolegau newydd. Er enghraifft, mae defnyddio'r cyfryngau cymdeithasol i radicaleiddio pobl ifanc neu i danseilio democratiaeth (gweler tudalennau 76–77) wedi dod yn bryder enbyd i lawer o lywodraethau. Eto, pan fyddan nhw'n ceisio ymdrin â'r materion hyn, maen nhw'n methu'n llwyr oherwydd y ffordd y mae technolegau, platfformau ac apiau pwerus newydd yn parhau i ddatblygu ac i fod ar gael i nifer gynyddol o bobl.

Mewn rhai gwledydd, mae'r wladwriaeth yn rhwystro neu'n sensro llifoedd data. Ar yr wyneb, mae hyn yn syndod oherwydd bod mynediad dirwystr i dechnoleg gwybodaeth a chyfathrebu (TGCh) yn gallu ysgogi twf y gadwyn gyflenwi, sbarduno allanoli ac ysgogi gwerthiant gwasanaethau digidol – a gall y rhain i gyd fod yn weithgareddau proffidiol. Ond, mae rhai llywodraethau awdurdodaidd ac annemocrataidd yn ystyried bod y rhyngweithio cymdeithasol rhwng dinasyddion sy'n digwydd ar-lein yn fygythiol. Gall hyn arwain at gyfyngiadau ar y rhwydweithio cymdeithasol, gan achosi dau fath o gymdeithas sydd wedi 'datgysylltu'.

- *Gwladwriaethau digyswllt.* Mae rhai gwladwriaethau'n cyfyngu ar faint o lifoedd gwybodaeth ar draws ffiniau y mae eu dinasyddion yn gallu cael gafael arnyn nhw, ac mae hyn yn achosi rhwygrwyd *(splinternet)*. Dydy Facebook, Twitter ac YouTube ddim ar gael i ddefnyddwyr yn China o hyd, oherwydd 'Mur Gwarchod Mawr China' (mewn enghraifft gyfatebol o ynysiad diwylliannol, dim ond 34 ffilm tramor y mae sinemâu China yn cael eu dangos bob blwyddyn). Tynnodd Google allan o China yn 2010 oherwydd bod llywodraeth China yn mynnu bod rhaid sensro canlyniadau porwyr. Ac eto, er nad oes llawer o gysylltedd allanol, mae 800 miliwn o drigolion China (data 2018) yn rhyngweithio'n rhydd gyda'i gilydd o fewn 'gardd furiog' seiberofod gan ddefnyddio safleoedd blogio lleol, fel Youku (gweler Ffigur 2.7). Mae'r gwladwriaethau eraill sydd â chyfyngiadau tebyg yn cynnwys Iran a Phacistan.
- *Dinasyddion digyswllt.* Mewn rhai gwladwriaethau, does gan bobl ddim ffordd o gyfathrebu'n ddigidol chwaith gyda'u cyd-ddinasyddion o fewn cyfyngiadau'r wladwriaeth. Er bod y gost yn ffactor, wrth gwrs, mae'r ffaith bod 25 miliwn o bobl yng Ngogledd Korea heb unrhyw gysylltiad o gwbl â'r rhyngrwyd, yn ganlyniad i benderfyniadau gwleidyddol. Yn y gorffennol, mae'r awdurdodau yn Saudi Arabia wedi cyfyngu ar anfon negeseuon gyda BlackBerry am nad oedd y lluoedd diogelwch yn gallu datrys cod amgryptio BlackBerry ac felly doedden nhw ddim yn gallu clustfeinio ar sgyrsiau preifat. Un o'r rhesymau am y paranoia hwn oedd bod ymosodwyr terfysg Mumbai yn 2008 wedi defnyddio dyfeisiau BlackBerry ac roedd hyn wedi arwain at alw am eu gwaharddiad yn India hefyd.

 TERM ALLWEDDOL

Rhwygrwyd *(Splinternet)* Rhyngrwyd byd-eang sy'n gynyddol ddarniog (neu wedi 'Balcaneiddio') am fod gwladwriaethau cenedlaethol yn hidlo cynnwys neu'n rhwystro cynnwys yn gyfan gwbl at ddibenion gwleidyddol rhyngwladol neu ddomestig.

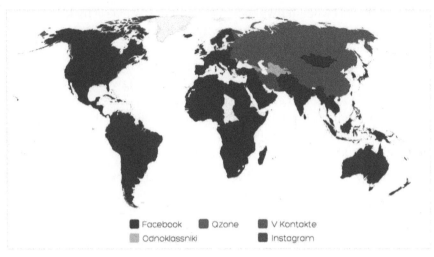

▲ **Ffigur 2.7** Map o'r byd sy'n dangos safle rhwydweithio cymdeithasol mwyaf poblogaidd pob gwlad yn 2018. O safbwynt byd-eang, mae China yn 'ardd furiog' lle mae'r dinasyddion yn cyfathrebu â'i gilydd gan ddefnyddio nifer o blatfformau, a'r mwyaf poblogaidd o'r rhain yw Qzone (700 miliwn o ddefnyddwyr, 2018)

Felly, mae'r cyfyngiadau ar ddefnydd yn digwydd ar ddwy raddfa ddaearyddol: y cenedlaethol a'r personol. Drwy'r byd i gyd, mae tua 40 o lywodraethau cenedlaethol sydd ag un neu ddau o'r mathau hyn o gyfyngiadau ar waith.

▶ *Sut mae llifoedd byd-eang yn cael eu galluogi a'u cyfeirio gan waith cyfundrefnau rhynglywodraethol (IGOs), rhwystrau masnach rhanbarth-byd a grwpiau byd-eang eraill?*

Mae'r adran hon yn ymdrin â fframweithiau gwleidyddol ac economaidd uwchwladol y mae'r systemau byd-eang yn dibynnu arnyn nhw a hefyd yn eu hachosi. Mae'r penderfyniadau am fasnach, mudo a llifoedd data y mae llywodraethau cenedlaethol unigol yn eu gwneud yn rhan o strwythurau cyfreithiol a chyd-destunau economaidd-wleidyddol llawer mwy, yn aml iawn, gan gynnwys nifer o **gyfundrefnau rhynglywodraethol** (*IGOs: intergovernmental organisations*), wedi eu seilio ar gytundebau a **rhwystrau masnach rhanbarth-byd**. Er enghraifft, mae'n rhaid i bolisïau unigol sy'n cael eu mabwysiadu gan lywodraeth pob aelod-wladwriaeth o'r Undeb Ewropeaidd gael eu halinio bob amser gyda'r rheolau ehangach y maen nhw i gyd wedi cytuno iddyn nhw yn rhan o'u haelodaeth o'r grŵp. Ar raddfa fwy fyth, mae'r mwyafrif (141) o holl aelod-wladwriaethau'r Cenhedloedd Unedig (194) wedi cytuno, mewn egwyddor, i ufuddhau i Gonfensiwn Ffoaduriaid 1951. Mae hyn yn gwarantu'r hawl pwysig iawn i ffoaduriaid beidio cael eu hanfon yn ôl adref a'u rhoi mewn perygl, heblaw dan amgylchiadau eithafol iawn.

Ochr yn ochr â strwythurau sydd wedi eu seilio ar gytundebau rhyngwladol, mae grwpiau byd-eang mwy llac 'ar sail tasgau', fel y G7 a'r G20, yn chwarae rhan ddylanwadol bwysig hefyd mewn systemau byd-eang. Yn eu huwch-gyfarfodydd blynyddol, mae'r grŵp G7 o genhedloedd wedi cytuno i wrthwynebu mathau o ddiffynnaeth, fel tollau mewnforio a rhwystrau eraill i fasnachu neu fuddsoddi. Mae llawer o economegwyr yn credu bod mesurau diffynnaeth yn niweidiol yn economaidd, ar gyfraddau cenedlaethol a byd-eang, am eu bod yn rhwystro corfforaethau trawswladol rhag ehangu i mewn i farchnadoedd newydd neu adeiladu cadwynau cyflenwi byd-eang cost-effeithiol.

Mae'r adran hon yn archwilio sut mae nodweddion 'pensaernïol' ar raddfa fawr yr economi byd-eang wedi cael eu siapio gan waith amrywiaeth o rymoedd uwchwladol (cyfundrefnau rhynglywodraethol, blociau masnach a grwpiau byd-eang eraill).

Sefydliadau a chytundebau rhynglywodraethol

Mae nifer o wahanol sefydliadau yn bodoli sydd ag aelodaeth wedi ei greu o wladwriaethau sofran neu eu cynrychiolwyr. Maen nhw'n gweithio i hwyluso cydweithredu rhynglywodraethol ar fasnach fyd-eang, mudo a llifoedd data, ynghyd â materion cysylltiedig pwysig fel hawliau dynol ffoaduriaid. Yn arbennig, mae Sefydliadau Bretton Woods, fel y maen nhw'n cael eu galw, wedi chwarae rhan ganolog mewn materion byd-eang drwy gydgordio fframweithiau gwleidyddol ac economaidd ar gyfer datblygiad a buddsoddiad ar raddfa blanedol (ac o ganlyniad, twf systemau byd-eang).

Gwaith Sefydliadau Bretton Woods

Yn syth ar ôl yr Ail Ryfel Byd, gosodwyd y sylfaen ar gyfer tri sefydliad rhynglywodraethol sydd erbyn heddiw yn cael dylanwad parhaus mawr ar ddatblygiad economaidd a masnach y byd. Dyma nhw: Banc y Byd, y Gronfa Ariannol Ryngwladol a Sefydliad Masnach y Byd (gweler Tabl 2.2).

Maen nhw'n gweithredu gyda'i gilydd fel 'broceriaid' globaleiddio drwy hyrwyddo polisïau masnach rydd a buddsoddi uniongyrchol o dramor, mae'r tri Sefydliad Bretton Woods wedi adeiladu consensws masnach rydd byd-eang ar y cyd. O'r cychwyn, mae UDA a chenhedloedd diwydiannol blaenllaw eraill wedi cael dylanwad cryf ar y blaenoriaethau a'r gwerthoedd sefydliadol sydd gan y Gronfa Ariannol Ryngwladol (*IMF*), Banc y Byd a Sefydliad Masnach y Byd (*WTO*) (mae gan y cyntaf eu pencadlys yn Washington DC, UDA; mae Sefydliad Masnach y Byd â'i leoliad yn Genève (Genefa), Y Swistir). Yn anochel, mae hyn wedi arwain at gyhuddiadau o ddylanwad gormodol gan y Gorllewin dros system fasnachu'r byd, thema y byddwn ni'n dychwelyd ati yn ddiweddarach yn y bennod hon.

Yn hwyr yn yr 1940au, ceisiodd cenhedloedd diwydiannol y Gorllewin ail adeiladu sefydlogrwydd economaidd, yn dilyn Dirwasgiad Mawr yr 1930au a'r Ail Ryfel Byd. Roedd yr 1930au yn gyfnod o ddiweithdra uchel a chaledi

TERMAU ALLWEDDOL

Diffynnaeth Pan mae llywodraethau gwladwriaethau'n codi rhwystrau i fuddsoddiad a masnach dramor, fel trethi mewnforio. Y nod yw amddiffyn eu diwydiannau eu hunain rhag cystadleuaeth.

Sefydliadau Bretton Woods Y Gronfa Ariannol Ryngwladol (*IMF: International Monetary Foundation*) a Banc y Byd. Cafodd y ddau sefydliad pwysig hyn eu sefydlu yng nghynhadledd Bretton Woods yn UDA ar ddiwedd yr Ail Ryfel Byd, i helpu i ail adeiladu a thywys economi'r byd. Sefydlwyd y Cytundeb Cyffredinol ar Dariffau a Masnach (*GATT: General Agreement on Tariffs and Trade*) yn fuan wedyn ac, yn ddiweddarach, cafodd yr enw Sefydliad Masnach y Byd (*WTO: World Trade Organisation*).

▲ **Ffigur 2.8** Mae pencadlys Banc y Byd a'r Gronfa Ariannol Ryngwladol yn Washington DC, UDA, yn agos at y Tŷ Gwyn. Un farn yw bod UDA yn cael dylanwad anghyfartal ar Sefydliadau Bretton Woods

Dyddiad y gyfundrefn a'r sefydliad	Y brif swyddfa	Dadansoddiad o'i gweithredoedd sy'n effeithio ar lifoedd a systemau byd-eang	Gwerthusiad o'i heffeithiau a'i phwysigrwydd byd-eang cyffredinol
Banc y Byd (1944)	Washington, DC, UDA	■ Mae Banc y Byd, sy'n ddi-elw, yn rhoi cyngor, benthyciadau a grantiau ar raddfa fyd-eang. Ei nod yw lleihau tlodi a hyrwyddo datblygiad economaidd (yn hytrach na chymorth mewn argyfwng). ■ Yn gyfan, dosbarthodd Fanc y Byd 42 biliwn o ddoleri UDA mewn benthyciadau a grantiau yn 2017. Er enghraifft, rhoddwyd cymorth i Weriniaeth Ddemocrataidd y Congo i ailgychwyn project argae mawr a oedd wedi oedi, a rhoddwyd benthyciad o 470 miliwn o ddoleri UDA i'r Pilipinas (*Philippines*) ar gyfer rhaglen i ostwng tlodi.	■ Yn sicr, mae Banc y Byd wedi llwyddo i hybu masnach a datblygiad economaidd. Gallwn ni ddadlau ei fod wedi helpu'r byd i osgoi dychwelyd at bolisïau diffynnaeth yr 1930au. ■ Ond, mae'n bosibl i ddatblygiad economaidd ddod law yn llaw â chynnydd mewn anghydraddoldeb, oherwydd polisïau neo-ryddfrydol (gweler tudalennau 151–152). Mae yna achosion o Fanc y Byd yn rhoi amodau tynn ar ei fenthyciadau a'i grantiau. Mae'r bobl sy'n beirniadu Banc y Byd yn disgrifio'r arfer hwn fel **neo-drefedigaethedd**.
Y Gronfa Ariannol Ryngwladol (*IMF*) (1944)	Washington, DC, UDA	■ Prif swyddogaeth y Gronfa Ariannol Ryngwladol yw cadw system drefnus o fenthyg ac ad-dalu dyledion rhwng gwledydd. ■ O dan ymbarél y Cenhedloedd Unedig, mae'r gronfa yn benthyg arian i wladwriaethau sydd mewn anhawster ariannol ac sydd wedi gwneud cais am gymorth. Gwledydd eraill sy'n darparu'r benthyciadau ac mae'n rhaid eu talu yn ôl. ■ Mae'n rhoi cymorth i wledydd ar draws y sbectrwm datblygiad pan maen nhw'n wynebu anhawster ariannol. Er enghraifft, rhwng 2010 a 2015, benthycwyd bron i 40 biliwn o ddoleri UDA i Wlad Groeg i'w helpu i ddod â chyfnod o argyfwng ariannol i ben.	■ Mae rheolau a rheoliadau'r Gronfa Ariannol Ryngwladol yn ddadleuol, yn enwedig yr amodau tynn sy'n cael eu rhoi ar lywodraethau sy'n benthyg. I ddiolch am y cymorth, mae'r derbynwyr yn cytuno i gynnal economïau marchnad rydd sy'n agored i fuddsoddiad gan gorfforaethau trawswladol tramor. Efallai hefyd y bydd gofyn i lywodraethau wario llai ar ofal iechyd, addysg, glanweithdra neu dai. ■ Mae beirniaid y system hon yn dweud bod gwledydd Ewropeaidd ac UDA yn cael gormod o ddylanwad ar bolisïau'r Gronfa Ariannol Ryngwladol. Mae'r gronfa wedi cael llywydd Ewropeaidd bob amser ac mae wedi ei leoli yn UDA.
Sefydliad Masnach y Byd (*WTO*) (1995) (sef *GATT* gynt, 1947)	Genefa, Y Swistir	■ Cymerodd Sefydliad Masnach y Byd le y Cytundeb Cyffredinol ar Dariffau a Masnach yn 1995. Mae'r *WTO* (*World Trade Organisation*) wedi ei leoli yn y Swistir, ac mae'n cefnogi rhyddfrydoli masnach ar raddfa fyd-eang – yn enwedig i nwyddau wedi'u gweithgynhyrchu – ac yn ceisio datrys anghytuno ac yn gofyn i wledydd roi'r gorau i agweddau diffynnaeth a chael masnach heb ei threthu yn eu lle. ■ Er enghraifft, bu'r *WTO* yn helpu i ddarbwyllo China i gynyddu ei hallforion o brinfwynau sydd eu hangen i gynhyrchu ffonau gan gwmnïau mewn gwledydd eraill.	■ Yn anffodus, cafodd rownd o drafodaethau, a ddechreuodd yn 2001 ei oedi am 14 o flynyddoedd. Gall fod yn heriol ceisio cael 162 o aelod-wladwriaethau i gytuno ar unrhyw beth. ■ Dyma rai o'r problemau sy'n anodd i Sefydliad Masnach y Byd ymdrin â nhw (i) gwledydd cyfoethog yn methu cytuno pa mor bell y dylai masnach mewn amaethyddiaeth gael ei rhyddfrydoli a (ii) twf cyflym economïau sy'n gynyddol amlwg, yn cynnwys China (sy'n ei gwneud hi'n anoddach cytuno ar bolisïau teg ar gyfer gwledydd 'datblygedig' fel y maen nhw'n cael eu galw).

▲ **Tabl 2.2** Dadansoddi a gwerthuso'r ffyrdd y mae Sefydliadau Bretton Woods yn dylanwadu ar systemau byd-eang

i'r bobl gyffredin oedd mewn swydd. Prif farn pobl yn y Gynhadledd Bretton Woods oedd bod diffynnaeth wedi arwain at y Dirwasgiad Mawr. Roedd cenhedloedd diwydiannol blaenllaw ar y pryd wedi rhwystro mewnforion tramor gyda thariffau, ac roedd hyn, yn ei dro, wedi niweidio allforion i wledydd eraill. Trodd hyn yn fath o gêm 'taro'r pwyth yn ôl', lle gwelodd y gwledydd diwydiannol eu cynnyrch economaidd yn dirywio ac ansefydlogrwydd gwleidyddol yn cynyddu yn ystod yr 1930au. Dyma oedd wedi hau hadau Ffasgiaeth yng ngwleidyddiaeth yr Almaen a'r Eidal ac a arweiniodd, yn y pen draw, at gychwyn y rhyfel yn 1939.

I osgoi dychwelyd i ddyddiau'r rhwystrau gormodol ar fasnach, pan luniwyd y consensws newydd yn Bretton Woods, cafodd hynny ei seilio ar nifer o egwyddorion allweddol.

- *O'r cychwyn, byddai Banc y Byd a'r Gronfa Ariannol Ryngwladol yn gweithredu fel canolwyr ar gyfer system fyd-eang unedig wedi ei hadeiladu o amgylch cyllid a masnach.* Byddai cymorth ar gael gan y sefydliadau benthyca i helpu gwladwriaethau a oedd mewn anawsterau ariannol neu i gywiro unrhyw anghydbwysedd economaidd. Dros amser, mae cylch gwaith Banc y Byd a'r Gronfa Ariannol Ryngwladol wedi ehangu i gynnwys cynnig cymorth i wledydd incwm isel gyda datblygiadau tymor hir. Heddiw, mae'r ddau sefydliad yn rhan ffurfiol o System y Cenhedloedd Unedig (ac maen nhw wedi eu diffinio fel asiantaethau arbenigol i'r Cenhedloedd Unedig) ond mae Sefydliad Masnach y Byd yn parhau'n annibynnol.
- *Y rheswm dros sefydlu'r Cytundeb Cyffredinol ar Dollau a Masnach (GATT) oedd helpu i dynnu'r rhwystrau a oedd yn atal llifoedd masnach a buddsoddi o amgylch y byd.* Ers hynny, mae GATT a'i olynydd, Sefydliad Masnach y Byd, wedi ceisio cyflawni'r targed hwn – gyda chanlyniadau cymysg – drwy gyfres o 'rowndiau' neu gyfarfodydd.
- *Sefydlwyd system gyfnewid cyfradd-sefydlog a oedd wedi ei seilio ar aur ac ar y ddoler.* Y nod yn y fan yma oedd gwneud masnach a buddsoddi'n haws a helpu llifoedd ariannol byd-eang i dyfu dros amser.

Dros y blynyddoedd, mae Sefydliadau Bretton Woods wedi cyd-adeiladu fframwaith cyfreithiol ac economaidd byd-eang sy'n galluogi ac yn hyrwyddo masnach rydd a buddsoddi uniongyrchol o dramor o fewn y systemau byd-eang. Mae corfforaethau trawswladol wedi ffynnu yn yr amgylchedd hwn, ac o gymorth yn hynny o beth oedd y ffaith bod rhwystrau i fasnachu a buddsoddi mewn marchnadoedd newydd wedi cael eu dileu'n raddol. Mae wedi dod yn gynyddol haws i gyfalaf busnesau sydd mewn perchnogaeth breifat symud o amgylch y byd heb ei rwystro gan 'fiwrocratiaeth'.

Fodd bynnag, mae rheolau dadleuol ynglŷn â benthyca wedi arwain pobl i feirniadu'r Gronfa Ariannol Ryngwladol (IMF) a Banc y Byd ar brydiau. Ers yr 1970au, mae unrhyw fenthyca ar raddfa fawr wedi dod gydag amodau cynyddol galed, gan gynnwys cyflwyno rhaglenni addasu strwythurol (*SAPs: structural adjustment programmes*) sydd weithiau wedi bod yn niweidiol i boblogaethau bregus a thlawd. Rydyn ni'n dychwelyd at y thema hon ym Mhennod 5.

TERMAU ALLWEDDOL

Neo-drefedigaethol
Term a gafodd ei ddefnyddio'n wreiddiol i nodweddu'r gweithredoedd anuniongyrchol y mae gwledydd datblygedig yn eu defnyddio i reoli rhywfaint ar ddatblygiad eu cyn-drefedigaethau (yn fwy diweddar, mae wedi cael ei ddefnyddio'n eang i ddisgrifio rhai o weithgareddau tramor China hefyd). Mae'n bosibl sicrhau rheolaeth neo-drefedigaethol drwy nifer o wahanol ffyrdd, yn cynnwys yr amodau sy'n gysylltiedig â chymorth a benthyciadau, dylanwad diwylliannol a chymorth milwrol neu economaidd (naill ai'n agored neu'n gudd) i fudiadau neu grwpiau gwleidyddol arbennig o fewn gwlad sy'n datblygu.

Tariffau Y trethi sy'n cael eu talu wrth fewnforio neu allforio nwyddau a gwasanaethau rhwng gwledydd.

Rhaglenni addasu strwythurol (*SAPs: Structural adjustment programmes*) Ers yr 1980au mae'r Cyfleuster Addasu Strwythurol Gwell (*ESAF: Enhanced Structural Adjustment Facility*) wedi darparu benthyciadau, ond gydag amodau tynn arnyn nhw. Mewn gwirionedd, mae hyn wedi golygu bod llawer o wledydd sy'n benthyg arian wedi gorfod preifateiddio gwasanaethau cyhoeddus.

▲ **Ffigur 2.9** Uwchgynhadledd BRICS yn 2017

Hyd yn ddiweddar, roedd gan Sefydliadau Bretton Woods safle heb ei herio bron o gwbl mewn systemau byd-eang o ran eu grym a'u dylanwad ariannol (un eithriad posibl i hyn yw Banc Datblygiad Asia, a sefydlwyd yn 1966 – ond yn anaml iawn y mae pobl yn ystyried Banc Datblygiad Asia yn 'llais annibynnol' go iawn am mai UDA yw un o'i brif roddwyr a gwneuthurwyr polisïau). Ond, yn 2014, cyhoeddodd y grŵp BRICS o genhedloedd (Brazil, Rwsia, India, China a De Affrica) ei fod wedi sefydlu ei Fanc Datblygiad Newydd (*NDP: New Development Bank*) fel opsiwn arall yn lle Banc y Byd, y Gronfa Ariannol Ryngwladol a Banc Datblygiad Asia, i wledydd sy'n ceisio cymorth ariannol ar gyfer projectau datblygu cyfalaf-ddwys (gweler Ffigur 2.9).

Dywedodd yr economegydd a enillodd Wobr Nobel, Joseph Stiglitz, bod y Banc Datblygiad Newydd yn cynrychioli 'newid sylfaenol mewn grym economaidd a gwleidyddol byd-eang'. Yn sicr, mae'n herio'r model benthyg a oedd yn dominyddu gynt. Ochr yn ochr â'r Banc Datblygiad Newydd, mae China hefyd wedi sefydlu Banc Datblygiad China (*CDB*). Yn dilyn yr argyfwng ariannol byd-eang, benthycodd Banc Datblygiad China fwy na 110 biliwn o ddoleri UDA i wledydd oedd yn datblygu yn 2010, ac roedd hyn yn uwch na benthyciadau Banc y Byd (gweler tudalen 69).

Pan gyrhaeddodd y Banc Datblygiad Newydd a Banc Datblygiad China, doedd dim rhaid i genhedloedd mwy tlawd bellach gytuno i delerau benthyca Sefydliadau Bretton Woods, sydd wedi eu dominyddu gan yr Unol Daleithiau (y Gronfa Ariannol Ryngwladol a Banc y Byd). Gallwn ni ystyried bod hwn yn gam ymlaen tuag at drefn fwy democrataidd yn y byd a thuag at her i uniongrededd neo-ryddfrydol y 'Consensws Washington' fel mae'n cael ei alw (sy'n golygu safbwyntiau ac egwyddorion cyffredin rhwng y Gronfa Ariannol Ryngwladol sydd wedi'i seilio yn Washington a Banc y Byd). Ond, mae gan y banciau newydd lawer llai o brofiad o reoli systemau economaidd byd-eang nag sydd gan y Gronfa Ariannol Ryngwladol a Banc y Byd.

Blociau masnachu rhydd a chytundebau

Ochr yn ochr â'r sefydliadau rhynglywodraethol, mae nifer o grwpiau rhanbarthol o wladwriaethau wedi dod i'r amlwg yn ystod y degawdau diwethaf ar ffurf cytundebau blociau masnachu. Y brif nod yw ysgogi llifoedd masnach, ymysg grwpiau o wledydd sy'n gymdogion yn aml iawn, fel UDA, Canada a México (a gafodd eu clymu ynghyd am y tro cyntaf gan Gytundeb Masnach Rydd Gogledd America, neu NAFTA, yn 1994), Mercosur (yr Ariannin, Brazil, Paraguay ac Uruguay) a'r grŵp o genhedloedd dwyrain a de Affrica, COMESA (gweler tudalen 87).

Erbyn hyn mae mwy na 30 o gytundebau a blociau masnach mawr yn bodoli, ac mae gan bob un gyfraddau amrywiol o ryddfrydiaeth yn y farchnad a chysondeb arferion. Mae rhai wedi eu creu o wladwriaethau ar wahanol lefelau o ddatblygiad economaidd.

Mae partneriaethau traws-global mwy uchelgeisiol wedi datblygu hefyd, neu maen nhw yn y broses o gael eu creu. Mae'r rhain yn cynnwys y canlynol:

- *Partneriaeth y Cefnfor Tawel (TPP: Trans-Pacific Partnership)*. Mae hwn yn gytundeb masnach wedi'i gynllunio rhwng 11 o genhedloedd blaenllaw ar ymylon y Cefnfor Tawel, yn cynnwys Japan, Awstralia a Chanada (yn wreiddiol, roedd UDA i fod yn rhan o'r grŵp hwn, ond un o weithredoedd cyntaf Donald Trump fel Arlywydd UDA oedd gwrthod y cytundeb hwn).

- *Cytundeb masnach AGOA.* Mae Deddf Twf a Chyfleoedd Affrica gan lywodraeth UDA yn cynnig cyfle i wledydd cymwys o Affrica Is-Sahara, yn cynnwys Lesotho a Ghana, i gael mynediad di-doll i farchnadoedd proffidiol yr Unol Daleithiau. Yn 2015 cafodd deddfwriaeth AGOA ei hymestyn ddeng mlynedd ymhellach i 2025.

Pan fydd gwladwriaethau'n gwneud unrhyw benderfyniad i gymryd rhan yn agored mewn masnach rydd, maen nhw'n gwybod bod hyn yn addo gwerthiannau rhyngwladol haws i gwmnïau, ond bod hynny'n dod law yn llaw â risg uwch y gallai nwyddau tramor foddi eu marchnadoedd cartref. Fodd bynnag, mae rhesymeg gyffredinol y cytundeb yn nodi y dylai cwmnïau a dinasyddion yr holl aelod-wladwriaethau, o edrych ar y darlun llawn, ddod yn fuddiolwyr net (*net beneficiaries*) y drefn economaidd newydd (mae esboniad o resymeg economaidd y twf mewn blociau masnach ym Mhennod 3, ar dudalennau 85–87). Felly, mae'r llywodraethau i gyd yn ddigon bodlon i ildio rhywfaint o sofraniaeth economaidd. Ond, ni fydd pob dinesydd yn cefnogi'r penderfyniad hwn.

Unwaith y bydd bloc masnach wedi ei sefydlu, mae'n annog masnachu rhydd rhwng cymdogion neu gynghreiriaid pellach i ffwrdd drwy chwalu neu ostwng tariffau mewnol. Mae tynnu rhwystrau i fasnach rhwng cymunedau yn dod â nifer o fuddion i fusnesau. Er enghraifft, pan ymunodd deg cenedl, yn cynnwys Gwlad Pwyl, â'r Undeb Ewropeaidd yn 2004, cafodd y cwmni archfarchnad Almaenaidd, Lidl, fynediad at 75 miliwn o gwsmeriaid newydd posibl. Mewn sefyllfa debyg, mae IKEA o Sweden wedi ehangu ei rwydwaith o siopau ar draws yr Undeb Ewropeaidd ac, erbyn hyn, mae ganddo fwy na 100 o siopau enfawr mewn 24 o wladwriaethau Ewropeaidd (ac mae'n prynu ei ddarnau a'i gynhyrchion o nifer o'r un gwledydd).

Mewn gwirionedd, fodd bynnag, dydy'r Undeb Ewropeaidd a blociau masnach eraill ddim yn gwbl 'heb ffiniau' o bell ffordd. Mae nifer o rwystrau cyfreithiol ac economaidd i fuddsoddiad a masnach *cwbl* rydd yn parhau o hyd. Er enghraifft, mae llywodraethau Ffrainc a'r Eidal yn monitro, ac yn gallu rhwystro, unrhyw drosfeddiannu corfforaethol tramor nad ydynt eu heisiau mewn sectorau sy'n cael eu hystyried yn 'strategol bwysig', fel ynni, amddiffyn, telathrebu a bwyd.

Mae'n rhaid i wleidyddion asesu drwy'r amser beth yw costau a buddion go iawn, neu ganfyddadwy, eu haelodaeth o'r bloc masnachu. Mae cymhlethdod llwyr y buddsoddi a llifoedd ar draws ffiniau gwladwriaethau yn cymhlethu'r dasg hon yn fawr. O ganlyniad, mae gan wleidyddion a'r dinasyddion y maen nhw'n eu cynrychioli, safbwyntiau amrywiol am ddoethineb y cytundebau masnach. Mae profiadau personol yn effeithio ar y safbwyntiau hyn hefyd: mae rhai o ddinasyddion yr Unol Daleithiau yn beio NAFTA am eu diweithdra, ac roedd ymgyrch arlywyddol Donald Trump yn 2016 yn annog y farn honno. Cafodd ei ddymuniad am wal ffin gyda México ei groesawu gan ddinasyddion yr Unol Daleithiau sydd eisiau rhwystrau cryfach yn erbyn mewnforio tramor a mewnfudo anghyfreithlon.

Grwpiau byd-eang dylanwadol evraill

Ochr yn ochr â chyfundrefnau rhynglywodraethol a blociau masnach, mae mathau eraill o grwpiau byd-eang yn chwarae rhan uwchwladol arwyddocaol mewn materion byd, yn enwedig mewn perthynas â masnach a buddsoddiad. Mae Tabl 2.3 yn dadansoddi ac yn gwerthuso dylanwad tri o'r grwpiau grymus hyn ar systemau byd-eang a llifoedd byd-eang.

Grwpiau	Dadansoddiad	Gwerthuso
G7/8 a G20	■ Cenhedloedd 'Grŵp o Saith' y G7 yw UDA, Japan, y DU, yr Almaen, yr Eidal, Ffrainc a Chanada (yr enw ar y cynadleddau a gynhaliwyd gyda Rwsia cyn 2014 oedd cyfarfodydd y G8). Ers 1975, mae economïau mwyaf y byd wedi cyfarfod o bryd i'w gilydd fel math o 'dasglu' i gydlynu eu hymateb i heriau economaidd cyffredin. ■ Yn 2011, gweithredodd y G8 i sefydlogi economi Japan yn dilyn y tswnami dinistriol. Yn 2016, daeth y G7 at ei gilydd i drafod polisïau a fyddai'n gallu hybu twf mewn ymateb i'r llusgo economaidd byd-eang a achoswyd gan arafiad China.	■ Mae'r G7 yn dod yn llai pwysig, yn raddol, fel fforwm ar gyfer gwneud penderfyniadau rhyngwladol. Y rheswm dros hynny yw nad yw nifer o economïau blaenllaw, yn cynnwys China, India, Brazil ac Indonesia, yn aelodau o'r G7. Felly, cafodd grŵp mwy, sy'n cael ei alw'n G20 ei sefydlu, sy'n cynnwys yr economïau blaenllaw hyn yn ychwanegol at aelodau'r G7 a Rwsia. ■ Weithiau, mae maint mwy y G20, a safbwyntiau gwahanol ei aelodau, yn golygu nad yw'n gallu cytuno a gweithredu ar faterion yr un mor gryf ag ydoedd o'r blaen. Mae'r goresgyniad diweddar o Ukrain yn 2022 wedi creu rhaniad gwleidyddol newydd rhwng Rwsia a gwladwriaethau'r Undeb Ewropeaidd.
Y Sefydliad ar gyfer Cydweithrediad a Datblygiad Economaidd (OECD: Organisation for Economic Co-operation and Development)	■ Mae'r OECD yn fforwm o 36 o wledydd incwm uchel ac incwm canolig. Ei genhadaeth yw 'hybu polisïau a fydd yn gwella lles economaidd a chymdeithasol pobl o amgylch y byd'. ■ Mae aelod-wladwriaethau wedi llofnodi cytundebau ffurfiol am ddiogelu'r amgylchedd. ■ Maen nhw wedi cytuno i gydweithio i fynd i'r afael â'r heriau sy'n codi gan boblogaeth sy'n heneiddio.	■ Mae'r OECD wedi gwneud datblygiadau da o ran atal corfforaethau trawswladol rhag osgoi trethi. Mae 31 o aelodau wedi cytuno ar reolau i atal cwmnïau rhag defnyddio trefniadau treth cymhleth i osgoi talu treth gorfforaeth. Bydd yn anoddach i gwmnïau guddio arian mewn hafanau treth yn y dyfodol. ■ Ond, methodd economegwyr OECD yn llwyr i ragweld yr arafu yn economi'r byd a gychwynnodd yn 2008 (gweler tudalen 94). Roedd hyn yn esgeulustod enfawr.
Cyfundrefn y Gwledydd sy'n Allforio Petrolewm (OPEC: Organisation of the Petroleum Exporting Companies)	■ Cartel byd-eang cyfoethog a phwysig yw OPEC o'r gwledydd sy'n cynhyrchu olew, yn cynnwys Saudi Arabia a Qatar. Wrth i'r galw am olew dyfu, mae cenhedloedd OPEC wedi ennill cyfoeth enfawr. ■ Mae dibyniaeth fyd-eang ar olew yn sicrhau bod gwledydd OPEC yn gyfranogwyr gwleidyddol allweddol, sydd â gwir ddylanwad ar lwyfan y byd.	■ Mae nifer o wledydd OPEC wedi dioddef effeithiau ansefydlogi rhyfeloedd cartref, terfysg neu wrthdaro rhyngwladol, yn cynnwys Kuwait, Iraq a Nigeria. Mae rhai pobl yn barnu bod olew yn gallu rhwystro, yn hytrach na helpu, datblygiad gwlad ('melltith olew'). ■ Pan gwympodd prisiau olew'r byd yn 2015, gadawyd nifer o aelodau OPEC, yn cynnwys Nigeria a Venezuela, mewn anawsterau ariannol.

▲ **Tabl 2.3** Grwpiau byd-eang grymus a dylanwadol o wledydd

Rhyngweithio byd-eang gyda chorfforaethau trawswladol

Mae cyfundrefnau rhynglywodraethol (IGOs) a grwpiau byd-eang eraill yn gweithredu mewn ffyrdd sydd weithiau'n ysgogi masnach fyd-eang a llifoedd buddsoddi; gallan nhw hefyd geisio rheoli, newid a rheoleiddio'r ffyrdd y mae corfforaethau trawswladol yn gweithredu, gan greu rhyngberthynas sy'n gymhleth ar brydiau rhwng cyfranogwyr gwleidyddol ac economaidd. Mae grwpiau'r *OECD* a'r G20 eisiau gweld rheoliadau tynnach ar y ffordd y mae corfforaethau trawswladol yn defnyddio mecanweithiau prisiau trosglwyddo a strategaethau eraill sy'n osgoi trethi (gweler tudalen 46).

- Ers 2009, mae'r *OECD* gyda'i 36 o aelodau wedi monitro hafanau treth tramor yn agos iawn. Credir bod yr hafanau hyn yn galluogi i gorfforaethau trawswladol byd-eang osgoi talu 7 triliwn o ddoleri UDA o dreth ar elw bob blwyddyn.
- Yn 2015, cwblhawyd project gan y G20 gyda 60 o lywodraethau'n cytuno i fod yn fwy llym ar gorfforaethau trawswladol sy'n ceisio osgoi trethi a 'symud elw'. Er bod Ynysoedd Cayman a Bermuda wedi parhau'n lleoedd dilys i gofrestru busnesau, mae llawer o gorfforaethau trawswladol yn dechrau amau a yw'n beth doeth gweithredu yno oherwydd y craffu cynyddol gan yr *OECD* ar eu rhwydweithiau ariannol. Mae cwmnïau'n fwy ymwybodol o'r risg i frand sy'n gysylltiedig â symud elw drwy Iwerddon, yr Iseldiroedd neu gyrchfannau treth isel eraill (gweler Ffigur 2.4, tudalen 47).

Cytundebau mudo rhyngwladol

O fewn yr Undeb Ewropeaidd, mae caniatâd i symud llafur yn rhydd. Mae De Lloegr, gogledd Ffrainc, Gwlad Belg a llawer o orllewin yr Almaen yn rhanbarthau lletya pwysig i lawer o'r mudo sydd wedi digwydd. Mae'r ardal hon yn cynnwys y dinasoedd byd Llundain, Paris, Brwsel a Berlin. O ran y bobl sy'n symud i weithio o'r rhanbarthau gwreiddiol yn nwyrain a de Ewrop, mae'r llif mudo wedi ei gyfeirio i'r mannau hyn yn llawer mwy nag i unrhyw le arall. Tynnwyd y rhan fwyaf o reoliadau'r ffiniau mewn gwledydd o fewn yr Undeb Ewropeaidd yn 1995 pan weithredwyd Cytundeb Schengen. Mae hyn yn galluogi i bobl a nwyddau symud yn haws o fewn yr Undeb Ewropeaidd, ac mae'n golygu nad oes angen dangos pasbort fel arfer ar y gororau rhwng gwledydd yr Undeb Ewropeaidd.

Mae rhanbarthau byd eraill wedi dechrau mabwysiadu rheolau symudiad rhydd hefyd.

- Mae gwledydd De America wedi cymryd camau i gyflawni'r targed hwn hefyd. Rhwng 2004 a 2016, llwyddodd tua 2 filiwn o bobl De America i gael caniatâd preswylio dros dro mewn un o naw gwlad a oedd yn gweithredu'r cytundeb. Ar ôl llofnodi Cytundeb Preswylio Mercosur, mae gan ddinasyddion yr Ariannin, Bolivia, Brazil, Chile, Colombia, Ecuador, Paraguay, Peru ac Uruguay yr hawl i wneud cais am breswyliad dros dro mewn aelod-wladwriaeth arall. Ar ôl dwy flynedd o breswyliad dros dro, mae'n bosibl trosglwyddo'r statws i breswyliad parhaol.
- Mae'r Undeb Affricanaidd wedi dweud ei fod eisiau chwalu ffiniau drwy integreiddio agosach. Yn 2016, dechreuodd yr Undeb Affricanaidd (sydd â 55 o aelod-wladwriaethau) gyhoeddi e-basbortau sy'n caniatáu i'r derbynwyr deithio heb fisa rhwng aelod-wladwriaethau.

Y rheolau sy'n rheoli ffoaduriaid

Ffoaduriaid yw pobl sydd wedi cael eu gorfodi i adael eu gwlad. Mae'r gyfraith ryngwladol yn rhoi diffiniad o'r hyn ydyn nhw a hefyd yn eu diogelu nhw, a dydy gwledydd ddim yn cael eu hanfon nhw i ffwrdd na'u dychwelyd nhw i sefyllfaoedd lle mae eu bywydau a'u rhyddid mewn perygl. Yn ogystal â ffoaduriaid, mae llawer o bobl drwy'r byd i gyd wedi dod yn bobl a ddadleolwyd yn fewnol (h.y. o fewn ffiniau eu gwledydd eu hunain) ar ôl ffoi o'u cartrefi. Yn 2016, roedd y gwrthdaro yn Syria a oedd wedi dechrau yn 2011 wedi cynhyrchu 5 miliwn o ffoaduriaid a 6 miliwn o bobl a ddadleolwyd; roedd hanner y rhai a effeithiwyd yn blant.

Yn ôl data'r Cenhedloedd Unedig:

- Cafodd mwy o bobl eu gorfodi i fudo yn 2014 nag mewn unrhyw flwyddyn arall ers yr Ail Ryfel Byd. Cafodd un deg pedwar miliwn o bobl eu gyrru o'u cartrefi gan drychinebau naturiol a gwrthdaro. Ar gyfartaledd, gorfodwyd 24 o bobl i ffoi am eu bywydau bob munud, ac mae hyn bedair gwaith yn fwy na degawd yn gynharach.
- Mae'r cyfanswm byd-eang o bobl a ddadleolwyd yn fwy na 65 miliwn o bobl erbyn hyn. O'r rhain, mae tua 45 miliwn wedi eu dadleoli'n fewnol ac mae 20 miliwn yn ffoaduriaid.
- Mae'r achosion diweddar o orfodi pobl i symud wedi eu hachosi gan ryfeloedd yn Syria, De Sudan, Yemen, Burundi, Ukrain a Gweriniaeth Canolbarth Affrica. Mae miloedd yn fwy wedi ffoi rhag trais yng Nghanolbarth America. Mae Ffigur 2.10 yn dangos y rhestr o wledydd sydd wedi cynhyrchu'r nifer uchaf o ffoaduriaid yn flynyddol ers yr 1970au.

Mae rhai o'r symudiadau hyn wedi eu hachosi gan y pwysau y mae systemau byd-eang yn ei greu (gweler tudalennau 159 a 164). Mewn egwyddor, mae disgwyl i'r rhan fwyaf o wledydd gymryd ffoaduriaid, beth bynnag yw'r rheolau mudo economaidd sy'n bodoli. Y rheswm dros hyn yw eu bod nhw wedi llofnodi'r Datganiad Cyffredinol o Hawliau Dynol (*UDHR: Universal Declaration of Human Rights*), sy'n gwarantu bod gan y ffoaduriaid go iawn i gyd yr hawl i geisio lloches, a derbyn lloches, rhag erledigaeth (gweler Tabl 2.4).

| Confensiwn y Ffoaduriaid (1951) a'r Confensiwn ar Statws Pobl heb Ddinasyddiaeth (1954) | ■ Confensiwn y Ffoaduriaid 1951 yw'r ddogfen gyfreithiol allweddol sy'n sylfaen i holl waith y Cenhedloedd Unedig i gefnogi ffoaduriaid. Wedi'i gadarnhau gan 145 o wladwriaethau, mae'n diffinio'r term 'ffoadur' ac mae'n amlinellu hawliau ffoaduriaid, yn ogystal â'r goblygiadau cyfreithiol sydd gan wladwriaethau i'w diogelu nhw. Yr egwyddor sylfaenol yw 'peidio eu hanfon yn ôl'. Mae hyn yn golygu na ddylai ffoaduriaid gael eu dychwelyd i wlad lle maen nhw'n wynebu bygythiadau difrifol i'w bywydau neu i'w rhyddid. Mae hon yn rheol graidd mewn cyfraith ryngwladol erbyn hyn.

■ Cafodd Confensiwn 1954, sy'n ymwneud â Statws Pobl heb Ddinasyddiaeth, ei lunio i sicrhau bod gan bobl sydd heb wladwriaeth, gyfres sylfaenol o hawliau dynol. Sefydlodd hwn hawliau dynol a safonau sylfaenol o ran triniaeth, i bobl sydd heb ddinasyddiaeth, gan gynnwys yr hawl i addysg, cyflogaeth a thai. |
| Uchel Gomisiynydd y Cenhedloedd Unedig dros Ffoaduriaid (*UNHCR*) | ■ Mae'r *UNHCR* (*The United Nations High Commissioner for Refugees*) yn gweithredu fel 'gwarchodwr' Confensiwn y Ffoaduriaid 1951 a chyfreithiau a chytundebau rhyngwladol perthnasol eraill. Mae ganddo fandad i amddiffyn ffoaduriaid, pobl heb ddinasyddiaeth a phobl sydd wedi'u dadleoli'n fewnol. O ddydd i ddydd mae'n helpu miliynau o bobl ledled y byd am gost o tua phum biliwn o ddoleri UDA bob blwyddyn. Mae'r *UNHCR* yn aml yn gweithio gyda Sefydliad Iechyd y Byd (*WHO*) y Cenhedloedd Unedig i ddarparu gwersylloedd, lloches, bwyd a meddyginiaeth i bobl sydd wedi dianc rhag gwrthdaro.

■ Mae'r *UNHCR* hefyd yn monitro cydymffurfiad â'r system ffoaduriaid rhyngwladol. |

▲ **Tabl 2.4** Sut mae'r Cenhedloedd Unedig yn cynnig diogelwch i ffoaduriaid

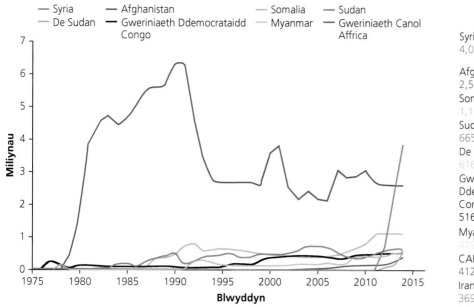

Y nifer uchaf 2014

Syria 4,013,000

Afghanistan 2,593,368

Somalia 1,106,068

Sudan 665,954

De Sudan 616,210

Gweriniaeth Ddemocrataidd Congo 516,770

Myanmar 479,001

CAR 412,041

Iran 369,904

Eritrea 363,077

▲ **Ffigur 2.10** Y prif wledydd y mae ffoaduriaid yn dod ohonyn nhw, 1975–2014

Llywodraethiant aml sgalar

Os ystyriwn ni pa mor gymhleth yw'r systemau byd-eang, faint o ddylanwad all un llywodraeth neu sefydliad rhynglywodraethol obeithio ei gael dros batrymau o fasnach, mudo neu fuddsoddi? Yn aml iawn, yr ateb yw: ychydig iawn. Felly, mae ymchwil daearyddol yn aml yn canolbwyntio ar y ffordd y mae *rhyngweithio* rhwng gwahanol lywodraethau cenedlaethol a sefydliadau rhynglywodraethol yn effeithio ar (i) y ffordd y mae systemau byd-eang yn esblygu dros amser, a (ii) y canlyniadau i genhedloedd unigol.

I esbonio hyn, mae Ffigur 2.11 yn dangos llinell amser integreiddiad Indonesia i mewn i systemau byd-eang.

- Heddiw, dyma seithfed economi mwyaf y byd, o'i fesur yn ôl paredd gallu prynu, sef ei allu i brynu o'i gymharu â gwledydd eraill. Ond dim ond 50 mlynedd yn ôl, roedd llywodraeth Indonesia yn gwrthwynebu Sefydliadau Bretton Woods yn gryf iawn ac yn edrych yn debygol o ddilyn llwybr tebyg i Ogledd Korea heddiw.
- Agorwyd economi Indonesia i lifoedd byd-eang ar ddiwedd yr 1960au, dim ond ar ôl i reolwyr newydd y wlad ddewis gweithio ochr yn ochr â'r Gronfa Ariannol Ryngwladol a chorfforaethau trawswladol Eingl-Americanaidd i greu 'trefn fuddsoddi newydd'.
- Mae'r cydweithredu hwn rhwng gweithredwyr cenedlaethol (y wladwriaeth) a'r gweithredwyr rhyngwladol (y Gronfa Ariannol Ryngwladol, ynghyd â chorfforaethau trawswladol sector preifat) wedi paratoi'r llwybr i Indonesia symud i mewn i'r systemau byd-eang (a'r costau a'r buddion a greodd hyn wedyn i'w bobl).

 **TERM ALLWEDDOL**

Paredd gallu prynu (PPP: *Purchasing power parity*) Mesur o'r cyfoeth cyfartalog sy'n ystyried cost 'basged o nwyddau' nodweddiadol mewn gwlad. Mewn gwledydd incwm isel, mae nwyddau'n costio llai yn aml iawn, gan olygu bod cyflogau'n ymestyn ymhellach nag y byddech chi'n disgwyl ei weld mewn gwlad incwm uchel.

Camau'r globaleiddio	Ffactorau

Cam 1: Wedi'i drefedigaethu gan bobl o'r Iseldiroedd

1670–1945   Am bron i 300 o flynyddoedd, profodd Indonesia fath cynnar o globaleiddio am ei bod yn drefedigaeth Ewropeaidd a oedd yn ddibynnol ac yn cael ei hecsbloetio. Cafodd ei goresgyn hefyd gan y Japaneaid yn ystod yr Ail Ryfel Byd.

- Roedd y **deunyddiau crai** yn Indonesia wedi denu pobl yno o'r Iseldiroedd. Roedd y llifoedd o dun, copr, pren, rwber ac aur gwerthfawr a oedd yno yn golygu bod ynysoedd Indonesia'n wobr bwysig.

Cam 2: Annibyniaeth a safbwynt gwrth-Orllewinol

1946–64   Yn dilyn pedair blynedd o herwryfela, daeth arweinydd newydd i gipio'r pŵer – y Cadfridog Sukarno, ac roedd ef yn sefyll yn gryf iawn yn erbyn y Gorllewin. Anfonwyd y neges 'Ewch i uffern gyda'ch cymorth' i UDA a'r Gronfa Ariannol Ryngwladol. Roedd Sukarno yn cefnogi'r Undeb Sofietaidd comiwnyddol.

- O ganlyniad i **ddad-drefedigaethu**, roedd Indonesia yn edrych yn amheus ar y byd Gorllewinol gyda'i farchnad rydd.
- Roedd y **Rhyfel Oer** (pan oedd dau bŵer mawr y byd yn gwrthwynebu ei gilydd – UDA a'r Undeb Sofietaidd) yn ddylanwad mawr ar globaleiddio Indonesia.

Cam 3: Newid i'r gyfundrefn a safbwynt cefnogol i'r Gorllewin

1965–67   Gyda chefnogaeth Washington, cipiodd y Cadfridog Suharto bŵer oddi ar y Cadfridog Sukarno yn ystod cyfnod pan lofruddiwyd cannoedd o filoedd o gomiwnyddion o Indonesia.

1968   Agorwyd economi Indonesia o ganlyniad i gyfundrefn newydd Suharto. Daeth corfforaethau trawswladol Americanaidd ac Ewropeaidd i gyfarfod â llywodraeth Suharto yn y Swistir a llunio polisïau economaidd atyniadol newydd ar gyfer buddsoddwyr marchnad rydd a oedd yn dod i Indonesia.

- **Benthyciadau ar gyfer isadeiledd gan y Gronfa Ariannol Ryngwladol** Dechreuodd cwmnïau cangen y Corfforaethau Trawswladol Gorllewinol gyrraedd Indonesia cyn gynted ag y dechreuodd ei ffyrdd, ei chyflenwadau pŵer a'i phorthladdoedd i foderneiddio.
- **Newidiadau cyfreithiol** Rhoddodd y fframwaith cyfreithiol ar gyfer y parth prosesu allforion yn Jakarta, yn union beth roedden nhw ei eisiau i'r corfforaethau trawswladol – hafan dreth isel i weithgynhyrchu, gan fanteisio i'r eithaf ar gostau llafur isel.

Cam 4: Cwymp economaidd ac adferiad

2000+   O ganlyniad i gyhoeddusrwydd gwael, aeth nifer o fuddsoddwyr tramor fel Gap Inc. ati i wella'r amodau i weithwyr. Ar ôl bron i 50 mlynedd fel cyfranogwyr byd-eang mawr, Indonesia yw 7fed economi mwyaf y byd yn ôl un mesur (data 2018). Ond, mae angen gwneud gwelliannau o hyd ar gyfer pobl dlawd Indonesia (dim ond yn safle rhif 115 y mae'r wlad o ran ei chynnyrch mewnwladol crynswth fesul pen). Mae 40% o'r boblogaeth yn dal i fyw o dan neu ddim ond ychydig uwchben y llinell dlodi.

- Mae protestiadau **yn erbyn globaleiddio** wedi troi'r sylw at siopau chwys Indonesia a'r ffordd galed yr oedd y gyfundrefn Suharto yn cosbi ymgyrchwyr undebau llafur – cafodd nifer ohonyn nhw eu carcharu. Mae hanner y boblogaeth yn byw ar lai na 2 o ddoleri UDA bob dydd.
- Mae aelodaeth Indonesia yn y **G20** wedi ei gwneud hi'n gyfranogwr gwleidyddol blaenllaw ar lwyfan y byd, gan ychwanegu dimensiwn arall o globaleiddio i broffil y genedl.

▲ **Ffigur 2.11** Llinell amser systemau byd-eang Indonesia: allwch chi weld sut mae digwyddiadau wedi cael eu siapio gan ryngweithio 'aml sgalar' rhwng llywodraeth Indonesia, sefydliadau rhynglywodraethol (IGOs) a chorfforaethau trawswladol grymus?

▶ **Ffigur 2.12** Heddiw, Indonesia yw seithfed economi mwyaf y byd. Ond, bu bron i'r wlad beidio ag integreiddio i'r systemau byd-eang o gwbl.

Dylanwad y gwladwriaethau pŵer mawr

▶ *Sut mae cydberthnasau grym anghyfartal wedi caniatáu i rai gwladwriaethau yrru systemau byd-eang er mantais iddyn nhw eu hunain?*

Fel mae'r bennod hon wedi'i ddangos yn barod, mae Systemau Byd-eang yn cael eu siapio'n rhannol gan benderfyniadau llywodraethau cenedlaethol o fewn fframweithiau sydd wedi eu llunio gan sefydliadau rhynglywodraethol (*IGOs*). Yn ogystal, mae llond llaw o wledydd eithriadol o bwerus yn dylanwadu'n ormodol ar lywodraethau cenhedloedd eraill a hefyd ar y sefydliadau rhynglywodraethol. Dyma'r gwladwriaethau pŵer mawr. Mae UDA, China a gallwn ni ddadlau bod Rwsia hefyd, yn wir bwerau mawr byd-eang sydd â galluoedd milwrol i gyfateb â hynny. Gallwn ni hefyd ddadlau bod Japan a rhai gwladwriaethau Ewropeaidd, yn cynnwys y DU a Ffrainc, yn bwerau mawr, neu wedi bod yn bwerau mawr yn y gorffennol diweddar.

Mae gwledydd pwerus yn defnyddio eu dylanwad i sefydlu fframweithiau economaidd a gwleidyddol byd-eang sy'n addas iawn i'w hanghenion eu hunain. Cafodd Sefydliadau Bretton Woods, er enghraifft, eu sefydlu drwy ymdrechion yr Unol Daleithiau i raddau mawr; ers hynny, maen nhw wedi hyrwyddo masnach rydd mewn ffyrdd sy'n eithriadol o fuddiol i gorfforaethau trawswladol yr Unol Daleithiau. Bydd gwladwriaethau'r pwerau mawr yn defnyddio tactegau a strategaethau amrywiol i ddiogelu'r *status quo* y maen nhw wedi helpu i'w sefydlu; felly, bydd daearyddwyr weithiau'n dweud bod systemau byd-eang yn cael eu 'cynhyrchu a'u hailgynhyrchu' gan wledydd pwerus. Ystyr hynny yw bod y gwladwriaethau pŵer mawr yn diogelu ac yn cynnal y cyfreithiau a'r sefydliadau rhyngwladol y maen nhw eu hunain wedi eu creu; trwy wneud hynny, maen nhw'n gwneud yn siŵr bod y systemau byd-eang sy'n dod â buddion i'r pwerau mawr eu hunain ar hyn o bryd, yn parhau i wneud hynny.

Defnyddio pŵer meddal a chaled i ailgynhyrchu systemau

Defnyddiwyd y term 'pŵer mawr byd-eang' yn wreiddiol i ddisgrifio gallu UDA, USSR a'r Ymerodraeth Brydeinig i orfodi grym a dylanwad unrhyw le ar y Ddaear er mwyn dod yn rym byd-eang dominyddol.

● Roedd yr Ymerodraeth Brydeinig yn bŵer trefedigaethol, ochr yn ochr â Ffrainc, Sbaen, Portiwgal a gwladwriaethau Ewropeaidd eraill. Rhwng tua 1500 a 1900, adeiladodd y pwerau blaenllaw hyn ymerodraethau byd-eang. Un canlyniad i hynny oedd ymlediad ieithoedd, crefyddau, cyfreithiau, arferion, celfyddydau a chwaraeon Ewropeaidd ar raddfa fyd-eang.

TERMAU ALLWEDDOL

Pŵer meddal Bathodd y gwyddonydd gwleidyddol Joseph Nye y term 'pŵer meddal' i gyfeirio at y grefft o ddarbwyllo. Mae rhai gwledydd yn gallu gwneud i eraill ddilyn eu harweiniad drwy wneud eu polisïau'n ddeniadol ac apelgar. Efallai fod pobl mewn gwledydd eraill yn meddwl yn ffafriol am ddiwylliant gwlad (ei chelf, ei cherddoriaeth, a'i ffilmiau). Dywedodd Nye bod gwlad yn gallu dylanwadu ar ymddygaid gwledydd eraill mewn tair prif ffordd: bygythiadau o orfodaeth (cosbi); cymhellion a thaliadau (denu); ac atyniad (y math lleiaf amlwg o ddylanwad). Pŵer meddal yw'r ddau olaf o'r rhain.

Pŵer caled Mae hyn yn golygu mynnu eich ffordd eich hun drwy ddefnyddio grym. Mae goresgyniadau, rhyfel a gwrthdaro yn ffyrdd diseremoni iawn o gael grym. Mae modd defnyddio dylanwad economaidd fel math o bŵer caled: gallai sancsiynau a rhwystrau i fasnach achosi niwed mawr i wladwriaethau eraill.

Cronfeydd cyfoeth sofran (SWFs: Sovereign wealth funds) Dyma'r 'banciau cadw-mi-gei' ar raddfa fyd eang y mae rhai gwladwriaethau'n dibynnu arnyn nhw i adeiladu dylanwad byd-eang ac i amrywiaethu eu ffynonellau incwm.

- Yn wahanol i reolaeth uniongyrchol y Prydeinwyr yn yr 1800au, mae UDA wedi dominyddu materion byd ers 1945, yn bennaf gan ddefnyddio mathau anuniongyrchol o ddylanwad neu strategaethau neo-drefedigaethol. Mae'r rhain yn cynnwys y cymorth rhyngwladol sydd wedi dod gan lywodraeth yr Unol Daleithiau a dylanwad diwylliannol y cyfryngau Americanaidd (yn cynnwys Hollywood a Facebook). Ochr yn ochr â strategaethau pŵer meddal, mae llywodraeth yr Unol Daleithiau wedi defnyddio pŵer caled yn rheolaidd hefyd. Mae hyn yn golygu defnyddio grym milwrol (neu fygwth ei ddefnyddio) yn geowleidyddol a'r dylanwad economaidd y maen nhw'n ei gael drwy bolisïau masnach gorfodol, yn cynnwys gosod sancsiynau economaidd neu gyflwyno tariffau mewnforio. Rydyn ni'n defnyddio'r term 'pŵer clyfar' i ddisgrifio'r ffordd y mae llywodraeth yn defnyddio pŵer meddal a chaled yn fedrus ar y cyd mewn cysylltiadau rhyngwladol (gweler Ffigur 2.13).

Pŵer caled
- Bygwth neu weithredu'n filwrol
- Sancsiynau economaidd
- Polisi cymorth a masnach

Pŵer clyfar

Pŵer meddal
- Dylanwad diwylliannol
- Arweiniad a phenderfyniadau rhyngwladol
- Awdurdod moesol a moesegol

▲ **Ffigur 2.13** Cynhwysion 'pŵer clyfar'

Heblaw am UDA, pa wladwriaethau eraill sy'n gallu honni eu bod nhw'n bŵer mawr byd-eang go iawn?

- Daeth China yn economi mwyaf y byd yn 2014 ac mae'n cael dylanwad mawr dros y system economaidd fyd-eang oherwydd ei maint enfawr. Mae economïau cynyddol amlwg eraill, yn cynnwys India ac Indonesia, yn chwarae rôl fyd-eang gynyddol bwysig.
- Er nad yw unrhyw un wlad Ewropeaidd unigol yn gallu cael dylanwad mor fawr ag UDA, mae llawer ohonyn nhw wedi parhau i fod yn gyfranogwyr byd-eang arwyddocaol yn y byd ôl-drefedigaethol (yn fwy na dim, y cenhedloedd G7 sef yr Almaen, Ffrainc, yr Eidal a'r DU). Barn arall yw mai'r unig ffordd y gallai gwladwriaethau Ewropeaidd gystadlu â statws pŵer mawr byd-eang UDA yw pan fyddan nhw'n cydweithio fel aelodau o'r Undeb Ewropeaidd.

Cronfeydd cyfoeth sofran

Ochr yn ochr â'r pwerau mawr byd-eang, gallwn ni adnabod ail haen o wledydd eithriadol o ddylanwadol sydd, yn aml iawn, yn llwyddo i gael mwy o ddylanwad nag y byddech chi'n ei ddisgwyl efallai o edrych ar faint bychan eu poblogaeth neu eu tir. Mae Qatar yn enghraifft wych: cafodd y wladwriaeth fach hon yn y Gwlff ddylanwad rhyngwladol drwy ddefnyddio ei chyfoeth enfawr, sy'n deillio o olew a nwy, i dalu am brojectau isadeiledd yn y DU, Tunisia, Yr Aifft, Twrci a gwledydd eraill.

Yn aml iawn, mae'r gwledydd hyn sy'n llai, ac eto'n ddylanwadol, yn cael effaith ar y byd am fod ganddyn nhw gronfeydd cyfoeth sofran mawr sy'n cynhyrchu llifoedd cyfalaf byd-eang helaeth (gweler Ffigur 2.15, tudalen 67). Dim ond lleiafswm o wledydd sy'n gweithredu cronfeydd cyfoeth sofran fel hyn. Gan fwyaf, mae'r rhain yn wledydd a chanddynt:

- gronfeydd olew a nwy wrth gefn (fel Norwy a Qatar)
- adnoddau mwynol (cyfoeth copr Chile a diemwntau Botswana)
- gwarged ar eu mantol daliadau (pan mae gwerth allforion gwlad yn uwch na gwerth ei fewnforion e.e. China).

Rydyn ni'n defnyddio dau fodel gwariant gwahanol. Weithiau mae gwladwriaeth yn prynu'n uniongyrchol (dyma sut mae'r gronfa 500 biliwn o ddoleri UDA, sydd gan Kuwait ers 1953, yn gweithio). Dro arall, mae gan rai gwladwriaethau fanciau buddsoddi wedi eu hadeiladu'n bwrpasol sy'n rheoli eu prynu (mae gan Singapore ddau, o'r enw Temasek a GIC).

Dydy'r rhan fwyaf o wledydd datblygedig cyfoethog a grymus, fel Japan, y DU ac UDA, ddim yn gweithredu cronfeydd cyfoeth sofran. Ond, yn ddiddorol iawn, mae gan nifer o daleithiau UDA eu cronfeydd cyfoeth eu hunain, er enghraifft Texas ac Alaska.

Rhestr siopa cronfeydd cyfoeth sofran

Y DU yw'r gyrchfan fwyaf poblogaidd yn y byd ar gyfer buddsoddi gan gronfeydd cyfoeth sofran (gweler Ffigur 2.14). Mae gwladwriaethau tramor, a China yn arbennig, yn berchen ar gyfrannau mawr o reilffyrdd, meysydd awyr, cwmnïau dŵr, carthffosiaeth a rhanbarthau busnes canolog Prydain, ynghyd â hanner y gadwyn o siopau adrannol House of Fraser. Mae'n debyg y bydd cronfeydd cyfoeth sofran yn China yn buddsoddi'n drwm yn y rheilffordd HS2 gwerth £55 biliwn sydd ar y gweill rhwng Llundain a Manceinion. Mae potensial mawr gan y pryniannau cost uchel hyn i ddod ag elw yn y dyfodol.

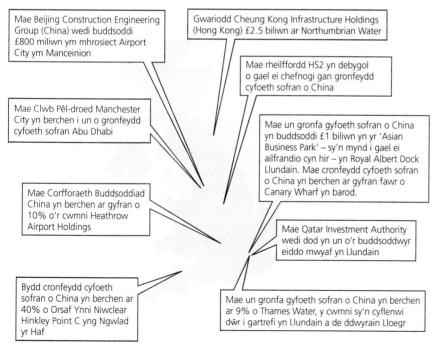

Mae Beijing Construction Engineering Group (China) wedi buddsoddi £800 miliwn ym mhrosiect Airport City ym Manceinion

Gwariodd Cheung Kong Infrastructure Holdings (Hong Kong) £2.5 biliwn ar Northumbrian Water

Mae rheilffordd HS2 yn debygol o gael ei chefnogi gan gronfeydd cyfoeth sofran o China

Mae Clwb Pêl-droed Manchester City yn berchen i un o gronfeydd cyfoeth sofran Abu Dhabi

Mae un gronfa gyfoeth sofran o China yn buddsoddi £1 biliwn yn yr 'Asian Business Park' – sy'n mynd i gael ei ailfrandio cyn hir – yn Royal Albert Dock Llundain. Mae cronfeydd cyfoeth sofran o China yn berchen ar gyfran fawr o Canary Wharf yn barod.

Mae Corfforaeth Buddsoddiad China yn berchen ar gyfran o 10% o'r cwmni Heathrow Airport Holdings

Mae Qatar Investment Authority wedi dod yn un o'r buddsoddwyr eiddo mwyaf yn Llundain

Bydd cronfeydd cyfoeth sofran o China yn berchen ar 40% o Orsaf Ynni Niwclear Hinkley Point C yng Ngwlad yr Haf

Mae un gronfa gyfoeth sofran o China yn berchen ar 9% o Thames Water, y cwmni sy'n cyflenwi dŵr i gartrefi yn Llundain a de ddwyrain Lloegr

◀ **Ffigur 2.14** Asedau'r DU a gaffaelwyd gan gronfeydd cyfoeth sofran gwledydd tramor. Mae hyn yn dangos nad corfforaethau trawswladol tramor yn unig sy'n buddsoddi yn y DU; mae llywodraethau tramor yn buddsoddi yno'n fwy a mwy hefyd, gan ddod â mwy o gymhlethdod i systemau byd-eang a llifoedd cyfalaf

Yn dilyn yr argyfwng ariannol byd-eang (*GFC: global financial crisis*) yn 2008-09 (gweler tudalen 95), aeth llywodraeth y DU ati'n frwd i annog buddsoddi yn y DU gan gronfeydd cyfoeth sofran tramor. Y rheswm dros hynny oedd bod y DU yn brin o arian ar gyfer projectau newydd (heb gynyddu trethi neu ddyled cenedlaethol y DU). Ac eto, roedd Cynllun Isadeiledd Cenedlaethol y llywodraeth ei hun wedi nodi bod angen gwario hanner triliwn o bunnoedd ar drafnidiaeth, egni a dinasoedd cyn 2020. Er mwyn rhoi'r projectau mawr hyn ar waith, roedd angen i'r llywodraeth droi at fuddsoddwyr tramor i gael cymorth.

- Pan oedd yn siarad yn 2014, dywedodd Prif Weinidog y DU David Cameron 'Does dim cywilydd gen i bod [China] yn berchen ar ddeg y cant o'n cwmni dŵr mwyaf [Thames Water] neu ddarn mawr o faes awyr Heathrow. Rwy'n falch iawn. Dywedwch wrth y buddsoddwyr eraill o China – dewch i Lundain; gwariwch eich arian.' Erbyn 2025, bydd China yn berchen ar £100 biliwn, yn ôl yr amcangyfrifon, o fuddsoddiadau mewn egni, eiddo a thrafnidiaeth y DU.
- Mae democratiaeth a rheolaeth y gyfraith yn gwneud y DU yn safle buddsoddi risg isel i gronfeydd cyfoeth sofran Rwsia, Singapore a'r Dwyrain Canol. Maen nhw i gyd wedi gwario tipyn ar asedau'r DU. Efallai mai'r enghraifft fwyaf adnabyddus yw perchnogaeth Sheikh Mansour bin Zayed Al Nahyan o Abu Dhabi ar glwb pêl-droed Manchester City (mae wedi buddsoddi mwy na £1 biliwn, gan gynnwys cost academi hyfforddi o'r radd flaenaf).
- Ond, dydy pawb ddim yn cytuno bod buddsoddiadau gan gronfeydd cyfoeth sofran yn beth da. Am fod perchnogaeth yn pasio i lywodraethau tramor, yn hytrach na chwmnïau tramor, mae'r bobl sy'n beirniadu hyn yn dweud bod pryniannau gan gronfeydd cyfoeth sofran yn cynrychioli 'colli sofraniaeth'. Mewn egwyddor, mae llywodraeth y DU yn ildio pŵer dros asedau cenedlaethol i lywodraethau tramor (a dydy rhai o'r rheini ddim yn wledydd democrataidd).

Buddsoddi o amgylch y byd

Nid y DU yw'r unig fan lle mae cronfeydd cyfoeth sofran yn buddsoddi, wrth gwrs.

- Mae Singapore yn berchen ar bron i hanner y Viaduct Quarter yn Seland Newydd (sef datblygiad cartrefi a busnesau mawr yn Auckland).
- Mae Angola yn buddsoddi asedau werth 5 biliwn o ddoleri'r UDA – asedau sy'n deillio o olew – ar isadeiledd a gwestai mewn gwladwriaethau cyfagos.
- Mae Norwy, cronfa cyfoeth sofran fwyaf y byd, yn gyfranddaliwr mawr yn Facebook.
- Mae cronfeydd cyfoeth sofran yn chwarae rhan hollbwysig yn y ffenomen fyd-eang y mae pobl yn ei galw'n 'gipio tir' (gweler tudalen 164).

DADANSODDI A DEHONGLI

Astudiwch Ffigur 2.15, sy'n dangos maint cymharol gwahanol gronfeydd cyfoeth sofran mewn olew ac mewn meysydd heblaw olew.

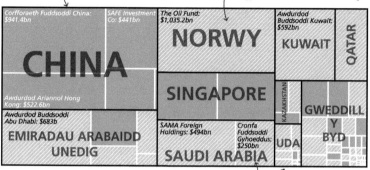

▲ **Ffigur 2.15** Cronfeydd cyfoeth sofran mwyaf y byd. *Graffigyn FT; Ffynhonnell: Sefydliad Cronfa Cyfoeth Sofran*

(a)   Amcangyfrifwch gyfanswm gwerth cronfeydd cyfoeth sofran yr Emiradau Arabaidd Unedig.

CYFARWYDDYD

I ateb hyn yn fanwl gywir, mae angen i ni edrych yn ofalus ar y ffordd y mae'r data wedi ei gyflwyno. Mae llinellau gwyn tenau yn gwahanu gwerth gwahanol gronfeydd sy'n perthyn i'r un wlad: mae gan Singapore ddwy gronfa, er enghraifft. Mae gan yr Emiradau Arabaidd Unedig (ffocws y cwestiwn hwn) nifer o gronfeydd, ac mae un o'r rhain werth 683 biliwn o ddoleri UDA. Mesurwch led y gronfa honno (fel y mae wedi ei gynrychioli yn Ffigur 2.15) a hefyd led gweddill y bocs (siâp wedi ei wneud o'r pedair cronfa sydd ar ôl). Gallwch chi ddefnyddio'r ddau led hyn i gyfrifo cymhareb y gallwch ei defnyddio, yn ei thro, i gyfrifo gwerth cyfan cronfeydd cyfoeth sofran yr Emiradau Arabaidd Unedig.

(b)   Awgrymwch resymau pam mai dim ond nifer bach o wledydd sy'n rheoli'r rhan fwyaf o gronfeydd cyfoeth sofran mwyaf y byd.

CYFARWYDDYD

Gallech chi ateb y cwestiwn hwn mewn dwy ffordd wahanol. Yn gyntaf, bydd rhesymau penodol pam mae gan y gwledydd a ddangosir asedau ariannol anarferol o fawr: beth yw ffynonellau tebygol y cyfoeth ar gyfer y cronfeydd nad ydynt yn rhai olew? Defnyddiwch eich gwybodaeth a'ch dealltwriaeth o wahanol fathau o fasnach fyd-eang i awgrymu rhesymau pam mae gan China gymaint o arian i'w fuddsoddi, er enghraifft. Yn ail, mae rhesymau gwleidyddol pam mae rhai llywodraethau'n dewis gweithredu cronfeydd cyfoeth sofran, a dydy eraill ddim. Yn aml iawn, mae hyn yn gysylltiedig â'r math o system wleidyddol sydd i'w chael mewn gwahanol wledydd. Er enghraifft, yn China gomiwnyddol, mae'r wladwriaeth yn rheoli nifer o ddiwydiannau'r wlad. O ganlyniad, mae asedau ariannol mawr sydd wedi eu hadeiladu o elw o fasnach fyd-eang ar gael i lywodraeth China eu defnyddio fel y mae'n ei ystyried yn addas.

(c) Esboniwch ffyrdd y mae'r cronfeydd cyfoeth sofran sydd i'w gweld yn Ffigur 2.15 yn chwarae rhan mewn systemau byd-eang.

CYFARWYDDYD

Un ffordd o ateb y cwestiwn hwn yw meddwl am y gwahanol lifoedd byd-eang sy'n gweithredu o fewn systemau byd-eang, yn cynnwys llifoedd o arian, nwyddau, gwasanaethau, pobl a syniadau. Gan ddefnyddio enghreifftiau sydd i'w cael yn y bennod hon, gallwch chi gynnig esboniad dilyniannol o'r rhan y mae cronfeydd cyfoeth sofran yn ei chwarae mewn perthynas â phob un o'r llifoedd hyn. Er enghraifft, gallai buddsoddiadau mawr gan yr Emiradau Arabaidd Unedig a China o amgylch y byd ofyn fod pobl o'r gwledydd hynny'n gweithio dramor yn rheoli projectau: felly mae llifoedd o bobl yn dod gyda'r llifoedd o arian.

ASTUDIAETH ACHOS GYFOES: QATAR

Gan Qatar, y frenhiniaeth fach yn y Dwyrain Canol, y mae'r Cynnyrch Mewnwladol Crynswth uchaf fesul pen yn y byd, sy'n fwy na 100,000 o ddoleri UDA.

Mae 2.5 miliwn o bobl yn byw yn Qatar ond dim ond 300,000 o'r rhain sy'n ddinasyddion Qatar. Mae'r gweddill yn gymysgedd o fudwyr medrau isel ac uchel. Mae galw enfawr am weithwyr i safleoedd adeiladu yn Doha, y brifddinas (gweler Ffigur 2.16). Mae llifoedd mawr o fudwyr proffesiynol (neu elît) yn symud tuag at Qatar hefyd am ei fod wedi dod yn ganolfan fyd-eang ar gyfer diwydiannau diwylliant, y cyfryngau a buddsoddi.

Mae cyfoeth a dylanwad byd-eang y wlad, fel y rhai sydd gan Saudi Arabia drws nesaf, yn deillio'n wreiddiol o gyfoeth tanwydd ffosil: mae gan Qatar 14 y cant o'r holl gronfeydd nwy sy'n hysbys. Mae llywodraeth Qatar wedi ailfuddsoddi ei gyfoeth petroddoler mewn ffyrdd sydd wedi arallgyfeirio'r economi cenedlaethol ac wedi adeiladu dylanwad byd-eang hefyd.

- Mae'r brifddinas Doha wedi dod yn lle sy'n adnabyddus yn fyd-eang, lle mae cynadleddau rhyngwladol a digwyddiadau chwaraeon yn cael eu cynnal, a lle sy'n cael ei wasanaethu gan gwmni Qatar Airways a maes awyr Doha International. Mae cyfarfodydd pwysig y Cenhedloedd Unedig a Sefydliad Masnach y Byd (WTO) wedi digwydd yn Doha, yn cynnwys Cynhadledd Newid Hinsawdd y Cenhedloedd Unedig yn 2012 lle cafwyd tua 17,000 o gyfranogwyr. Cyn hynny, cynhaliodd Qatar y gynhadledd WTO a elwir The Doha Round of Talks, yn 2001. Bydd y ddinas yn croesawu Cwpan Pêl-droed y Byd yn 2022.

- Roedd y cyfryngau Eingl-Americanaidd wedi dominyddu'r byd am gyfnod hir a thorwyd hyn gan gyrhaeddiad rhwydwaith cyfryngau Al Jazeera Qatar yn 1996. Bron o'r dechrau, mae wedi cystadlu â'r BBC a CNN i gael dylanwad mewn rhannau niferus

o'r byd. Mae'r brand hwn sy'n adnabyddus drwy'r byd i gyd yn ffynhonnell bwysig o rym meddal i Qatar. Gallwch chi ei wylio ar Freeview yn y DU.

- Mae Awdurdod Buddsoddi Qatar (QIA), yn un o gronfeydd cyfoeth sofran mwyaf y byd, ac mae'n berchen ar nifer o 'asedau troffi' yn y DU, yn cynnwys adeilad y Shard, siop adrannol Harrods a chyfran fawr yng Nghyfnewidfa Stoc Llundain. Rhoddodd Awdurdod Buddsoddi Qatar bron i £3 biliwn i mewn i eiddo tiriog ac isadeiledd y DU yn 2018.

- Mae Qatar yn cynnal canolfan filwrol fwyaf yr Unol Daleithiau yn y Dwyrain Canol, gan olygu ei fod yn gynghreiriad pwysig i bŵer mwyaf y byd.

Ond, mae llawer o bobl yn ystyried bod Qatar yn bŵer rhanbarthol yn hytrach nag yn wir bŵer mawr byd-eang yn ei rinwedd ei hun. Barn arall yw bod cyfyngiadau i bŵer meddal Qatar am ei bod yn wladwriaeth awtocrataidd ac awdurdodaidd lle nad yw hawliau dynol pobl bob amser wedi eu hamddiffyn. Hefyd, ers 2017, mae Qatar wedi bod yn rhan o ddadl ddiplomyddol ddifrifol gyda Saudi Arabia, yr Emiradau Arabaidd Unedig, Yr Aifft a Bahrain. Mae'r gwledydd hyn wedi cyhuddo Qatar o ariannu terfysgaeth a chefnogi grwpiau Islamaidd. Mae hyn wedi cael effaith ddifrodol ar allu'r wlad i gael dylanwad byd-eang.

▲ **Ffigur 2.16** Prifddinas Qatar, Doha

ASTUDIAETH ACHOS GYFOES: Y FENTER RHANBARTH A LLWYBR

Mae cronfeydd cyfoeth sofran China wedi talu am brojectau isadeiledd newydd mewn 78 o wledydd rhwng 2013 a 2018. Yr enw ar y rhaglen ddatblygu fyd-eang uchelgeisiol hon yw'r fenter Rhanbarth a Llwybr. Mae arweinydd China, Xi Jinping, wedi disgrifio'r fenter fel dechrau 'oes aur newydd o globaleiddio'. Mae beirniaid China yn ei gweld fel cais sinigaidd i ennill dylanwad a grym gwleidyddol byd-eang a hynny am fenthyciadau risg uchel. Ar y llaw arall, mae cefnogwyr y Fenter Rhanbarth a Llwybr yn dweud bod benthyca cynyddol rhwng gwledydd y de (de–de) yn newyddion da oherwydd ei fod yn dangos bod byd aml begynol newydd wedi dod i fodolaeth (sy'n golygu nad yw pŵer gwleidyddol ac economaidd wedi eu canolbwyntio bellach yn nwylo UDA a'i gynghreiriaid).

Yn ôl Banc y Byd, mae rhai o wledydd y Fenter Rhanbarth a Llwybr yn wladwriaethau o risg uchel gwleidyddol a/neu economaidd ar gyfer buddsoddi ynddyn nhw (gweler Ffigur 2.17). Un safbwynt yw bod rheolwyr China yn fodlon caniatáu i lywodraethau tramor yn Affrica a De America fenthyg mwy o arian nag sy'n ddoeth. Y rheswm dros hyn yw bod llywodraeth China yn credu y bydd yn ennill trosoledd gwleidyddol dros unrhyw wledydd sy'n diffygdalu eu benthyciadau. Os nad yw dyledwyr yn gallu ad-dalu'r arian a fenthycwyd iddyn nhw, mae hyn yn gadael i China gael rheolaeth unwaith eto ar ba bynnag asedau strategol y mae'r benthyciadau wedi talu amdanyn nhw, fel meysydd awyr, gorsafoedd pŵer neu isadeiledd hanfodol arall.

- Yn 2018, rhybuddiodd y Gronfa Ariannol Ryngwladol y gallai benthyciadau China i genhedloedd y Cefnfor Tawel sbarduno argyfwng dyled newydd ar ôl i Beijing ymrwymo 6 biliwn o ddoleri UDA i brojectau ers 2011.

- Mae Pacistan yn arbennig wedi benthyg cymaint gan China yn 2018 nes ei bod bron yn methu ad-dalu llog y ddyled (heb sôn am wir werth y ddyled ei hun).

- Ymysg y gwledydd eraill a oedd mewn trafferth, roedd Sri Lanka, Montenegro (ar ôl benthyg bron i 1 biliwn o ddoleri UDA i dalu am broject traffordd) a Laos (a fenthycodd 6 biliwn o ddoleri UDA – bron i hanner ei chynnyrch mewnwladol crynswth (GDP) blynyddol – ar gyfer project rheilffordd).

- Yn 2018, bygythiodd Prif Weinidog Malaysia, Mahathir Mohamad, y byddai'n canslo projectau wedi eu hariannu gan China a oedd werth 20 biliwn o ddoleri UDA, a rhybuddiodd: 'Mae fersiwn newydd o drefedigaethedd yn digwydd.'

Ochr yn ochr â'r Fenter Rhanbarth a Llwybr, mae llifoedd allanol mawr o gyfalaf ychwanegol o China yn ystod y blynyddoedd diwethaf, yn cynnwys y canlynol:

- *Cronfeydd newydd ar gyfer ynni Affricanaidd.* Yn 2017, benthycodd Banc Datblygiad China a Banc Allforio – Mewnforio China (dau o fanciau datblygu mwyaf y byd) tua 7 biliwn o ddoleri UDA i chwe gwlad Affricanaidd (Angola, Nigeria, Zambia, Uganda, De Affrica a Sudan) ar gyfer projectau pŵer.

- *Buddsoddiadau Ewropeaidd newydd.* Mae China yn tyfu gwerth ei phryn" niannau tramor yn Ewrop, sy'n cynnwys bron i 300 o fuddsoddiadau sylweddol a wnaeth yn yr Almaen yn ystod 2016.

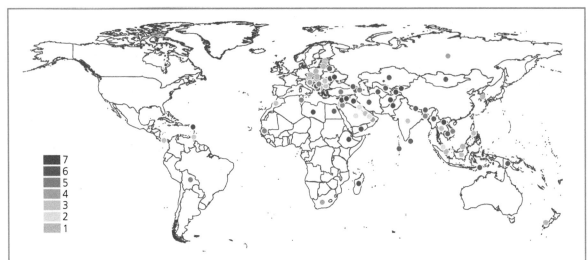

▲ **Ffigur 2.17** Mae gwledydd y Fenter Rhanbarth a Llwybr i'w gweld yma yn ôl pa mor wael mae'r OECD yn eu sgorio nhw o ran risg buddsoddi (oherwydd camreoli economaidd neu ansefydlogrwydd gwleidyddol). Mae pobl sy'n beirniadu China yn dweud bod y wlad, yn sinigaidd, wedi benthyg meintiau mawr o arian ar gyfer projectau sy'n 'fethiant mawr' mewn gwledydd sy'n debygol o gael trafferthion ad-dalu eu dyledion, gan felly eu gadael nhw mewn dyled i China. Yn debyg i Sefydliadau Bretton Woods (mae beirniaid yn dweud eu bod nhw'n euog o orfodi neo-ryddfrydiaeth ar wledydd sy'n datblygu), a yw China hefyd yn camfanteisio ar systemau ariannol byd-eang er ei budd ei hun?. *Graffigyn FT Jane Pong, James Kynge; Ffynonellau: OECD, ymchwil FT*

④ Gwerthuso'r mater

▶ *I ba raddau y mae globaleiddio yn golygu gorfodi syniadau Gorllewinol ar weddill y byd?*

Nodi cyd-destunau a meini prawf posibl ar gyfer y gwerthusiad

Mae adran olaf y bennod hon yn ymwneud â phŵer dros *syniadau* o fewn systemau byd-eang. I ba raddau y mae gwledydd 'Gorllewinol' pwerus yn cael dylanwad anghyfartal wrth sôn am lifoedd syniadau'n fyd-eang? A yw diwylliant byd-eang sy'n dod i'r amlwg wedi ei seilio'n bennaf ar syniadau Gorllewinol? Neu a yw'r canlyniadau'n fwy cymhleth mewn gwirionedd?

Mae angen i ni feddwl yn gritigol am ystyr posibl y datganiad hwn: 'mae globaleiddio yn cynnwys gorfodi syniadau Gorllewinol ar weddill y byd'. Mae angen ystyried tair rhagdybiaeth waelodol.

1 Fel y dangosodd Pennod 1, mae globaleiddio yn gysyniad cymhleth, aml-linyn, sy'n cynnwys llawer o brosesau o newid; mae ganddo ddimensiynau economaidd, cymdeithasol, diwylliannol a gwleidyddol. Nid yw pob proses globaleiddio o anghenraid yn arwain at drosglwyddo syniadau. Er enghraifft, efallai nad oes gan lifoedd o ddeunyddiau crai – yn cynnwys nwyddau cynradd fel olew a choed – fawr ddim, neu ddim byd o gwbl, i'w wneud ag ymlediad syniadau a gwerthoedd. Ar y llaw arall, mae llifoedd o bobl (mudo) a data (yn cynnwys cyfryngau sy'n cael eu ffrydio a rhwydweithio cymdeithasol) yn fwy tebygol o fod yn 'gludwyr' normau a nodweddion diwylliannol (gweler Ffigur 2.18).

| **Iaith:** Mae gan rai gwledydd un iaith genedlaethol gyda thafodieithoedd lleol, neu nifer o ieithoedd sy'n perthyn i grwpiau ethnig brodorol gwahanol | **Bwyd:** Mae prydau a deiet cenedlaethol yn draddodiadol yn adlewyrchu'r cnydau, y perlysiau a'r mathau o anifeiliaid sydd ar gael yn lleol | **Dillad:** Gall traddodiadau lleol a chenedlaethol adlewyrchu addasiadau traddodiadol i'r hinsawdd (fel gwisgo ffwr mewn hinsoddau pegynol) neu arferion crefyddol | **Crefydd:** Mae nifer o brif grefyddau i'w cael yn y byd, a phob un â'i amrywiadau lleol ei hun; mae crefydd yn nodwedd ddiwylliannol bwysig sydd hefyd yn dylanwadu ar fwyd a dillad, a gall fod yn wrthwynebol iawn i newid | **Traddodiadau:** Mae ymddygiad pob dydd a 'chwrteisi' yn cael eu trosglwyddo o genhedlaeth i genhedlaeth gan rieni i'w plant, fel dweud 'diolch' neu ysgwyd llaw |

Nodweddion diwylliannol

▲ **Ffigur 2.18** Nodweddion diwylliannol: pa un o'r rhain sy'n fwy neu'n llai tebygol o newid dros amser oherwydd llifoedd byd-eang o nwyddau, pobl a syniadau?

2 Nid yw'n hollol eglur beth yw ystyr 'syniadau Gorllewinol'. Weithiau, mae 'Gorllewinol' yn cael ei ddefnyddio fel gair sy'n gyfystyr â gwledydd datblygedig Ewrop a Gogledd America, ochr yn ochr ag Awstralia a Seland Newydd (er bod Japan yn wlad ddatblygedig, dydy hi ddim yn 'Orllewinol'). Mae'n ddadleuol a yw'r gwledydd Ewropeaidd dwyreiniol i gyd yn gwbl 'Orllewinol' eu natur. Hefyd, fel mae'r bennod hon wedi'i ddangos, mae gan UDA bŵer a dylanwad anghymesur ymhell y tu hwnt i'r hyn sydd gan lawer o wladwriaethau Ewropeaidd llai; un safbwynt yw bod hyn wedi arwain at yr hyn y mae pobl yn ei alw'n Americaneiddio diwylliant y byd. Ond sut a pham y mae hyn yn wahanol, efallai, i Orllewineiddio?

3 Yn olaf, mae angen bod yn ofalus wrth drin y gair 'gorfodi'. Weithiau, mae'r ymadrodd 'imperialaeth ddiwylliannol' yn cael ei defnyddio i ddisgrifio'r ffordd yr oedd rheolwyr trefedigaethol yn y gorffennol wedi gorfodi newid diwylliannol ar wledydd gan ddefnyddio grym milwrol. Gallwn ni feddwl yn ôl at gyfnod pan oedd gwledydd Ewropeaidd yn gorfodi eu hieithoedd a'u credoau Cristnogol ar bobl yn Affrica, Asia a De America. Heddiw, mae ymlediad diwylliannol yn digwydd mewn ffyrdd sy'n ymddangos yn llai gorfodol ac sy'n fwy cyfrwys. Mae UDA, y DU, Ffrainc a Rwsia yn cael dylanwad diwylliannol mawr yn fyd-eang drwy eu sefydliadau cyfryngol, yn cynnwys Hollywood, Netflix, y BBC ac RT (Russia Today). Mae ieithoedd Ewropeaidd yn dal i gael eu siarad yn eang; mae Saesneg yn arbennig yn cael ei hystyried yn iaith fusnes bwysig. Ond, ydy hi'n gywir i ystyried dylanwad cyson ieithoedd a diwylliant y Gorllewin fel math o 'orfodiad'?

Gwerthuso'r dystiolaeth o orfodi syniadau Gorllewinol ar y byd

Mae newidiadau diwylliannol sydd wedi eu cysylltu ag ymlediad syniadau a gwybodaeth yn agwedd hanfodol o globaleiddio. Un farn yw bod twf diwylliant byd-eang sydd, yn ei hanfod, yn 'Orllewinol' ei gymeriad, wedi arwain at leihad mewn amrywiaeth ddiwylliannol fyd-eang. Un arwydd arbennig o drawiadol o ddylanwad Gorllewinol yw'r niferoedd enfawr o bobl o amgylch y byd sy'n siarad Sbaeneg, Saesneg, Portiwgaleg a Rwseg. Ar yr un pryd, mae un ym mhob pedwar o 7000 o ieithoedd lleiafrifol y byd dan fygythiad o fynd yn ddiflanedig (gweler Ffigur 2.19); mae gan hanner ohonyn nhw lai na 10,000 o siaradwyr ar ôl, a dim ond 0.1 y cant o boblogaeth y byd sy'n eu siarad nhw.

Mae amrywiaeth ieithyddol drwy'r byd i gyd wedi gostwng o tua 30 y cant ers 1970. Yn wreiddiol, roedd gan Papua Guinea Newydd fwy na 1000 o ieithoedd brodorol. Ond, wrth i globaleiddio gyflymu, mae'r rhwystrau ffisegol, technolegol ac economaidd a oedd ar un cyfnod yn gadael i gynifer o ieithoedd ynysig ddatblygu, wedi cael eu tynnu ac mae llawer o ieithoedd wedi darfod erbyn hyn.

Mae Saesneg yn arbennig wedi ffynnu'n fyd-eang mewn ffurf fwy sylfaenol o'r enw 'Globeg'. Yn 1995, defnyddiodd Jean-Paul Nerrière y term hwn am y tro cyntaf i ddisgrifio geirfa wedi'i ostwng i ddim ond 1500 o eiriau Saesneg, ond a oedd yn cael ei siarad gan hyd at 4 biliwn o bobl. Mae'r 'micro-iaith' Globeg yn wahanol i'r amrywiadau mwy cymhleth o Saesneg go iawn sy'n cael eu siarad fel iaith swyddogol yn UDA, Awstralia, Canada ac mewn mannau eraill. Mae ei phwrpas yn gwbl iwtilitaraidd, sef gadael i ddinasyddion byd-eang gyfnewid gwybodaeth hanfodol â'i gilydd, fel cyfarwyddiadau teithio neu delerau busnes. Mae dinasyddion byd-eang yn bobl sy'n cymryd rhan mewn rhyngweithio byd-eang yn gyson, yn cynnwys:

- twristiaid, mudwyr rhyngwladol a'r gymuned fusnes ryngwladol

- trigolion mewn canolfannau byd-eang (dinasoedd enfawr fel Los Angeles neu São Paulo), lle mae angen i lawer o grwpiau ethnig a mudwyr gael iaith gyffredin i gyfathrebu
- defnyddwyr rhwydweithiau cymdeithasol, fel aelodau o Facebook, sy'n cyfathrebu ar-lein gyda phobl o nifer o genhedloedd.

Mae gan Globeg hanes hir o gael ei mabwysiadu gan (i) mudwyr rhyngwladol sy'n cyrraedd gwledydd sy'n siarad Saesneg fel UDA a (ii) dinasyddion mewn mwy na 60 o gyn-drefedigaethau Prydeinig. Ers yr 1990au, fodd bynnag, mae Globeg wedi ymledu i wledydd sydd, yn draddodiadol, heb gysylltiad cryf â diwylliant Prydeinig neu Americanaidd – fel Japan, China neu Brazil. Y rheswm dros hyn yw bod Saesneg:

- wedi dominyddu'r cyfathrebu ar y rhyngrwyd o'r dechrau
- wedi mwynhau cynnydd uwchwladol fel iaith fyd-eang busnes (masnach, technoleg ac addysg) a'r cyfryngau (cerdd a ffilm), yn rhannol oherwydd statws pŵer mawr UDA Saesneg ei hiaith.

▲ **Ffigur 2.19** Dosbarthiad ieithoedd sydd dan fygythiad ac sy'n diflannu. Efallai fod ieithoedd gorllewinol fel Saesneg a Sbaeneg yn chwarae rhan yn eu dirywiad

Dylanwad diwylliannol corfforaethau trawswladol Gorllewinol a'r cyfryngau

Y syniad sydd gan lawer o bobl am 'ddinesydd byd-eang' nodweddiadol yw rhywun sy'n gwisgo jîns, yn gwrando ar gerddoriaeth rap neu roc, yn defnyddio'r cyfryngau cymdeithasol ar iPhone neu Galaxy ac sy'n mwynhau prynu dillad brand Nike ac Adidas. Ar sail y dystiolaeth hon, mae'n ymddangos bod corfforaethau trawswladol Gorllewinol a chorfforaethau'r cyfryngau – yn enwedig y rhai sy'n deillio o UDA – yn cael dylanwad diwylliannol enfawr.

- Trwy ehangu i mewn i farchnadoedd newydd, mae corfforaethau trawswladol Gorllewinol wedi helpu i ledaenu mathau o fwyd, cerddoriaeth, dillad a nwyddau eraill sy'n deillio o Ewrop a Gogledd America. Mae Nike, Apple a Lego wedi cyflwyno cynhyrchion sydd yr un fath drwy'r byd i gyd, gan ddod â mwy o homogenedd diwylliannol i wahanol leoedd.
- Mae cewri cyfryngau'r Unol Daleithiau, yn enwedig Disney (sydd hefyd yn berchen ar fasnachfraint Marvel) wedi allforio straeon am uwcharwyr a thywysogesau i bob cyfandir, ynghyd â ffilmiau am y Nadolig (a oedd yn wreiddiol yn ŵyl Gristnogol Orllewinol).
- Mae'r BBC yn helpu'r DU i gynnal ei lefel uchel hirsefydlog o bŵer meddal a dylanwad diwylliannol drwy'r byd i gyd.

Efallai y byddai'r bobl sy'n beirniadu'r Gorllewin yn dadlau bod y dylanwad diwylliannol hwn yn digwydd drwy fathau o orfodaeth gyfrwys. Yn ôl y safbwynt hwn, brandiau byd-eang Ewropeaidd a Gogledd America sydd ar fai am gyfnod neo-drefedigaethol newydd o imperialaeth ddiwylliannol Orllewinol; mewn geiriau eraill, mae diwylliant Gorllewinol yn ymledu drwy'r byd i gyd drwy gyfryngau byd-eang y mae gan UDA yn arbennig, ddylanwad anghyfartal drostyn nhw. Mewn ffilmiau ac ar-lein, mae plant yn Asia, Affrica ac America Ladin yn dod i gysylltiad â thraddodiadau Gorllewinol, yn cynnwys y Nadolig (gweler Ffigur 2.20), Calan Gaeaf neu Ddiwrnod Sant Folant (gweler tudalen 35).

Ond, mae llawer o bobl yn ystyried dylanwad diwylliannol y Gorllewin yn beth da. Weithiau, efallai fod cwmnïau fel Disney, Netflix, Amazon a'r BBC yn helpu i ledaenu syniadau cymdeithasol blaengar gyda'u cynigion ar y cyfryngau. Mae modelau rôl benywaidd cryf a phortreadau LGBTQ+ cadarnhaol i'w gweld yn aml mewn rhaglenni cyfoes. Mae rhai pobl yn dadlau bod rhain yn negeseuon pwysig i rannau o'r byd lle dydy hawliau dynol ddim yn cael eu parchu i fenywod a grwpiau lleiafrifol, er enghraifft yn Chibok yng ngogledd ddwyrain Nigeria, lle'r oedd merched ysgol yn cael eu gwerthu i fod yn gaethweision gan y grŵp milisia Boko Haram (gweler tudalen 189).

▲ **Ffigur 2.20** Mae'r Nadolig yn draddodiad Gorllewinol sydd hefyd wedi derbyn croeso mewn llawer o wledydd yn Asia sydd ddim yn Gristnogol, fel China

Gwerthuso safbwyntiau gwahanol am globaleiddio, diwylliant a syniadau

Gallwn ni gyflwyno llawer o ddadleuon sy'n *gwrthwynebu*'r honiad bod globaleiddio'n cynnwys gorfodi syniadau Gorllewinol ar weddill y byd.

Yn gyntaf, mae'r gair 'gorfodi' yn awgrymu nad oes dewis. Ac eto, ar ôl iddyn nhw gael annibyniaeth yn yr 1950au a'r 1960au, roedd llawer o wledydd a oedd wedi bod yn drefedigaethau Prydeinig wedi *dewis* aros yn y Gymanwlad Brydeinig a chadw'r enwau Seisnig a roddwyd iddyn nhw pan oedden nhw dan reolaeth Prydain. Hyd heddiw, mae Jac yr Undeb i'w weld ar faneri nifer o diriogaethau o amgylch y byd, yn cynnwys Fiji a Bermuda. Nid oes unrhyw rym amlwg yn rhan o bŵer meddal y Gorllewin (mae'n debyg nad oes unrhyw un erioed wedi cael ei orfodi gyda gwn i fwyta Big Mac). Yn ogystal, does dim modd i ni ystyried gweithredoedd corfforaethau trawswladol yn imperialaeth ddiwylliannol chwaith *am fod y mwyafrif o fusnesau yn gweithredu heb fod yn ddibynnol ar y llywodraeth*. Mae corfforaethau trawswladol yn cael eu hysgogi gan elw, nid gwleidyddiaeth. Egwyddor arweiniol y cwmnïau hyn yw ehangu eu cyfran yn y farchnad, a gwneud yn siŵr bod newidiadau diwylliannol y bydden nhw'n eu cymryd i leoedd yn digwydd dim ond gyda chaniatâd eu defnyddwyr. Dydy geiriau fel 'gorfodi' ac 'imperialaeth' ddim yn cyfleu'r hyn sy'n digwydd mewn gwirionedd am fod y prosesau o newid diwylliannol yn fwy ysgafn ac yn digwydd gyda chydsyniad pobl.

Yn ail, yn anaml iawn y mae unrhyw ledaeniad diwylliant o fewn systemau byd-eang yn digwydd mewn ffordd 'linol' – dydy syniadau ddim yn cael eu trosglwyddo a'u derbyn yn syml fel trydan yn pasio drwy fwrdd cylched. Yn hytrach, mae llifoedd o syniadau *yn cwrdd ac yn rhyngweithio â'r* diwylliannau sy'n bodoli'n barod mewn lleoedd gwahanol. O ganlyniad, mae newidiadau annisgwyl yn digwydd, gan achosi hybridedd diwylliannol newydd. Mae gan Globeg, er enghraifft, gymaint o wahanol ffurfiau amrywiol lleol nes ei bod, efallai, yn gwella – yn hytrach nag yn erydu – amrywiaeth ieithyddol fyd-eang. Mae geiriau, cystrawen a gramadeg yn amrywio o wlad i wlad oherwydd y ffordd y mae Saesneg wedi cyfuno â gwahanol ieithoedd brodorol – 'Singlish' yw'r amrywiaeth Singaporaidd o Globeg er enghraifft, a 'Hinglish' yw'r fersiwn y mae siaradwyr Hindi yn ei ddefnyddio. Hefyd, am fod ganddi eirfa gyfyngedig iawn, dydy'r Globeg (yn ei ffurfiau amrywiol i gyd) ddim yn *disodli* ieithoedd eraill; yn lle hynny, mae pobl yn ei mabwysiadu hi *yn ychwanegol at* eu hiaith gyntaf. Felly, dylen ni fod yn ofalus nad ydyn ni'n ystyried Globeg yn newid sy'n cael ei orfodi ac sydd, rhywsut, yn dwyn hunaniaeth oddi ar leoedd eraill.

Yn drydydd, mae ymlediad nwyddau brand drwy'r byd i gyd yn aml iawn hefyd yn cynnwys proses o greu hybrid – sef proses o'r enw globaleoleiddio (*glocalisation*) (gweler tudalen 25) – sy'n taflu amheuaeth ar y syniadau gostyngol am 'orfodiad' y diwylliant Gorllewinol. Mewn globaleoleiddio, mae corfforaethau trawswladol yn addasu eu cynhyrchion ar gyfer gwahanol farchnadoedd i ystyried amrywiadau lleol mewn blas, arferion a chyfreithiau. Datblygodd y strategaeth hon yn wreiddiol pan oedd angen i rai corfforaethau trawswladol ddod o hyd i ddarnau a chynhwysion yn lleol wrth sefydlu ffatrïoedd cangen dramor. Er enghraifft, mae SABMiller, sy'n gorfforaeth drawswladol fawr, yn defnyddio casafa i fragu cwrw yn Affrica; mae hyn yn gostwng costau mewnforio barlys (sy'n cael ei ddefnyddio mewn rhanbarthau byd eraill). Mae globaleiddio yn gwneud synnwyr busnes hefyd oherwydd amrywiadau daearyddol yn y canlynol:

- *Blasau pobl*. Aeth y gorfforaeth drawswladol Ewropeaidd, GlaxoSmithKline ati i ail frandio ei diod egni Lucozade ar gyfer y farchnad yn China gyda blas cryfach. Trwy weithio mewn partneriaeth ag Uni-President China Holdings, yr enw lleol newydd am y cynnyrch, o'i gyfieithu, yw 'glwcos addas rhagorol'.
- *Crefydd a diwylliant*. Dim ond bwyd llysieuol y mae Domino's Pizza yn ei gynnig yng nghymdogaethau Hindŵaidd India; mae MTV yn osgoi dangos fideos cerddoriaeth rhywiol iawn ar ei sianel yn y Dwyrain Canol.
- *Cyfreithiau*. Dylai sedd y gyrrwr fod mewn safle gwahanol mewn ceir sy'n cael eu gwerthu ym marchnadoedd UDA a'r DU.

- *Diddordeb lleol*. Mae rhaglenni teledu realiti yn cael cynulleidfaoedd mwy os ydyn nhw'n cael eu hail ffilmio gan ddefnyddio pobl leol mewn gwahanol wledydd.

Y rheswm dros yr holl sylw hwn i fanylion lleol yw maint enfawr y marchnadoedd sy'n dod i'r amlwg ar hyn o bryd. Yn yr economïau sy'n cryfhau yn America Ladin, Asia, Affrica a'r Dwyrain Canol, mae yna nifer cynyddol o bobl ifanc sydd â chyfoeth o arian parod i'w wario, a hynny mewn lleoedd y byddai'r corfforaethau trawswladol wedi eu hanwybyddu yn y gorffennol. Mae brandiau byd-eang blaenllaw eisiau sicrhau'r nifer uchaf posibl o werthiant. Felly, mae globaleoleiddio wedi dod yn strategaeth economaidd, gwleidyddol a diwylliannol hanfodol bwysig sy'n hysbysu ac yn diffinio mathau arbennig o weithredoedd gan gwmnïau yn y farchnad fyd-eang (gweler Tabl 2.5). Mae corfforaethau trawswladol yn gwrando'n fwy a mwy ar gwsmeriaid mewn gwahanol farchnadoedd sy'n esbonio beth maen nhw ei eisiau. Dydyn nhw ddim yn ceisio gorfodi cynnyrch neu wasanaeth sydd yr un fath ym mhob man.

Corfforaeth McDonald's	MTV (Music Television)	Cwmni Walt Disney
Erbyn 2015, roedd McDonald's wedi sefydlu 35,000 o fwytai mewn 119 o wledydd. Yn India, y sialens i McDonald's yw darparu gwasanaeth addas i Hindŵiaid a Sikhiaid, sy'n llysfwytawyr yn draddodiadol, a hefyd Mwslimiaid sydd ddim yn bwyta porc. Ochr yn ochr â'r byrgers cyw iâr maen nhw'n gweini McVeggie a McSpicy Paneer (sef pati caws Indiaidd). Yn 2012, agorodd McDonald's fwyty llysfwytawyr i bererinion Sikhaidd a oedd yn ymweld ag Amritsar, sy'n gartref i'r Deml Aur. Mae'r strategaethau globaleoleiddio hyn wedi llwyddo, diolch, i raddau helaeth, i'r wybodaeth leol sydd gan y Connaught Plaza Restaurants sy'n gweithio gyda McDonald's mewn cyd-fenter (gweler tudalen 28).	Mae Rhwydweithiau MTV yn defnyddio strategaeth 360 gradd sy'n cynnwys marchnata 'sbectrwm cyflawn' er mwyn ceisio cyrraedd pob rhan o'i gynulleidfa fyd-eang. Mae wedi tyfu dros amser drwy brynu a chyfuno gyda chwmnïau sy'n bodoli'n barod, yn ogystal â thrwy sefydlu darparwyr gwasanaeth rhanbarthol newydd fel MTV Base (sydd ar gael ers 2005 i tua 50 miliwn o wylwyr dros 48 gwlad yn Affrica Is-Sahara drwy loeren). Yn 2008, dechreuodd y sianel newydd MTV Arabia ddarlledu i'r Aifft, Saudi Arabia a Dubai. Mae dwy ran o dair o'r byd Arabaidd yn iau na 30 – ac mae llawer o'r bobl ifanc hyn yn cefnogi cerddoriaeth arloesol, yn enwedig hip hop, ac mae MTV Arabia erbyn hyn yn arbenigo yn ei ddarlledu.	*Roadside Romeo* (2008) oedd y ffilm gyntaf a wnaeth Disney y tu mewn i India. Roedd hon wedi ei hanelu at gynulleidfaoedd lleol ac yn defnyddio animeiddiad cartref a oedd wedi ei greu gan uned Labordai Cyfrifiaduro Gweledol (VCL) Tata Elxsi. Mae'r ffilm hon yn gyd-gynhyrchiad gyda stiwdios Yash Raj India, ac mae'n adrodd stori ci sy'n byw yn Mumbai. Prynodd Disney Marvel yn 2009, a chael yr hawliau i gymeriadau uwch arwyr sydd wedi cael eu globaleoleiddio ar brydiau. Mae *Spider-man: India* yn un enghraifft. Mewn stori a wnaed i blant India, mae Pavitr Prabhakar, gŵr ifanc yn ei arddegau o Mumbai, yn derbyn galluoedd rhyfeddol gan gymeriad arallfydol. Mae'r stori hon yn wahanol i'r fersiwn y mae plant nifer o wledydd eraill yn ei adnabod.
'Mae'n rhaid i ni gadw ein clustiau'n agored iawn i wybod beth mae'r cwsmer lleol ei eisiau … [mae hyn yn] allweddol er mwyn i ni allu gweithredu drwy'r byd i gyd.' (Amit Jatia, Rheolwr-gyfarwyddwr McDonald's Gorllewin a De India).	'Byddwn ni'n parchu diwylliant a magwraeth ein cynulleidfa heb amharu ar hanfod MTV.' (Bhavneet Singh, Rheolwr-gyfarwyddwr MTV Emerging Markets)	'Mae yna ddiddordeb a balchder mawr mewn diwylliant lleol. Er bod technoleg yn chwalu ffiniau, dydyn ni ddim yn gweld homogenedd o ran diwylliannau.' (Bob Iger, Prif Swyddog Gweithredol Disney)

▲ **Tabl 2.5** Tystiolaeth sy'n awgrymu nad yw corfforaethau trawswladol y Gorllewin yn ceisio gorfodi eu syniadau a'u rhagdybiaethau nhw ar leoedd gwahanol ond, yn hytrach, eu bod yn gwrando ar yr hyn y mae cynulleidfaoedd lleol ei eisiau

Gwerthuso'r farn bod syniadau Gorllewinol yn cael eu newid a'u herio gan ddiwylliannau eraill.

Mae syniadau nad ydynt yn Orllewinol yn dylanwadu'n fwy a mwy ar y ffordd y mae diwylliant byd-eang yn esblygu. Yn ôl y farn hon, mae'r syniad bod globaleiddio a dylanwad y Gorllewin yn union yr un fath, yn syniad naïf iawn mewn gwirionedd. Yn gynharach yn y bennod hon, roedden ni'n archwilio dylanwad cynyddol y pwerau byd-eang a rhanbarthol newydd yn cynnwys China, India, Japan, Brazil a Qatar (gweler tudalen 68). Mae'r oes wedi newid ac mae digonedd o gynhwysion sydd ddim yn rhai Gorllewinol yn y cymysgedd diwylliant byd-eang erbyn hyn. Ymysg y dylanwadau pwysig ar ddiwylliant byd-eang sydd ddim yn Orllewinol, mae diwydiant ffilmiau Bollywood India a sianel deledu Al Jazeera yn Qatar. Mae plant ar draws y byd yn cael eu dylanwadu gan ddiwylliant a syniadau Japaneaidd – un nodedig iawn yw Pokémon; rydyn ni'n gweld dylanwad Japaneaidd hefyd ym masnachfraint lwyddiannus Ninjago gan Lego (gweler Ffigur 2.21). Am ddegawdau, mae corfforaethau trawswladol technoleg Asiaidd, fel Samsung a Sony wedi dylanwadu ar y ffordd y mae pobl yn defnyddio cerddoriaeth, teledu ac adloniant arall.

▲ **Ffigur 2.21** Mae syniadau o Japan yn cael dylanwad diwylliannol cryf ar blant yn y DU

Yn aml iawn, mae corfforaethau trawswladol Eingl-Americanaidd yn cael syniadau newydd gan ddiwylliannau eraill, yn hytrach na cheisio eu disodli nhw. Mae cwmnïau byd-eang yn 'cloddio' gwahanol diriogaethau lleol i ganfod cerddoriaeth, bwyd neu syniadau ffasiwn newydd sy'n cael eu bwydo yn ôl i farchnadoedd Gorllewinol. Mae dylanwadau o Japan, India a Korea, ymhlith llawer o rai eraill, yn gynyddol yn gyrru arloesedd yn niwydiannau creadigol UDA. Mae diwydiannau ffilm, cerddoriaeth a bwyd cyfoes yn ffynnu drwy gymysgu dylanwadau o Asia, De America ac Affrica gyda syniadau o Ewrop ac America. Mae hyn yn bell o'r syniad bod y Gorllewin yn gorfodi newid diwylliannol ar weddill y byd.

Mae symudiadau pobl hefyd yn help i greu pair o ddiwylliannau byd-eang. Bob blwyddyn, mae niferoedd cynyddol o dwristiaid o China ac India yn cymryd eu diwylliant a'u syniadau eu hunain i fannau newydd wrth deithio drwy'r byd i gyd (mae China yn cynhyrchu'r gwariant mwyaf gan dwristiaeth ryngwladol o holl wledydd y byd). Yn y cyfamser, mae mudo wedi troi'r rhan fwyaf o ddinasoedd mwyaf y byd yn fannau lle mae llawer o wahanol ddiwylliannau a syniadau yn cyfuno. Mae dinasoedd y DU yn gartref i gymysgedd o bobl sy'n ddisgynyddion i bobl o'r Eidal, Groeg, Sgandinafia, Yr Alban, Iwerddon, México, Cuba, India, Pacistan, Viet Nam, Korea a nifer o wledydd eraill. Mewn gwirionedd, un farn sydd gan bobl am ddiwylliant yr Unol Daleithiau yw ei fod yn endid cynhwysol sy'n addasu'n hawdd ac yn newid drwy'r amser wrth i grwpiau ethnig newydd gyrraedd o bob rhan o'r byd.

Yn olaf, peidiwch byth ag anghofio bod pobl wedi gwrthwynebu'n dreisgar ar brydiau i ddiwylliant a syniadau Gorllewinol. Mae'r **rhyfel ar derfysg** a gychwynnodd gyda'r ymosodiad ar Ganolfan Fasnach y Byd yn yr

Unol Daleithiau yn 2001 (gweler Ffigur 2.22), wedi cael ei bortreadu ar brydiau fel 'gwrthdrawiad gwareiddiadau'. Ers hynny, mae UDA a'i chynghreiriaid wedi bod yn rhan o drafferthion parhaus gyda grwpiau milwrol fel al-Qaeda a Daesh (ISIS), yn cynnwys digwyddiadau terfysgol 'cartref' fel yr ymosodiad ar Bont Westminster yn 2017 a Nice, Ffrainc, yn 2016 (gweler Tabl 2.6). Yn ystod yr amser hwn, mae lluoedd Islamaidd milwrol wedi defnyddio cyfryngau cymdeithasol i bortreadu eu gweithredoedd fel math o wrthwynebiad i ddiwylliant, crefydd a syniadau Gorllewinol. Byddwn ni'n dychwelyd at rai o'r themâu hyn ym Mhennod 5.

▲ **Ffigur 2.22** Eiliadau ar ôl yr ymosodiad terfysgol ar Ganolfan Fasnach y Byd yn 2001 (pan hedfanodd dwy awyren wedi'u herwgipio i mewn i'r adeiladau)

Gwlad Belg	O ganlyniad i'r bomio hunanladdiad ym Maes Awyr Brwsel, bu farw 35 o bobl ac anafwyd mwy na 300.
Ffrainc	Cafodd 84 o bobl eu lladd a 100 eu hanafu yn Nice, dinas yn ne Ffrainc, ar ôl i lori gael ei yrru'n fwriadol i mewn i dorf a oedd yn dathlu Diwrnod Bastille.
Indonesia	Yn Jakarta, cafodd 2 o bobl eu lladd a 24 eu hanafu mewn ymosodiad terfysgol a oedd wedi ei drefnu a'i ariannu o Syria.
Libya	Cafodd bom mewn tryc ei ffrwydro gan bobl filwriaethus mewn gwersyll hyfforddi heddlu yn Zilten, gan ladd mwy na 50 o bobl.
Pacistan	Mewn ymosodiad gan y Taliban, cafodd 22 o bobl eu lladd ym Mhrifysgol Bacha Khan.
Somalia	Yn yr ymosodiad El Adde, ymosododd terfysgwyr Al-Shabaab ar wersyll byddin yr Uniad Affricanaidd, gan ladd 63 o blant.
UDA	Mewn achos o saethu mawr mewn clwb nos yn Orlando, Florida, lladdwyd 49 o bobl ac anafwyd 53.
Y Deyrnas Unedig	Cafodd 22 o bobl eu lladd gan fomiwr hunanladdiad yn y Manchester Arena yn ystod cyngerdd Ariana Grande.

▲ **Tabl 2.6** Ymosodiadau terfysgol byd-eang detholedig yn 2016 – 2017

Dod i gasgliad gyda thystiolaeth

I ryw raddau, gallwn ni gytuno bod diwylliant byd-eang yn bodoli sydd wedi ei wreiddio yn syniadau, sefydliadau a diwydiannau'r gwledydd Gorllewinol, yn enwedig UDA. Yn y gorffennol, gorfodwyd crefydd, diwylliannau ac ieithoedd Gorllewinol ar rannau mawr o'r byd, ac mae'r ieithoedd Saesneg, Sbaeneg a Ffrangeg yn dal i gael eu siarad yn eang. Mae

beirniaid y gwledydd a'r cwmnïau Gorllewinol yn pwyntio at brosesau 'un ffordd' o drosglwyddiad diwylliannol sy'n dal i weithredu heddiw, yn arbennig y ffordd y mae rhai corfforaethau trawswladol Eingl-Americanaidd fel petai nhw'n dylanwadu ar ddewisiadau bwyd, ffasiwn ac adloniant y blaned gyfan. Mae'r cwmnïau grymus hyn yn defnyddio eu harbenigedd sylweddol mewn marchnata i recriwtio cwsmeriaid newydd mewn economïau cynyddol amlwg fel Brazil ac India. Mae mathau hŷn a llai masnachol o hamdden, chwarae ac adloniant yn ildio i ddymuniadau'r cwsmer yn y gwledydd hyn a gwledydd eraill. O ganlyniad, fel mae pobl yn ei ddadlau, mae diwylliannau lleol yn cael eu bygwth neu yn diflannu. Pan fu farw'r unigolyn olaf i siarad Bo, iaith hynafol Ynysoedd Andaman yn 2010, collodd India ran o'i threftadaeth na fydd byth yn gallu ei chael yn ôl.

Dydy'r honiad bod syniadau a diwylliannau lleol yn parhau'n wydn diolch i globaleoleiddio ddim yn gwbl argyhoeddiadol. Gallwn ni bob amser ddadlau bod byrger McDonald's a werthwyd yn India yn arwydd o Americaneiddio Asia, dim ots faint o'r cynhwysion sy'n cael eu newid. Peidiwch â chredu'r brolio 'hybrid' – dydy byrger sy'n esgus ystyried traddodiadau lleol yn ddim byd mwy na strategaeth 'Ceffyl Caerdroea' ('Trojan horse' strategy). Yn yr un modd, efallai fod rhai pobl yn cymeradwyo'r ffordd y mae MTV yn arddangos cerddoriaeth leol yn ei wahanol farchnadoedd rhanbarthol a chenedlaethol, ond mae'r rhan fwyaf o'i waith yn cynnwys actau cerddorol Eingl-Americanaidd sy'n dominyddu o amgylch y byd. Mae'n debyg bod unrhyw argraff bod pobl leol yn bartneriaid cyfartal mewn 'sgwrs ddiwylliannol' ddwy

ffordd gyda chorfforaethau'r cyfryngau fel MTV yn argraff ffug. Y rheswm dros hynny yw bod corfforaethau trawswladol Gorllewinol pwerus yn aml *yn* gweithio mewn ffyrdd sy'n cymell: maen nhw'n defnyddio technegau hysbysebu clyfar i fowldio dymuniadau a gobeithion pobl ar raddfa fyd-eang (yr enw sydd gan Noam Chomsky am hyn yw 'gweithgynhyrchu cydsyniad' ('the manufacturing of consent')).

Ac eto rydym nawr wedi cyrraedd pwynt mewn hanes pan mae UDA, y DU a gwledydd Gorllewinol eraill yn gorfod rhannu'r llwyfan byd-eang gyda grymoedd pwerus eraill. Mae byd aml-begynol newydd yn dod i'r amlwg (thema sy'n codi eto ym Mhennod 6). Dim ond tyfu y bydd dylanwad China ac India (a fydd, cyn hir, yn wladwriaeth fwyaf poblog y byd). Yn ôl y rhagolygon, bydd 4 biliwn o bobl yn byw yng nghenhedloedd amrywiol Affrica erbyn y flwyddyn 2100, ac mae'n sicr y bydd hyn yn effeithio ar y ffordd y bydd diwylliant a syniadau byd-eang yn cael eu siapio yn yr unfed ganrif ar hugain. Yn olaf, mae digwyddiadau byd yn parhau i'n hatgoffa am y ffordd barhaol y mae crefydd yn siapio gwerthoedd a hunaniaethau personol a chenedlaethol o amgylch y byd – weithiau mae hynny'n digwydd mewn ffyrdd sy'n gwrthwynebu syniadau a diwylliant y Gorllewin yn gryf iawn.

🔑 **TERMAU ALLWEDDOL**

Nodweddion diwylliannol Mae modd torri diwylliant i lawr yn gydrannau unigol, fel y dillad y mae pobl yn eu gwisgo neu eu hiaith. Yr enw ar bob cydran yw 'nodwedd ddiwylliannol'.

Americaneiddio Gorfodi a mabwysiadu gwerthoedd a nodweddion diwylliannol yr Unol Daleithiau ar raddfa fyd-eang.

Gorllewineiddio Gorfodi a mabwysiadu cyfuniad o nodweddion diwylliannol a gwerthoedd sy'n dod yn bennaf o Ewrop a Gogledd America ar raddfa fyd-eang.

Homogenedd diwylliannol Ar raddfa leol, mae hyn yn golygu bod y mwyafrif o bobl yn rhannu yr un nodweddion diwylliannol, fel iaith, ethnigrwydd a sut maen nhw'n gwisgo. Ar raddfa fyd-eang, mae'n golygu bod lleoedd gwahanol yn colli eu hunigrywiaeth ac yn dod yn gynyddol debyg i'w gilydd.

Hybridedd diwylliannol Pan fydd diwylliant newydd yn datblygu ac mae eu nodweddion yn cyfuno dwy gyfres wahanol, neu fwy, o ddylanwadau.

Rhyfel ar derfysgaeth Yr ymgyrch barhaus gan UDA a'i chynghreiriaid i wrthwynebu terfysgaeth ryngwladol. Dechreuodd fel ymateb i ymosodiadau al-Qaeda ar Ganolfan Fasnach y Byd yn yr Unol Daleithiau a'r Pentagon ym mis Medi 2001.

Crynodeb o'r bennod

- Mae llywodraethau cenedlaethol yn dal i allu rheoli llawer o'r hyn sy'n croesi eu ffiniau er gwaethaf yr honiadau ein bod ni'n byw mewn byd 'heb ffiniau' neu mewn byd 'sy'n lleihau'. Mae llywodraethau'n defnyddio amrywiaeth o strategaethau, yn cynnwys parthau masnach rydd a chyfraddau isel o ran treth gorfforaeth i ddenu llifoedd byd-eang o gyfalaf.

- Mae agweddau llywodraethau cenedlaethol tuag at fudo yn amrywio o ran amser a lle; mae gan rai gwledydd reoliadau llawer tynnach ar symudiad pobl nag eraill. Yn yr un modd, mae agweddau llywodraethau tuag at symudiad data'n rhydd ar draws ffiniau cenedlaethol yn gwahaniaethu'n fawr hefyd.

- Mae cyfundrefnau rhynglywodraethol a chytundebau, yn cynnwys blociau masnach, yn rhan hanfodol o bensaernïaeth systemau byd-eang. Mae Sefydliadau Bretton Woods wedi helpu i gynhyrchu ac ailgynhyrchu hegemoni neo-ryddfrydol yr oedd UDA a'i gynghreiriaid Gorllewinol yn rhan hanfodol o'u siapio nhw'n wreiddiol. Ond, mae pŵer sefydliadau fel y Gronfa Ariannol Ryngwladol a Banc y Byd yn cael ei herio'n fwy a mwy gan gronfeydd a banciau sy'n cael eu rheoli gan lywodraethau China ac economïau cynyddol amlwg eraill.

- Mae nifer o gytundebau rhyngwladol yn bodoli sy'n ceisio rheoli a rheoleiddio llifoedd byd-eang o bobl, yn cynnwys y rhyddid i symud a roddir i ddinasyddion yr Undeb Ewropeaidd. Ers ei gychwyniad, mae'r Cenhedloedd Unedig wedi gweithio i ddiogelu hawliau ffoaduriaid ac ymdrin â chanlyniadau mudo gorfodol.

- Mae gwladwriaethau pŵer mawr yn cael dylanwad anghymesur ar y ffordd y mae systemau byd-eang yn gweithredu. Maen nhw'n ceisio sefydlu fframweithiau economaidd a gwleidyddol sy'n fanteisiol iddyn nhw, gan ddefnyddio pŵer caled a meddal i reoleiddio ac ailgynhyrchu'r systemau byd-eang y maen nhw wedi helpu i'w creu. Mae gan lawer o wladwriaethau gronfeydd cyfoeth sofran mawr sy'n cynhyrchu llifoedd cyfalaf byd-eang enfawr.

- Mae gwledydd gorllewinol, yn enwedig UDA, wedi chwarae rhan ddominynol yn esblygiad y systemau byd-eang, yn enwedig wrth sôn am ledaeniad diwylliant a syniadau. Ond, yn y dyfodol, efallai y bydd globaleiddio'n cael ei yrru'n fwy gan ddylanwadau heblaw rhai Gorllewinol hefyd.

Cwestiynau adolygu

1 Beth yw ystyr y termau daearyddol canlynol? Parth economaidd arbennig; hafan dreth; prisio trosglwyddo; neo-ryddfrydiaeth.

2 Gan ddefnyddio enghreifftiau, amlinellwch ffyrdd y gallai llywodraethau helpu eu gwledydd i ddenu mwy o fuddsoddi o dramor.

3 Gan ddefnyddio enghreifftiau, esboniwch y rhesymau pam gallai llywodraeth gwlad geisio diogelu ei busnesau rhag trosfeddiannu tramor.

4 Gan ddefnyddio enghreifftiau, esboniwch pam mae gan rai gwledydd reolau mudo llymach nag eraill.

5 Esboniwch y rhan y mae Sefydliadau Bretton Woods yn ei chwarae yn nhwf systemau byd-eang.

6 Amlinellwch y manteision y gallai gwlad eu cael o ymuno â bloc masnach.

7 Gan ddefnyddio enghreifftiau, amlinellwch y ffyrdd y gallai maint y mudo rhyngwladol gael eu heffeithio gan gytundebau rhyngwladol.

8 Beth yw ystyr y termau daearyddol canlynol? Pŵer mawr; hegemoni; neo-drefedigaethol; imperialaeth ddiwylliannol.

9 Gan ddefnyddio enghreifftiau, esboniwch sut mae rhai gwledydd yn defnyddio cronfeydd cyfoeth sofran i gael pŵer a dylanwad byd-eang.

10 Gan ddefnyddio enghreifftiau, amlinellwch y gwahanol ffyrdd y mae gwledydd Gorllewinol wedi dylanwadu ar ddiwylliant a llifoedd syniadau ar raddfa fyd-eang.

Gweithgareddau trafod

1 Pe bai gennych chi'r pŵer gwleidyddol sydd ei angen i wneud newid, pa gyfradd o dreth gorfforaeth fyddech chi'n ei gosod yn y DU? Ydych chi'n ffafrio cyfradd uchel neu isel? Gallai cyfradd isel helpu i ddenu corfforaethau trawswladol tramor ond gallai hefyd arwain at godi llai o arian mewn trethi i'w wario ar y Gwasanaeth Iechyd Gwladol ac achosion da. Trafodwch ddadleuon posibl y gallwch chi eu defnyddio yn y broses o wneud penderfyniad.

2 Trafodwch i ba raddau (i) y mae modd rheoli, a (ii) y dylid rheoli llifoedd data byd-eang. A ddylai pobl dderbyn y rhyddid i edrych ar beth bynnag y maen nhw eisiau ar-lein (barn ryddfrydol) neu a ddylai'r wladwriaeth reoli defnydd o'r rhyngrwyd, efallai gan achosi rhywbeth a elwir yn 'rhwygrwyd'?

3 A oes gan wladwriaethau cenedlaethol lai o bŵer nag oedd ganddyn nhw yn y gorffennol? Trafodwch y datganiad hwn mewn grwpiau gan ddefnyddio'r hyn rydych chi wedi'i ddysgu'n barod mewn pynciau eraill, fel Hanes. Meddyliwch yn ofalus am beth yw ystyr 'pŵer' fan hyn, cyn ateb!

4 Mewn parau, aseswch y ffyrdd y mae'r DU wedi defnyddio pŵer caled a meddal i gael dylanwad yn y byd, yn y presennol a'r gorffennol. Pa mor bwysig yw'r DU heddiw fel grym gwleidyddol, economaidd, milwrol a diwylliannol sy'n gweithredu ar systemau byd-eang? Pa dystiolaeth sydd i gefnogi'ch barn?

5 I ba raddau fyddech chi'n dweud bod eich bywyd chi eich hun wedi ei 'Americaneiddio'? Fel gweithgaredd dosbarth cyfan, meddyliwch am ddylanwad diwylliant UDA ar fywydau pobl yn y DU (ystyriwch gerddoriaeth, arferion gwylio'r teledu, dillad a'r iaith/idiomau a ddefnyddiwn ni).

FFOCWS Y GWAITH MAES

Mae themâu'r bennod hon yn cynnwys rheolau'r llywodraeth ar fudo a masnach, a dylanwad byd-eang gwledydd grymus. Mae rhai cyfleoedd a allai fod yn ddiddorol yma i wneud ymchwil annibynnol Safon Uwch. Yn debyg i holl destunau systemau byd-eang, bydd angen i chi feddwl yn ofalus am y mathau o ddata cynradd y gallech chi ei gasglu.

A *Defnyddio cymysgedd o ddata o holiaduron a ffynonellau eilaidd i ymchwilio i sut mae polisïau mudo llywodraethau wedi helpu i ddylanwadu ar gymeriad cymdogaeth leol.* Gallech chi wneud cyfweliadau gyda pherchnogion busnes mewn cymdogaeth neu dref sy'n amrywiol o ran ethnigrwydd. Byddai angen llunio'r sampl yn ystyrlon i gynnwys dim ond pobl a aned mewn gwledydd eraill ac a fudodd fel oedolion i'r DU. Gallai'r cwestiynau fod ar y broses o fudo, pryd y digwyddodd, a pha mor rhwydd oedd cael hawliau preswylio a/neu ddinasyddiaeth yn y DU. Gallech chi ddefnyddio ymchwil eilaidd i roi canfyddiadau'r cyfweliad yn eu cyd-destun (e.e. gwybodaeth gan y Swyddfa Ystadegau Gwladol am ranbarthau a maint ffynonellau ar gyfer llifoedd mudo'r gorffennol).

B *Ymchwilio i sut mae tîm chwaraeon dinas wedi cael ei newid gan lifoedd buddsoddi o dramor, ac effaith y newidiadau hyn ar gymunedau lleol.* Mae llawer o dimau pêl-droed y DU yn cael eu cefnogi gan lifoedd buddsoddi o dramor. Mae rhai timau'n cael eu hariannu gan filiwnyddion, ac eraill gan gronfeydd cyfoeth sofran gwledydd tramor. Cafodd llawer o chwaraewyr y timau eu geni dramor ac maen nhw wedi mudo i'r DU. Sut mae cymunedau lleol yn y DU wedi cael eu heffeithio gan 'globaleiddio' a hunaniaeth newidiol eu timau pêl-droed? Gallech chi astudio barn ac agwedd pobl gan ddefnyddio data cynradd o gyfweliadau neu grwpiau ffocws. Gellir cymharu safbwyntiau cefnogwyr hŷn ac iau.

Deunydd darllen pellach (gweler tudalen 115)

Rhyngddibyniaeth fyd-eang

Yn aml iawn, mae'r gwledydd, y lleoedd a'r bobl sydd wedi eu cysylltu â'i gilydd mewn systemau byd-eang yn cael eu disgrifio fel rhai rhyngddibynnol, sy'n golygu eu bod nhw i gyd wedi dod i ddibynnu ar ei gilydd i raddau tebyg. Gan ddefnyddio enghreifftiau o gysylltiadau masnach a mudo, mae'r bennod hon:

- yn dadansoddi'r syniad o rhyngddibyniaeth yn gritigol
- yn ymchwilio i ba raddau y mae rhyngddibyniaeth economaidd fyd-eang yn datblygu o ganlyniad i lifoedd masnach a buddsoddi
- yn archwilio'r ffyrdd y gall prosesau mudo wneud gwledydd a chymunedau'n fwy rhyngddibynnol
- yn gwerthuso i ba raddau y mae'r rhyngddibyniaeth yn creu mwy o fuddion na chostau i wahanol leoedd.

CYSYNIADAU ALLWEDDOL

Rhyng-gysylltedd byd-eang Yr holl gysyllteddau economaidd, cymdeithasol, gwleidyddol, diwylliannol ac amgylcheddol amrywiol rhwng pobl, lleoedd ac amgylcheddau sy'n creu systemau byd-eang.

Rhyngddibyniaeth fyd-eang Y syniad bod llawer o wladwriaethau, cymdeithasau a busnesau wedi dod yr un mor ddibynnol ar ei gilydd oherwydd y ffyrdd cymhleth y mae systemau byd-eang wedi esblygu dros amser. Mae gan rhyngddibyniaeth ddimensiynau economaidd, cymdeithasol, gwleidyddol ac amgylcheddol.

Rhanbarth y byd Ardal fawr o'r byd sydd wedi ei gwneud o nifer o wledydd. Er enghraiff, gallwn ni ddisgrifio Dwyrain Affrica neu Orllewin Ewrop fel rhanbarthau'r byd (mae'r gair 'rhanbarth' yn cael ei ddefnyddio hefyd ar raddfa hollol wahanol i olygu rhan o wlad, fel Ardal y Llynnoedd yn Lloegr, neu Llundain Fwyaf).

Risg Bygythiad go iawn, neu ddrwgdybio bod bygythiad yn erbyn unrhyw agwedd o fywyd. Mae twf y systemau byd-eang wedi golygu bod pobl, cwmnïau a gwladwriaethau yn wynebu mwy o risgiau ffisegol, economaidd, gwleidyddol a thechnolegol amrywiol.

① Y syniad o rhyngddibyniaeth

▶ *Ym mha ffyrdd gwahanol y mae lleoedd a phobl y byd wedi dod yn rhyngddibynnol?*

Trwy ddiffiniad, mae'r darnau cydrannol mewn unrhyw system wedi eu cysylltu â'i gilydd yn uniongyrchol neu'n anuniongyrchol. Maen nhw'n rhyng-gysylltiedig. Ond, mae pethau sy'n rhyngddibynnol yn fwy na dim ond wedi'u rhyngysylltu. Maen nhw'n *ddibynnol ar ei gilydd i'r un graddau* hefyd.

Mae Ffigur 3.1 yn rhoi enghreifftiau o'r ffordd y mae daearyddwyr yn meddwl am y gwahaniaethu pwysig hwn rhwng rhyng-gysylltedd a rhyngddibyniaeth.

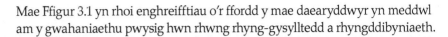

Pethau sy'n rhyng-gysylltiedig (ond ddim yn rhyngddibynnol)

- Mewn *systemau tirwedd arfordirol*, mae'r deunyddiau y mae'r clogwyn sy'n erydu yn eu gollwng ar y tir yn helpu i adeiladu gwaddodion y traeth. Ond er na fyddai'r traeth yn bodoli heb i'r clogwyn roi'r deunyddiau iddo, allwn ni ddim honni bod y clogwyn yn bodoli oherwydd cyfraniad y traeth. Dydy'r traeth a'r clogwyn ddim yn bethau cwbl ryngddibynnol.

- Mewn *daearyddiaeth ddynol*, efallai y bydd cysylltiad achosol yn bodoli rhwng lleoliad safle a'r diwydiannau sy'n tyfu yno, er enghraifft mae pyllau glo yn cael eu cloddio yn y fan lle mae glo wedi cael ei ganfod. Ond, dydy'r glo ddim yn dibynnu ar y cloddfeydd er mwyn cael ei ffurfio: dydyn nhw ddim yn bethau rhyngddibynnol.

Pethau sy'n rhyng-gysylltiedig *ac* yn rhyngddibynnol

- Mewn *ecosystemau*, mae biomas llystyfiant yn dibynnu ar bridd iach er mwyn parhau i gael y maetholion y mae eu hangen. Yn yr un modd, er mwyn cadw'n iach, mae angen i'r pridd dderbyn maetholion o'r biomas drwy'r storfa o ddail. Mae'r llystyfiant a'r priddoedd yn ddibynnol ar ei gilydd i gadw'n iach a goroesi.

▲ **Ffigur 3.1** Sefydlu'r gwahaniaeth rhwng rhyng-gysylltedd a rhyngddibyniaeth

Rhyngddibyniaeth ac astudiaethau o systemau byd-eang

Mewn Safon Uwch Daearyddiaeth, mae angen dadansoddi'r syniad o rhyngddibyniaeth yn ofalus fel rhan o'r astudiaethau Systemau Byd-eang. Ystyr 'dadansoddi' rhywbeth yw ei dorri'n ddarnau cydrannol ac mae gan rhyngddibyniaeth bedwar dimensiwn wedi'u dadadeiladu sy'n gyfarwydd: economaidd, cymdeithasol, gwleidyddol ac amgylcheddol (gweler Ffigur 3.2).

Mae rhyngddibyniaeth (yn ei holl ffurfiau amrywiol) yn un o'r pethau sydd wedi dod i'r amlwg fel nodwedd o globaleiddio ac wrth i systemau byd-eang fynd yn fwy cymhleth. Mae'r cynnydd mewn cysylltedd rhwng lleoedd – sydd, yn ei dro, yn creu perthnasoedd lle mae pawb yn dibynnu ar ei gilydd – wedi ei yrru gan rymoedd y byddwch chi'n gyfarwydd â nhw o ddarllen Penodau 1 a 2.

- Diolch i ddatblygiadau mewn technoleg gwybodaeth a chyfathrebu (TGCh) mae rhwydweithiau cynhyrchu byd-eang estynedig wedi tyfu. Mae eitemau wedi'u gweithgynhyrchu – sy'n amrywio yn eu maint o ffonau i awyrennau – yn cael eu cydosod gan ddefnyddio cydrannau sy'n deillio o gannoedd o leoedd gwahanol. Yn aml iawn, mae pencadlysoedd, swyddfeydd a chanolfannau galwadau banciau, a gwasanaethau eraill wedi eu gwasgaru ar draws cyfandiroedd, ac yn dal i fod wedi eu rhwydweithio â'i gilydd gan TGCh.

- Mae cytundebau masnachu a chytuniadau (*treaties*) rhwng gwladwriaethau wedi arwain at dariffau mewnforio is, gan annog mwy o bartneriaethau rhwng cynhyrchwyr a chyflenwyr mewn lleoedd gwahanol. Yn ôl damcaniaeth economaidd, mae blociau masnach hefyd yn meithrin rhyngddibyniaeth ymysg eu haelodau, o ganlyniad i gystadleuaeth yn y farchnad, fel a ganlyn:

  1 Mewn marchnad rydd wedi ehangu a heb ffiniau (fel yr un a geir yn yr Undeb Ewropeaidd), gallai cwmnïau gwan fethu tra bo rhai cryf yn ffynnu.

Rhyngddibyniaeth economaidd

- Mae twf corfforaethau trawswladol yn cyflymu'r cyfnewidiadau dwy ffordd trawsffiniol o arian a nwyddau.
- Mae llifoedd o weithwyr mudol yn hanfodol yn aml iawn i lwyddiant economaidd gwlad; yn gyfnewid am hyn, mae mudwyr yn anfon trosglwyddiadau adref i'w gwlad wreiddiol.
- Mewn byd rhyng-gysylltiedig, mae llawer o wledydd sydd ddim yn hunan-gynhaliol bellach o ran nwyddau hanfodol fel bwyd, egni neu ddŵr; mae yna berthnasoedd eang lle mae dibyniaeth gyfartal rhwng pob ochr.

Rhyngddibyniaeth gymdeithasol

- Mae mudo rhyngwladol yn adeiladu rhwydweithiau teulu estynedig ar draws ffiniau cenedlaethol. Mae hyn yn gallu cryfhau cyfeillgarwch rhwng gwledydd (e.e. India a'r DU).
- Mae trosglwyddiadau sy'n cael eu hanfon adref gan fudwyr i'w gwlad wreiddiol yn cynhyrchu cymaint â 40% o'r cynnyrch mewnwladol crynswth i rai gwladwriaethau tlotach (e.e. Tajikistan). Mae hyn yn helpu teuluoedd i dalu am addysg ac iechyd. Yn eu tro, mae'r mudwyr yn aml yn cyfrannu at iechyd ac addysg y wlad sy'n eu cynnal, e.e. gweithwyr y Gwasanaeth Iechyd Gwladol (GIG).

Rhyngddibyniaeth wleidyddol

- Mae twf blociau masnach (e.e. yr Undeb Ewropeaidd (UE), Cymdeithas Cenhedloedd De Ddwyrain Asia (ASEAN) wedi creu strwythurau llywodraethu rhyngwladol a byd-eang cymhleth y mae gwledydd yn eu creu gyda'i gilydd ac, yn eu tro, mae'r strwythurau'n clymu'r gwledydd hyn yn gyfreithiol.
- Mae llywodraethau rhai parau neu grwpiau o wledydd wedi dibynnu ar ei gilydd yn y gorffennol am gymorth mewn cyfnodau o argyfwng economaidd neu wleidyddol; er enghraifft, mae arweinwyr gwleidyddol y DU ac UDA yn aml yn cyfeirio at yr hyn maen nhw'n ei alw'n 'berthynas arbennig' rhwng y ddwy wlad.
- Mae Banc y Byd, y Gronfa Ariannol Ryngwladol a Sefydliad Masnach y Byd yn gweithio'n fyd-eang i gydgordio rheolau economaidd cenedlaethol.

Rhyngddibyniaeth amgylcheddol

- Mae mwy o angen nag erioed y dyddiau hyn am gydweithrediad ar fygythiadau amgylcheddol byd-eang fel newid hinsawdd, llygredd y cefnfor a cholli bioamrywiaeth. Oherwydd bod yr holl wledydd yn dibynnu ar yr adnoddau byd-eang cyffredin hyn, mae pawb yn teimlo bod angen rhannu cyfrifoldeb a helpu i leihau'r risgiau.
- Mae cytundebau a chytuniadau ddim ond yn gweithio os bydd nifer critigol o wledydd yn eu harwyddo; mae pob gwladwriaeth yn dibynnu ar y lleill i greu consensws (e.e. Cytundeb Paris 2015).

▲ **Ffigur 3.2** Pedwar llinyn o ryngddibyniaeth mewn systemau byd-eang: economaidd, cymdeithasol, gwleidyddol ac amgylcheddol

2 Gallai gwneuthurwyr ceir un aelod-wladwriaeth gau oherwydd bod rhai gwell yn cael eu mewnforio o dramor, eto mae ei fanciau'n ffynnu yn y farchnad fawr sengl sy'n bodoli nawr; yn y cyfamser, gall gwladwriaeth arall brofi sefyllfa yn hollol groes i hyn.

3 Mae poblogaethau'r ddwy wlad yn dal i allu prynu ceir a gwasanaethau bancio, ond maen nhw'n ddibynnol ar ei gilydd erbyn hyn i gael ateb i'w hanghenion.

- Mae parhad mewn datblygiad byd-eang a thwf y boblogaeth yn effeithio ar annibyniaeth amgylcheddol. Mae poblogaeth y byd yn dal i gynyddu mewn maint a chyfoeth, ac mae hynny'n golygu bod y galw ar adnoddau cyffredin y byd – yn cynnwys y cefnforoedd a'r atmosffer – yn cynyddu yn yr un modd (gweler Ffigur 3.3). Efallai ein bod ni wedi pasio trothwyon y blaned yn barod lle na fyddwn ni bellach yn gallu osgoi niwed nad yw'n bosibl ei atgyweirio, ar draul bob un ohonom. Mae rhyngddibyniaeth amgylcheddol yn ffenomen fyd-eang – ac mae'n bosibl bod ein goroesiad fel rhywogaeth yn y dyfodol yn ddibynnol ar y ddealltwriaeth hanfodol hon.

 TERM ALLWEDDOL

Adnoddau cyffredin y byd
Adnoddau byd-eang sydd mor fawr eu graddfa nes eu bod y tu allan i estyniad gwleidyddol unrhyw un wladwriaeth unigol ac, mewn egwyddor, yn agored i'r ddynoliaeth gyfan eu defnyddio. Mae cyfraith ryngwladol yn nodi pedwar o adnoddau cyffredin y byd: y cefnforoedd, yr atmosffer, Antarctica a'r gofod.

▶ **Ffigur 3.3** Yn ôl y rhagolygon, mae twf poblogaeth y byd yn mynd i barhau tan o leiaf 2090, yn bennaf oherwydd Affrica. Mae hyn yn creu goblygiadau i ryngddibyniaeth amgylcheddol fyd-eang: er mwyn i'r Ddaear barhau'n blaned y gall pobl fyw arni, mae'n rhaid i wladwriaethau gydweithio i gael atebion i'r heriau sy'n wynebu adnoddau y mae pawb yn eu rhannu

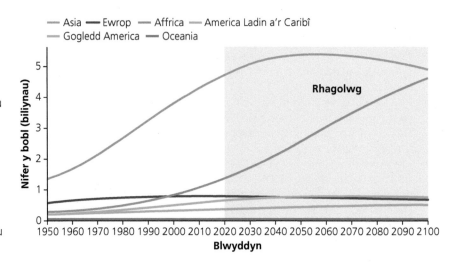

Sylwadau dadleuol ynglŷn â rhyngddibyniaeth

Mae rhyngddibyniaeth yn syniad sydd yn aml yn sbarduno dadl gref. Yn gyntaf, ystyriwch y gosodiad bod economi'r byd yn un system fyd-eang weithredol, sydd wedi'i hadeiladu o nifer o rannau a chyfranogwyr rhyngddibynnol. Ar yr wyneb, mae hyn yn swnio'n beth doeth a diddorol i'w ddweud. Ond a yw'r datganiad hefyd yn awgrymu – yn anghywir efallai – bod economi'r byd yn strwythur sy'n fuddiol i bawb ac mae pawb yn hapus i fod yn rhan ohono? Dywedodd Oxfam yn ddiweddar bod wyth biliwnydd mwyaf cyfoethog y byd – y mae pob un ohonyn nhw'n ddynion – yn berchen, gyda'i gilydd ar yr un maint o gyfoeth â 3.8 biliwn o bobl dlotaf y byd. Mewn geiriau eraill, mae canlyniadau eithriadol o annheg i systemau dynol sydd wedi eu hadeiladu ar berthnasoedd rhyngddibynnol. Mae'n arfer da mewn daearyddiaeth ddynol felly, i feddwl yn gritigol am y cysylltiad rhwng rhyngddibyniaeth a chydraddoldeb/anghydraddoldeb.

- Er enghraifft, meddyliwch am y rhyngddibyniaeth rhwng cyflogwyr a gweithwyr mewn systemau economaidd ar unrhyw raddfa, o fusnesau bach i'r corfforaethau trawswladol mwyaf. Am ganrifoedd, mae barn athronwyr ynglŷn â rhyngddibyniaeth cyflogwyr a gweithwyr wedi bod yn wrthgyferbyniol.
- Un farn yw bod y gweithwyr i gyd yn elwa pan fydd llywodraeth yn caniatáu i gyflogwyr gadw'r gyfran fwyaf o elw cwmni. Y rheswm dros hynny yw bod hyn yn annog y cyflogwyr i ganolbwyntio ar redeg eu busnesau'n llwyddiannus (sy'n golygu bod y gweithwyr yn cadw eu swyddi).
- Y farn arall yw y dylai elw gael eu rhannu'n fwy cyfartal rhwng cyflogwyr a gweithwyr oherwydd bod eu perthynas yn rhyngddibynnol. Yn 2018, daeth Prif Swyddog Gweithredol Amazon, Jeff Bezos, yn berson mwyaf cyfoethog y byd, ac mae'r brasamcan o'i gyfoeth yn uwch na 100 biliwn o ddoleri UDA. Mae Bezos yn dibynnu ar ei weithwyr, sy'n cael eu talu'n weddol isel, i wneud Amazon yn llwyddiannus ac maen nhw'n dibynnu arno ef i gael gwaith. Ond, a fyddech chi'n disgrifio hon yn berthynas sy'n fuddiol 'i bawb'?

Rydyn ni'n dychwelyd at y themâu cysylltiedig, rhyngddibyniaeth a thegwch, yn adran olaf y bennod hon (gweler tudalen 103).

Blociau masnach a rhyngddibyniaeth rhanbarthol

Roedd Pennod 2 yn esbonio twf cytundebau masnach rhynglywodraethol a blociau masnach (grwpiau o wledydd sydd wedi llofnodi yr un cytundeb masnach cost isel neu rad ac am ddim). Mae'r damcaniaethau a'r egwyddorion economaidd allweddol yn darparu'r brif resymeg ar gyfer y cytundebau a'r blociau masnach sydd i'w gweld yn Ffigur 3.4. Un syniad pwysig yw ffrithiant pellter: mewn egwyddor, mae gwledydd yn llawer mwy tebygol o fasnachu â'u cymdogion na gyda gwlad bell os yw costau cludo'n uchel, yn gyffredinol. I gefnogi'r egwyddor hon, mae 65 y cant o'r allforion yn Ewrop yn rhai rhyng-ranbarthol, sy'n golygu bod y mwyafrif o wledydd Ewropeaidd yn masnachu gyda gwledydd Ewropeaidd eraill. Yn debyg i hynny, mae Singapore a Malaysia, sy'n gymdogion, yn bartneriaid masnachu agos: mae'r un peth yn wir am UDA a Chanada.

TERMAU ALLWEDDOL

Tegwch (*equity*) Pan mae pawb sy'n cymryd rhan mewn sefyllfa neu senario benodol wedi cael eu trin mewn ffyrdd teg a chyfiawn.

Ffrithiant pellter Cysyniad daearyddol allweddol sy'n ymwneud â'r ffaith bod pethau'n rhwystro symudiad oherwydd bod pobl a lleoedd ar wahân yn ddaearyddol. Y mwyaf yw'r gwahaniad rhwng y bobl a'r lleoedd, y mwyaf yw'r ffrithiant pellter, sy'n golygu ei fod yn anoddach i bethau lifo i leoedd pell nag yw hi i leoedd agos.

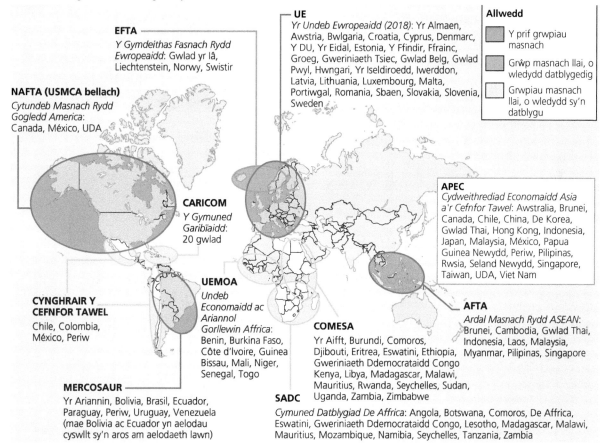

▲ **Ffigur 3.4** Mae cytundebau a blociau masnach wedi meithrin rhyngddibyniaeth o fewn, a rhwng gwahanol ranbarthau'r byd

Mantais gymharol Yr egwyddor y dylai gwledydd arbenigo mewn cynhyrchu ac allforio dim ond y nwyddau neu'r gwasanaethau y gallan nhw eu cynhyrchu am gost gymharol is na gwledydd eraill.

Datblygiad awtarchaidd (*autarkic development*) Cynnydd sy'n digwydd heb unrhyw gymorth o'r tu allan. Mae'n anghyffredin yn hanesyddol ac yn amhosibl ei ddychmygu yn y byd modern. Mae hyd yn oed Gogledd Korea, sydd wedi ei phortreadu fel gwladwriaeth ynysig, wedi ei chefnogi gan China ac yn delio â gwledydd eraill hefyd.

Mae ail syniad, o'r enw mantais gymharol, yn helpu i esbonio'r brwdfrydedd am gytundebau masnachu rhanbarthol. Yn ôl yr egwyddor hon, os oes gan wlad benodol yr hinsawdd, yr adnoddau neu'r sgiliau dynol sy'n ffafrio math arbennig o weithgaredd economaidd, yna mae'n gwneud synnwyr y dylai gwlad arbenigo yn y gweithgareddau hynny.

- Mae'n bosibl iawn na fydd y gwledydd hynny sy'n ceisio datblygiad awtarchaidd – sy'n golygu eu bod nhw'n mynd ar eu pen eu hunain ac yn ceisio cynhyrchu popeth y maen nhw eu hangen ar eu pen eu hunain – yn gallu gwneud hynny naill ai'n gost-effeithiol neu'n ddigonol.
- Mae cytundeb masnach rhanbarthol yn meithrin rhyngddibyniaeth, lle mae pob gwlad yn arbenigo ym mha bynnag fasnach y mae'n ei gwneud orau, gan hefyd roi'r gorau i fentrau llai proffidiol neu lwyddiannus.
- Yn dilyn tynnu neu ostwng tariffau mewnforio fel rhan o gytundeb masnachu, mae cynhyrchion a gwasanaethau'n symud yn esmwyth neu 'heb ffrithiant' ar draws ffiniau. Mewn egwyddor, mae'r drefn hon yn darparu nwyddau a gwasanaethau o safon uchel ac am bris cystadleuol i ddefnyddwyr drwy'r ardal fasnachu gyfan (gweler Ffigurau 3.5 a 3.6).

Cyn y bloc masnach

Bloc masnach (gydag undeb tollau)

Wal dollau allanol gyffredin

Mae pob un o'r pedair gwlad yn cynhyrchu eu nwyddau a'u gwasanaethau eu hunain ar draws y pedwar sector (cerbydau, tecstilau, gwasanaethau ariannol a gwin); does dim masnach rhwng y gwledydd i ddechrau. O ganlyniad, mae'r allbwn yn gyfyngedig ym mhob achos ac mae'r costau cynhyrchu'n uchel i'r prynwyr. Mewn rhai achosion, mae'n bosibl bod y nwyddau a'r gwasanaethau o safon isel – efallai am fod nodweddion aneffeithlon yn codi o'r ffaith nad oes adnoddau dynol neu ffisegol o safon uchel.

Mae cytundeb masnach yn ei le erbyn hyn. Mae'r ffiniau cenedlaethol yn dod yn haws i'r llifoedd masnach eu croesi am fod tollau'n cael eu dileu. Mae pob gwlad yn gweld bod ganddi fantais gystadleuol mewn un o'r pedwar sector; mae'r cwmnïau hyn yn dod i'r amlwg fel arweinwyr mewn marchnad sydd wedi ehangu. Mae graddfa'r cynhyrchu'n cynyddu ac mae costau nwyddau a gwasanaethau i brynwyr yn gostwng. Gallai un doll allanol gyffredin ddiogelu'r 'enillwyr' hyn rhag y mewnforion tramor.

▲ **Ffigur 3.5** Gallwn ni esbonio beth yw 'arbenigo mewn masnach o fewn bloc masnach rhanbarthol' drwy edrych ar egwyddorion (i) mantais gymharol a (ii) darbodion maint

Gallai busnes llwyddiannus sydd wedi ei leoli mewn un wlad, gaffael diwydiannau tebyg mewn gwledydd cyfagos a'u hintegreiddio nhw i mewn i'w rwydwaith cynhyrchu ei hun sy'n ehangu. Neu, gall cwmnïau llai o fewn bloc masnach gyfuno i ffurfio corfforaeth drawswladol lawer mwy, gan felly wneud eu gweithredoedd yn fwy cost-effeithiol. Mae Unilever a Royal Dutch Shell wedi eu creu drwy gydsoddiad corfforaethau Ewropeaidd (yn wreiddiol, roedd Unilever yn gwmni bach o'r Iseldiroedd a oedd yn cynhyrchu marjarîn, ond mae wedi tyfu'n uwchgwmni enfawr drwy gaffael mwy na 400 o frandiau Ewropeaidd eraill sy'n cynnwys bwyd, diod ac eitemau'r cartref).

▲ **Ffigur 3.6** Mae Airtel Africa yn gwmni ffôn symudol gyda'i bencadlys yn Kenya ac mae bodolaeth y bloc masnach COMESA wedi ei helpu i ehangu i 17 talaith Affricanaidd

Yr enw ar y trydydd cysyniad pwysig yw darbodion maint. Pan mae marchnad wedi chwyddo mewn bloc masnach, mae hyn yn cynyddu'r galw am nwyddau a gwasanaethau corfforaethau trawswladol llwyddiannus, a thrwy hynny mae'r maint sy'n cael ei gynhyrchu yn codi ac, ar yr un pryd, mae'r costau gweithgynhyrchu *fesul uned* yn gostwng. Gall yr arbedion hyn gael eu pasio ymlaen i ddefnyddwyr drwy brisiau is. Felly, mae nifer y gwerthiannau'n debygol o godi hyd yn oed fwy ar gyfer y cwmnïau mwyaf llwyddiannus, oherwydd bod prisiau eu nwyddau a'u gwasanaethau wedi gostwng bellach – gallai'r broses hon ei hailadrodd ei hun dro ar ôl tro, gan greu effaith adborth cadarnhaol (gweler tudalen 38). Dylai dinasyddion aelod-wladwriaethau weld eu bod nhw'n gallu prynu mwy gyda'r un cyflogau.

Canlyniad hyn i gyd yw cynnydd mewn rhyngddibyniaeth. Dros amser felly dylai pob gwlad o fewn cytundeb masnach integredig weld:

- twf economaidd cyffredinol – oherwydd *llwyddiant economaidd drwy arbenigo*
- gostyngiad yn y gallu domestig i gynhyrchu mathau penodol o fwyd, nwyddau wedi'u gweithgynhyrchu neu wasanaethau – oherwydd bod gwledydd eraill yn y cytundeb *yn gwneud y pethau hyn yn well*.

Un gwendid yw eu bod nhw'n fwy agored i ymyriadau i fasnach sy'n ei oedi am gyfnod hir. Y rheswm dros hyn yw bod pob gwlad wedi dod yn fwy dibynnol ar fewnforio pethau yr oedd yn eu cynhyrchu ei hun ar un cyfnod, ond nad yw'n gwneud bellach – efallai gan gynnwys mathau hanfodol o gyflenwadau egni neu fwyd. Felly, nid yw'n syndod clywed bod safbwyntiau amrywiol gan bobl am gostau a buddion cytundebau masnach a'r rhyngddibyniaeth a ddaw gyda nhw. Yn ogystal, mae gwir gymhlethdod llifoedd buddsoddi traws-ffiniol yn gallu gwneud y broses o ddadansoddi cost a budd dilys a dibynadwy yn anodd.

Yng Ngogledd America, mae gan México fantais gymharol dros UDA fel safle gweithgynhyrchu, am fod ei chyflogau'n llawer is. Mae hyn wedi achosi i lawer o gwmnïau'r Unol Daleithiau i symud eu ffatrïoedd a'u gweithredoedd ar draws y ffin; ymysg yr enghreifftiau, mae General Motors, General Electric a Nike. Mae'r cwmnïau hyn wedi rhannu'r llafur yn ofodol sy'n sicrhau eu bod nhw'n gwneud y defnydd gorau o adnoddau dynol y ddwy wlad. Mae nwyddau'n cael eu gweithgynhyrchu'n rhad mewn gweithfeydd cangen yn México o'r enw maquiladoras, ond maen nhw wedi eu llunio a'u marchnata gan bobl broffesiynol medrus iawn yn UDA. Ar un llaw, collwyd swyddi yn UDA. Ond ar y llaw arall, gall dinasyddion UDA brynu nwyddau a wnaed yn México sy'n costio llai na phan oedden nhw'n cael eu gwneud yn UDA. Rydyn ni'n dychwelyd at y materion a'r dadleuon hyn yn hwyrach yn y bennod hon.

🔑 **TERM ALLWEDDOL**

Darbodion maint Yr egwyddor sy'n nodi hyn: y mwyaf yw cynnyrch cwmni neu ffatri, yr isaf yw cost gyfartalog cynhyrchu pob uned o'r cynhyrchiad. Y rheswm dros hyn yw bod costau sefydlog fel rhent tir, costau peirianwaith lefel uwch neu gostau trafnidiaeth wedi eu lledaenu'n deneuach.

DADANSODDI A DEHONGLI

Astudiwch Ffigur 3.7 sy'n dangos gwerth y llifoedd allforio a oedd yn gadael UDA a México ac a oedd wedi eu cyfeirio tuag at aelodau eraill NAFTA yn 2016.

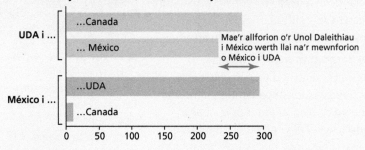

Gwerth yr holl allforion, 2016, mewn biliynau o ddoleri UDA

▲ **Ffigur 3.7** Y cysylltiadau masnach rhwng UDA a México o fewn NAFTA yn 2016

(a) Dadansoddwch batrwm yr allforion a ddangosir yn Ffigur 3.7

CYFARWYDDYD

Mae hon yn dasg gweddol syml sy'n gofyn am ddull syml o drin data. Gallwch chi fesur y gwerthoedd a ddangosir a chyfrifo gwerth cyfan yr allforion i UDA a México. Gallwch chi hefyd gymharu masnach y ddwy wlad gyda Canada. Mae cyfleoedd da yma i ymarfer defnyddio ymadroddion fel 'bron ddwywaith cymaint' neu 'mwy nag 20 gwaith yn fwy'. Mae iaith fel hyn yn helpu i gyfleu maint unrhyw wahaniaethau a ddangosir.

(b) Aseswch i ba raddau y mae Ffigur 3.7 yn dangos perthynas rhyngddibynnol rhwng UDA a México.

CYFARWYDDYD

Pan fydd y geiriau gorchymyn 'aseswch i ba raddau' yn cael eu defnyddio gyda data fel hyn, maen nhw'n gofyn yn ddelfrydol am ateb sy'n cynnig gwerthusiad critigol o'r wybodaeth. Gallech chi asesu cryfderau a gwendidau'r wybodaeth, neu roi sylwadau am y pethau sydd wedi eu cynnwys *ond hefyd beth sydd heb eu cynnwys*. Gallwch chi ddatblygu nifer o themâu posibl drwy asesu i ba raddau y mae Ffigur 3.7 yn dangos rhyngddibyniaeth rhwng UDA a México:

- Mae'r ddwy wlad yn allforio gwerth mawr o nwyddau i'r llall, gan awgrymu eu bod nhw'n ddibynnol ar allbwn diwydiannol ei gilydd.
- Ond, mae bwlch gwerth o tua 70 biliwn o ddoleri UDA, gan awgrymu bod y berthynas yn anghymesur (mae UDA yn dibynnu'n fwy ar México nag y mae México ar UDA).
- Yn ogystal, dydyn ni ddim yn gwybod unrhyw beth am y berthynas fasnach hon y tu hwnt i werthoedd mewn doleri. Efallai fod UDA yn allforio pethau y mae México eu hangen yn ddifrifol ac yn methu eu cael yn unrhyw le arall (fel offer i helpu i adeiladu gorsafoedd pŵer neu isadeiledd hanfodol arall), ond gallai México fod yn allforio eitemau nwyddau traul yn bennaf (setiau teledu, oergelloedd) y gallai UDA wneud hebddynt neu eu cael o rywle arall. Byddai hyn hefyd yn cynrychioli rhyngddibyniaeth anghymesur.

Rhyngddibyniaeth economaidd fyd-eang a chadwyni cyflenwi

▶ *Pam mae economïau gwahanol leoedd yn dod yn fwy rhyngddibynnol?*

Rhyngddibyniaeth craidd-ymylol

Mae pobl wedi defnyddio'r termau craidd ac ymylol ers peth amser mewn Daearyddiaeth, ac ar gyfer amrywiol raddfeydd o ran maint.

- Ar y raddfa fyd-eang, mae traddodiad sy'n dyddio'n ôl i'r 1970au o weld y byd fel un system ryngddibynnol sy'n cynnwys y craidd, yr ymylol a'r lled-ymylol.
- Gallwn ni hefyd adnabod a dadansoddi rhyngddibyniaethau craidd–ymylol ar raddfeydd cenedlaethol a rhyngwladol.

Cafodd amrywiol fodelau craidd–ymylol eu dyfeisio nifer o flynyddoedd yn ôl gan Gunnar Myrdal (1957), Albert Hirschman (1958) a John Friedmann (1966). Hyd yn oed heddiw, mae'r rhain yn dal i fod yn fannau cychwyn defnyddiol ar gyfer ymchwilio rhyngddibyniaeth economaidd, yn enwedig mewn perthynas â llifoedd mudo neu fasnach.

- Mae rhanbarthau craidd – ar raddfa fyd-eang neu ar raddfa fwy lleol – yn feysydd sy'n mwynhau prosesau twf cronnus, wedi eu hannog gan lifoedd o ddeunyddiau crai, mudwyr a dawn entrepreneuraidd o ardaloedd ymylol o'u hamgylch. Yr enw ar y broses hon o ddatblygiad anghyfartal – symudiad gofodol a chrynhoad adnoddau ffisegol a dynol i mewn i ranbarth craidd – yw tynddwr.
- Mewn amser, y rhagolygon yw y bydd y twf yn ymledu i mewn i'r ymylon, o ganlyniad i'r pethau hyn: y farchnad yn ad-dalu am ddeunyddiau crai, pethau arloesol yn ymledu o'r rhanbarthau craidd, ymyrraeth y llywodraeth a mathau eraill o ryngweithio buddiol (gweler Ffigur 38). Yng nghyfrif Friedmann, mae system graidd–ymylol fwy cymhleth yn datblygu dros amser oherwydd yr effaith hon o ymlediad cyfoeth – system a alwodd ef yn 'ddiferu i lawr'. I ddechrau, mae creiddiau eilaidd yn dod i fodolaeth yn y ffiniau; yna yn ddiweddarach, mae system gyd-ddibynnol yn datblygu o ranbarthau craidd sydd wedi eu cysylltu â'i gilydd. Maen nhw'n rhyngddibynnol mewn ffyrdd ymarferol.

 TERMAU ALLWEDDOL

Craidd ac ymylol
Rhannau rhyngddibynnol o un lle daearyddol cyfan sydd â gwahanol lefelau o gyfoeth. Gallwn ni nodi systemau craidd ac ymylol ar raddfeydd lleol, cenedlaethol, rhyngwladol a byd-eang, Mewn unrhyw system ddaearyddol, mae'r craidd a'r ymylol yn rhyng-gysylltiedig oherwydd y llifoedd o bobl, buddsoddiad, deunyddiau crai, nwyddau a syniadau sy'n symud yn ôl ac ymlaen. Ond, efallai fod gan wahanol bobl safbwyntiau gwahanol ynglŷn â faint mae dwy ochr y system yn elwa o'r berthynas.

Tynddwr Yr effeithiau negyddol ar y rhanbarthau ymylol pan mae'r rhanbarthau craidd yn creu cyfoeth. Y llifoedd o fudwyr (yn cynnwys dawn busnes), arian a deunyddiau yn symud o'r rhanbarthau ymylol i'r rhanbarthau craidd.

Mae'r un safbwynt 'diferu i lawr' optimistaidd hon am economeg gofodol wedi cael ei groesawu gan un llywodraeth ar ôl y llall yn yr Unol Daleithiau a'r DU. Mae gwneuthurwyr polisi ariannol Bretton Woods wedi gwneud hyn hefyd ers yr 1980au (gweler Pennod 2, tudalen 44).

Y ddamcaniaeth systemau byd-eang

Datblygodd Immanuel Wallerstein ei ddamcaniaeth am systemau byd yn yr 1970au (gweler Ffigur 3.9). Roedd e'n dadlau bod y byd wedi ei rannu fel hyn:

- *rhanbarthau craidd* – gwladwriaethau gogledd America a gorllewin Ewrop, Awstralia, Seland Newydd, Japan a De Korea
- *rhanbarthau lled-ymylol* – economïau cynyddol amlwg America Ladin ac Asia, yn cynnwys India a China, ynghyd â rhannau o ogledd a de Affrica a'r rhan fwyaf o'r Dwyrain Canol
- *rhanbarthau ymylol* – Affrica is-Sahara a rhai rhannau eraill o'r byd sy'n datblygu.

Mae'r perthnasoedd yr oedd Wallerstein yn eu dadansoddi yn rhai rhyngddibynnol o fewn economi byd cyfalafol.

- Mae gwledydd craidd a'u cwmnïau yn cael ad-daliadau mawr am eu buddsoddiadau o dramor mewn gwledydd lled-ymylol.
- Mae'r rhanbarthau ymylol yn darparu deunyddiau crai (bwyd, egni) sy'n angenrheidiol i gyflenwi'r diwydiant gweithgynhyrchu mewn rhanbarthau lled-ymylol a defnyddwyr sy'n byw mewn rhanbarthau craidd.

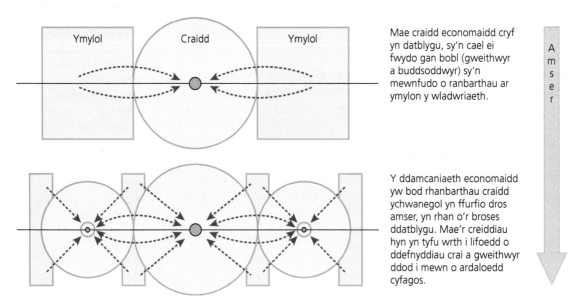

Mae craidd economaidd cryf yn datblygu, sy'n cael ei fwydo gan bobl (gweithwyr a buddsoddwyr) sy'n mewnfudo o ranbarthau ar ymylon y wladwriaeth.

Amser

Y ddamcaniaeth economaidd yw bod rhanbarthau craidd ychwanegol yn ffurfio dros amser, yn rhan o'r broses ddatblygu. Mae'r creiddiau hyn yn tyfu wrth i lifoedd o ddefnyddiau crai a gweithwyr ddod i mewn o ardaloedd cyfagos.

▲ **Ffigur 3.8** Gallwn ni ddefnyddio'r model craidd–ymylol (fersiwn Friedmann sydd i'w weld yma) ar amrywiol raddfeydd daearyddol i'n helpu ni i ddeall y ffordd y mae gwledydd gwahanol, neu rannau ohonyn nhw, yn rannau o un system ryngddibynnol, sydd wedi eu cysylltu gan lifoedd yn ôl ac ymlaen o nwyddau, arian, gwasanaethau, pobl a syniadau.

Rhyngddibyniaeth a thegwch

Yn ôl y ddamcaniaeth am systemau'r byd, dydy gwledydd ddim yn datblygu'n gwbl annibynnol ar bawb arall. Maen nhw'n cael eu siapio dros amser gan eu rhyng-berthnasau ag eraill, weithiau mewn ffyrdd cadarnhaol. Yn raddol, mae'r rhyngddibyniaeth a ddisgrifiodd Wallerstein wedi gadael i wladwriaethau lled-ymylol ddod i'r amlwg fel grymoedd economaidd a gwleidyddol arwyddocaol. Ond, dydy gwledydd ymylol is-Sahara ddim wedi elwa'n fawr hyd yma o berthnasoedd masnachu'r byd. Yn ei hanfod, mae system Wallerstein wedi ei chreu o leoedd a phobl rhyngddibynnol; *ond dydy'r elw sy'n cael ei gynhyrchu gan y system hon ddim yn cael ei rannu'n gyfartal rhwng y cyfranogwyr.*

Mae'r un broblem annifyr yn wir am bob fersiwn o'r ddamcaniaeth graidd–ymylol hon (ar bob graddfa). Weithiau, mae yna awgrym bod y buddion sy'n codi o gysylltiadau rhyngddibynnol rhwng gwahanol leoedd yn fuddion i'r ddwy ochr, ond mae hyn yn rhoi argraff anghywir o ddosbarthiadau cyfoeth byd-eang a chenedlaethol. Os byddwn ni'n mesur hyn mewn rhai ffyrdd, mae'r byd wedi dod yn lle anhygoel o anghyfartal, o ganlyniad i lifoedd craidd–ymylol. Mae globaleiddio wedi sianelu arian i mewn i ddwylo a phocedi'r elît byd-eang, a dydy'r elît hwn bellach ddim wedi eu cynnwys o fewn ffiniau llond llaw o wledydd. Mae Penodau 4 a 5 yn archwilio'r problemau hyn gyda datblygiad, anghydraddoldeb ac anghyfiawnder mewn mwy o fanylder.

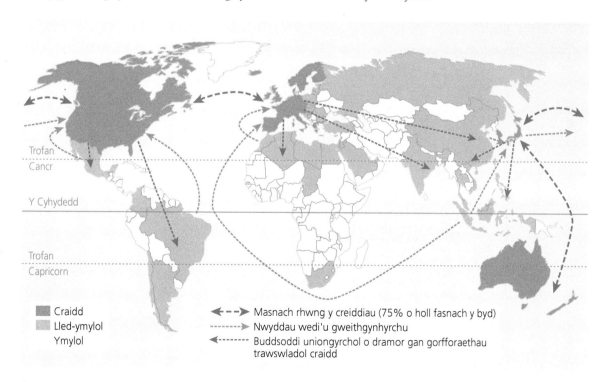

▲ Ffigur 3.9 Mae model Wallerstein yn dangos twf rhyngddibyniaeth weithredol dros amser

Rhyngddibyniaeth rhwydweithiau cynhyrchu byd-eang a chadwyni cyflenwi

Roedd Pennod 1 (tudalennau 26-27) yn archwilio'r amrywiaeth o strategaethau marchnata a buddsoddi a ddefnyddiwyd gan gorfforaethau trawswladol i adeiladu eu busnesau byd-eang. Tramori, allanoli, cydsoddi, caffael, cyd-fentrau, globaleoleiddio: mae'r rhain i gyd i'w gweld ym 'mhecyn cymorth' y gorfforaeth drawswladol. Yn aml iawn, bydd rhwydwaith cynhyrchu byd-eang estynedig (*GPN: global production network*) – sy'n cynnwys gweithredoedd a dramorwyd ac a allanolwyd – yn cefnogi cynhyrchu un eitem unigol.

O fewn cadwyni cyflenwi rhwydwaith cynhyrchu byd-eang, mae contractwyr sy'n allanoli yn aml yn allanoli, yn eu tro, i gwmnïau eraill. Canlyniad hyn yw cadwyn gysylltiedig o gyflenwyr 'haenedig' (mewn haenau). Mae Ffigur 3.10 yn dangos sut mae Apple wedi allanoli'r gwaith o adeiladu ei iPhone i gyflenwyr haen gyntaf, sef y cwmni o Taiwan, Foxconn. Yn eu tro, mae dau gant o gyflenwyr ail haen yn darparu'r darnau y mae Foxconn eu hangen. Mae Lianjian Technology yn gwmni trydedd haen o China sy'n darparu darnau i'r cwmni o Korea, Wintek, sy'n creu sgriniau cyffwrdd yr iPhone. Yn 2011, fe ddaeth hi i'r amlwg bod gweithwyr Lianjian Technology wedi dod i gysylltiad â chemegau peryglus; creodd hyn gyhoeddusrwydd gwael i Apple.

Does dim cysylltiad uniongyrchol gan lawer o gorfforaethau trawswladol gyda chyflenwyr eu cyflenwyr, a byddan nhw ddim ond yn archwilio'r amodau gwaith yn ffatrïoedd eu cyflenwyr haen gyntaf neu ail haen. Mae pwysau cynyddol ar gorfforaethau trawswladol i ddangos mwy o gyfrifoldeb cymdeithasol drwy edrych yn ddyfnach ar eu cadwyni cyflenwi i weld arwyddion o ecsbloetio gweithwyr (gweler hefyd Ffigur 3.23, tudalen 109).

YR HYB-GWMNI (UDA)

Apple, corfforaeth drawswladol dan berchnogaeth Americanaidd

ALLANOLI HAEN GYNTAF (Taiwan/China)

Mae Foxconn sy'n berchen i Taiwan, yn adeiladu'r iPhone i Apple yn ei ffatri a dramorwyd yn China

CYFLENWYR AIL HAEN (Taiwan)

Mae Wintek sy'n berchen i Taiwan, yn llunio'r sgriniau cyffwrdd i Foxconn i'w gosod ar yr iPhone

CYFLENWYR TRYDEDD HAEN (China)

Mae'r cwmni Lianjian Technology o China yn gweithgynhyrchu sgriniau cyffwrdd i Wintek

CYFLENWYR PEDWAREDD HAEN (amrywiol)

Mae cwmnïau gwahanol yn cyflenwi deunyddiau sylfaenol fel plastigau

▲ **Ffigur 3.10** Rhan fach o'r gadwyn gyflenwi haenedig ar gyfer yr iPhone, wedi ei chynrychioli yma fel cadwyn gysylltiedig o gynhyrchwyr darnau a nwyddau rhyngddibynnol

Cadwyni cyflenwi sy'n cefnogi diwydiant ceir y DU

Gallai car arferol sydd wedi ei wneud yn y DU ddefnyddio 30,000 o gydrannau haen gyntaf sydd wedi eu mewnforio o tua 15–20 o wahanol wledydd, yn bennaf o fewn yr Undeb Ewropeaidd. Mae pob un o'r cydrannau haen gyntaf hyn yn cynnwys hyd at 30 o is-ddarnau ail haen, a bydd llawer o'r rhain yn dod o wledydd sy'n bellach i ffwrdd eto, er enghraifft China neu Malaysia.

- Gyda chymaint o gysyllteddau niferus yn mynd i fyny'r gadwyn gyflenwi a chymaint yn mynd i lawr y gadwyn, mae'n mynd yn amhosibl yn gyflym iawn i ganfod yn union lle mae car fel y Land Rover Discovery (gweler Ffigur 3.11) yn cael ei 'wneud' mewn gwirionedd.
- Mae strwythur perchnogaeth y cwmni Jaguar Land Rover (JLR) yn adlewyrchu math arall o ryngddibyniaeth economaidd. Mae'r cwmni wedi'i leoli yn Castle Bromwich a Halewood yn y DU, ond cafodd ei brynu gan Tata Motors, cwmni yn India, yn 2008. Felly, roedd brand Prydeinig mawr yn dibynnu ar fuddsoddiad o India i allu parhau. Yn eu tro, mae un o gorfforaethau trawswladol newydd mwyaf llwyddiannus India yn dibynnu ar fuddsoddiadau fel JLR i'w helpu i ennill gafael troed mewn marchnad byd sefydliedig fel y DU.

▲ Ffigur 3.11 Y Land Rover Discovery a'r rhwydwaith cynhyrchu byd-eang sy'n cefnogi ei waith adeiladu. *Addaswyd o Graffigyn FT; Ffynhonnell: IHS Markit*

ASTUDIAETH ACHOS GYFOES: YR ARGYFWNG ARIANNOL BYD-EANG

Yn 2008, cafwyd sioc fawr ym marchnadoedd ariannol y byd a ddaeth yn adnabyddus fel yr argyfwng ariannol byd-eang (*GFC: global financial crisis*) neu'r 'wasgfa gredyd fyd-eang'. O ganlyniad i natur rhyngddibynnol yr economi fyd-eang, lledaenodd y trychineb hwn ar unwaith ac yn eang, gan chwalu cyfoeth ar raddfa na welwyd erioed o'r blaen. Yn y deuddeg mis ar ôl Medi 2008, syrthiodd cynnyrch mewnwladol crynswth y byd am y tro cyntaf ers 1945. Gwelwyd bod globaleiddio yn gallu cymryd cam yn ôl. Nid hon oedd y trychineb economaidd byd-eang cyntaf ar ôl y rhyfel; cyn hyn cafwyd argyfwng olew mawr OPEC yn yr 1970au ac, yn fwy diweddar, cyfres o ddigwyddiadau fel cwymp 'dot com' yn 2001. Ond, ni welwyd erioed o'r blaen niwed economaidd o'r maint a'r raddfa a welwyd gan yr argyfwng ariannol byd-eang. Syrthiodd masnach y byd tua dwywaith y cyflymder a welwyd yn ystod Dirwasgiad Mawr yr 1930au. Methodd nifer o sefydliadau ariannol mawr, a gwelwyd hyder economaidd byd-eang yn cwympo bron yn llwyr,

gyda phrisiau cyfranddaliadau'n syrthio drwy'r holl gyfnewidfeydd stoc. Aeth nifer o'r economïau cenedlaethol i mewn i gyfnod o ddirwasgiad (gweler Ffigur 3.12).

Roedd yr argyfwng wedi cychwyn ym marchnadoedd ariannol yr Unol Daleithiau a'r Undeb Ewropeaidd, lle roedd gwerthiant cynhyrchion a gwasanaethau risg uchel wedi achosi i sawl prif fanc a chwmnïau buddsoddi fynd yn fethdalwyr neu ddod yn agos at gwympo. Un safbwynt yw bod y bai am yr argyfwng ar y bobl hynny a oedd yn gweithio yn y sector ariannol, yn enwedig bancwyr Efrog Newydd a Llundain a oedd yn rhy barod i ecsbloetio'r ffaith bod y farchnad yn agored, gan gymryd rhan mewn hapfasnach ddiofal. Roedd y rheolaeth ar y farchnad yn wan o ganlyniad i benderfyniadau llywodraethau allweddol (gweler tudalen 44). Aeth y gwleidyddion ati i ddadreoleiddio'r banciau yn yr 1990au, gan olygu eu bod nhw'n gallu masnachu'r risg ariannol o gael dyled 'tocsig' ymlaen i drydydd parti drwy gynhyrchion a elwir yn fondiau (gweler Ffigur 3.13).

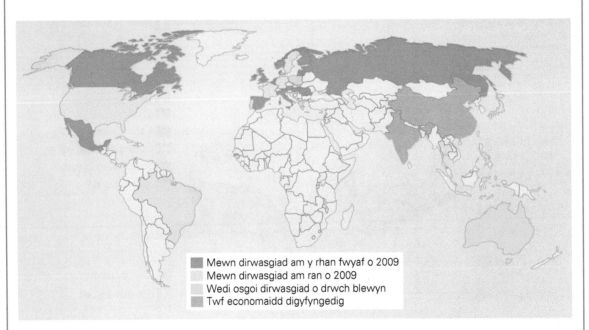

Mewn dirwasgiad am y rhan fwyaf o 2009
Mewn dirwasgiad am ran o 2009
Wedi osgoi dirwasgiad o drwch blewyn
Twf economaidd digyfyngedig

▲ **Ffigur 3.12** Mae rhyngddibyniaeth gwladwriaethau modern yn golygu bod effeithiau negyddol yr argyfwng ariannol byd-eang wedi lledaenu'n gyflym. Yn 2009, blwyddyn ar ôl i'r argyfwng gychwyn, gwelodd lawer iawn o wledydd dwf economaidd negyddol oherwydd problem a ddatblygodd yn gyntaf ym marchnadoedd arian yr Unol Daleithiau.

Yn ôl rhai economegwyr, y berthynas sylfaenol anghytbwys ond rhyngddibynnol rhwng yr Unol Daleithiau a China oedd y ffactor graidd bwysicaf a effeithiodd ar bopeth a ddigwyddodd. Yn y cyfnod yn arwain at yr argyfwng ariannol byd-eang, roedd China wedi datblygu gwarged fasnachol enfawr. O ganlyniad i hynny, roedd gan wladwriaeth China gynilion enfawr yr oedd yn eu cadw mewn doleri UDA a chafodd hyn yr effaith wedyn o ostwng y costau benthyg (cyfraddau llog) i gwsmeriaid bancio yn yr Unol Daleithiau ac Ewrop, gan sbarduno benthyciadau rhad a gwariant mawr. Felly, roedd rhyngddibyniaeth ariannol rhwng UDA a China yn tanategu'r argyfwng ariannol byd-eang (gweler Ffigur 3.14).

Cyn 2008, roedd gwerthwyr tai a oedd yn gweithio ar gomisiwn yn UDA wedi cynyddu gwerthiannau morgeisi i bobl gyda sgôr credyd is na'r cyfartaledd (drwy gynnig benthyciadau tai mawr i bobl, beth bynnag oedd eu gallu i dalu'r ddyled yn ôl). Yn y DU hefyd, dechreuodd benthycwyr fel Northern Rock gymryd agwedd hynod o lac tuag at fenthyg credyd (gan adael i bobl fenthyg mwy o arian na gwerth eu tai).

Aeth y banciau ati i droi'r ddyled dai a oedd yn ddyledus iddyn nhw yn fondiau – adnodd ariannol a allai, yn ei dro, gael ei fasnachu â chwmnïau eraill. Roedd hyn mor llwyddiannus nes y creodd deimlad eang o ddiogelwch yn y diwydiant bancio. Roedd pobl yn ystyried bod unrhyw risg yn un a oedd wedi ei wasgaru'n dda, am fod cynifer o sefydliadau'n buddsoddi yn yr un farchnad fondiau. Roedd hyn yn annog benthyca, oedd â hyd yn oed mwy o risg yn gysylltiedig ag e.

Ond, pan welwyd methiannau i dalu'r morgeisi yn ôl yn codi yn UDA ymysg pobl â chredyd sgôr isel (oherwydd bod diweithdra'n codi), syrthiodd prisiau tai. Yn yr un modd, gostyngodd gwerth y bondiau. Mewn diwylliant o ofn, dechreuodd yr hyder ddiflannu ac, yn sydyn iawn, dechreuodd lawer o'r banciau wynebu methdaliad ar ôl darganfod bod gwerth eu hasedau'n llawer is nag yr oedden nhw wedi ei gyfrifo ynghynt.

Ym mis Medi 2008, fe wnaeth banc buddsoddi Lehman Brothers gais am fethdaliad. Yn dilyn cwymp gwerth sawl biliwn o ddoleri y banc hwnnw, daeth ffeithiau i'r amlwg a oedd yn dangos bod y banc wedi benthyg 35 gwaith yn fwy o arian nag oedd ganddo mewn asedau (gan olygu mai dim ond 1 ddoler UDA roedd yn berchen arno ym mhob 35 o ddoleri UDA oedd wedi eu cofrestru yn ei gyfrifon). Roedd yn amhosibl i'r banc gynnal pwysau gormodol fel hyn.

Wrth i'r hylifedd ariannol ddiflannu'n sydyn iawn, roedd masnach fyd-eang yn cwympo'n ddireolaeth. Roedd cartrefi a chorfforaethau'n gohirio unrhyw benderfyniadau i wario ar bethau mawr (fel prynu car), felly gadawyd gwneuthurwyr cynhyrchion gyda warysau'n llawn o nwyddau heb eu gwerthu ac, yn aml iawn, doedd ganddyn nhw ddim arian i dalu cyflogau eu staff. Gostyngodd maint yr economïau G7.

▲ **Ffigur 3.13** Dechreuodd yr argyfwng ariannol byd-eang gyda gwerthiannau cynnyrch ariannol risg uchel mewn gwledydd incwm uchel

Canlyniadau'r argyfwng ariannol byd-eang i systemau byd-eang a mannau lleol rhyngddibynnol

Amcangyfrifodd Fanc Datblygu Asia bod asedau ariannol drwy'r byd i gyd wedi colli eu gwerth o fwy na 50 triliwn o ddoleri UDA yn ystod 2008 (ffigur sy'n debyg iawn i'r allbwn economaidd byd-eang yn flynyddol). Roedd y digwyddiadau hyn yn cynrychioli 'argyfwng oherwydd globaleiddio' – cafodd yr argyfwng ariannol byd-eang ei ddatblygu a'i lledaenu oherwydd integreiddiad ariannol cyflym a dwfn yr economïau cenedlaethol. Roedd y cadwyni cyflenwi a'r rhwydweithiau cynhyrchu eang a adeiladwyd dros ddegawdau, wedi gadael yr economi fyd-eang yn agored iawn i unrhyw ostyngiad mewn galw. O edrych yn ôl ar Ffigur 3.11, petai'r galw am geir newydd yn disgyn yn sydyn unwaith eto (fel a ddigwyddodd yn 2009), yna byddai cyflenwyr niferus haen gyntaf ac ail haen JLR i gyd yn colli busnes hefyd. Mae cwmnïau rhyng-gysylltiedig a rhyngddibynnol yn agored i 'effaith ddomino' sy'n gallu arwain at ddatgysylltu 'clystyrau' diwydiannol cyfan yn ystod cwymp.

Yn ôl y Gronfa Ariannol Ryngwladol, gwariodd llywodraethau yng Ngogledd America ac Ewrop 9 triliwn o ddoleri UDA yn yr ychydig fisoedd cyntaf wrth iddyn nhw frysio i gefnogi sefydliadau 'systematig bwysig'. Gwariodd llywodraeth y DU bron i 1 triliwn o ddoleri UDA yn amddiffyn Lloyds TSB a Royal Bank of Scotland (RBS) rhag methdaliad, gan arwain yn ei dro at 'fesurau cyni' (*austerity measures*) sy'n effeithio ar holl ddinasyddion y DU, er enghraifft gostyngiad mewn gwariant ar addysg uwch a'r celfyddydau.

Collodd nifer o filiynau o bobl eu swyddi drwy'r byd i gyd yn ystod yr argyfwng ariannol byd-eang. Roedd Banc y Byd yn amcangyfrif bod 90 miliwn o bobl a oedd yn byw yn Affrica, Asia ac America Ladin wedi eu gwthio'n ôl i dlodi eithafol. Mae Tabl 3.1 yn dangos sut mae llifoedd byd-eang – a rhai o'r mannau lle mae'r llifoedd hyn yn cysylltu â'i gilydd – wedi eu heffeithio gan y digwyddiadau. Mae Ffigur 3.15 yn canolbwyntio ar wledydd a oedd fwyaf agored i'r argyfwng ariannol byd-eang oherwydd lefelau anarferol o uchel o ryngddibyniaeth gyda gwladwriaethau a chymdeithasau eraill. Mae Pennod 6 yn archwilio rhai o effeithiau tymor hir yr argyfwng ariannol byd-eang a'r mesurau cyni a ddilynodd hynny.

Llifoedd mudo	■ O'r mudwyr hynny o ddwyrain Ewrop sydd yn y DU, aeth tua hanner ohonyn nhw yn ôl adref dros dro neu'n barhaol, yn fuan ar ôl dechrau'r Argyfwng Ariannol Byd-eang (daeth nifer yn ôl i'r DU yn ddiweddarach). ■ Collodd cynifer â 20 miliwn o weithwyr o China eu gwaith mewn parthau prosesu allforio a dychwelon nhw adref i gefn gwlad. Caeodd tua 9000 o ffatrïoedd allforio yn Nelta Afon Pearl (Dongguan, Shenzhen, Guangzhou) am nifer o fisoedd, gan achosi i nifer enfawr o swyddi dros dro gael eu colli.
Llifoedd nwyddau	■ Treblodd yr achosion o ddiffynnaeth masnach yn ystod 2008 a 2009. Gorfododd UDA dariff o 35 y cant ar deiars o China, gan sbarduno dadl fasnach ffyrnig rhwng y ddau bŵer mawr. ■ Collodd De Affrica 50 y cant o'i masnach allforio mwyn haearn gydag Ewrop a Japan yn ystod y cyfnod hwn.
Llifoedd ariannol	■ Heidiodd gweithwyr Indiaidd adref o Dubai wrth i brojectau adeiladu ddod i ben yn 2008. O ganlyniad, syrthiodd y trosglwyddiadau adref hefyd, gan ostwng yn eu gwerth o biliynau o ddoleri. ■ Syrthiodd cyfanswm gwerth buddsoddi uniongyrchol o dramor y byd o 1.7 triliwn o ddoleri UDA yn 2007 i 1.2 triliwn o ddoleri UDA yn 2008, wrth i'r galw am nwyddau a gwasanaethau ostwng, gan achosi i gorfforaethau trawswladol ohirio cynlluniau ehangu ar gyfer marchnadoedd newydd.
Llifoedd twristiaeth	■ Syrthiodd y nifer o ymwelwyr â Gwlad Thai o 20 y cant. Cofnododd nifer o wledydd eraill ostyngiad hefyd. ■ Cynyddodd llifoedd y twristiaid mewnol mewn llawer o wledydd wrth i bobl ddewis 'gwyliau gartref' yn lle gwyliau tramor. Yn y DU, arhosodd llawer mwy o bobl gartref a chymryd eu gwyliau'n lleol yn yr Alban neu yng Nghernyw, yn lle mynd dramor.
Llifoedd gwybodaeth	■ Dyma un maes a oedd heb ei effeithio. Y cynnydd yn aelodaeth y grwpiau rhithiol byd-eang fel Facebook a Twitter oedd 'llwyddiannau' globaleiddio yn 2008 a 2009. ■ Hefyd, 2009 oedd y flwyddyn pan gwblhaodd SEACOM ei gysylltiad cebl optig ffibr tanfor 17,000 km o hyd yn cysylltu Dwyrain Affrica â rhwydweithiau byd-eang drwy India ac Ewrop.

▲ **Tabl 3.1** Sut cafodd llifoedd byd-eang eu heffeithio gan yr argyfwng ariannol byd-eang yn 2008-09 (pan gymerodd globaleiddio gam yn ôl)

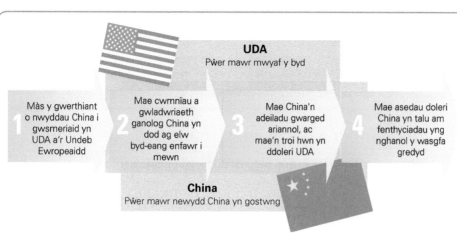

▲ **Ffigur 3.14** Roedd rhyngddibyniaeth ariannol UDA a China yn ffactor pwysig a gyfrannodd at yr argyfwng ariannol byd-eang

(1) Cwympodd bob un o'r tri banc mawr yng **Ngwlad yr Iâ** yn 2008. Yn debyg i ddarparwyr y gwasanaethau ariannol yn UDA a'r DU, benthycodd banciau Gwlad yr Iâ symiau enfawr o arian o'i gymharu â'u hasedau ariannol gwirioneddol yn y cyfnod a arweiniodd at y wasgfa gredyd, gan hefyd ail-fodelu'r ddyled a oedd yn ddyledus iddyn nhw a'u galw nhw'n fondiau yswiriant. Ers hynny, mae banciau Gwlad yr Iâ wedi cael eu gwladoli ac mae ei harian cyfred, y króna, wedi haneru yn ei werth, gan adael y genedl yn ddibynnol ar becyn cymorth i'w hadfer sydd werth 10 biliwn o ddoleri UDA dan arweiniad y Gronfa Ariannol Ryngwladol.

(2) Ymysg economïau mwyaf cyfoethog yr **Undeb Ewropeaidd**, cafodd tri eu taro'n arbennig o galed. Y rhain oedd Iwerddon, Groeg a Sbaen (am fod ganddi ormod o eiddo yng ngwledydd Môr y Canoldir a oedd heb ei werthu). Roedd Iwerddon – a oedd yn cael ei ddisgrifio weithiau fel y 'Teigr Celtaidd' cyn y dirwasgiad oherwydd ei thwf economaidd cryf – wedi gweld diweithdra'n treblu i gyrraedd 13% yn ystod 2009.

(3) Gadawyd rhannau o **ddwyrain Ewrop** gyda dyfodol digon bregus, yn enwedig Hwngari a Bwlgaria. Roedd gwerth y trosglwyddiadau adref wedi disgyn am fod y rhan fwyaf o'r mudwyr tramor yn gweithio mewn sectorau sy'n fwy sensitif i newidiadau mewn busnes, fel adeiladu, cyfanwerthu, gweithgynhyrchu ar gyfer allforio a lletygarwch.

(4) Cafodd rhannau o'r **Dwyrain Canol** sy'n gyfoethog iawn mewn olew eu heffeithio'n ddrwg, gyda hanner projectau adeiladu'r Emiradau Arabaidd Unedig, werth cyfanswm o 580 biliwn o ddoleri UDA, yn cael eu canslo neu eu gohirio wedi'r trobwynt yn y farchnad dai o ganlyniad i fuddsoddi hapfasnachol.

▲ **Ffigur 3.15** Gwladwriaethau a ddioddefodd yn fawr yn ystod yr argyfwng ariannol byd-eang. Allwch chi weld sut roedd rhyngddibyniaeth fyd-eang wedi achosi risg arbennig o uchel iddyn nhw?

Mudo a rhyngddibyniaeth

▶ *Sut mae mudo rhyngwladol wedi arwain at sefyllfa lle mae gwahanol wledydd wedi dod yn fwy a mwy rhyngddibynnol?*

Patrymau a phrosesau mudo craidd–ymylol

Roedd Pennod 1 yn amlinellu pwysigrwydd mudo a llifoedd trosglwyddiadau adref o fewn y systemau byd-eang (gweler tudalen 10). Mewn egwyddor, mae mudo economaidd yn fuddiol i'r gwledydd tarddiad a'r gwledydd derbyn fel ei gilydd. Yn gynharach yn y bennod hon (gweler tudalen 90) roedden ni'n archwilio'r ffordd y mae modelau craidd–ymylol yn gweithio. Ar raddfa fyd-eang, mae gwledydd rhyngddibynnol yn dod yn gysylltiedig â'i gilydd mewn ffyrdd sy'n fuddiol yn economaidd drwy (i) llifoedd tynddwr yn cynnwys mudo economaidd a (ii) effeithiau ymlediad (neu ddiferu i lawr), sy'n cynnwys trosglwyddiadau adref. Er enghraifft:

- Mae mwy na 2 filiwn o fudwyr Indiaidd yn byw yn yr Emiradau Arabaidd Unedig, sy'n cyfrif am 30 y cant o'r boblogaeth gyfan. Mae llawer ohonyn nhw'n byw yn Abu Dhabi a Dubai. Yn ôl yr amcangyfrifon, daw 15 biliwn o ddoleri UDA yn ôl i India bob blwyddyn fel trosglwyddiadau adref. Mae'r rhan fwyaf o'r mudwyr yn gweithio yn y diwydiannau trafnidiaeth, adeiladu a gweithgynhyrchu. Mae tua un rhan o bump o bobl broffesiynol yn gweithio mewn diwydiannau gwasanaethu.
- Mae tua 1.5 miliwn o fudwyr o'r Pilipinas (*Philippines*) wedi cyrraedd Saudi Arabia ers 1973 wrth i brisiau olew a oedd yn codi, ddechrau dod â chyfoeth newydd i'r wlad. Mae rhai ohonyn nhw'n gweithio yn y diwydiannau adeiladu a chludiant, ac eraill fel meddygon a nyrsys yn y brifddinas Riyadh. Mae 7 biliwn o ddoleri UDA yn cael eu dychwelyd i'r Pilipinas yn flynyddol fel trosglwyddiadau adref. Ond, mae adroddiadau am gam-drin rhai mudwyr yn awgrymu bod cost ddynol i ryngddibyniaeth

Mae pobl yn mudo o México i UDA yn enghraifft gref arall o ryngddibyniaeth, ynghyd â'r costau a'r buddion a ddaw gyda hynny. Mewn egwyddor, mae busnesau UDA yn cael manteision y llafur rhad ac mae trosglwyddo arian yn ôl adref i México yn helpu i dalu am ddatblygiad cymdeithasol teuluoedd. Ond, mae mwy i fudo nag economeg. Mae mudo cyfreithiol ac anghyfreithlon ar draws y ffin Mecsicanaidd yn fater polisi mawr, sy'n gwahanu'r cyhoedd a gwleidyddion hefyd. Tra'r oedd yn ei swydd, galwodd yr Arlywydd Obama am drwyddedau gwaith i lawer o'r gweithwyr diawdurdod – 8 miliwn ohonyn nhw yn ôl yr amcangyfrifon – a oedd yn byw yn UDA. Ar y llaw arall, pan oedd yn ymgyrchu i ddod yn Arlywydd, gorchmynnodd Donald Trump bod wal yn cael ei chodi ar hyd y ffin â México. Mae Tabl 3.2 yn dangos y problemau mudo sydd yn aml yn gwahanu barn y cyhoedd yn UDA.

Effeithiau economaidd	Un safbwynt yw bod mudwyr yn rhan hanfodol o beiriant twf economi UDA. O geginau bwytai Efrog Newydd i winllanoedd California, mae mudwyr cyfreithlon ac anghyfreithlon yn gweithio oriau hir am gyflog isel. Mae Citigroup Research yn awgrymu bod dwy ran o dair o dwf UDA ers 2011 yn uniongyrchol gysylltiedig â mudo. Y rheswm dros hyn yw bod y broses o fudo ynddi ei hun yn rhywbeth y bydd y bobl fwy mentrus yn ei dewis, a'r bobl hyn sydd yn fwyaf tebygol o gychwyn eu busnesau eu hunain, lle bynnag y maen nhw'n byw. Cafodd fwy na hanner holl gwmnïau technoleg mwyaf gwerthfawr UDA eu sefydlu gan fewnfudwyr, ac mae hynny'n wir hefyd am 40 y cant o'i 500 o gorfforaethau trawswladol mwyaf. Ond, er gwaethaf y dystiolaeth hon, mae diweithdra uchel mewn rhai lleoedd sydd wedi eu dad-ddiwydianeiddio wedi arwain at alwad i leihau mewnfudo.
Diogelwch cenedlaethol	Arweiniodd yr ymosodiadau terfysgol ar UDA yn 2001 at gyfnod o fwy o bryderon am ddiogelwch. Tyfodd y gefnogaeth i'r mudiad 'Te Parti' a oedd yn gwrthwynebu mewnfudo. Yn 2016, cyn iddo ddod yn Arlywydd UDA, awgrymodd Donald Trump y dylai Mwslimiaid gael eu gwahardd rhag mynd i mewn i UDA am fod y grŵp terfysg byd-eang Daesh (ISIS) yn ffyddlon i Islam. Roedd hyn yn ofnadwy o sarhaus i lawer o bobl. Mynnodd Trump mai'r cwbl yr oedd yn ei wneud oedd meddwl am ffyrdd o amddiffyn diogelwch cenedlaethol.
Effeithiau demograffig	Yn UDA a gwledydd datblygedig eraill, mae pobl ifanc sy'n mudo yn helpu i dalu costau poblogaeth sy'n heneiddio. Eto, mae'r cyfraddau genedigaeth uwch mewn rhai cymunedau mewnfudo yn newid cyfansoddiad poblogaeth ethnig UDA. Yn 1950, roedd 3 miliwn o ddinasyddion UDA yn Sbaenig. Heddiw, mae'r ffigur wedi cyrraedd 60 miliwn. Mae hynny'n fwy na phumed o'r boblogaeth.
Newid diwylliannol	Mae mudwyr yn newid lleoedd pan maen nhw'n dylanwadu ar fwyd, cerddoriaeth ac iaith. Mae twf y boblogaeth Sbaenig yn effeithio ar gynnwys cyfryngau UDA wrth i raglenwyr a hysbysebwyr chwilio am gyfran fwy o'r gynulleidfa, drwy gynnig operâu sebon yn yr iaith Sbaeneg ar blatfformau fel Netflix.

▲ **Tabl 3.2** Y rhesymau am y gwahanol safbwyntiau am fudo sydd gan ddinasyddion a sefydliadau UDA, beth bynnag yw'r buddion sydd i fod i ddod gyda rhyngddibyniaeth economaidd

Yr Undeb Ewropeaidd, mudo a rhyngddibyniaeth

Ar raddfa gyfandirol fwy, mae Cytundeb Schengen yr Undeb Ewropeaidd wedi cyflymu'r prosesau tynddwr a diferu i lawr isod, sy'n gysylltiedig â mudo rhyngwladol.

- Mae rhesymeg Cytundeb Schengen wedi ei wreiddio mewn damcaniaeth economaidd sy'n ystyried bod pobl yn adnoddau y mae busnesau eu hangen. Felly, mae pobl yn nwyrain a de Ewrop wedi cael symud mewn niferoedd mawr i'r mannau lle mae'r mwyafrif o waith ar gael, yn cynnwys Ffrainc a'r Almaen (gweler Ffigur 3.16 ar dudalen 101).
- Mae llawer o economegwyr yn credu bod y broses tynddwr hon (i ddefnyddio terminoleg Friedmann) yn gweithio er budd pawb. Mae pobl yn ystyried mudo yn ffordd effeithlon o sicrhau'r cynnyrch economaidd gorau i'r Undeb Ewropeaidd gyfan.
- Yn ei dro, mae hyn yn rhoi mwy o refeniw treth i lywodraethau'r Undeb Ewropeaidd i dalu am wasanaethau ac isadeiledd sy'n cael eu rhannu gyda'r holl aelod-wladwriaethau, yn cynnwys projectau adeiladu ffyrdd, taliadau i ffermwyr a grantiau i fusnesau newydd.
- Felly, gallwn ni ddadlau bod y colledion tynddwr y mae rhai aelod-wladwriaethau'n eu dioddef yn cael eu cydbwyso, neu hyd yn oed eu gwella, gan fuddsoddiadau newydd sy'n diferu i lawr. Y canlyniad yw cynghrair ryngddibynnol go iawn o wladwriaethau.

- Ond, mae'r bobl sy'n beirniadu'r model neo-ryddfrydol hwn yn dadlau bod costau mudo tynddwr i wladwriaethau ymylol yn nwyrain Ewrop yn llawer mwy, mewn gwirionedd, nag unrhyw fuddion diferu i lawr y gallan nhw eu cael. I ddweud y gwir, mae'n anodd naill ai derbyn neu wrthod y ddamcaniaeth oherwydd cymlethdod mawr y prosesau economaidd a demograffig perthnasol.

ASTUDIAETH ACHOS GYFOES: MUDO YN NWYRAIN EWROP A RHYNGDDIBYNIAETH ARIANNOL

Ers ymuno â'r Undeb Ewropeaidd yn 2004, mae gwledydd dwyrain Ewrop wedi colli miliynau o weithwyr, ond maen nhw wedi cael enillion economaidd hefyd. Un o effeithiau all-fudo yw mewnlifoedd newydd o gyfalaf: mae'r 2-3 miliwn o bobl sydd, yn ôl yr amcangyfrifon, wedi gadael Gwlad Pwyl ers 2004 wedi cynhyrchu trosglwyddiadau adref sydd werth tua 4 biliwn ewro yn flynyddol (sef tua 60 biliwn rhwng 2004 a 2019).

Yn ogystal, roedd y corfforaethau trawswladol oedd â'u pencadlys yng ngorllewin Ewrop wedi symud ffatrïoedd a swyddfeydd i Wlad Pwyl, Hwngari, Gweriniaeth Tsiec a Slofacia (sydd hefyd yn cael ei alw'n Visegrád 4, neu V4). Yr atyniad yw gweithlu lleol rhad, wedi eu haddysgu'n dda, sy'n cynnwys y bobl hynny sydd heb fudo i rywle arall. Er enghraifft, yn 2006 cyhoeddodd Nestlé ei fod wedi colli 645 o swyddi yn ei ffatri yn Efrog (y DU) ac wedi symud cynhyrchiad Aero i'r Weriniaeth Tsiec. Heddiw, mae Gwlad Pwyl yn gyrchfan boblogaidd i fuddsoddwyr yr Almaen ac Asia, yn cynnwys cwmni technoleg enfawr De Korea, LG. Mae'r buddsoddi uniongyrchol o dramor i mewn i Wlad Pwyl yn gyfartal â thua €6.5 biliwn yn flynyddol.

Ond, yn fwy a mwy bellach, mae buddsoddi uniongyrchol o dramor yn llifo i'r ddau gyfeiriad. Wrth i economi Gwlad Pwyl dyfu (mae Banc y Byd nawr yn ei ystyried yn economi incwm uchel), mae rhai o'i chwmnïau ei hun wedi ehangu dramor. Mae'r cwmni adwerthu LPP sydd wedi'i leoli yn Gdansk yng ngogledd Gwlad Pwyl, yn un o gwmnïau mwyaf Gwlad Pwyl – agorodd y gorfforaeth drawswladol hon siop yn Stryd Oxford, Llundain yn 2017.

Fel y gallwch ddychmygu, dydy hi ddim yn hawdd cyfrifo cydbwysedd y costau a'r buddion yn gywir i Wlad Pwyl a'r gwladwriaethau V4 eraill. Mae'n rhaid ystyried y llifoedd o fuddsoddiad a'r trosglwyddiadau adref yn erbyn y golled o gyfran fawr o oedolion ifanc, yn cynnwys gweithwyr allweddol (fel meddygon wedi eu hyfforddi ar gost i'r wladwriaeth) a dawn entrepreneuraidd sy'n gallu creu syniadau a chyfoeth newydd.

Yn ddiweddar, mae'r prinder gweithwyr ifanc sydd wedi ei greu oherwydd yr all-fudo, wedi dechrau gwthio cyflogau i fyny'n gyflymach na chynhyrchiant (am fod y gyfradd ddiweithdra'n weddol isel, mae'n rhaid i gwmnïau gystadlu am weithwyr drwy gynnig cyflog uwch).

I gadw cyflogau i lawr (ac elw i fyny), mae cwmnïau yng Ngwlad Pwyl yn recriwtio mwy a mwy o weithwyr o'r Pilipinas (*Philippines*). Cyn Covid, roedd Gwlad Pwyl wedi cyhoeddi bron i 2 filiwn o drwyddedau gweithio tymor byr i'w cymdogion yn Ukrain. Yn 2022, achosodd goresgyniad Rwsia o'r Ukrain, i 4 miliwn yn ychwanegol o bobl Ukrain i fudo i Wlad Pwyl. Er nad oedd agweddau Pwylaidd tuag at fewnfudo yn gwbl gadarnhaol yn y gorffennol, gwelwyd lefelau uchel o gydymdeimlad a chefnogaeth gan y cyhoedd i ffoaduriaid o'r Ukrain a oedd yn ffoi rhag lluoedd Rwsia.

Yn y dyfodol, bydd angen hyd yn oed mwy o weithwyr mudol. Mae dwyrain Ewrop wedi gweld cwymp dramatig mewn ffrwythlondeb ac, yn ôl rhagolygon y Cenhedloedd Unedig, bydd poblogaeth gyfunedig y grŵp V4 yn syrthio o 64 miliwn heddiw i tua 55 miliwn erbyn 2050. Ar y llaw arall, gallai diwydiannau ddod yn fwy dibynnol ar fewnlifoedd o syniadau a thechnoleg newydd. Mae arwyddion yn barod o fuddsoddi sylweddol yn y deallusrwydd artiffisial a robotiaid diwydiannol diweddaraf (gweler tudalen 198).

Y casgliad felly yw bod llifoedd o bobl, arian a thechnoleg wedi ymwreiddio'r gwladwriaethau V4 mewn systemau rhanbarthol a byd-eang mewn ffyrdd tra rhyng-gysylltiedig a rhyngddibynnol (gweler Ffigur 3.18).

🔑 **TERM ALLWEDDOL**

Cydlyniad cymunedol Pan mae pob un o'r unigolion a'r cymdeithasau amrywiol sy'n byw mewn ardal yn rhannu teimladau tebyg o hunaniaeth a pherthyn i'r lle hwnnw.

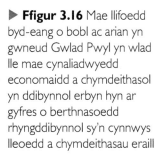

▶ **Ffigur 3.16** Mae llifoedd byd-eang o bobl ac arian yn gwneud Gwlad Pwyl yn wlad lle mae cynaliadwyedd economaidd a chymdeithasol yn ddibynnol erbyn hyn ar gyfres o berthnasoedd rhyngddibynnol sy'n cynnwys lleoedd a chymdeithasau eraill

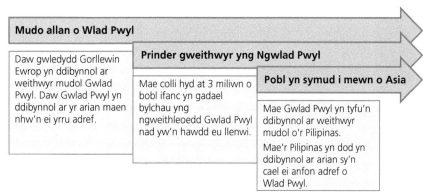

Mudo allan o Wlad Pwyl

Daw gwledydd Gorllewin Ewrop yn ddibynnol ar weithwyr mudol Gwlad Pwyl. Daw Gwlad Pwyl yn ddibynnol ar yr arian maen nhw'n ei yrru adref.

Prinder gweithwyr yng Ngwlad Pwyl

Mae colli hyd at 3 miliwn o bobl ifanc yn gadael bylchau yng ngweithleoedd Gwlad Pwyl nad yw'n hawdd eu llenwi.

Pobl yn symud i mewn o Asia

Mae Gwlad Pwyl yn tyfu'n ddibynnol ar weithwyr mudol o'r Pilipinas. Mae'r Pilipinas yn dod yn ddibynnol ar arian sy'n cael ei anfon adref o Wlad Pwyl.

Cymunedau diaspora a rhyngddibyniaeth

Rydyn ni'n defnyddio'r term 'diaspora' i ddisgrifio gwasgariad rhyngwladol neu fyd-eang poblogaeth o fudwyr o genedl benodol a'u disgynyddion. Mae diasporas byd-eang yn creu cyd-destunau neu fframweithiau pwysig ar gyfer astudio mudo rhyngwladol a'r cysyllteddau sy'n cael eu creu rhwng gwledydd o ganlyniad i hyn. Mae Tabl 3.3 yn dangos sawl diaspora enwog. Mae enghreifftiau nodedig eraill yn cynnwys diaspora o Ffrainc, Yr Eidal, México, Brazil, Nigeria a Malaysia. Mae 'ymylon Celtaidd' y DU i gyd wedi cynhyrchu nifer sylweddol o gymunedau diaspora byd-eang, er bod poblogaethau'r gwledydd hyn yn weddol fach. Er enghraifft, mae Iwerddon yn gartref i ddim ond 4 miliwn o bobl, ac eto mae mwy na 70 miliwn o unigolion sy'n byw drwy'r byd i gyd yn honni bod eu hynafiaid yn dod o Iwerddon. Yn UDA yn unig, mae 30 miliwn o bobl yn credu bod ganddyn nhw gysylltiad â llinachau Gwyddelig, am fod niferoedd mawr o bobl wedi allfudo o Iwerddon yn ystod y bedwaredd ganrif ar bymtheg a dechrau'r ugeinfed ganrif.

Diaspora China	Mae poblogaethau sylweddol o China i'w cael mewn gwledydd sy'n gymdogion iddi, fel Indonesia, Gwlad Thai a Malaysia, ynghyd â rhai gwladwriaethau pellach fel y DU a Ffrainc. Mewn llawer o ddinasoedd y byd, mae rhanbarthau 'Chinatown' i'w cael sydd wedi eu hamffinio'n amlwg yn 'Chinatown', yn bodoli. Mae mil o flynyddoedd o fasnach ar y môr yn rhoi hanes hir i'r diaspora hwn. Pan ddaeth corfforaethau trawswladol o China i Affrica, tyfodd y diaspora ymhellach (gweler tudalen 185).
Diaspora India	Dyma un o'r rhai mwyaf yn y byd, sef 28 miliwn o bobl yn 2016. Mae pobl o ddinasyddiaeth neu o dras Indiaidd yn byw ym mhob rhan o'r byd bron. Nodwedd bwysig y patrwm o ddosbarthiad yw bod mwy na miliwn ym mhob un o'r 11 gwlad. Mae'r crynodiad mwyaf yn UDA, y DU, Malaysia, Sri Lanka, De Affrica a'r Dwyrain Canol.
Diaspora 'Bobl ddu'r Iwerydd'	Cafodd hyn ei ddisgrifio gan yr awdur Paul Gilroy fel 'diwylliant trawswladol' wedi ei adeiladu ar symudiadau pobl o dras Affricanaidd i Ewrop, y Caribî a Chyfandiroedd America. Roedd y ffaith bod ganddyn nhw hanes debyg o gaethwasiaeth, wedi eu dadleoli'n ofodol, o gymorth yn wreiddiol i siapio hunaniaeth y grŵp hwn. Heddiw, mae'r cysylltedd a'r rhyngddibyniaeth ryngwladol yn parhau oherwydd y mudo, y twristiaeth a'r cyfnewid diwylliannol ar draws yr Iwerydd, ac un enghraifft dda o hyn yw'r sîn gerddoriaeth Ddu ryngwladol sydd wedi rhoi Jazz, Jimi Hendrix, reggae, hip-hop a greim i'r byd.

▲ **Tabl 3.3** Enghreifftiau o boblogaethau diaspora byd-eang

▲ **Ffigur 3.17** Mae'r siop hon yn Albany Road, Caerdydd yn darparu nwyddau ar gyfer anghenion diwylliannol ac ymarferol y cymunedau diaspora niferus o ddwyrain Ewrop, sydd yn y ddinas

Datblygodd gyn-Arlywyddion yr Unol Daleithiau, Barack Obama a John F. Kennedy gysylltiadau diplomataidd da gyda Gweriniaeth Iwerddon ac UDA tra'r oedden nhw yn eu swyddi (roedd y ddau o linach Gwyddelig). Oherwydd bod poblogaeth ddiaspora fawr o Korea wedi dod i UDA, mae cyfeillgarwch dyfnach wedi datblygu rhwng UDA a De Korea.

Yn debyg i Iwerddon, mae'r Alban yn wlad fach o ddim ond ychydig filiynau o drigolion ac eto mae ganddi ddiaspora o ddegau o filiynau. Mae gwefannau llinach ar-lein yn rhoi cyfle i bobl sy'n byw ledled y byd i olrhain eu gwreiddiau yn ôl i'r Alban: mae hon yn ffordd ddiddorol arall y mae technoleg wedi dylanwadu ar fudo byd-eang. Mae pobl sy'n darganfod bod ganddyn nhw wreiddiau mewn gwlad arall yn fwy tebygol o ystyried symud yno. Mae GlobalScot yn wefan sy'n cael ei chynnal gan Scottish Enterprise, corff sy'n cael ei ariannu gan y llywodraeth. Mae hwn yn annog aelodau o ddiaspora'r Alban i rwydweithio'n economaidd â'i gilydd. Canlyniad hynny yw bod llywodraeth yr Alban yn adeiladu cysylltiadau rhyngddibynnol rhwng gwahanol segmentau o'r boblogaeth ddiaspora.

DADANSODDI A DEHONGLI

Astudiwch Ffigur 3.18 sy'n dangos dinasyddion dibreswyl o China ac India a oedd yn byw dramor mewn gwledydd dethol yn 2011.

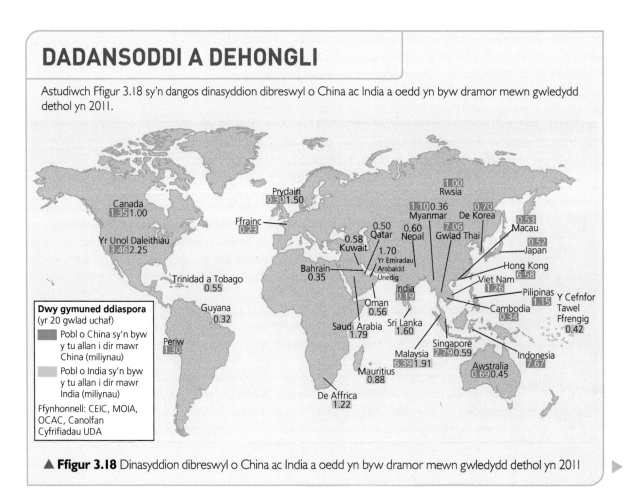

▲ **Ffigur 3.18** Dinasyddion dibreswyl o China ac India a oedd yn byw dramor mewn gwledydd dethol yn 2011

(a) Dadansoddwch y patrymau o ran dosbarthiad ar gyfer dinasyddion dibreswyl o India a China sy'n byw dramor.

CYFARWYDDYD

Mae Ffigur 3.18 yn rhoi llawer o wybodaeth. Wrth wneud tasg ddadansoddol fel hyn, mae'n grefft gwybod *beth i beidio ei gynnwys* yn y cyfrif a ddarparwch. Mae'n bwysig peidio cael eich llethu gan restrau hir o ystadegau. Yn lle hynny, gofynnwch i chi'ch hun: beth yw'r 'darlun mawr' sydd i'w weld yma? A yw'r ddau batrwm yn rhai byd-eang go iawn? A yw'r ddwy boblogaeth wedi eu cynrychioli'n fwy ar rai cyfandiroedd nag eraill? A oes unrhyw werthoedd sy'n amlwg fel rhai arbennig o fawr ac felly'n arwyddocaol? Mae nifer uchel iawn o bobl o China yng Ngwlad Thai a Malaysia, er enghraifft. Er mwyn gwneud dadansoddiad cryno, efallai y gallech chi ystyried darparu uchafswm o 150 o eiriau.

(b) Awgrymwch pam mai golwg anghyflawn yn unig o ddiaspora byd-eang India a China y mae Ffigur 3.18 yn ei roi.

CYFARWYDDYD

Mae nifer o wahanol ffyrdd o fynd i'r afael â'r dasg hon. Yn gyntaf, meddyliwch beth mae'r ffigur yn ei ddangos *mewn gwirionedd* – sef y dinasyddion dibreswyl o India a China sy'n byw dramor. Mae'r rhain yn bobl a gafodd eu geni yn y ddwy wlad ac sydd wedi ymfudo *yn ddiweddar*. Ond, mae cymunedau diaspora llawn y ddwy wlad yn cynnwys pobl o dras Indiaidd a Tsieineaidd am fod eu rhieni neu eu hynafiaid hŷn wedi mudo llawer o flynyddoedd yn ôl (a dydyn nhw ddim wedi'u dangos yn Ffigur 3.18). Yn ail, mae problemau i'w hystyried mewn perthynas â chasglu data. Pa mor gywir yw'r wybodaeth a sut cafodd y wybodaeth ei chasglu? A yw'n wybodaeth sy'n mynd yn hen yn gyflym, er enghraifft pan fydd pobl sydd wedi bod i ffwrdd ar fusnes yn dychwelyd adref? A yw'r wybodaeth wedi cymryd i ystyriaeth yr amcangyfrifon am nifer y mudwyr anghyfreithlon ac sydd heb eu cofrestru?

(c) Esboniwch sut mae mudo a thwf poblogaethau diaspora yn gallu cyfrannu at ryngddibyniaeth fyd-eang.

CYFARWYDDYD

Mae'r cwestiwn hwn yn rhoi digonedd o gyfleoedd i chi ddefnyddio gwybodaeth a dealltwriaeth a gawsoch chi o ddarllen Pennod 3. Efallai y byddwch chi'n penderfynu defnyddio fframwaith o lifoedd byd-eang ac esbonio, yn eu tro, bwysigrwydd y llifoedd o bobl, arian a syniadau. Cofiwch gadw ffocws cryf drwy'r amser ar y syniad o *ryngddibyniaeth* (y ddibyniaeth gilyddol sy'n datblygu rhwng lleoedd a chymdeithasau) ac nid cysylltedd yn unig.

Gwerthuso'r mater

▶ *I ba raddau mae manteision rhyngddibyniaeth fyd-eang yn fwy na'r risgiau y mae'n eu creu?*

Nodi cyd-destunau, meini prawf a themâu posibl ar gyfer y gwerthusiad

Mae'r ddadl hon yn ein hybu i feddwl am y gwahanol *gategorïau* posibl o fanteision a risgiau y gall rhyngddibyniaeth fyd-eang eu creu i ystod gyfan o weithredwyr – gan gynnwys gwladwriaethau, busnesau a dinasyddion cyffredin. Yn ogystal, fel y mae'r bennod hon wedi'i ddangos, mae gwahanol *ddimensiynau* o rhyngddibyniaeth i'w hystyried: dimensiynau economaidd, cymdeithasol, gwleidyddol ac amgylcheddol. Gall pob un ddod â'i fanteision, risgiau a chostau posibl eu hunain.

'Darlun mawr' y buddion a'r risgiau byd-eang

Mae pobl sy'n cefnogi globaleiddio'n gryf – sydd weithiau'n cael eu galw'n hyperglobaleiddwyr – yn credu ei fod o fantais i'r ddynoliaeth gyfan. Yn ôl y safbwynt 'darlun mawr' hwn:

- mae'r teimlad o ryngddibyniaeth yn creu cyfres o werthoedd ar y cyd o'r enw 'dinasyddiaeth fyd-eang' (gweler tudalen 7)
- mae hyn yn golygu bod y Nodau Datblygu Cynaliadwy yn fwy tebygol o gael eu cyflawni: mewn byd rhyng-gysylltiedig a rhyngddibynnol, bydd llywodraethau a dinasyddion mewn gwladwriaethau yn cydweithio i ddod â newid cadarnhaol oherwydd bod pawb yn teimlo 'bod pob un ohonom yn y sefyllfa gyda'n gilydd'. Neu, dyna'r syniad o leiaf.

Ond, mae yna safbwynt 'darlun mawr' hollol wahanol yn bodoli hefyd sy'n edrych ar nifer o sefyllfaoedd tywyll iawn. Er enghraifft, mae'r technolegau trafnidiaeth a chyfathrebu sy'n cefnogi rhyngddibyniaeth economaidd hefyd yn golygu bod mwy o risg y bydd firws biolegol neu ddigidol yn gallu lledaenu drwy'r byd i gyd, wedi'i gludo gan lifoedd byd-eang o bobl neu ddata. Mae'r risgiau rhwydwaith hyn yn rhai arwyddocaol (gweler Ffigur 3.19).

Buddion a risgiau mewn cyd-destun lleol

Yn ogystal â'r materion uchod a fyddai'n digwydd ar raddfa fawr, gallwn ni hefyd werthuso cydbwysedd y buddion a'r risgiau mewn grwpiau o gyfranogwyr neu gyd-destunau lleol mwy penodol.

- Cyn ymuno â bloc masnach, mae'n rhaid i unrhyw lywodraeth (ac etholwyr) fynd ati'n ofalus i bwyso a mesur manteision ac anfanteision cymryd rhan mewn masnach draws-ffiniol 'esmwyth'. Mae gofyn cynyddol ar wladwriaethau'r Undeb Ewropeaidd i dderbyn symudiad rhydd pobl fel un o amodau bod yn aelod o'r UE. Unwaith y bydd unrhyw wlad wedi penderfynu dod yn rhan rhyngddibynnol o floc mwy o wladwriaethau, mae'n rhesymol i dderbyn y gallai nifer o ganlyniadau economaidd, cymdeithasol a diwylliannol – cadarnhaol a negyddol – ddilyn wedyn. Mae'n sicr y bydd mannau lleol yn newid o ganlyniad i hyn. Mae bywydau pobl Prydain wedi eu siapio gan aelodaeth y DU o'r Undeb Ewropeaidd dros nifer o ddegawdau, ac nid yn angenrheidiol mewn i ffyrdd y mae pawb yn eu hoffi.
- Gallwn ni ystyried y buddion, y costau a'r risgiau o safbwynt busnesau mawr hefyd. Mae globaleiddio wedi caniatáu i gorfforaethau trawswladol mwyaf llwyddiannus y byd i ffynnu ac, mewn rhai achosion, i ddenu gwerth triliwn o ddoleri (gweler tudalen 31). Ond mae mwy o ryngddibyniaeth yn gwneud cwmnïau'n agored i risgiau ffisegol, economaidd a gwleidyddol newydd neu uwch. Mae cwmnïau'n mynd ati'n fwy i ail asesu cost-effeithiolrwydd cyffredinol rhwydweithiau cynhyrchu byd-eang cymhleth. Canlyniad hyn yw ffenomen newydd o'r enw dad-dramori (gweler tudalen 201).

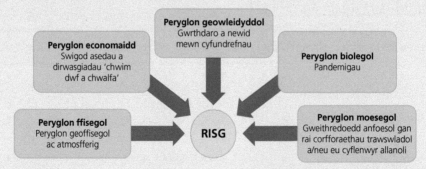

▲ **Ffigur 3.19** Mae globaleiddio a rhyngddibyniaeth wedi golygu bod gwladwriaethau, cymdeithasau a busnesau yn wynebu nifer ac amrywiaeth cynyddol o risgiau peryglon

Meddwl yn feirniadol am gymhlethdod

A yw manteision rhyngddibyniaeth fyd-eang yn fwy na'r risgiau y mae'n eu creu? Mae hwn yn gwestiwn pryfoclyd i'w ofyn oherwydd, mewn gwirionedd, mae'n anodd iawn rhoi ateb pendant yn gwbl hyderus. Mae gwir gymhlethdod systemau byd-eang yn ei gwneud hi'n anodd i arbenigwyr hyd yn oed fesur yn gywir beth oedd (neu beth fydd) effeithiau net cael mwy o ryngddibyniaeth i economïau a phoblogaethau gwledydd gwahanol. Mae cadwyni cyflenwi a chytundebau masnachu Ewropeaidd a rhanbarthol eraill wedi datblygu dros nifer o ddegawdau, a phwy a ŵyr mewn gwirionedd beth fyddai canlyniadau eu chwalu nhw? Weithiau, dros y cyfnod hwn, mae effeithiau adborth wedi'u cryfhau'r heriau sy'n wynebu lleoedd wedi'u dad-ddiwydianeiddio, ac maen nhw wedi cyflymu twf newydd a ffyniant mewn cyd-destunau lleol eraill. Yn ychwanegol at hyn, bydd effaith gan amrywiolion anodd ei mesur a'u diffinio, fel teimladau pobl am y colledion a'r buddion cymdeithasol a diwylliannol a ddaw gyda byd rhyngddibynnol a rhyng-gysylltiedig.

Safbwynt 1: mae manteision rhyngddibyniaeth fyd-eang werth y risgiau

Mor ddiweddar â'r 1960au, roedd rhan fawr o boblogaeth y byd yn dal wedi ei datgysylltu o unrhyw lifoedd masnach byd-eang ac, yn lle hynny, roedden nhw'n defnyddio dulliau lleol, gwledig i'w cynnal eu hunain. Mae'r oes wedi newid ers hynny; erbyn hyn mae mwy o ffonau symudol na phobl ar y blaned a dim ond cyfran fach iawn o boblogaeth y byd sy'n parhau i fod yn gwbl ddatgysylltiedig oddi wrth y systemau byd-eang. Mae'r rhan fwyaf ohonom yn rhan – i ryw raddau – o un strwythur mawr rhyngddibynnol.

- Mae amaeth-fusnesau byd-eang wedi gweddnewid economïau gwledig drwy Asia, Affrica ac America Ladin i gyd. Maen nhw'n prynu tir (gweler tudalen 164) ac efallai'n cyflogi ffermwyr gwerin lleol yn rhan o'u gweithlu cyflogedig i dyfu cnydau am elw.

- O ganlyniad i hyn, daw'r gweithwyr fferm newydd yn ddibynnol ar gorfforaethau trawswladol fel Cargill a Monsanto er mwyn parhau i weithio. Yn eu tro, mae'r cwmnïau yn dibynnu ar eu gweithluoedd sydd ar gyflog isel i wneud y llafur.

- Erbyn hyn, mae cwsmeriaid yn Ewrop a Gogledd America yn dibynnu ar y ffrwythau, y llysiau a'r grawnfwydydd sy'n cael eu mewnforio drwy'r systemau byd-eang – eitemau y bydden nhw wedi eu tyfu eu hunain yn lleol efallai ar un adeg, ond nid bellach (gweler Ffigur 3.20).

▲ **Ffigur 3.20** Yn yr archfarchnad hon yn y DU, mae'n amlwg iawn pa mor ddibynnol ydyn ni ar wledydd eraill (tomatos o Sbaen, afocados o Israel, champagne o Ffrainc, etc.). Yn eu tro, pa fwyd neu ddiod sy'n cael ei gynhyrchu yn y DU y byddech chi'n debygol o'u gweld mewn archfarchnadoedd yn Sbaen neu Ffrainc?

Un fantais wych i'r cynnydd hwn mewn cysylltedd a rhyngddibyniaeth – yn ôl rhai astudiaethau tymor hir o wrthryfela rhyngwladol – ydy bod y byd, yn ôl rhai mesurau, wedi dod yn fwy diwylliedig a heddychlon. Mae llenyddiaeth sydd wedi hen ennill ei phlwyf yn dadlau o blaid hyn, ac mae'n cynnwys gwaith gan y seicolegydd Steven Pinker. Yn ei lyfr *The Better Angels of Our Nature: Why Violence Has Declined* yn 2011, mae'n dadlau bod rhyngddibyniaeth wedi cynyddu am fod gwladwriaethau'r byd, sefydliadau rhynglywodraethol, a rhwydweithiau masnach a chyfathrebu cymhleth i gyd yn fwy sefydlog. O ganlyniad, y duedd tymor hir yw llai o farwolaethau oherwydd trais. Mae Pinker yn dyfynnu data sy'n awgrymu bod llai o bobl yn marw mewn rhyfeloedd rhyngwladol heddiw nag oedden nhw yn y gorffennol (er bod y ffigurau efallai'n amrywio ychydig o flwyddyn i flwyddyn, er enghraifft yn ystod y gwrthryfeloedd diweddar yn Syria ac yn y Dwyrain Canol).

Mewn testun dylanwadol a ysgrifennwyd ar ddechrau'r 1990au, roedd Thomas Friedman yn dadlau mewn ffordd debyg bod rhyngddibyniaeth economaidd a gwleidyddol yn helpu, ar y cyd, i siapio byd mwy heddychlon. Yn ei ddamcaniaeth 'bwâu aur' am atal gwrthdaro, dywedodd Friedman na fyddai dwy wlad sydd â bwytai McDonalds byth yn mynd i ryfel â'i gilydd am fod eu heconomïau wedi dod yn gydgysylltiol (gweler Ffigur 3.21). Mae gwrthdaro rhwng Rwsia ac Ukrain yn 2014 ac eto yn 2022 bellach wedi gwanhau'r ddadl hon yn fawr (mae gan y ddwy wlad fwytai McDonald's). Nifer o flynyddoedd yn ôl, diweddarodd Friedman ei hypothesis, a newid ei enw i 'Damcaniaeth Atal Gwrthdaro Dell'. Nid yw unrhyw ddwy wlad sy'n rhan o'r un gadwyn gyflenwi fyd-eang (fel cadwyn gyflenwi'r cwmni cyfrifiaduron Dell) yn mynd i frwydro yn erbyn ei gilydd byth, meddai. Yn syml iawn, mae'r risgiau economaidd o ddifrod i'r ddwy ochr (byddai'r ddau economi yn dioddef yn fawr os byddai'r gadwyn gyflenwi fyd-eang yn cwympo) yn llawer rhy uchel.

▲ **Ffigur 3.21** Un ddadl yw bod y bwâu aur yma wedi helpu i ddod â heddwch i'r byd. Beth yw eich barn chi, a pham?

Yna, wrth gwrs, mae'n rhaid meddwl am waith y Cenhedloedd Unedig a'i hasiantaethau. Mae llawer o achosion o'r Cenhedloedd Unedig yn meithrin cydweithredu rhyngwladol yn llwyddiannus, sy'n amrywio o gydnabod hawliau ffoaduriaid i ymdrin â'r broblem o ddarwagiad oson. Yn ganolog i waith y Cenhedloedd Unedig, y mae hyrwyddo globaleiddio, rhyngddibyniaeth a **tuedd meddwl rhyngwladol** (*international mindedness*) fel cysyniadau rhinweddol: y syniad yw mai gan y cymdeithasau hynny lle mae pawb yn ddibynnol ar ei gilydd, fel aelodau o'r un teulu, y mae'r rheswm gorau i weithio ar y cyd er mwyn mynd i'r afael â'r heriau sy'n wynebu pawb. Yr eironi, wrth gwrs, yw bod rhai o faterion mwyaf argyfyngus ein hoes ni – fel yr allyriadau carbon sydd y tu hwnt i reolaeth a bygythiadau i seiber-ddiogelwch – wedi eu creu gan y systemau byd-eang rhyngddibynnol sydd mor werthfawr gan y Cenhedloedd Unedig.

Y buddion i wledydd unigol
Cafodd manteision damcaniaethol y cytundebau masnach i ranbarthau'r byd fel Ewrop, Gogledd

America a Dwyrain Affrica eu hamlinellu'n gynharach yn y bennod hon (yn ôl y ddamcaniaeth am fantais gymharol, mae rhyngddibyniaeth economaidd yn creu sefyllfa lle mae pob gwlad berthnasol ar ei hennill pan fydd tariffau ffiniol yn cael eu dileu, i greu ardal masnach rydd 'esmwyth'). Mae digonedd o ddata i gefnogi'r farn bod masnach rydd wedi bod yn hynod o fuddiol ar raddfa fyd-eang ac yn rhanbarthol hefyd. Er enghraifft, tyfodd masnach byd yn ei gwerth o tua 50 biliwn o ddoleri UDA yn 1950 i fwy na 15 triliwn o ddoleri UDA yn 2017. Weithiau mae pobl yn defnyddio'r ffaith hon i gefnogi'r ddadl bod globaleiddio yr un mor fuddiol i bob ochr, a'i fod wedi sicrhau gwell lles materol i boblogaethau'r rhan fwyaf o wledydd. Mae gwelliannau rhyfeddol mewn lles wedi digwydd yn Ne Korea dros amser ac mae China yn cefnogi'r farn bod ei hintegreiddiad hithau i mewn i systemau economaidd – ynghyd â'r rhyngddibyniaeth a ddaw gyda hynny – wedi bod yn fuddiol iawn.

Ac eto, er bod llawer o bobl ar eu hennill, mae masnach rydd yn gallu achosi i bobl fod ar eu colled mewn lleoliadau gwahanol, fel y byddai unrhyw ddaearyddwr yn ei ddweud wrthych. Ar yr wyneb, mae ystadegau am dwf Cynnyrch Mewnwladol Crynswth yn fyd-eang ac yn genedlaethol yn awgrymu bod masnach rydd a rhyngddibyniaeth yn dda i bawb. Ond dydy'r ffigurau pennawd cyfanredol hyn ddim yn rhoi unrhyw awgrym o'r patrwm cymhleth o newid daearyddol sy'n digwydd, h.y. y ffordd y mae rhai lleoedd lleol wedi dioddef yn fawr o ganlyniad i newidiadau strwythurol. Dydy pethau ddim wedi bod yn hawdd i lawer o weithwyr coler las (gweler tudalen 7) yn hen ardaloedd diwydiannol UDA ac Ewrop. O safbwynt y poblogaethau a'r lleoedd hyn, mae newid byd-eang wedi chwalu bywoliaeth a synnwyr o hunaniaeth i rai pobl. Anfodlonrwydd y cymunedau hyn ynglŷn â rhyngddibyniaeth a globaleiddio sydd wedi helpu i ddatblygu lluoedd gwleidyddol

radicalaidd newydd dros y blynyddoedd diwethaf, gan gynnwys Plaid Annibyniaeth y DU a Donald Trump yn UDA (Ffigur 3.22).

▲ **Ffigur 3.22** Un o anfanteision rhyngddibyniaeth i lawer o leoedd mewn gwledydd datblygedig fel UDA (Detroit yn y llun) yw dad-ddiwydianeiddio. Efallai fod llawer o gefnogaeth i fudiadau gwrth-globaleiddio yn yr ardaloedd hyn

Safbwynt 2: mae risgiau a chostau rhyngddibyniaeth yn rhy fawr

Mae barn optimistaidd Pinker, Friedman a hyperglobalwyr eraill yn rhoi tawelwch meddwl i ni mewn oes o newid cyflym. Ond mae'r bobl sy'n eu beirniadu nhw yn dweud eu bod nhw'n gor-bwysleisio eu dadl. Yn nes ymlaen yn y llyfr hwn, mae Pennod 6 yn archwilio'r pethau hyn: tueddiadau cyfoes mewn diffynnaeth masnach, mudiadau gwleidyddol cenedlaetholgar (neu 'frodoriaethol' (*nativist*)) newydd, lledaeniad deallusrwydd artiffisial a seiber-arfau, a'r tensiwn geowleidyddol sy'n cynyddu rhwng UDA, China a Rwsia. Yn eu ffyrdd amrywiol eu hunain, mae'r rhain i gyd yn ganlyniadau i, neu'n adweithiau yn erbyn, globaleiddio a rhyngddibyniaeth. Mae'n mynd yn anoddach o hyd i dderbyn dadl Friedman bod oes newydd a chadarn o oleuo byd-eang yn ddibynnol ar gynhaliaeth bwâu aur McDonald's.

Mae digwyddiadau byd diweddar wedi dangos y risgiau difrifol y mae byd rhyngddibynnol wedi'i rwydweithio yn eu creu.

- *Risgiau ariannol.* Ymledodd sioc economaidd yr argyfwng ariannol byd-eang (gweler tudalen 94) yn eang ac yn ddwfn ar draws y systemau byd-eang, a dangosodd hynny beth yw risgiau rhyngddibyniaeth. Er enghraifft, pan aeth y DU i ddirwasgiad yn 2009 o ganlyniad i'r argyfwng ariannol byd-eang, cafodd nifer o brojectau adeiladu eu canslo. Effaith hynny wedyn oedd bod nifer o fudwyr a oedd yn gweithio yn y diwydiannau adeiladu wedi colli eu swyddi. Doedden nhw ddim yn gallu anfon trosglwyddiadau adref; o ganlyniad, crebachodd economi Estonia o 13 y cant. Mae hyn yn dangos yr heriau a ddaw law yn llaw â manteision rhyngddibyniaeth.
- *Risgiau technolegol.* Yn 2017, ymledodd firws cyfrifiadurol o'r enw WannaCry i 200,000 o gyfrifiaduron mewn swyddfeydd, banciau a chwmnïau olew o amgylch y byd. Gorfodwyd ysbytai ar draws y DU i ohirio rhai llawdriniaethau. Roedd hyn yn symptomatig o'r risgiau newydd yr oedd cymdeithasau ym mhobman yn eu hwynebu am eu bod nhw'n rhannu rhwydweithiau TGCh gyda systemau gweithredu Microsoft, Apple neu Android. Bydd risgiau o ymosodiadau seiber yn parhau i dyfu heblaw bod camau cydlynol yn cael eu cymryd ar lefel y dinesydd ei hun, gan sefydliadau, ar lefel y gymdeithas sifil, yn genedlaethol ac yn rhyngwladol er mwyn creu cadernid gwydn.
- *Risgiau iechyd.* Mae mwy o bobl nag erioed o'r blaen yn teithio pellteroedd rhyngwladol hir yn rheolaidd ar gyfer eu gwaith neu eu gweithgareddau hamdden; rhoddodd epidemig firws Ebola Gorllewin Affrica (2013–16) gipolwg arswydus i ni o'r niwed y gallai pandemig byd-eang go iawn ei greu.

Risgiau i leoedd lleol

Gallai colledion lleol sylweddol ddigwydd oherwydd rhyngddibyniaeth. Mae systemau byd-eang yn creu swyddi newydd yn gyson mewn rhai lleoliadau, ac eto'n dinistrio cyflogaeth mewn mannau eraill. Daeth hyn yn hollol amlwg am y tro cyntaf mewn cenhedloedd datblygedig, yn ystod yr 1960au a'r 1970au pan rwygodd tonnau dinistriol o ddad-ddiwydianeiddio drwy ardaloedd diwydiannol Ewrop a Gogledd America.

- Cafodd dinasoedd mawr y DU eu taro'n galed; collodd Lerpwl 200,000 o swyddi a bron i hanner ei phoblogaeth rhwng 1951 a 1981. Er bod cymunedau lleol yn Asia ac America Ladin wedi elwa, yn aml iawn, o newid byd-eang y diwydiannau cynhyrchiol, achosodd hyn ddirywiad llym mewn mannau eraill.
- Un farn yw bod y buddion a gafodd y maquiladoras (tudalen 87) wedi dod ar draul swyddi gweithwyr coler las yr Unol Daleithiau. Er enghraifft, elwodd México o'r 12 maquiladora newydd a sefydlwyd yno gan General Motors (G.M.) yn 1987. Ond, collwyd 29,000 o swyddi pan gaeodd G.M. 11 ffatri yng Nghanolbarth Gorllewinol UDA yn yr un flwyddyn. Roedd maint y colledion yn y Canolbarth Gorllewinol a'r Llynnoedd Mawr mor fawr, nes y rhoddwyd yr enw difrïol 'rhanbarthau rhwd' (*rust belts*) i'r ardaloedd hyn yn ystod yr 1980au.

Ond, mae hefyd safbwynt mwy tymor hir, sef bod dad-ddiwydianeiddio, yn y pen draw, wedi rhoi'r impetws i ail-greu ac adfywio llawer o ddinasoedd yn gadarnhaol ar draws y byd Gorllewinol, gan wneud y ddadl yn fwy cymhleth fyth.

Risgiau i gorfforaethau trawswladol

O edrych ar eu hymddygiad diweddar, mae'n bosibl bod rhai corfforaethau trawswladol yn gweld, yn gynyddol, bod mwy o risgiau na manteision i rhyngddibyniaeth. Mae llawer o gwmnïau wedi adeiladu rhwydweithiau cynhyrchu byd-eang estynedig sy'n cynnwys perthnasoedd tramori ac allanoli fel sy'n cael ei esbonio yn y bennod hon (tudalen 92) a Phennod 1 (gweler tudalen 26). Roedd hyn i gyd yn bosibl yn wreiddiol oherwydd penderfyniadau gwleidyddol (dileu tariffau rhwng gwledydd) ac arloesi technolegol (llongau cynwysyddion sy'n gallu trosglwyddo cargo rhwng gwahanol fathau o gludiant a rhwydweithiau TGCh sy'n cadw cyflenwyr mewn cysylltiad cyson â'r cwmnïau canolog y maen nhw'n darparu ar eu cyfer).

Ond, dydy gweithredoedd cadwyni cyflenwi ddim yn digwydd heb risgiau. Mae Tabl 3.4 yn rhoi manylion y risgiau byd-eang y mae busnesau wedi eu hwynebu yn ystod y degawd diwethaf. Fel y gwelwch chi, mae rhyngddibyniaeth cadwyni cyflenwi yn gwneud cwmni'n llawer iawn mwy agored i niwed o ganlyniad i ohirio gweithredu,

oherwydd (i) peryglon naturiol a (ii) gwrthdaro a risgiau o beryglon geowleidyddol. Yn ogystal, mae risg o gael enw drwg (perygl moesol) yn bosibl hefyd. Mae adroddiadau am ecsbloetio gweithwyr yn y gadwyn gyflenwi neu gaethwasiaeth fodern yn gallu bod yn eithriadol o niweidiol i frandiau mawr. Er enghraifft, mae llafur gorfodol yn endemig yn niwydiant cynhyrchu coco Gorllewin Affrica; ac mae o leiaf un brand byd-enwog o siocled wedi gweld ei enw'n cael ei bardduo gan adroddiadau bod ei gadwyn gyflenwi yn defnyddio llafur plant (Ffigur 3.23).

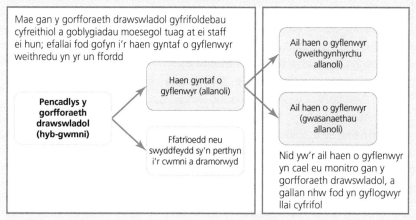

▲ **Ffigur 3.23** Un canlyniad o rwydweithiau cynhyrchu byd-eang cymhleth yw'r ffaith bod gweithwyr yn yr haenau isaf o'r gadwyn gyflenwi yn 'anweledig'. Os bydd straeon am gam-drin yn dod i'r wyneb, gallai hynny wneud niwed i enw da'r corfforaethau trawswladol sy'n gwneud busnes â'r cwmnïau haen is hyn.

Risgiau geowleidyddol a gwrthdaro	Mae gweithgareddau gwleidyddol yn gallu creu sefyllfaoedd annisgwyl yn y gadwyn gyflenwi i gorfforaethau trawswladol.
	■ Dywedodd llywodraethau'r Unol Daleithiau a'r Undeb Ewropeaidd wrth gwmnïau o'u gwledydd eu hunain a oedd yn gweithredu yn Rwsia, am ohirio unrhyw weithredoedd newydd yn y wlad honno ar ôl i sancsiynau gael eu gorfodi pan gafodd Crimea ei gyfeddiannu gan Rwsia yn 2014.
	■ Mae llawer o gwmnïau twristiaeth a chwmnïau awyrennau wedi colli busnes oherwydd gwrthdaro ac ansefydlogrwydd gwleidyddol: hanerodd refeniw twristiaeth Tunisia rhwng 2010 a 2014 oherwydd ymosodiadau terfysgol Daesh (ISIS) a oedd yn targedu pobl ar eu gwyliau.
	■ Roedd ton o wrthryfela y 'Gwanwyn Arabaidd' yng Ngogledd Affrica yn 2011, yn golygu bod cwmnïau Ffrengig fel France Télécom wedi wynebu amhariad i'w gwasanaeth a'u cadwyn gyflenwi ledled Gogledd Affrica lle siaredir Ffrangeg (stopiodd y gwaith yng nghanolfan alwadau Teleperformance yn Tunis, er enghraifft).
	■ Mae cenedlaetholdeb adnoddau yn gallu achosi i lywodraeth gwladwriaeth feddiannu gweithrediadau tramor corfforaeth drawswladol (gweler Pennod 2, tudalen 47). Gallai newid cyfundrefn mewn gwlad achosi i gorfforaeth drawswladol fynd i drafferthion gyda'r arweinwyr newydd, er enghraifft pan gymerodd yr Arlywydd sosialaidd Hugo Chávez reolaeth ar weithrediadau ExxonMobil a ConocoPhillips yn Venezuela.

Risgiau perygl i enw da (moesol a moesegol)	*Mae trin gweithwyr mewn cadwyn gyflenwi yn anfoesegol, ac amgylcheddau anfoesegol gan gwmnïau allanoli, yn andwyo enw da'r corfforaethau trawswladol sy'n gwneud busnes â nhw.* ■ Mewn achosion llys cyhoeddus iawn yn 2010, ceisiodd y cwmnïau Ewropeaidd BP a Trafigura roi'r bai ar yr is-gontractwyr am niwed amgylcheddol catastroffig (yng Ngwlff México a'r Côte d'Ivoire, yn y drefn honno). Os nad yw prif gwmni yn gwybod am niwed i bobl neu i'r amgylchedd sydd wedi digwydd gan is-gontractiwr, mae'r sefyllfa yn troi'n beryglus yn gyflym iawn i enw da a moeseg y prif gwmni (gweler Ffigur 3.23) ■ Mae adroddiadau am lafur plant neu hunanladdiad gweithwyr (China, 2010) yn gallu niweidio enw da cwmni. Cafwyd cyfres o danau yn Dhaka yn 2010 a achosodd i frandiau'r cwmnïau dillad Gap a Hennes gael eu cysylltu â ffatrïoedd peryglus heb eu monitro'n dda a oedd yn berchen i'r cwmni is-gontractio Ha-meem Group (yn yr achos gwaethaf, bu farw 26 o weithiwr pan oedd y drysau tân wedi eu rhwystro). Yn yr un modd, roedd trychineb Rana Plaza yn ysgwydiad i lawer o gorfforaethau trawswladol (gweler tudalen 157). ■ Un pryder sy'n dod i'r amlwg i rai corfforaethau trawswladol yw canfod bod nwyddau a gynhyrchwyd gan garcharorion mewn gwersylloedd llafur yn China wedi dod i mewn i'w cadwyni cyflenwi nhw.
Risgiau ffisegol	*Gall peryglon naturiol amharu ar gadwyni cyflenwi'n annisgwyl.* ■ Cafodd miliynau o fetrau ciwbig o ddeunyddiau folcanig o'r enw 'teffra' eu taflu allan dros Wlad yr Iâ pan ffrwydrodd Eyjafjallajökull yn 2010. Doedd awyrennau ddim yn gallu hedfan am wythnosau ar ôl i 9 km o ludw mân godi i lwybrau'r awyrennau jet. Collodd ffermwyr a darparwyr blodau yn Kenya eu busnesau am nad oedden nhw'n gallu cael eu cynhyrchion i'r farchnad yn y DU (cafodd 5000 o weithwyr eu diswyddo dros dro). Daeth y gwaith cynhyrchu yn Ewrop i ben dros dro hefyd am nad oedd modd dod â darnau allweddol i mewn ar gyfer cwmnïau fel Nissan. ■ Pan ddigwyddodd daeargryn a tswnami Japan yn 2011, daeth hi'n amlwg bod cwmnïau ar draws y byd wedi cymryd gormod o risg amgylcheddol gyda'u cadwyni cyflenwi. Roedd yn rhaid i wneuthurwyr ceir yn yr Unol Daleithiau, Ford a Chrysler, roi'r gorau i gynhyrchu cerbydau coch a du oherwydd mai dim ond yn y ffatri Merck roedd modd cael y pigment paent metelig hanfodol ac roedd hon ym mharth y tswnami.

▲ **Tabl 3.4** Enghreifftiau diweddar o gorfforaethau trawswladol yn wynebu risg byd-eang oherwydd rhyngddibyniaeth eu cadwyn gyflenwi

Safbwynt 3: dydy'r gwir fuddion a'r risgiau ddim yn glir

Un thema gyffredin mewn materion cyfoes yn y DU a'r Unol Daleithiau yw gwleidydda newydd rhyngddibyniaeth. Nod yr Undeb Ewropeaidd yw adeiladu cysylltiadau ymysg ei aelod-wledydd sy'n ddibynnol ar ei gilydd a lle mae pawb yn elwa. Y ddadl yw bod rhyngddibyniaeth wleidyddol yn adeiladu heddwch (a hefyd yn rhoi gwladwriaethau'r Undeb Ewropeaidd ar sail gyfartal yn geowleidyddol gydag UDA, China a Rwsia). Mae rhyngddibyniaeth economaidd i fod yn sefyllfa lle mae pawb ar eu

▲ **Ffigur 3.24** Yn refferendwm yr Undeb Ewropeaidd yn 2016, dywedodd rhai o'r bobl oedd eisiau gadael yr UE y byddai hynny'n rhyddhau £350 miliwn bob wythnos i'w wario ar iechyd y wlad

hennill hefyd, fel sydd wedi ei esbonio uchod. Ond, roedd y bobl a bleidleisiodd i adael yr UE yn refferendwm Brexit yn y DU yn 2016 yn anghytuno â hynny. Roedden nhw'n honni y byddai rhoi'r gorau i'r Undeb Ewropeaidd yn arbed £350 miliwn yr wythnos i'r DU (gweler Ffigur 3.24). Yn eu tro, roedd rhai o'r bobl a oedd eisiau i'r DU aros yn rhan o'r Undeb Ewropeaidd, yn cyhuddo'r bobl a oedd eisiau gadael o ddweud celwydd. Roedden nhw'n cyfeirio at ragolwg arall a oedd yn dangos y gallai gadael yr UE heb gytundeb, leihau twf y DU o wyth y cant dros 15 mlynedd.

Mae safbwyntiau'n gwahaniaethu hefyd yn yr Unol Daleithiau ynglŷn â pha mor gyfartal oedd rhyngddibyniaeth y wlad gyda México yng Nghytundeb Masnach Rydd Gogledd America yn 1994 (NAFTA) a'i olynydd yn 2018, Cytundeb yr Unol Daleithiau–México–Canada (USMCA). Mae meintiau mawr o nwyddau a darnau yn llifo'r ddwy ffordd ar draws y ffin rhwng UDA a México. Yn ôl cefnogwyr y cytundebau hyn, mae masnach rydd (i) wedi dod â thwf economaidd cryf a rhoi statws economi cynyddol amlwg i México (gan hefyd ostwng mudo anghyfreithlon) ac mae (ii) mae wedi darparu lleoliad buddsoddi cost isel i UDA a Chanada a marchnad newydd i'w hallforion. Fel y rhai yn y DU a oedd o blaid aros yn rhan o'r UE, mae gan gefnogwyr NAFTA ddata sy'n cefnogi eu dadl eu hunain: roedd un adroddiad yn 2017 yn nodi bod NAFTA wedi treblu'r llifoedd nwyddau ac arian ar draws y ffin ac wedi ychwanegu 0.5 y cant i gynnyrch mewnwladol crynswth (*GDP*) yr Unol Daleithiau. Mewn cyferbyniad llym â hyn, roedd Donald Trump wedi dweud unwaith mai NAFTA oedd y 'cytundeb masnach gwaethaf erioed' ac roedd yn ei feio am golli 600,000 o swyddi yn yr Unol Daleithiau.

Pam mae 'ffeithiau' am yr Undeb Ewropeaidd a NAFTA yn gwahaniaethu cymaint, yn ôl pwy sy'n dweud y stori? Pam mae perthnasoedd daearyddol rhyngddibynnol yn creu cymaint o ddadlau? Y rheswm am hyn yw bod y perthnasoedd dan sylw mor gymhleth. Mae cadwyni cyflenwi

rhyng-gysylltiedig mawr wedi datblygu dros amser. Yn aml iawn mae effeithiau adborth cadarnhaol yn cynyddu'r enillion a'r colledion penodol mewn cyflogaeth mewn gwahanol leoedd. O ganlyniad, mae effeithiau net yn dod yn anoddach fyth i'w mesur. Ar ben hynny, mae'r newidiadau sy'n gysylltiedig â chytundebau masnach yn digwydd ar yr un pryd â grymoedd eraill, gan gynnwys arloesi technolegol cyflym, penderfyniadau gwleidyddol domestig a masnach wedi'i ehangu gyda gwledydd eraill (fel China). Efallai y bydd gwahanol ymchwilwyr yn penderfynu cymryd y newidynnau eraill hyn i ystyriaeth gyda'u cyfrifiadau, neu efallai y byddan nhw'n penderfynu peidio – yn dibynnu efallai ar eu safbwynt wleidyddol eu hunain am rhyngddibyniaeth wleidyddol a'r hyn y maen nhw'n gobeithio ei ddangos.

Dod i gasgliad gyda thystiolaeth

Roedd 1980 i 2008 yn flynyddoedd o 'oes aur' i globaleiddio, diolch i dechnoleg a llai o rwystrau i fuddsoddi o dramor. I lywodraethau a busnesau, roedd hi'n ymddangos bod buddion economaidd 'gweithredu'n fyd-eang' yn fwy nag unrhyw risgiau yr oedd rhyngddibyniaeth yn eu creu. Ond, mae digwyddiadau byd mwy diweddar – fel yr argyfwng ariannol byd-eang a tswnami Japan yn 2011 – wedi annog rhai corfforaethau trawswladol i ail-archwilio peryglon cadwyn gyflenwi ac, mewn rhai achosion, i ystyried addasu eu strategaethau neu wneud pethau fel dad-dramori. Mae'r ofn y bydd **digwyddiadau alarch du** (digwyddiadau eithriadol sy'n dod ag effeithiau anghymesur) yn digwydd yn y dyfodol, yn gallu lleihau apêl o ddydd i ddydd y manteision tybiedig a ddaw o'r globaleiddio.

Fodd bynnag, rydyn ni'n dal i weld digonedd o dwf newydd mewn rhwydweithiau cynhyrchu byd-eang. Mae cyfranogwyr mwy newydd, fel Tata India a SAIC China, yn bwriadu cystadlu ar sail gyfartal o ran costau gyda'r gystadleuaeth yn America, Ewrop a Japan sydd wedi eu sefydlu ers amser. Mae'r cwmnïau newydd llewyrchus hyn yn defnyddio strategaethau buddsoddi o dramor ac allanoli yn barod, ac mae'n ymddangos nad ydy rhai o'r rhain yn pryderu cymaint â'u cystadleuwyr Gorllewinol am beryglon i enw da. Er enghraifft, y farn gyffredinol yw bod gan ddiwydiannau China agwedd ddigon hamddenol am risgiau moesol posibl wrth wneud busnes yn Myanmar a Gogledd Korea (gweler hefyd yr hanes am Fenter Rhanbarth a Llwybr ar dudalen 69). I'r gwrthwyneb, mae corfforaethau trawswladol llwyddiannus fel Apple, Walmart a BP yn gweithio'n galetach nag erioed o'r blaen i leihau faint o risg byd-eang y maen nhw'n ei wynebu drwy archwilio ymddygiad eu cyflenwyr a'u his-gontractwyr yn fwy gofalus.

Mae yna offer yn bodoli i gwmnïau sy'n llunio map o'r risgiau (yn ddelfrydol, un sy'n dangos lle mae'r pwyntiau methiant critigol, er enghraifft os yw un darn i greu nwyddau'n dod o un ffynhonnell yn unig, ac nad oes ffynhonnell arall yn unman). Ond, y realiti yw bod cysylltu â chyflenwyr y tu hwnt i'r cyflenwyr haen gyntaf yn dal i fod yn her i lawer o gwmnïau. Yn ôl yr amcangyfrifon, mae gan Walmart 60,000 o gyflenwyr sy'n darparu nwyddau iddo y mae'n eu gwerthu i hanner biliwn o gwsmeriaid bob wythnos, ac mae llawer o'r cwmnïau hyn, yn eu tro, yn dibynnu ar gwmnïau eraill am ddarnau a chynhwysion. I unrhyw un sy'n gweithredu ar y raddfa hon, mae'n anodd cael gwared yn gyfan gwbl ag unrhyw risgiau a ddaw o rhyngddibyniaeth.

I gloi, mae rhyngddibyniaeth yn un o'r cysyniadau arbenigol pwysicaf ar gyfer Daearyddiaeth Safon Uwch. Mae'n codi cwestiynau pwysig am wir natur y cysylltiadau gofodol a chymdeithasol rhwng pobl, lleoedd, gwrthrychau ac amgylcheddau. Byddai'n ddefnyddiol hefyd i ni feddwl am y buddion neu'r risgiau sy'n codi o gysylltiadau rhyngddibynnol, ac i ba raddau y mae'r effeithiau teg neu anheg hyn wedi eu rhannu gan bawb yn y berthynas.

🔑 TERMAU ALLWEDDOL

Nodau Datblygu Cynaliadwy Cafodd 17 Nod Datblygu Cynaliadwy eu cyflwyno yn 2015. Maen nhw'n cymryd lle Nodau Datblygu'r Mileniwm ac yn ehangu arnyn nhw. Roedd rhain yn gyfres o dargedau a gytunwyd arnyn nhw yn 2000 gan arweinwyr y byd. Mae'r Nodau Datblygu Cynaliadwy a Nodau Datblygu'r Mileniwm yn darparu 'map' ar gyfer datblygiad dynol drwy osod y blaenoriaethau ar gyfer gweithredu.

Tuedd meddwl ryngwladol Ffordd o feddwl sy'n agored i syniadau o wahanol wledydd ac sy'n cydnabod bod pawb yn perthyn i gymuned ryngwladol wedi'i rhwydweithio sy'n amlblwyfol, yn ddiwylliannol amrywiol a meritocrataidd. Mae hefyd yn golygu gwerthfawrogi cymhlethdod ein byd a'n rhyngweithiadau gyda'n gilydd.

Ail-greu Term ymbarél sy'n dod ag amrywiaeth o weithredoedd adfywio, ailddatblygu a newid delwedd at ei gilydd, gyda'r bwriad o helpu lleoedd sy'n dirywio neu sydd wedi eu dad-ddiwydianeiddio.

Adfywio Mathau o ymyrraeth ar raddfa fawr gan y wladwriaeth a buddsoddiad mewnol gan y sector preifat sy'n ceisio gweddnewid ffabrig lle, ar raddfa fawr iawn yn aml. Y nod yw denu buddsoddiad newydd i mewn i ardal a cheisio ysgogi menter yn lleol hefyd.

Cenedlaetholdeb adnoddau Pan mae llywodraeth gwladwriaeth yn cyfyngu ar yr allforion sy'n mynd i wledydd eraill er mwyn rhoi blaenoriaeth i'w diwydiannau a'i defnyddwyr domestig ei hun, i gael gafael ar yr adnoddau cenedlaethol sydd ar gael o fewn eu ffiniau.

Digwyddiadau alarch du Digwyddiadau 'annychmygol', prin ac anodd eu rhagweld sy'n cael effaith fawr. Mae'r rhain yn cael effeithiau anghymesur ar y bobl a'r lleoedd a effeithiwyd. Datblygwyd y syniad hwn gan Nassim Nicholas Taleb.

Crynodeb o'r bennod

✔ Mae rhyng-gysylltedd a rhyngddibyniaeth yn golygu dau beth gwahanol: pan fydd pobl a lleoedd sydd wedi'u cysylltu yn dechrau dibynnu ar ei gilydd, maen nhw hefyd yn dod yn rhyngddibynnol. Mae gan rhyngddibyniaeth wahanol ddimensiynau economaidd, cymdeithasol, gwleidyddol ac amgylcheddol.

✔ Mae cytundebau masnach rhanbarthol wedi meithrin rhyngddibyniaeth ymysg grwpiau o wledydd mewn gwahanol rannau o'r byd. Mae'r rhain yn creu amodau sy'n helpu corfforaethau trawswladol llwyddiannus i ffynnu; ond gallai aelod-wladwriaethau ddod yn fwy dibynnol ar nwyddau a gwasanaethau wedi eu mewnforio nag oedden nhw'n arfer bod.

✔ Gallwn ni nodi strwythurau craidd–ymylol rhyngddibynnol ar raddfeydd lleol, cenedlaethol, rhyngwladol a byd-eang. Mae llifoedd tynddwr a llifoedd diferu i lawr yn cysylltu rhanbarthau craidd a ffiniol â'i gilydd. Ond, mae gan bobl farn wahanol ynglŷn â faint o fanteision y mae gwahanol ranbarthau craidd a ffiniol yn eu cael o'r rhyngddibyniaeth.

✔ Mae twf rhwydweithiau cynhyrchu byd-eang a chadwyni cyflenwi corfforaethau trawswladol wedi cyfrannu at ryngddibyniaeth fyd-eang. Dangosodd yr argyfwng ariannol byd-eang sut mae risg a bod yn agored i niwed wedi ymledu'n fyd-eang oherwydd rhyngddibyniaeth.

✔ Gallwn ni ystyried mudo a throsglwyddo adref fel llifoedd tynddwr a diferu i lawr o fewn systemau craidd-ffiniol. Dros amser, gallai mudo achosi twf cymunedau diaspora sydd â rôl bwysig i'w chwarae i wneud lleoedd a gwledydd gwahanol yn fwy rhyngddibynnol.

✔ Mae barn pobl yn gwahaniaethu ynglŷn â'r cwestiwn: a yw rhyngddibyniaeth yn beth da ar raddfeydd byd-eang neu fwy lleol? Oherwydd bod systemau a llifoedd byd-eang yn eithriadol o gymhleth, mae'n aml yn anodd mesur y manteision, y costau a'r risgiau. Dyma un o'r rhesymau pam y cafwyd diffyg cytundeb ynglŷn â'r cwestiwn mawr, a ddylai'r DU aros yn rhan o'r UE.

Cwestiynau adolygu

1 Beth yw ystyr y termau daearyddol canlynol? Ffrithiant pellter; mantais gymharol; datblygiad awtarchaidd; rhanu llafur yn ofodol.

2 Gan ddefnyddio enghreifftiau, amlinellwch y ffyrdd y gall gwledydd ddod yn rhyngddibynnol yn economaidd; yn rhyngddibynnol yn gymdeithasol; yn rhyngddibynnol yn wleidyddol; yn rhyngddibynnol yn amgylcheddol.

3 Gan ddefnyddio enghreifftiau, amlinellwch beth yw manteision bod yn aelod o floc masnach i fusnesau yn yr aelod-wladwriaethau.

4 Gan ddefnyddio enghreifftiau, (i) amlinellwch beth yw ystyr y termau 'craidd' a 'ffiniol' a (ii) esboniwch sut mae ardaloedd craidd a ffiniol wedi eu cyd-gysylltu yn rhan o un system gan wahanol lifoedd.

5 Gan ddefnyddio enghreifftiau a diagram wedi'i anodi, esboniwch sut mae cadwyni cyflenwi'n cael eu defnyddio i gefnogi'r broses o greu cynhyrchion wedi'u gweithgynhyrchu.

6 Esboniwch yn fyr achosion yr argyfwng ariannol byd-eang (GFC). Amlinellwch beth oedd canlyniadau'r argyfwng i dair gwlad wahanol.

7 Gan ddefnyddio enghreifftiau, esboniwch sut mae mudo rhyngwladol yn gallu achosi rhyngddibyniaeth economaidd i'r gwledydd gwreiddiol a'r gwledydd y mae'r mudwyr yn mynd iddynt.

8 Gan ddefnyddio enghreifftiau, esboniwch pam mae poblogaethau diaspora yn chwarae rhan bwysig mewn systemau byd-eang.

9 Dadansoddwch faint o anghydraddoldeb sydd o fewn perthnasoedd rhyngddibynnol gwahanol yr ydych chi wedi eu hastudio.

Gweithgareddau trafod

1   Pa fath o gysylltiadau rhyngddibynnol sy'n bodoli o fewn eich ysgol neu goleg? Er enghraifft, a yw adrannau pynciau gwahanol, fel Daearyddiaeth a Mathemateg, yn gweithio gyda'i gilydd o gwbl mewn ffyrdd sy'n cefnogi pawb? Lle arall mewn bywyd pob dydd allwn ni weld enghreifftiau o ryngddibyniaeth ymysg grwpiau o bobl?

2   Gan weithio mewn grwpiau bach, trafodwch i ba raddau y mae'r perthnasoedd rhyngddibynnol gwahanol rydych chi wedi eu hastudio, hefyd yn berthnasoedd teg neu annheg i'r bobl a/neu'r lleoedd perthnasol. Pa ffynonellau data fyddech chi angen eu defnyddio i asesu maint unrhyw anghydraddoldeb mewn perthynas?

3   Gan weithio mewn parau, ymchwiliwch i floc masnach neu gytundeb heblaw'r Undeb Ewropeaidd neu NAFTA. Edrychwch i weld pwy yw'r aelodau a pham roedden nhw eisiau ymuno. Ym mha ffyrdd mae eich bloc masnach dewisedig yn meithrin rhyngddibyniaeth ymysg ei aelodau?

Pan fydd pob pâr wedi cwblhau'r ymchwil, mae modd trafod y canfyddiadau gyda gweddill y dosbarth, gan ddefnyddio cyflwyniad, o bosibl.

4   Mewn grwpiau bach, meddyliwch yn feirniadol am y cadwyni cyflenwi sy'n cefnogi'r broses o wneud y nwyddau sy'n eiddo i chi. Y cwestiynau allweddol i'w gofyn yw: ble mae'r eitemau rydych chi'n eu prynu, fel trenyrs neu ffonau, wedi eu gweithgynhyrchu? Pa ddarnau sy'n gwneud yr eitemau hyn? O ble gallai'r darnau hyn fod wedi dod? Mae yna offer ar-lein a all eich helpu i wneud gwaith ymchwil neu ddarganfod mwy am y materion hyn, er enghraifft: http://getstring3.com/projects/

5   Digwyddodd yr argyfwng ariannol byd-eang yn 2008, dros ddeng mlynedd yn ôl. Ond rydyn ni'n dal i deimlo ei effeithiau mewn amrywiol ffyrdd yn y DU oherwydd yr effeithiau tymor hir ar lefelau cyflogau a mesurau cyni (*austerity measures*) sy'n effeithio ar bopeth, o gostau mynd i'r brifysgol i'r gefnogaeth sydd ar gael i'r celfyddydau. Mewn grwpiau bach neu barau, gwnewch ragor o ymchwil i'r materion hyn neu drafodwch eich gwybodaeth flaenorol.

FFOCWS Y GWAITH MAES

Gallech chi seilio ymchwiliad gwaith maes ar y syniad o ryngddibyniaeth fyd-eang. Er enghraifft, gallai astudiaeth ganolbwyntio ar darddle'r nwyddau sy'n cael eu gwerthu yn siopau stryd fawr y DU; un o amcanion yr ymchwiliad yw archwilio i ba raddau mae prynwyr yn gwneud eu penderfyniadau prynu ar sail teimlad o 'gysylltiad' â'r cynhyrchwyr (y bobl sy'n cynhyrchu'r bwyd a'r nwyddau y maen nhw'n eu prynu).

- Wrth gwrs, mae ceisio archwilio cynnwys cyfan archfarchnad neu siop nwyddau i ddarganfod lle cafodd pethau eu gwneud neu eu tyfu yn darged afrealistig. Felly, efallai y byddwch chi eisiau dewis sampl o fathau penodol o nwyddau, er enghraifft drwy ganolbwyntio ar ffrwythau, llysiau a/neu gig. Mae'r rhain i gyd yn eitemau heb eu prosesu; bydd y deunydd pacio fel arfer yn rhoi gwybodaeth eglur am ranbarth y tarddle (sy'n golygu bod cyfle fan hyn i chi fapio eich data, neu ei gynrychioli mewn graff).

- Gallech chi ychwanegu at y gwaith hwn drwy gynnal cyfweliadau gydag aelodau o'r cyhoedd i ddarganfod faint o ystyriaeth y maen nhw'n ei rhoi wrth brynu bwyd i'r mannau o ble mae'r bwyd yn dod. A yw rhai pobl yn hoffi prynu neu yn osgoi cynnyrch o wledydd penodol, a pham?

Deunydd darllen pellach

Baylis, J., Smith, S. ac Owens, P. (2016) *The Globalization of World Politics: an introduction to international relations.* Gwasg Prifysgol Rhydychen.

Friedman, T. (2007) *The World is Flat: the Globalized World in the Twenty-First Century* 3ydd arg. Llundain: Penguin.

George, R. (2013) *Deep Sea and Foreign Going.* Llundain: Portobello.

Gilroy, P. (1993) *The Black Atlantic.* Llundain: Verso.

Held, D. a McGrew, A. (arg.) (2000) *The Global Transformations Reader: An Introduction to the Globalization Debate.* Caergrawnt: Polity Press.

Knox, P., Agnew, J. a McCarthy, L. (2008) *The Geography of the World Economy.* 5ed arg. Llundain: Arnold.

Murray, W. (2006) *Geographies of Globalization.* Llundain: Routledge.

Pinker, S. (2011) *The Better Angels of Our Nature: The Decline of Violence in History and its Causes.* Llundain: Penguin.

Taleb, N. N. (2011) *The Black Swan: The Impact of the Highly Improbable.* Llundain: Penguin.

Deunydd darllen pellach ar gyfer Pennod 2

Barnett, C., Robinson, J. a Rose, G. (2008) *Geographies of Globalisation: A Demanding World.* Llundain: Sage.

Driscoll, D. (1996) The IMF and the World Bank: How do they differ?
Ar gael yn: https://www.imf.org/external/pubs/ft/exrp/differ/differ.pdf.

Herman, E. a Chomsky, N. (1988) *Manufacturing Consent: The Political Economy of the Mass Media.* Efrog Newydd: Pantheon Books.

Herod, A. (2009) *Geographies of Globalization.* Rhydychen: Wiley-Blackwell.

Jones, A. (2006) *The Dictionary of Globalization.* Caergrawnt: Polity.

Nye, J. (2005) *Soft Power: The Means to Success in World Politics.* Efrog Newydd: PublicAffairs.

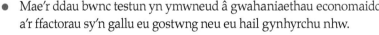

PENNOD 4

Datblygiad byd-eang ac anghydraddoldeb

Mae tystiolaeth yn cysylltu globaleiddio â datblygiad byd-eang. Mae llawer o wledydd a oedd yn dlawd ar un cyfnod, wedi eu dosbarthu erbyn hyn yn economïau cynyddol amlwg. Ond, dydy buddion twf economaidd byd-eang ddim wedi cael eu rhannu'n gyfartal rhwng gwahanol leoedd, cymdeithasau ac unigolion. Mae'r bennod hon:

- yn ymchwilio'r cysylltiadau rhwng globaleiddio, masnach a datblygiad byd-eang
- yn archwilio rôl llifoedd mudo yn y broses ddatblygu
- yn dadansoddi pwysigrwydd cynyddol y llifoedd data ar gyfer twf a datblygiad byd-eang
- yn gwerthuso effaith systemau byd-eang ar batrymau anghydraddoldeb.

CYSYNIADAU ALLWEDDOL

Datblygiad Yn gyffredinol, mae datblygiad dynol yn golygu cynnydd economaidd cymdeithas ochr yn ochr â gwella ansawdd bywyd. Mae lefel datblygiad gwlad i'w weld yn gyntaf yn y dangosyddion economaidd, incwm a/neu gyfoeth cenedlaethol cyfartalog, ond mae hefyd yn cynnwys meini prawf cymdeithasol a gwleidyddol.

Anghydraddoldeb Yr anghysonderau cymdeithasol ac economaidd (incwm a/neu gyfoeth) sy'n bodoli rhwng ac o fewn gwahanol gymdeithasau neu grwpiau o bobl. Mae'n bosibl cynyddu neu leihau anghydraddoldebau ar raddfeydd byd-eang, cenedlaethol a lleol gyda llifoedd masnach, buddsoddiad a mudo. Gallai anghydraddoldeb mewn cymdeithas gynyddu hyd yn oed pan mae incymau pawb yn codi oherwydd yr enillion anghymesur o fawr y mae'r unigolion mwyaf cyfoethog a'r grwpiau cymdeithasol elît yn eu cael.

① Datblygiad byd-eang, masnach a buddsoddiad

▶ *Ym mha ffyrdd y mae masnach a buddsoddiad yn gallu cyfrannu at ddatblygiad byd-eang?*

Roedd Penodau 1–3 yn archwilio sut mae systemau byd-eang yn cynhyrchu ac yn ail gynhyrchu perthnasoedd penodol rhwng pobl, lleoedd ac amgylcheddau. Mae'r bennod hon yn canolbwyntio ar ba mor bell mae'r systemau hyn wedi hybu twf a datblygiad yn fyd-eang ac yn lleol. Mae datblygiad dynol, fel globaleiddio, yn broses sydd â nifer o ddimensiynau y gallwn ni ei hastudio ar amrywiol raddfeydd daearyddol. Mae llawer iawn o orgyffwrdd (gweler Ffigur 4.1) rhwng astudiaethau datblygiad ac astudiaethau systemau byd-eang.

- Mae'r ddau bwnc testun yn ymwneud â gwahaniaethau economaidd a'r ffactorau sy'n gallu eu gostwng neu eu hail gynhyrchu nhw.

- Mae'r llifoedd ariannol sy'n caniatáu i systemau byd-eang weithredu hefyd yn trosglwyddo cyfoeth rhwng lleoedd mewn ffyrdd sy'n gallu culhau neu ehangu gwahanol fathau o *fwlch datblygiad*.

 TERM ALLWEDDOL

Bwlch datblygiad Term sy'n cael ei ddefnyddio i ddisgrifio'r ffordd y mae poblogaeth y byd wedi ei phegynnu o ran 'y rhai sydd â digon' a'r 'rhai sydd heb ddim'. Mae'n cael ei fesur fel arfer yn nhermau dangosyddion economaidd a datblygiad cymdeithasol. Mae bylchau datblygiad yn bodoli rhwng ac o fewn gwladwriaethau a chymdeithasau.

Datblygiad dynol a ffyrdd o'i fesur

Mae Ffigur 4.2 yn dangos 'y cebl datblygu'. Mae'n cyflwyno'r broses ddatblygu fel cyfres gymhleth o ganlyniadau wedi eu rhyng-gysylltu ar gyfer pobl a lleoedd. Ymysg nifer o bethau eraill, mae'n dangos bod y pethau isod yn wir mewn cymdeithas sydd wedi datblygu'n economaidd:

- mae'r dinasyddion yn mwynhau iechyd, bywyd hir ac addysg sy'n cyfateb â'u gallu i ddysgu
- mae hawliau dynol a dinasyddiaeth yn fwy tebygol o gael eu sefydlu a'u diogelu.

Mae Ffigur 4.3 yn dangos y newidiadau cymdeithasol sydd weithiau'n dilyn pan fydd ffermwyr mwyaf tlawd y byd yn derbyn hwb mewn enillion am eu bod wedi integreiddio i mewn i systemau byd-eang (yn yr enghraifft hon, mae llifoedd o arian wedi cysylltu ffermwyr tlawd mewn cyd-destun lleol â'r sefydliad Masnach Deg rhyngwladol). Mae'r darlun cryno hwn yn dangos sut mae newidiadau economaidd, cymdeithasol, diwylliannol a gwleidyddol i gyd yn rhannau rhyng-gysylltiedig o broses datblygiad dynol.

- Effeithiau llifoedd ariannol (masnach, cymorth, benthyciadau ac ad-daliadau)
- Llywodraethiant byd-eang i gefnogi datblygiad cynaliadwy
- Globaleiddio normau democrataidd a chymorth i hawliau dynol
- Gweithredu byd-eang i gefnogi gwell iechyd ac addysg

Systemau Byd-eang → Datblygiad dynol

▲ **Ffigur 4.1** Y gorgyffwrdd rhwng astudiaethau systemau byd-eang ac astudiaethau datblygiad

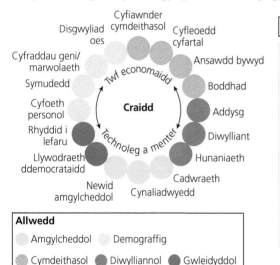

▲ **Ffigur 4.2** Y cebl datblygiad

▲ **Ffigur 4.3** Cysyllteddau datblygiad cymdeithasol ac economaidd

Pa mor ddilys a dibynadwy yw dangosyddion o ddatblygiad dynol?

Mae Tabl 4.1 yn esbonio sut mae tri dangosydd datblygiad dynol pwysig yn cael eu defnyddio.

Dangosydd	Esboniad	Gwerthuso
Incwm fesul pen	■ Gellir cyfrifo incwm cyfartalog cymedrig grŵp o bobl drwy gymryd cyfanswm ffynhonnell incwm gwlad, neu ranbarth lai, a'i rannu â maint y boblogaeth. Mae hyn yn rhoi cyfartaledd bras sy'n gallu rhoi ffigur 'nodweddiadol' camarweiniol	■ Mae pobl ym mhob man bron yn cytuno bod astudio lefelau incwm yn rhan ddilys o ymholiad i ddatblygiad dynol. ■ Ond, nid yw hi bob amser yn bosibl cofnodi CMC (*GDP*) yn ddibynadwy. Rhaid rhoi cyfrif

Dangosydd	Esboniad	Gwerthuso
	o uchel os bydd nifer mawr o bobl ar gyflog uchel yn gyrru'r cyfartaledd i fyny. ■ Mae cynnyrch mewnwladol crynswth (CMC/ *GDP: gross domestic product*) fesul pen yn cael ei ddefnyddio'n gyffredin yn lle hynny. Dyma werth terfynol yr allbwn o nwyddau a'r gwasanaethau o fewn ffiniau cenedl (h.y. amcangyfrif o incwm y genedl). Mae cyfrifiad blynyddol gwlad yn cynnwys y gwerth a ychwanegwyd gan fusnesau sy'n cael eu rhedeg yn lleol ond sy'n eiddo i berchnogion tramor. ■ Yn ddiweddar, amcangyfrifodd Fanc y Byd mai'r cynnyrch mewnwladol crynswth (CMC) nominal byd-eang yn 2014 oedd tua 78 triliwn o ddoleri UDA. Gan ddefnyddio'r ffigur hwn, allwch chi amcangyfrif y cynnyrch mewnwladol crynswth (CMC) byd-eang ar gyfartaledd fesul pen? Pa wybodaeth arall ydych chi angen ei darganfod?	am enillion pob dinesydd a busnes, yn cynnwys gwaith yn y sector anffurfiol. Hefyd, er mwyn cymharu, mae CMC pob gwlad yn cael ei drosi'n ddoleri UDA. Ond, gall peth data fynd yn llai dibynadwy oherwydd newidiadau yn y cyfraddau cyfnewid arian cyfred. ■ Rhaid trin y data am CMC ymhellach i ystyried cost byw, sef paredd gallu prynu (PGP/*PPP: purchasing power parity*). Mewn economïau cost isel, lle mae nwyddau a gwasanaethau'n fforddiadwy, mae ystadegwyr yn cynyddu maint CMC i adlewyrchu hyn (ac yn ei ostwng lle mae'r costau'n uchel). Dyna pam mae ffynonellau'n aml yn dangos dau amcangyfrif o CMC gwlad (roedd gan Brasil CMC 'nominal' o 1.9 triliwn o ddoleri UDA yn 2018 a CMC 'paredd gallu prynu' o 3.4 triliwn).
Mynegrif datblygiad dynol (MDD/*HDI: human development index*)	■ Mae'r MDD yn fesur cyfansawdd sy'n rhestru gwledydd yn eu trefn ar sail meini prawf economaidd (CMC fesul pen, wedi ei addasu i'r 'paredd gallu prynu' (*PPP*)) a meini prawf cymdeithasol (disgwyliad oes a llythrennedd). ■ Cafodd ei ddyfeisio gan Raglen Datblygiad y Cenhedloedd Unedig (*UNDP: United Nations Development Programme*) ac mae wedi bod yn ei ffurf gyfredol ers 2010. ■ Mae'r tri 'chynhwysyn' yn cael eu prosesu i gynhyrchu rhif rhwng 0 a 1. Yn 2018, cafodd Norwy ei rhestru ar frig y rhestr (0.95) a chafodd Niger ei rhestru yn y lle olaf (0.36).	■ Ystyrir tri chynhwysyn MDD – cyfoeth, iechyd ac addysg – yn ddangosyddion dilys o ddatblygiad. Mae pob llywodraeth yn gwerthfawrogi cyfoeth ac iechyd, ac mae addysg dinasyddion yn cefnogi'r rhain a thargedau eraill. ■ Dydy gwybodaeth am ddisgwyliad oes a llythrennedd ddim bob amser yn hawdd i'w chofnodi'n ddibynadwy. Yn ddiweddar, mae miliynau o bobl wedi cael eu dadleoli gan drychinebau ffisegol fel brwydro yn Syria neu sychder yng Nghorn Affrica. Felly, mae bron yn amhosibl casglu data MDD cywir.
Mynegrif Anghydraddoldeb ar sail Rhyw (MARh/*GII: gender inequality index*)	■ Mae MARh yn fynegrif cyfansawdd sydd wedi ei ddyfeisio gan y Cenhedloedd Unedig. Mae'n mesur anghydraddoldebau rhwng y rhywiau sy'n ymwneud â thair agwedd o ddatblygiad cymdeithasol ac economaidd (gweler Ffigur 4.4). ■ Dyma ei gynhwysion: iechyd atgenhedlu (wedi'i fesur gan gymhareb rhwng cyfradd marwolaeth mamau a chyfraddau genedigaeth i ferched yn eu harddegau); grymuso (wedi'i fesur yn rhannol yn ôl y seddau seneddol sydd gan fenywod); cyfranogaeth yn y gweithlu (cymhareb y poblogaethau menywod a dynion yn y gweithlu).	■ Dydy rhai taleithiau, fel Kuwait, ddim yn caniatáu i fenywod sefyll mewn etholiad i'r senedd. Yn Nyffryn Swat, Pakistan, mae milisia'r Taliban wedi llosgi ysgolion merched. Dydy diwylliannau sydd ddim yn cefnogi hawliau cyfartal i ferched ddim yn ystyried MARh yn fesur datblygiad cwbl ddilys. ■ Efallai ei bod yn anodd casglu data dibynadwy am gyfraddau cyfranogaeth yn y gweithlu oherwydd y nifer o fenywod sy'n gweithio yn y sector anffurfiol, neu dan gontractau 'dim oriau'.

▲ **Tabl 4.1** Gwerthuso pa mor ddilys a dibynadwy yw gwahanol ddangosyddion o ddatblygiad

Rydyn ni'n mesur datblygiad dynol mewn nifer o wahanol ffyrdd gan ddefnyddio mesurau sengl a chyfansawdd (cyfunedig) fel ei gilydd. Wrth asesu gwerth mesurau gwahanol, mae'n ddefnyddiol gwahaniaethu rhwng dilysrwydd a dibynadwyedd.

- Er mwyn i fesur fod yn *ddilys*, dylai nifer eang o bobl gytuno bod y mesur yn berthnasol. Er enghraifft, ydych chi'n cytuno y dylai llygredd gwleidyddol gael ei ddefnyddio i fesur datblygiad? A ddylai cydraddoldeb ar sail rhyw gael ei gynnwys fel un o agweddau mwyaf pwysig datblygiad dynol, fel y gwnaeth Nodau Datblygu'r Mileniwm? Pan fyddwn ni'n ceisio dadansoddi lefelau amrywiol o ddatblygiad dynol, a ddylen ni ystyried ymrwymiad gwlad i bolisïau datblygu cynaliadwy a lleihau newid hinsawdd?
- I fod yn *ddibynadwy*, mae'n rhaid i fesur ddefnyddio data y gallwn ni ymddiried ynddo. Ydych chi'n meddwl bod data incwm a chyflogaeth pob gwlad yn gwbl gywir, er enghraifft? Ydy problemau gyda mesuriad data neu'r gallu i gymharu data yn golygu y dylen ni weithiau holi pa mor ddibynadwy yw amcangyfrifon gwahanol wledydd am eu cyfraddau ffrwythlondeb, marwoldeb neu lythrennedd? A ddylai amcangyfrifon am lifoedd byd-eang anghyfreithlon (gweler Pennod 5, tudalen 160) gael eu cynnwys mewn mesuriadau o incwm cenedlaethol a'r cyfoeth y mae cenedl yn ei greu?

Patrymau masnach byd-eang

Masnach yw symudiad nwyddau a gwasanaethau o'r cynhyrchwyr i'r defnyddwyr. Mae'n rhychwantu nifer o wahanol sectorau o'r diwydiant. Mae masnach ffisegol mewn nwyddau yn cynnwys symudiad:

- cynhyrchion diwydiant cynradd (bwyd, egni a deunyddiau crai)
- eitemau wedi'u gweithgynhyrchu (yn amrywio o fwyd wedi'i brosesu i electroneg).

Ar y cyfan, mae masnach y byd wedi'i dominyddu gan wledydd datblygedig a nifer o economïau mawr sy'n gynyddol amlwg, yn cynnwys grŵp BRIC (pedwar economi mawr Brasil, Rwsia, India a China). Mae'r pwyntiau canlynol yn rhoi crynodeb i ni o'r patrymau masnach byd-eang, gan ystyried cynhyrchiad (tarddle) a defnydd (marchnad).

◀ **Ffigur 4.4** Yn gyffredinol (ac eto nid drwy'r byd i gyd) mae pobl yn ystyried statws menywod mewn cymdeithas (yn cynnwys eu hawliau i bleidleisio a bod yn berchen ar eiddo) yn fesur datblygu pwysig.

TERM ALLWEDDOL

Grŵp BRIC Acronym am Brasil, Rwsia, India a China. Mae gan y pedair gwlad hyn economïau mawr, poblogaethau mawr ac mae pob un wedi dangos cyfradd twf uchel yn y blynyddoedd diwethaf. Yr enw ar uwchgynhadledd flynyddol sy'n cael ei chynnal yn Ne Affrica yw uwchgynhadledd BRICS.

- Mae gwerth masnach byd a chynnyrch mewnwladol crynswth byd-eang wedi codi o tua dau y cant bob blwyddyn ers 1945, ac eithrio 2008-09 pan arweiniodd yr argyfwng ariannol byd-eang at ostyngiad byr mewn gweithredu.
- Dim ond deg cenedl, yn cynnwys China, UDA, yr Almaen a Japan, sy'n cyfrif am fwy na hanner yr holl fasnach fyd-eang.
- Mae tua hanner yr holl fasnach sy'n deillio o wledydd datblygedig yn digwydd gyda gwledydd datblygedig eraill (gweler Ffigur 4.5) Y rheswm dros hynny yw bod niferoedd mawr o ddefnyddwyr a marchnadoedd cyfoethog i'w cael yng ngwledydd mwyaf cyfoethog y byd.
- Mae'r marchnadoedd defnyddwyr wedi ehangu mewn economïau cynyddol amlwg wrth i bŵer gwario dyfu ymysg eu dinasyddion. Mae deiet y dosbarth canol, sy'n uwch mewn protein, yn cynnwys mwy o gig a llaeth, fel arfer. Er enghraifft, mae pobl China yn bwyta mwy a mwy o gig bob blwyddyn, cynnydd o tua 5 kg y pen i 50 kg y pen, ac yn Brasil roedd cynnydd o 30 kg y pen i 80 kg y pen yn ystod cyfnod o 20 mlynedd rhwng 1990 a 2010.
- China yw'r allforiwr nwyddau mwyaf yn y byd o hyd (werth 2.3 triliwn o ddoleri UDA yn 2017) ac felly mae'n ddylanwad dominyddol ar fasnach byd. Yn wir, mae'r arafu yng nghyfradd twf China ers 2010 wedi bod yn gyfrifol am 'oeri' cyffredinol yr economi byd-eang cyfan. Yn arbennig, mae'r gostyngiad yn y galw gan China am fewnforio adnoddau naturiol ac olew wedi bod yn niweidiol yn ariannol i rai allforwyr Affricanaidd.

▶ **Ffigur 4.5** Masnach nwyddau byd-eang, 2015. Mae saeth yn dangos cyfeiriad y symudiad, ac mae lled y saeth wedi ei dynnu i gyfateb â maint y symudiad. Gan ddefnyddio'r wybodaeth, allwch chi amcangyfrif gwerth pum llif masnach mwyaf y byd?

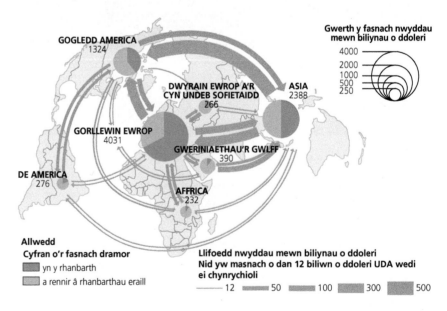

ASTUDIAETH ACHOS GYFOES: CHINA GYNYDDOL AMLWG A THWF MASNACH DE–DE

Maè mwy na 40 mlynedd wedi mynd heibio ers i China agor economi'r wlad i fuddsoddwyr tramor a chroesawu globaleiddio. Yn 1978, cychwynnodd Deng Xiaoping oes o 'ddiwygio ac agor' a oedd yn cynnwys diwygiadau marchnad rydd a chroesawu buddsoddi o dramor (mae'n bosibl tynnu sylw at yr elfennau sy'n debyg i daflwybrau hanesyddol Indonesia, a gafodd ei drafod eisoes ar dudalen 62). Roedd y mwyafrif o bobl bryd hynny'n dal i fyw mewn tlodi gwledig mewn ardaloedd gwledig. Ond, yn y blynyddoedd a ddilynodd, cafodd y comiwnau amaethyddol eu chwalu a chaniatawyd i ffermwyr wneud elw bach am y tro cyntaf. Cyflymodd gweddnewidiad China i ddod yn wlad ddinesig a diwydiannol, wrth i 300 miliwn o bobl symud o'r ardaloedd gwledig i'r dinasoedd i chwilio am fywyd gwell. Datblygodd economi a chymdeithas y wlad yn eithriadol o gyflym mewn dau le penodol.

1 I ddechrau, aeth y trefoli law yn llaw â thwf ffatrïoedd cyflogau isel, gan olygu bod China wedi cael y llysenw 'gweithdy'r byd'. Daeth yn un o'r cyrchfannau mwyaf poblogaidd ar gyfer allanoli a buddsoddi mewnol gan gorfforaethau trawswladol mwyaf y byd, i mewn i barthau economaidd arbennig a oedd newydd eu sefydlu (gweler tudalen 44) yn Shanghai, Delta'r Afon Pearl a rhanbarthau arfordirol eraill. Mae Ffigur 4.6 yn dangos bod y gyfran o fasnach fyd-eang a oedd gan y wlad wedi codi'n gyflym erbyn canol yr 1990au. Ond yn aml iawn roedd cyflogau'r gweithlu'n parhau i fod yn isel iawn, gan greu pryderon am foeseg allanoli i China (gweler tudalen 156).

2 Rhwng 2010 a 2018, treblodd y cyflogau yn sector gweithgynhyrchu China, yn dilyn protestio gan weithwyr a phrinder gweithwyr iau (o ganlyniad i reol un plentyn China i deuluoedd – rheol sydd wedi ei dileu erbyn hyn). O ganlyniad, mae cwmnïau wedi mynd ati i gynhyrchu nwyddau o werth uwch ac mae llawer o fasnach China wedi symud i fyny'r gadwyn werth, yn cynnwys mwy o nwyddau electronig a chydrannau fel newidyddion trydanol (gweler Ffigur 4.7) Mae nifer gynyddol o allforion rhatach eu pris ond llafur-ddwys, yn cynnwys dillad 'rhad', yn dod o wledydd cyfagos fel Viet Nam yn lle China. Canlyniad arall i'r newidiadau strwythurol diweddar yw ymddangosiad cyflym dosbarth canol enfawr yn China. Mae hyn yn helpu i ddatblygu economi mwy cytbwys sydd ddim bellach yn dibynnu'n gyfan gwbl ar allforion tramor. Heddiw, mae twf y cynnyrch mewnwladol crynswth (CMC) yn deillio hefyd o'r cynnydd mewn pryniant preifat o nwyddau a gwasanaethau gan weithlu cynyddol gyfoethog China.

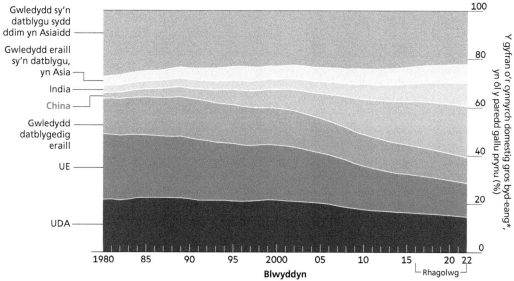

*Ac eithrio'r Gymanwlad o Wladwriaethau Annibynnol

▲ **Ffigur 4.6** Mae China yn economi cynyddol amlwg (neu'n wlad sy'n datblygu'n economaidd) y mae ei chyfran o fasnach fyd-eang wedi ehangu'n enfawr ers 1978. Mae'r patrwm byd-eang o fasnach wedi newid yn nodedig ers 1980. Yn arbennig, mae cyfran China sawl gwaith yn fwy erbyn hyn. *Graffigyn FT; Ffynhonnell y Gronfa Ariannol Ryngwladol*

Mae buddsoddiadau o dramor yn dal i fod yn bwysig i fasnach a diwydiant China. Yn 2018, roedd hyn yn cyfrif am tua 45 y cant o allforion y wlad, yn cynnwys gliniaduron a ffonau sy'n cael eu gwneud i gwmnïau fel Apple.

Rôl China mewn llifoedd mudo a masnach de–de

Yn ei dro, mae twf China yn cael dylanwad cynyddol ar ddatblygiad economaidd cyfandir Affrica. Mae'r llifoedd o fuddsoddiadau gan China a'i gweithwyr sy'n mudo yn symud tuag at wledydd fel De Affrica, Ethiopia a Kenya. Rhwng 2006 a 2016, cynyddodd y mewnforion o China i Affrica is-Sahara o bron i 250 y cant, gan gyrraedd gwerth o 170 miliwn o ddoleri UDA (mae hyn 20 gwaith yn uwch nag ydoedd ar ddechrau'r mileniwm). Weithiau, mae cwmnïau o China yn buddsoddi'n uniongyrchol mewn gwledydd Affricanaidd hefyd. Mae'r gweithgaredd hwn yn rhychwantu pob sector o ddiwydiant, yn amrywio o gynhyrchu olew yn Nigeria a Sudan i dwristiaeth yn yr Aifft a De Affrica.

Law yn llaw â'r llifoedd masnach ac ariannol hyn, mae mwy na miliwn o fudwyr economaidd wedi symud i Affrica (mae tua thraean yn byw yn Ne Affrica ar ôl teithio yno o weriniaeth Fujian yn China). Mae rhai ohonyn nhw'n bobl fusnes sy'n gobeithio sefydlu eu busnesau eu hunain. Mae llawer ohonyn nhw'n weithwyr contract sy'n gwasanaethu cwmnïau sy'n eiddo i'r wladwriaeth yn China, fel Sinopec; mae tua 250,000 yn perthyn i'r categori hwn, yn cynnwys pobl sydd wedi mudo i helpu i reoli projectau Rhanbarth a Llwybr (gweler tudalen 69).

Mae cwmnïau o China hefyd wedi buddsoddi'n sylweddol yn Ne America, yn cynnwys 20 miliwn o ddoleri UDA ym Mrasil yn ystod 2016 a 2017. Gwariodd Sinopec 7 biliwn o ddoleri UDA gan brynu bron i hanner y cwmni olew Repsol ym Mrasil yn 2010, a rhoi cyfran bwysig i China yn rhai o ganfyddiadau olew alltraeth diweddar Brasil. Mae dadansoddwyr yn dweud bod buddsoddi ym Mrasil yn rhan o gyfarwyddeb wedi'i harwain gan y wladwriaeth i sicrhau diogelwch bwyd ac ynni i China yn y dyfodol. Mae pobl sy'n beirniadu hyn yn labelu camau fel hyn yn ddifrïol fel 'cipio tir', ond yn ôl y sôn, mae llywodraeth Brasil yn croesawu'r buddsodddiad. Mae'r cysylltiadau rhwng y ddwy wlad BRIC yn mynd yn gynyddol ryngddibynnol.

Ond, efallai y bydd llai o fudwyr yn symud o China i wledydd yn Affrica a De America yn y dyfodol oherwydd

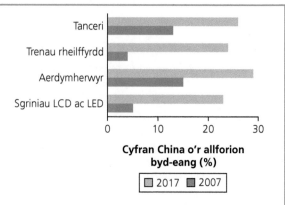

▲ **Ffigur 4.7** Ers dechrau'r 2000au, mae marchnad allforio China wedi cipio cyfran fwy o'r cynhyrchion technoleg gwerth uchel

bod cyflogau wedi codi'n ddiweddar gan olygu nad oes cymaint o reswm i weithwyr sydd â sgiliau isel yn China fudo i rywle arall.

Stori lwyddiant fyd-eang?

I gloi, efallai fod stori China yn cefnogi'r farn hyperglobal bod masnach rydd ar raddfa fyd-eang yn gallu cael gwared â thlodi. Ac eto dylen ni fod yn ofalus i beidio â defnyddio twf China fel tystiolaeth i gefnogi'r honiad anfeirniadol bod systemau byd-eang *bob amser* yn dod â thwf a datblygiad i wledydd. Nid yw pob gwlad sy'n datblygu sydd wedi agor ei drysau i lifoedd byd-eang wedi gwneud hanner cystal â China. Mae ei stori hi'n anarferol. Dydy ei llywodraeth hi ddim bob amser wedi cadw at reolau Sefydliad Masnach y Byd (*WTO: World Trade Organisation*), ac mae llawer o lywodraethau'r byd, yn cynnwys UDA, yn credu bod cwmnïau o China yn cael mantais fasnachu annheg drwy gymorthdaliadau'r wladwriaeth. Cafwyd y gwahaniaeth uchaf erioed rhwng masnach UDA a masnach China yn 2017 pan oedd masnach China 37 biliwn o ddoleri UDA yn fwy na masnach UDA. Dyma a sbardunodd weinyddiaeth Trump i roi tollau ar lawer o nwyddau o China yn 2018 (gweler tudalen 185).

Bydd dadansoddiad pellach o daflwybr twf China drwy gydol y llyfr hwn. Mae'r themâu'n cynnwys:

- rhyngddibyniaeth rhwng China ac UDA (gweler tudalen 97)
- buddsoddiad China yn y DU (gweler tudalen 66)
- cost ddynol 'gwyrth economaidd' China (gweler tudalen 156).

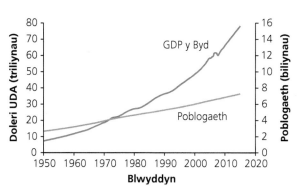

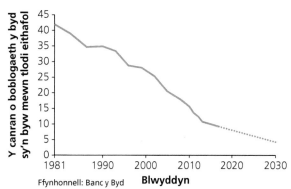

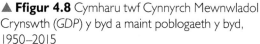

▲ **Ffigur 4.8** Cymharu twf Cynnyrch Mewnwladol Crynswth (GDP) y byd a maint poblogaeth y byd, 1950–2015

▲ **Ffigur 4.9** Y gyfran sy'n gostwng o boblogaeth y byd sy'n byw mewn tlodi eithafol (yn ennill llai na 1.90 doler UDA bob dydd), 1981–2030 (rhagamcan)

Globaleiddio, gostyngiad mewn tlodi a'r dosbarth canol byd-eang newydd

Yn gyffredinol, mae'r economi byd-eang wedi tyfu'n enfawr ers canol yr ugeinfed ganrif, ac yn llawer cyflymach na phoblogaeth y byd (gweler Ffigur 4.8). Un canlyniad yw bod bron i 1 biliwn o bobl wedi cael eu codi allan o dlodi llwyr yn ystod y ddau ddegawd diwethaf (gweler Ffigur 4.9). Ar raddfa genedlaethol, mae hyn yn gysylltiedig â throsglwyddiad nifer o wledydd o statws 'incwm isel' ac 'yn datblygu' i statws 'incwm canolradd' a 'chynyddol amlwg'. Mae llawer o'r twf wedi digwydd yn Asia ac America Ladin. Cafodd rhwng 500 miliwn a 600 miliwn o bobl (mae'r amcangyfrifon yn amrywio) eu codi allan o dlodi yn China yn unig.

Banc y Byd yw'r ffynhonnell bwysicaf o wybodaeth am dlodi eithafol heddiw ac mae'n gosod safle'r llinell dlodi ryngwladol. Cafodd y mesuriad hwn ei adolygu yn 2015: ar hyn o bryd, mae person yn byw mewn tlodi eithafol os yw'n byw ar lai na 1.90 doler UDA y dydd. Yn ôl y meincnod hwn, gostyngodd y gyfran o bobl sy'n byw mewn tlodi eithafol mewn gwledydd sy'n datblygu (ac

🔑 **TERMAU ALLWEDDOL**

Tlodi eithafol Pan fydd incwm person yn rhy isel i ateb anghenion dynol sylfaenol, gan achosi llwgu a digartrefedd, o bosibl.

Dosbarth canol bregus Yn fyd-eang, mae 2 biliwn o bobl sydd wedi dianc tlodi ond sydd heb ymuno â'r dosbarth canol byd-eang, fel mae'n cael ei alw. Fel arfer, maen nhw'n ennill rhwng 2 ddoler UDA a 10 doler UDA y diwrnod. Mae'r dosbarth 'canol bregus' yn debyg yn fras i'r syniad o ddosbarth 'canol is' byd-eang.

eithrio China) o 40 y cant i 25 y cant rhwng 1990 a 2010. Pan rydyn ni'n cynnwys China, y ffigurau yw 46 y cant a 22 y cant – sydd hyd yn oed yn fwy rhyfeddol. Mae hyn yn dangos bod datblygiad economaidd China wedi chwarae rôl allweddol o ran helpu i gyflawni'r targedau gostwng tlodi drwy'r byd i gyd. Yn 2016, amcangyfrifodd Fanc y Byd bod y nifer o bobl sy'n parhau mewn tlodi eithafol wedi disgyn yn is na 800 miliwn.

- Mae hyn yn golygu bod 90 y cant o boblogaeth y byd yn byw yn uwch na'r llinell dlodi eithafol erbyn hyn. Mae nifer cynyddol yn perthyn i'r dosbarth canol byd-eang newydd (gweler tudalen 20): mae hyn yn golygu eu bod nhw'n ennill neu'n gwario mwy na 3650 o ddoleri UDA y flwyddyn, neu 10 o ddoleri UDA y dydd.

- Mae 2 biliwn mwy o bobl yn perthyn i grŵp tlotach o'r enw'r dosbarth canol bregus. Maen nhw'n ennill neu'n gwario rhwng 2 a 10 o ddoleri UDA y dydd: maen nhw mewn safle ansefydlog a gallan nhw'n hawdd lithro yn ôl i dlodi os byddai argyfwng economaidd, gwrthdaro neu drychineb naturiol mawr yn effeithio ar y fan lle maen nhw'n byw.

● Ond, mae tlodi yn parhau'n eang iawn yn Affrica is-Sahara ac mewn rhai rhannau o dde Asia. Dim ond o 8 pwynt canran y gostyngodd y gyfradd dlodi yn Affrica is-Sahara rhwng 1981 a 2016.

Mae'r rhesymau am y newidiadau hyn yn gymhleth ond maen nhw'n ymwneud yn rhannol â globaleiddio a masnach, yn ogystal â gwaith gan y Cenhedloedd Unedig ac asiantaethau rhyngwladol eraill. Mae Richard Freeman o Brifysgol Harvard wedi dweud mai'r rheswm dros rai o'r newidiadau hyn yw dynameg poblogaeth y mae'n ei alw'n 'ddyblu mawr': dyblodd maint y gweithlu byd-eang o 1.5 i 3 biliwn o bobl pan ddechreuodd China, India a gwledydd dwyrain Ewrop gymryd rhan yn llawnach yn economi'r byd, yn dilyn cyfres o newidiadau gwleidyddol yn yr 1980au. Damcaniaeth arall yw bod economïau cynyddol amlwg wedi cael budd o dderbyn gwybodaeth wyddonol a meddygol sydd wedi 'diferu i lawr' o Ewrop, Gogledd America a Japan.

Mewn gwirionedd, mae llawer o resymau am y 'pennawd' eang hwn o ostyngiad mewn tlodi byd-eang, a dylen ni ddadansoddi'r tueddiadau datblygiad mewn gwahanol wledydd fesul achos unigol. Yn ôl y bobl sy'n beirniadu globaleiddio, efallai fod y 'stori lwyddiant' o ostwng tlodi wedi cael ei or-ddweud. Mae Ffigur 4.10 yn dangos sut mae data yn cael ei ddefnyddio'n ddetholus i gyflwyno nifer o safbwyntiau cyferbyniol am ddatblygiad a thlodi yn y byd heddiw.

Yn 2018, mae tlodi yn Affrica is-Sahara yn parhau ar bron i **50%** – dim is nag oedd yn 1981; ac mae twf y boblogaeth wedi golygu bod y nifer o bobl dlawd sy'n byw yno wedi dyblu, o 200 miliwn i tua 400 miliwn.	Mae tlodi yn Nwyrain Asia wedi gostwng – o sefyllfa lle mae 80% o'r boblogaeth yn byw ar lai na 1.90 o ddoleri UDA bob dydd yn 1981, i 18% yn 2005. Roedd llawer o'r cynnydd yn China, lle mae **0.5 biliwn** o bobl wedi cael eu codi allan o dlodi eithafol.	O'r biliwn o bobl drwy'r byd i gyd sydd wedi dianc o dlodi absoliwt a chael **1.90 o ddoleri UDA** y dydd ers yr 1980au, byddai'r mwyafrif yn dal i gael eu hystyried yn dlawd iawn yn ôl safonau Ewrop a Gogledd America.
Roedd gan yr **wyth** o bobl fwyaf cyfoethog a oedd yn fyw yn 2018, gyfoeth personol a oedd yn gyfatebol â'r arian oedd gan hanner tlotaf y ddynoliaeth i gyd, sef cyfanswm o **3.8 biliwn** o bobl.	Mae'r Cynnyrch Mewnwladol Crynswth byd-eang o **80 triliwn o $UDA** wedi ei rannu'n anghyfartal rhwng gwledydd cyfoethog a thlawd. Mae hefyd wedi ei rannu'n anghyfartal rhwng y bobl gyfoethog a'r bobl dlawd sy'n byw mewn gwledydd gwahanol.	Mae **800 miliwn** o bobl yn byw ar lai na 1.90 o ddoleri UDA bob dydd (mesur tlodi eithafol Banc y Byd); ac mae **2 biliwn** o bobl yn llwyddo i fyw ar ddim ond 2-10 o ddoleri UDA y dydd (yn gyfatebol â'r gallu i brynu).
Roedd tua 350 miliwn o bobl India yn byw mewn tlodi yn 2017; ac eto mae 41 o'r 1000 o bobl fwyaf cyfoethog ar y blaned yn ddinasyddion India – yn cynnwys **dau** o'r **50** sydd ar y cyflogau **uchaf**.	Mae cenhedloedd mwyaf cyfoethog y byd yn gartref hefyd i 100 miliwn o bobl sy'n byw o dan linell dlodi swyddogol lleoedd hyn; yn cynnwys **43 miliwn** o ddinasyddion yr Unol Daleithiau (yn 2015).	Rhwng 1988 a 2011, cynyddodd incymau'r 10% tlotaf o ddim ond 65 o ddoleri UDA, tra bo incymau'r 1% mwyaf cyfoethog wedi tyfu o 11,800 o ddoleri UDA – **182 gwaith yn fwy**.

▲ **Ffigur 4.10** Dadansoddi tystiolaeth o dlodi ac anghydraddoldeb ar wahanol raddfeydd. Ar sail y dystiolaeth hon, a fyddech chi'n dweud bod systemau byd-eang, yn gyffredinol, wedi dod â mwy o dwf a ffyniant i'r mwyafrif o bobl – neu beidio?

ASTUDIAETH ACHOS GYFOES: Y DOSBARTH CANOL BYD-EANG

Yn hanesyddol, daeth yr ymadrodd 'dosbarth canol' i ddisgrifio grŵp economaidd-gymdeithasol sydd wedi ei ddal rhwng gweithwyr (neu 'ddosbarth gweithiol') a'r 'dosbarth llywodraethol' mewn gwledydd Ewropeaidd. Heddiw, mae'r syniad o ddosbarth canol byd-eang (*GMC: global middle class*) yn cael ei ddefnyddio i ddisgrifio nifer cynyddol o bobl sydd ddim bellach yn y sefyllfa o dlodi llwyr neu incwm isel y mae bron i 3 biliwn o bobl drwy'r byd i gyd yn dal i fod ynddi. Ond, efallai nad ydyn nhw eto wedi cyrraedd lefel y dulliau cyfoethog o fyw sydd i'w cael yng 'ngwledydd y Gorllewin' neu yn Japan a De Korea.

▶

Mae barn pobl yn amrywio ynglŷn â beth yn union sy'n diffinio'r 'dosbarth canol' hwn. Yn ei hanfod, mae'n disgrifio'r bobl hynny sydd ag incwm ar ôl i'w wario ar ôl talu am yr hanfodion (lloches, gwres, bwyd) i gyd. Yng ngwaelod yr ystod incwm dosbarth canol, gallai hyn gynnwys rhywun sy'n gallu fforddio prynu tun o Coca-Cola sydd ddim yn hanfodol. Ar ben uchaf yr ystod incwm, mae'n golygu cael digon o arian i brynu oergell, ffôn neu hyd yn oed gar rhad.

■ Yn ôl un amcangyfrif, mae 2 biliwn o bobl ar hyn o bryd yn y Dosbarth Canol Byd-eang, ond bydd hyn yn tyfu i tua 3.5 biliwn erbyn 2020 wrth i fwy o'r dosbarth canol bregus incwm isel weld eu hincwm yn codi (gweler Ffigur 4.11).

■ Asia sy'n gyfrifol bron yn gyfan gwbl am y twf hwn: yn ôl y rhagolygon, mae'r dosbarth canol yn mynd i dreblu yn ei faint i 1.7 biliwn erbyn 2020, ac erbyn 2030 bydd Asia yn gartref i 3 biliwn o bobl dosbarth canol (deg gwaith yn fwy na Gogledd America).

■ Mae twf mawr hefyd yn nosbarth canol gweddill y byd cynyddol amlwg (gweler Tabl 4.2). Y disgwyliad yw y bydd y dosbarth canol yn America Ladin yn tyfu o 180 miliwn i 310 miliwn erbyn 2030, dan arweiniad Brasil. Yn ôl y rhagolygon, bydd yn fwy na dyblu yn Affrica a'r Dwyrain Canol, o 140 miliwn i 340 miliwn.

Ond cofiwch, dydy hi ddim yn hawdd amcangyfrif incwm neu wariant poblogaeth genedlaethol. Mae gwledydd gwahanol yn defnyddio arian cyfred gwahanol. Hefyd, mae arian yn prynu mwy mewn rhai lleoedd nag eraill. Felly, mae'r ffigurau incwm ar gyfer gwledydd gwahanol yn cael eu haddasu – weithiau'n ddigon bras – i gymryd i ystyriaeth paredd gallu prynu. Er enghraifft, yr incwm cyfartalog yn China yw tua 8,000 o ddoleri UDA, ond mae hyn yn troi'n 18,000 o ddoleri UDA, pan mae'n cael ei addasu i ystyried paredd gallu prynu (data 2018). Felly, mae'n bwysig cofio nad ydy rhywfaint o'r data sy'n cael ei ddefnyddio i roi gwybod am y ffenomen ddosbarth canol fyd-eang newydd yn gwbl gywir, dibynadwy na hawdd ei gymharu.

Gwlad	Poblogaeth (miliynau, 2017)	Cymwysterau dosbarth canol
Indonesia	263	Yn ôl y rhagolygon, bydd dosbarth canol Indonesia (pobl sy'n ennill mwy na 10 doler UDA y dydd) yn tyfu o 45 miliwn yn 2015 i 135 miliwn erbyn 2030.
México	129	Roedd 70 y cant yn bobl dosbarth canol yn 2017, a phob un yn gwario mwy na 9000 o ddoleri UDA bob blwyddyn. México yw marchnad allforio fwyaf ond un UDA.
India	1339	Dim ond un ym mhob deg o bobl oedd yn bobl dosbarth canol yn 2017, ond gallai fod yn un ym mhob pump erbyn 2025. Mae marchnad adwerthu India werth bron i 1 triliwn o ddoleri UDA yn flynyddol.
China	1410	Roedd un ym mhob tri yn bobl dosbarth canol yn 2017. Roedden nhw'n gwario tua 1.5 triliwn o ddoleri UDA, gan olygu mai China oedd marchnad fwyaf y byd. Erbyn 2022, bydd 550 miliwn o bobl yn y dosbarth canol.
Cyfanswm	3.35 biliwn	

▲ **Tabl 4.2** Economïau cynyddol amlwg mawr a'u dosbarth canol (defnyddwyr) sy'n tyfu, 2017

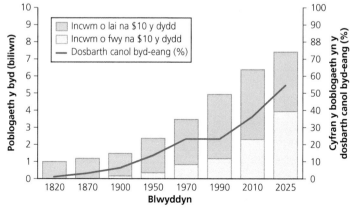

▲ **Ffigur 4.11** Twf gwirioneddol a thebygol y dosbarth canol byd-eang newydd, 1820–2025

DADANSODDI A DEHONGLI

Mae Ffigur 4.12 yn gynrychioliad o'r ffordd y mae poblogaeth y byd wedi newid rhwng 1988 a 2011. I bob rhanbarth o'r byd, rydyn ni'n gweld dosbarthiad newidiol y cyfoeth yn ystod y cyfnod amser hwn; mae hyn yn cynnwys yr ystod incwm a'r gyfran o bobl sy'n ennill incymau gwahanol.

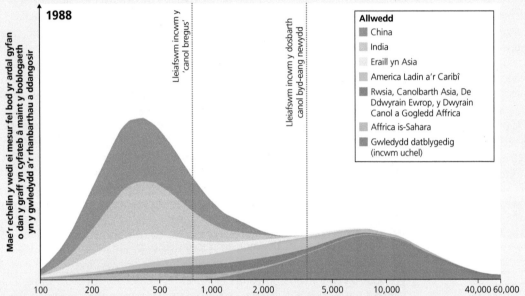

Ffynhonnell y data: Banc y Byd

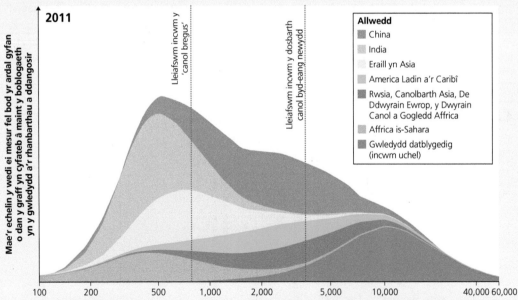

Ffynhonnell y data: Banc y Byd

▲ **Ffigur 4.12** Mae newidiadau yn y dosbarthiad incwm byd-eang 1988–2011 yn dangos (i) cynnydd bach mewn incwm moddol a (ii) cyfran sy'n tyfu o enillwyr dosbarth canol

(a) Gan ddefnyddio Ffigur 4.12, dadansoddwch y newidiadau yn (i) y gwerth incwm moddol a (ii) cyfanswm maint poblogaeth y byd.

CYFARWYDDYD

(i) Cynyddodd yr incwm moddol (y mwyaf cyffredin) ychydig bach o tua 300 o ddoleri UDA i ychydig yn llai na 500 o ddoleri UDA (cofiwch fod hyn yn gyfradd logarithmig ac nid llinol wrth wneud amcangyfrifon). (ii) Mae'r maint cyfan o dan y gromlin wedi cynyddu'n sylweddol, gan ddangos cynnydd cyffredinol yn y nifer gyfan o bobl sy'n fyw (mae'n ymddangos bod twf wedi digwydd yn y rhan fwyaf o wledydd a rhanbarthau'r byd sy'n datblygu sydd i'w gweld, heblaw China). Yn gyffredinol, mae'n ymddangos bod poblogaeth gyfan y byd wedi tyfu o tua 50 y cant.

(b) Disgrifiwch y newidiadau sydd i'w gweld ym maint a lleoliad y dosbarth canol byd-eang (*GMC - global middle class*).

CYFARWYDDYD

Mae nifer a chyfran y bobl gydag incwm dosbarth canol o 3650 o ddoleri UDA neu'n uwch wedi codi – o lai nag un rhan o chwech i tua chwarter poblogaeth y byd erbyn 2011, yn ôl y data a ddangosir. Mae newid lleoliadol mawr wedi digwydd. Yn 1988, roedd y mwyafrif mawr o'r dosbarth canol byd-eang yn byw mewn gwledydd datblygedig, gyda maint bychan yn Ne America hefyd. Ond erbyn 2011, roedd tua hanner y dosbarth canol byd-eang yn byw mewn economïau cynyddol amlwg, yn arbennig China.

(c) Mae'r data mwyaf diweddar sydd i'w gweld yn Ffigur 4.12 o 2011. Amlinellwch newidiadau posibl ym mhatrwm incymau'r byd a allai fod wedi digwydd ers hynny. Awgrymwch resymau am y newidiadau rydych chi wedi eu hamlinellu.

CYFARWYDDYD

Mae nifer o ffyrdd o ateb y cwestiwn hwn – rydych chi'n rhydd i ddefnyddio unrhyw wybodaeth a dealltwriaeth berthnasol yr ydych chi'n dewis eu defnyddio. Gallai'r themâu posibl gynnwys: mwy o gynnydd ym maint y dosbarth canol byd-eang, nid yn unig yn Asia ond yng Ngogledd Affrica hefyd (gallai hyn fod yn gysylltiedig â'r maint cynyddol o fasnach a buddsoddiad de–de); rhywfaint o ostyngiad pellach yn y nifer o bobl sydd o dan y llinell dlodi yn fyd-eang (wedi eu cysylltu'n achosol efallai â'r cynnydd tuag at gyrraedd y targedau gostwng tlodi byd-eang); newidiadau cyfyngedig yn nosbarthiad yr incwm yn Affrica is-Sahara ynghyd â rhywfaint o gynnydd ym maint y boblogaeth (mae'r cyfraddau ffrwythlondeb yn y rhanbarth hwn yn dal i fod yn uchel).

Dimensiynau ehangach datblygiad byd-eang

Mae llifoedd arian a syniadau o fewn y systemau byd-eang yn dylanwadu ar ddatblygiad dynol mewn llawer o ffyrdd, nid yn economaidd yn unig. Mae'r adran hon yn cynnig golwg byr ar rai o'r cysylltiadau posibl rhwng systemau byd-eang a gwelliant mewn rhyddid gwleidyddol mewn cyd-destunau lleol gwahanol.

Symudiad byd-eang tuag at gydraddoldeb ar sail rhyw

Pan gafodd ei saethu a'i hanafu gan saethwr Taliban yn 2012, roedd Malala Yousafzai wrthi'n ymgyrchu dros hawliau merched i fynd i ysgolion yn rhanbarth Dyffryn Swat yn Pakistan (gweler Ffigur 4.13). Mae'r ymgyrch barhaus o drais yn erbyn merched sy'n mynd i'r ysgol, wedi golygu bod llawer o ferched heb gael addysg, er bod hynny'n hawl sylfaenol i ddinasyddion Pakistan. Syfrdanwyd Pakistan a'r byd gan yr ymosodiad ar Malala – teithiodd y newyddion yn gyflym drwy'r sianelau cyfryngau byd-eang a'r rhwydweithiau cymdeithasol. O ganlyniad, mae Malala wedi dod yn symbol o wrthwynebiad i derfysgaeth a pharhad y safbwyntiau cymdeithasol eithafol a fyddai'n gwrthod gadael i ferched gael hawl gyfartal i addysg. Yn ddiweddar, cafwyd ymdrechion ar wahanol raddfeydd i wella'r sefyllfa.

▲ Ffigur 4.13 Mae Malala Yousafzai wedi dod yn ffigur arweiniol mewn camau datblygu gwleidyddol sydd â'r nod o wella cydraddoldeb ar sail rhyw

- Yn 2014, cafwyd diwrnod o weithredu gan ysgolion lleol yn yr Ardaloedd Llwythol o Pakistan sydd wedi eu Gweinyddu'n Ffederal.
- Mae llywodraeth Pakistan wedi addo gwella'r nifer o ferched sy'n mynd i ysgolion cynradd.
- Mae Pakistan wedi ymrwymo i Nodau Datblygu Cynaliadwy'r Cenhedloedd Unedig (gweler tudalen 112), sy'n cynnwys targedau ar gyfer addysg a chydraddoldeb ar sail rhyw.

Gweithredu cadarnhaol gan gorfforaethau trawswladol

Mae rhai o gorfforaethau trawswladol mwyaf y byd wedi cymryd camau cadarnhaol i geisio amddiffyn hawliau dynol cymunedau LGBTQ+ mewn rhai gwledydd. Gallwn ni ystyried diffyg cydraddoldeb i bobl LGBTQ+ fel enghraifft o fwlch datblygiad, sydd – ynghyd â diffyg cydraddoldeb i ferched neu grwpiau ethnig lleiafrifol – yn digwydd weithiau *o fewn* gwledydd penodol.

Mae pencadlysoedd llawer o gorfforaethau trawswladol mewn dinasoedd byd fel San Francisco ac Efrog Newydd. Yn ôl dadansoddiad gan y daearyddwr economaidd Richard Florida, mae'r rhain yn lleoedd creadigol lle mae pobl yn fwy agored i syniadau newydd ac amrywiaeth. Mae rhai o gwmnïau technoleg a bancio'r dinasoedd hyn wedi arwain yr ymgais i geisio mynd i'r afael â rhagfarn yn y gweithle; mae gan rai ohonyn nhw reolwyr uwch sy'n agored am y ffaith eu bod nhw'n hoyw, gan gynnwys Prif Swyddog Gweithredol Apple, Tim Cook.

Ond, pan gynhaliodd y banc buddsoddi Goldman Sachs yn yr Unol Daleithiau ddigwyddiad recriwtio a rhwydweithio LGBTQ+ yn ei swyddfa yn Singapore, cafodd ei feirniadu gan un o weinidogion llywodraeth Singapore am beidio 'parchu diwylliant a chyd-destun lleol. Mae hawl ganddyn nhw benderfynu ar, a mynegi polisïau adnoddau dynol, ond ddylen nhw ddim ceisio eirioli'n gyhoeddus dros achosion sy'n achosi drwgdeimlad.' Yn Singapore – ac mewn llawer o wledydd eraill yn Asia, Affrica a'r Dwyrain Canol – mae rhyw hoyw yn dal i fod yn anghyfreithlon.

I gorfforaethau trawswladol sydd â hanes cryf o hyrwyddo amrywiaeth yn y gweithlu yn y gwledydd hynny o ble maen nhw'n tarddu, mae'n gallu bod yn her i geisio cynnal polisi amrywiaeth byd-eang cyson. Gallai ymgyrchu'n rhy galed dros gydraddoldeb hefyd effeithio ar ryddid corfforaethau trawswladol i weithredu mewn rhai gwladwriaethau: felly gallai'r gweithredu cadarnhaol i ymdrin â'r bwlch datblygiad hwn achosi niwed yn economaidd. Mae Banc HSBC wedi cyhoeddi datganiad am y mater: 'Rydym yn parchu'r gyfraith yn y gwledydd lle'r ydym yn gweithredu ond dydy hynny dim yn ein hatal rhag meddu ar safbwynt byd-eang. Ein safbwynt byd-eang ni, yw bod yn gryf iawn ac yn gadarn iawn o blaid amrywiaeth a chynhwysiad.'

Weithiau, mae llywodraethau a mudiadau cymdeithas sifil wedi gweithredu'n gadarnhaol i gefnogi hawliau LGBTQ+ hefyd.

- Yn 2013, cyhoeddodd llywodraeth Uganda gyfraith newydd a oedd yn cosbi cyfunrywioldeb trwy ddienyddio neu garchariad am oes.
- Ar y pryd, dywedodd Uwch Gomisiynydd y Cenhedloedd Unedig dros Hawliau Dynol: 'Mae'n beth anarferol i weld deddfwriaeth fel hyn yn cael ei chynnig fwy na 60 mlynedd ar ôl creu'r Datganiad Cyffredinol o Hawliau Dynol.'
- Yn fuan wedyn, collodd Uganda filiynau o ddoleri o gymorth rhyngwladol pan benderfynodd rhai gwledydd a oedd yn rhoi arian iddi, ganslo eu taliadau mewn protest.
- Ers hynny, mae llywodraeth Uganda wedi dileu'r gosb o farwolaeth, ond mae pobl yn dal i orfod mynd i'r carchar am gyfunrywioldeb.

Mudo byd-eang a thwf economaidd

▶ *Ym mha ffyrdd allai mudo rhyngwladol helpu'r rhanbarthau sy'n croesawu mudwyr a rhanbarthau gwreiddiol y mudwyr i dyfu'n economaidd?*

Un safbwynt yw bod mudo rhyngwladol yn gallu helpu pob un – y gwledydd croesawu a'r gwledydd gwreiddiol – i ddatblygu. Cafodd y damcaniaethau craidd-ffiniol i gefnogi'r ddadl hon eu harchwilio eisoes ym Mhennod 3 (gweler tudalen 90). Mae Tabl 4.3 yn dangos twf y mudo a manteision datblygiadol y mudo i'r ddau fath o wlad.

Gwledydd croesawu	Gwledydd gwreiddiol
■ Mae'n llenwi bylchau sgiliau penodol (e.e. meddygon o India yn cyrraedd y DU yn yr 1950au). ■ Mae mudwyr economaidd yn barod iawn i wneud y gwaith llafur y mae pobl leol, o bosibl, yn llai parod i'w wneud (e.e. gweithwyr o Wlad Pwyl ar ffermydd o amgylch Peterborough). ■ Mae mudwyr sy'n gweithio yn gwario eu cyflogau ar rent, gan ddod ag elw i landlordiaid, ac maen nhw'n talu treth ar enillion cyfreithlon. ■ Mae rhai mudwyr yn bobl busnes uchelgeisiol sy'n sefydlu busnesau newydd gan gyflogi pobl eraill (yn 2013, roedd 14 y cant o fusnesau cychwynnol yn rhai dan berchnogaeth mudwyr).	■ Yn Bangladesh, mae gwerth trosglwyddiadau adref yn uwch na'r buddsoddi o dramor. Yn wahanol i fenthyca a chymorth rhyngwladol, mae trosglwyddo adref yn llif ariannol rhwng cymheiriaid: mae arian yn teithio'n uniongyrchol, fwy neu lai, o un aelod o'r teulu i un arall. Mae'r llif arian hwn yn helpu datblygiad cymdeithasol cymunedau sydd wedi eu heithrio'n ariannol yn y gorffennol rhag derbyn addysg a gofal iechyd. ■ Gydag amser, gall mudwyr neu eu plant ddychwelyd i'r wlad wreiddiol gan ddod â sgiliau newydd (mae rhai pobl Asiaidd Brydeinig wedi agor clybiau iechyd a chadwynau o fwytai yn India, Bangladesh a gwledydd eraill yn Asia).

▲ **Tabl 4.3** Ffyrdd cadarnhaol y mae mudo rhyngwladol yn hybu twf economaidd a datblygiad mewn gwledydd croesawu a gwledydd gwreiddiol

Pan fydd niferoedd mawr o weithwyr sydd â medrau isel yn symud i wlad arall, gall hynny achosi i'r wlad wreiddiol dderbyn llifoedd mawr o drosglwyddiadau adref. Mae niferoedd mawr o fudwyr rhyngwladol sydd ar gyflogau isel yn cael eu denu i'r dinasoedd sy'n ganolfannau byd-eang. Yn Llundain, Los Angeles, Dubai a Riyadh mae niferoedd mawr o fudwyr cyfreithlon ac anghyfreithlon yn gweithio am gyflog isel mewn ceginau, ar safleoedd adeiladu neu fel glanhawyr domestig. Mae tua 500 biliwn o ddoleri UDA yn cael eu trosglwyddo adref ar hyn o bryd gan fudwyr yn flynyddol. Mae hyn dair gwaith yn fwy na gwerth y cymorth datblygu tramor.

Pan fydd niferoedd llai o weithwyr sydd â sgiliau uchel a lefelau uchel o gyfoeth yn mudo, gae hynny'n cael effeithiau sylweddol ar y gwledydd gwreiddiol a'r gwledydd croesawu, fel ei gilydd. Mae amrywiaeth y mudwyr elît hyn i'w gweld yn Ffigur 4.14. Daw eu cyfoeth o'u proffesiwn neu o asedau y maen nhw wedi'u hetifeddu. Mae rhai mudwyr elît yn byw fel 'dinasyddion byd-eang' ac mae llawer o gartrefi ganddyn nhw mewn gwledydd gwahanol. Ychydig iawn o bethau sy'n eu rhwystro nhw wrth groesi ffiniau. Bydd y rhan fwyaf o lywodraethau'n croesawu mudwyr eithriadol o gyfoethog sydd â sgiliau uchel.

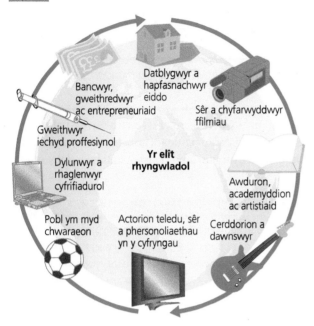

Ffigur 4.14 Mudo gan yr elît byd-eang: mae'r mudwyr hyn sydd â medrau lefel uchel yn gallu chwarae rôl hanfodol i gefnogi twf economaidd a datblygu'r gwledydd sy'n eu croesawu – ond beth yw cost hynny i'r gwledydd gwreiddiol y maen nhw wedi eu gadael?

Ffigur 4.15 Mae Rhydychen, yn y DU, yn ganolfan fyd-eang ar gyfer mudo rhyngwladol. Mae'n denu niferoedd mawr o fyfyrwyr tramor ac academyddion a gafodd eu geni dramor. Mae hyn wedi helpu i wneud Rhydychen yn ddinas brifysgol orau'r byd (mewn rhai rhestrau academaidd)

Fel y mae Ffigur 4.14 yn ei ddangos, mae llawer o fudwyr elît yn gweithio yn yr economi gwybodaeth, yn cynnwys awduron, cerddorion a chynllunwyr meddalwedd. Mae pobl broffesiynol sy'n fedrus mewn TGCh o UDA, India a mannau eraill yn gweithio yng nghlystyrau diwydiant cwaternaidd y DU mewn dinasoedd fel Bryste, Llundain a Chaergrawnt. Mae hyn o fantais i'r DU am ei bod yn genedl sy'n croesawu mudwyr. Ond weithiau mae pobl yn dweud bod India yn dioddef o effaith 'draen dawn' (*brain drain*): mae niferoedd mawr o'i gweithwyr TGCh a'i gweithwyr meddygol medrus wedi mudo i rywle arall.

Mudo a datblygiad canolfannau byd-eang

Mae'r galw am weithiwyr sy'n fudwyr rhyngwladol wedi ei ganolbwyntio'n aml iawn mewn canolfannau byd-eang arbennig sydd o fewn y gwladwriaethau croesawu. Mae canolfan fyd-eang yn ddinas arbennig o bwysig, o edrych arni ar *raddfa genedlaethol ac ar raddfa fyd-eang*. Y rheswm dros hyn yw bod pencadlysoedd corfforaethau trawswladol mawr yno, ynghyd â phrifysgolion sy'n adnabyddus drwy'r byd i gyd, sefydliadau gwleidyddol ac ariannol byd-eang neu asedau eraill o'r radd uchaf. Mae canolfannau byd-eang fel Efrog Newydd a Mumbai wedi cryfhau yn economaidd dros amser drwy ddenu llifoedd o fuddsoddiad o dramor a'r gweithlu rhyngwladol a ddaw gyda hynny. Mae llawer iawn o weithwyr tramor yn rhanbarth ariannol Canary Wharf yn Llundain. Maen nhw'n chwarae rôl hanfodol mewn rheoli gweithrediadau Ewropeaidd cwmnïau o America, China, India, Japan a Singapore sydd wedi sefydlu swyddfeydd yno.

Mae rhai canolfannau byd-eang yn ddinasoedd enfawr gyda mwy na 10 miliwn o drigolion. Ond, does dim rhaid i rywle fod yn fawr i gael dylanwad byd-eang. Mae canolfannau byd-eang llai sy'n cael dylanwad ehangach na'r disgwyl am eu maint yn cynnwys Washington, DC a Doha yn Qatar (sydd, fel rydyn ni wedi'i weld yn barod, yn denu mudwyr fel magned – gweler tudalen 68). Yn 2018, cafodd Prifysgol Rhydychen yn y DU ei henwi'n brif sefydliad addysgol y byd am y drydedd flwyddyn yn olynol (yn ôl rhestr *Addysg Uwch y Times*): er gwaethaf ei maint bychan, mae dinas Rhydychen yn le sy'n cael dylanwad byd-eang (gweler Ffigur 4.15).

Llifoedd mudo a datblygiad economaidd ar hyd y coridorau de–de

Ar dudalen 9, cyflwynwyd y syniad o lifoedd systemau byd-eang rhwng gwledydd y de (symudiadau rhwng gwahanol wledydd cynyddol amlwg a/neu sy'n datblygu). Mae data gan y Cenhedloedd Unedig yn dangos bod llifoedd mudo mewn coridorau de–de nawr yr un maint neu'n fwy o ran maint na symudiadau pobl o'r de i'r gogledd (gweler Tabl 4.4). Mae llawer o hyn yn cynnwys mudo economaidd gwirfoddol, er bod llifoedd mawr o ffoaduriaid hefyd. Mae symudiadau mawr rhwng gwledydd sy'n gymdogion yn dystiolaeth gref o'r ffordd y mae llifoedd byd-eang yn cael eu heffeithio gan ffrithiant pellter (sy'n golygu bod rhyngweithio yn fwy tebygol rhwng gwladwriaethau sy'n gymdogion, na gwledydd pell – gweler tudalen 85). Dyma enghreifftiau o lifoedd mudo de–de:

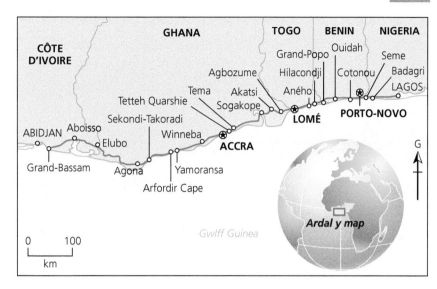

▲ **Ffigur 4.16** Mae llifoedd mudo rhyngwladol mawr wedi eu canolbwyntio ar hyd arfordir Abidjan–Lagos (sef coridor mudo de–de mawr).

- Ghana i Nigeria (mae gan Orllewin Affrica lefelau uchel iawn o fudo rhyngwladol rhyng-ranbarthol ar hyd coridor sy'n ymestyn o Abidjan i Lagos – gweler Ffigur 4.16)
- Myanmar i Wlad Thai (un o goridorau mudo mwyaf Asia).

Yn yr achosion hyn, ac mewn achosion eraill, mae mudwyr de–de yn chwarae rhan hanfodol yn nhwf parhaus y creiddiau economaidd rhanbarthol. Yn eu tro, gallai'r trosglwyddiadau adref gyfrannu at ddatblygiad economaidd cymunedau yn y rhanbarthau y mae'r mudwyr yn dod ohonyn nhw.

Coridor mudo	Nifer y mudwyr (miliwn)	Y gyfran o'r holl fudwyr rhyngwladol (%)
De–de	83	36
De–gogledd	82	35
Gogledd–gogledd	54	23
Gogledd–De	14	6

▲ **Tabl 4.4** Nifer y mudwyr rhyngwladol yn y prif goridorau byd-eang, 2013

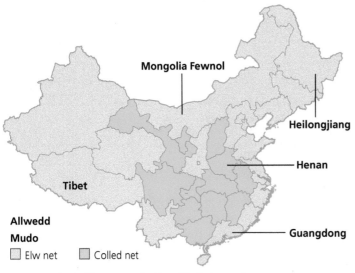

Mongolia Fewnol

Heilongjiang

Henan

Tibet

Allwedd

Mudo

☐ Elw net   ☐ Colled net

Guangdong

Gweriniaeth wledig Henan gafodd yr allfudiad mwyaf,
sef 10.25 miliwn (mwy na phoblogaeth gyfan Sweden)

Derbyniodd gweriniaeth ddinesig Guangdong 20.5 miliwn
o fudwyr (mwy na phoblogaeth gyfan Românîa)

▲ **Ffigur 4.17** Mudo gwledig–trefol ac ailddosbarthiad poblogaeth
China, 1978–2010

Mudo mewnol a datblygiad economaidd

Ochr yn ochr â'r llifoedd mudo byd-eang, mae symudiadau o'r wlad i'r dref yn chwarae rhan hanfodol yn nhwf economaidd gwlad dros amser. Er enghraifft, mae'r mudo mawr sydd i'w weld yn Ffigur 4.17 wedi bod yn newyddion da i economi China yn gyffredinol. Yn 1978, ar noson y diwygiadau economaidd, roedd 20 y cant o boblogaeth China yn byw mewn dinasoedd; y ffigur presennol yw 55 y cant. Am fod cannoedd o filiynau o fudwyr gwledig wedi adleoli i ardaloedd trefol, mae hynny wedi denu buddsoddwyr tramor a oedd yn awyddus i ddefnyddio'r gweithlu enfawr hwn y mae cost eu talu'n ddigon cymhedrol. Gallwn ni edrych nôl ar y ffordd y rhoddodd llywodraeth China ganiatâd i symudiad rhydd a gweld ei fod yn benderfyniad economaidd rhesymegol a oedd yn caniatáu i'r wlad elwa o'r globaleiddio. Cefnogwyd tri degawd o dwf economaidd cyflym i China gan 'wyrth y mudwyr'.

 # Technoleg a datblygiad cyfathrebu

▶ *Pa gyfraniadau all TGCh a llifoedd data eu gwneud i'r broses ddatblygu ddynol?*

Roedd Pennod 1 yn archwilio pa mor gyflym y cyrhaeddodd ac yr aeddfedodd y technolegau digidol (yn dilyn Deddf Moore - gweler tudalen 37). Mae llifoedd data yn chwarae rôl gynyddol bwysig mewn datblygiad byd-eang. Mae technoleg gwybodaeth a chyfathrebu (TGCh) wedi gweddnewid pob agwedd ar fywyd dynol mewn ffyrdd cadarnhaol a negyddol. Arhoswch ac ystyriwch am funud sut mae datblygiadau diweddar mewn technoleg wedi effeithio ar gyfranogaeth pobl ym mhob peth, o adwerthu ac addysg i reoli peryglon a gwrthdaro.

Gwahanol agweddau ar dwf a datblygiad

Dim ond 100,000 o ffonau llinell tir oedd gan Nigeria yn 2001 (er bod ganddyn nhw boblogaeth o 140 miliwn); erbyn 2018 roedd mwy na

160 miliwn o danysgrifwyr i ffonau symudol. Roedd gan tua 440 miliwn o bobl mewn gwledydd Affricanaidd (tua 44 y cant o'r cyfanswm) danysgrifiadau ffôn symudol yn 2017 (er bod y cyfartaledd byd-eang wedi aros yn uwch, ar 66 y cant, mae'r bwlch nawr yn llawer llai nag oedd yn arfer bod). Dyma beth rydyn ni wedi dod ar ei draws yn barod yn y llyfr hwn:

- mudwyr o wledydd a rhanbarthau mwy tlawd yn trosglwyddo arian adref yn electronig ac yn defnyddio ffonau i gynnal eu rhwydweithiau cymdeithasol (gweler tudalen 10)
- y grym sydd gan dechnoleg symudol a ban\cio M-Pesa i weddnewid bywyd yn Affrica is-Sahara (gweler tudalen 22).
- twf cadwynau cyflenwi ac allanoli dan arweiniad technoleg ar raddfa fyd-eang (gweler tudalen 92).

Mae'r adran hon yn ymchwilio i gysylltiadau pellach rhwng TGCh a gwahanol linynnau o ddatblygiad dynol. Mae'r rhan fwyaf o'r enghreifftiau o'r pethau hyn yn achosion o naid llyffant (*leapfrogging*) technolegol hefyd.

Llifoedd data a datblygiad economaidd

Mae busnesau newydd wedi ffynnu mewn llawer o wahanol gyd-destunau datblygiad byd-eang am fod band llydan wedi cyflymu.

- Mae dinas Bengaluru yn India (yr hen enw arno oedd Bangalore) yn ganolfan dechnoleg sydd wedi hen sefydlu, diolch i fuddsoddiad cynnar yn yr 1980au gan gorfforaethau trawswladol tramor fel Texas Instruments a chwmnïau domestig fel Infosys (gweler Ffigur 4.18). Sefydlwyd Infosys yn 1981 ac roedd ganddo refeniw o 11 biliwn o ddoleri UDA yn 2018. Mae'n un o'r 20 cwmni byd-eang mwyaf arloesol, yn ôl y dadansoddwr busnes Forbes yn yr Unol Daleithiau.
- Yn fwy cyffredinol, mae'n rhaid cael cysylltedd byd-eang er mwyn cael twf yn y rhwydweithiau cynhyrchu byd-eang cymhleth (sy'n cynnwys tramori ac allanoli) a ddisgrifiwyd ym Mhenodau 1–3. Mae rheolwyr gweithfeydd a swyddfeydd pell i ffwrdd yn gallu cadw mewn cysylltiad yn haws (e.e. drwy fideo-gynadledda). Mae hyn wedi caniatáu i gorfforaethau trawswladol ehangu i mewn i diriogaethau newydd, naill ai i wneud neu i werthu eu cynhyrchion. Pob tro mae rhywun yn prynu bwyd ac yn sganio'r cod bar bwyd mewn siop Marks & Spencer yn y DU, mae addasiad awtomatig yn digwydd i faint yr archeb nesaf sy'n cael ei anfon i'r cyflenwyr mewn gwledydd pell. Mae hyn yn cyfrannu at dwf economaidd Kenya a gwledydd eraill yng nghadwyn gyflenwi Marks & Spencer.
- Un o'r rhesymau pennaf am ddatblygiad economaidd syfrdanol o gyflym China yw'r ffordd y mae rhwydweithiau TGCh wedi gadael i'r cadwynau cyflenwi byd-eang sy'n cris-croesi ei ffiniau i weithredu'n esmwyth a diffwdan.

Mae prosesau datblygiad economaidd hefyd wedi'u cefnogi gan fathau o ficro-fenthyca a chysyllteddau eraill rhwng cymheiriaid na fyddai bob amser yn bosibl heb dechnolegau digidol:

TERM ALLWEDDOL

Naid llyffant (*Leapfrogging*) Mae Banc y Byd yn diffinio naid llyffant fel 'gwneud naid gyflym mewn datblygiad economaidd gan ddefnyddio'r dechnoleg ddiweddaraf'. Mae'r term yn disgrifio beth sy'n digwydd pan fydd cymdeithas yn symud yn syth i fabwysiadu math newydd a lefel uwch o dechnoleg heb fuddsoddi mewn fersiwn cynharach (e.e. cymdeithasau sy'n dechrau defnyddio ffonau symudol er nad oedd ganddyn nhw linellau tir ynghynt).

▲ **Ffigur 4.18** Mae dinas Bengaluru yn India yn cael ei phortreadu'n eang mewn llenyddiaeth ddaearyddol fel rhywle sy'n derbyn buddion economaidd a datblygiadol eraill a grewyd gan globaleiddio

- *Cyllido torfol.* Mae achosion cynyddol o fusnesau bach sy'n cychwyn o'r newydd mewn gwledydd sy'n datblygu yn ceisio addewidion ar-lein gan y cyhoedd i'w helpu i gael yr arian y maen nhw ei angen. Mae buddsoddwyr unigol o bob cwr o'r byd yn cynnig rhoi arian o flaen llaw er mwyn cael elw neu gynhyrchion yn ôl yn y dyfodol, gan ddefnyddio gwasanaethau fel Kickstarter; maen nhw hefyd yn gallu gwerthu nwyddau a gwasanaethau'n fyd-eang gan ddefnyddio marchnadoedd fel eBay neu Amazon.
- *Trosglwyddiadau adref electronig.* Mae mudwyr o Somalia sy'n byw yn y DU yn anfon 100 miliwn o ddoleri UDA i Somalia bob blwyddyn, gan ddibynnu ar Barclays a banciau eraill i drosglwyddo arian yn electronig.
- *Trosglwyddo gwybodaeth.* Yn Ghana, mae CocoaLink yn darparu cyngor a data am bris y farchnad i ffermwyr gan ddefnyddio negeseuon testun SMS.
- *Apeliadau ar-lein pan fydd trychinebau.* Ar ôl daeargryn Haiti yn 2010, yn y 15 diwrnod cyntaf derbyniodd Croes Goch America 29 miliwn o ddoleri UDA ar ffurf addewidion werth 10 o ddoleri UDA yr un a anfonwyd drwy negeseuon testun.

Llifoedd data a datblygiad cymdeithasol

Mae TGCh yn gallu helpu cymdeithasau sy'n datblygu i gael cyflenwadau iechyd, addysg ac ynni, yn enwedig mewn rhanbarthau gwledig ynysig.

- Mae gofal iechyd o bell yn cael ei ddarparu mewn ardaloedd o'r byd lle mae isadeiledd ffisegol yn brin; er enghraifft, mae pobl mewn rhannau anodd eu cyrraedd o India yn gallu ymgynghori â meddyg gan ddefnyddio eu dyfeisiau symudol. Mae amrywiol fusnesau a grwpiau gofal iechyd cychwynnol, yn cynnwys Ubenwa yn Nigeria, yn helpu i ostwng y cyfraddau marwolaeth ymysg plant mewn rhanbarthau gwledig o Affrica ac India. Mae Logistimo yn gwmni sydd wedi ei leoli yn Bengaluru ac yn rhoi ap i weithwyr iechyd sy'n creu ac yn llwytho cofnodion meddygol i bobl mewn ardaloedd ynysig. Mae Khushi Baby yn sefydliad di-elw sy'n rhoi tlws crog gyda microsglodyn ynddo i blant a mamau sy'n byw yn Udaipur, India. Mae'r tlws crog yn storio gwybodaeth feddygol yr unigolyn. Mae hyn yn golygu bod gweithiwyr iechyd yn gallu darllen hanes meddygol pob claf newydd yn hawdd.
- Mae TGCh yn cael ei ddefnyddio i wella'r hyn rydyn ni'n ei alw'n logisteg milltir olaf (neu fwy) mewn ffyrdd sy'n helpu pobl mewn ardaloedd ynysig ac anghysbell. Mae cwmnïau fel Zipline sydd wedi ei leoli yn California yn darparu cyflenwadau meddygol, yn cynnwys brechlynau, gwaed a meddyginiaeth, i bentrefi yn Rwanda mewn drôn am nad oes modd eu cyrraedd ar y ffyrdd. Gall hyn helpu i frwydro malaria a'r frech goch (gweler Ffigur 4.19).
- Mae niferoedd cynyddol o bobl yn cael eu haddysgu o bell drwy astudio mewn prifysgol neu ysgol rithwir, neu drwy gofrestru ar *MOOCs* sef cyrsiau ar-lein agored enfawr (*massive open online courses*).
- Mae sefydliadau iechyd ac addysg elusennol yn gallu codi arian ar-lein drwy apeliadau uniongyrchol neu pan fydd unigolion yn ceisio nawdd.

TERMAU ALLWEDDOL

Y filltir olaf Yn y DU, dyma'r filltir (neu'r cilomedr) olaf sy'n cysylltu cartref neu swyddfa unrhyw unigolyn gyda rhwydwaith data. Yn aml iawn, mae hyn yn creu'r her fwyaf i ddarparwyr gwasanaethau oherwydd, mewn termau ymarferol, mae'n gallu bod yn anodd iawn darparu band llydan cyflym i rai mannau ynysig. Yn Affrica wledig, mae heriau cysylltedd yn gallu bod yn llawer mwy, gyda phobl yn byw gannoedd neu filoedd o gilomedrau i ffwrdd o brif geblau'r rhwydwaith.

Awtocratiaeth System o lywodraeth lle mae'r pŵer yn gorwedd yn bennaf yn nwylo grŵp bach neu un unigolyn.

- Yn fyd-eang, roedd dros 70 miliwn o bobl mewn gwledydd mwy tlawd yn defnyddio ffonau symudol i brynu credydau talu-wrth-fynd ar gyfer panelau solar 'nad ydynt ar y grid' yn 2016 (yn Kenya, mae'r gwasanaeth yn cael ei ddarparu gan M-Kopa Solar). Mae pobl wedi gwneud naid llyffant yn syth o ddefnyddio coed tân i ddefnyddio technoleg adnewyddadwy ar gyfer eu hanghenion egni. Dydyn nhw ddim wedi bod mewn sefyllfa lle mae angen i'r wlad ddarparu trydan ar grid.

Llifoedd data a datblygiad gwleidyddol

Mewn rhai cyd-destunau daearyddol, fel awtocratiaethau, mae llifoedd data yn chwarae rhan yn y broses o ddatblygiad gwleidyddol. Mae TGCh yn ddefnyddiol i helpu i ymgyrchu am hawliau dynol sylfaenol ac yn erbyn llygredd y wladwriaeth.

- Weithiau mae'r gwrthryfeloedd yn yr Aifft a Tunisia yn ystod 2011 yn cael eu disgrifio fel 'Chwyldro Facebook'. Cafodd gweithredoedd yn erbyn cyfundrefnau Mubarak yn yr Aifft a Ben Ali yn Tunisia eu trefnu ar-lein. Roedd gorsafoedd teledu Al Jazeera, sydd wedi eu lleoli yn Qatar (gweler tudalen 68), yn helpu i roi cyhoeddusrwydd i'r protestiadau hyn hefyd. Gwendid TGCh ar gyfer datblygiad gwleidyddol yw'r ffordd y mae newyddion ffug yn gallu tanseilio democratiaeth hefyd (gweler tudalen 31).
- Mae negeseuon gwleidyddol a moesegol sefydliadau anllywodraethol (*NGOs: non-governmental organisations*) yn canfod cynulleidfa fyd-eang ar-lein, gan gynnwys ymgyrchoedd gan Amnesty International a Greenpeace. Mae swyddfeydd byd-eang y sefydliadau anllywodraethol mawr, a'r rhwydweithiau ymchwil a newyddiaduraeth y maen nhw'n dibynnu arnyn nhw, wedi eu cysylltu â'i gilydd yn llawer agosach nag oedden nhw yn y gorffennol, diolch i TGCh. Mae'n hawdd casglu rhoddion ar-lein hefyd.

Mae gwaith a gweithrediad sefydliadau rhynglywodraethol (*IGOs: intergovernmental organisations*) wedi gwella hefyd am ei bod mor hawdd dosbarthu gwybodaeth a chyhoeddiadau. Mae gwefannau ar gyfer yr Undeb Ewropeaidd, y Cenhedloedd Unedig a Banc y Byd yn cynnwys cyfoeth o adnoddau sy'n ceisio addysgu cynulleidfa fyd-eang am faterion sy'n amrywio o newid hinsawdd i droseddau rhyfel rhyngwladol.

Rhaniad digidol sy'n parhau

Pan fydd rhaniad digidol byd-eang yn bodoli, mae'n gallu deillio'n bennaf o absenoldeb pobl neu farchnad arwyddocaol mewn rhai lleoedd. Mae diffyg galw wedi cyfyngu ar gyflwyno opteg ffeibr mewn rhai rhanbarthau gwledig ynysig mewn gwledydd datblygedig, gwledydd cynyddol amlwg a gwledydd sy'n datblygu, fel ei gilydd. Yn 2018, roedd 100 miliwn o bobl yn byw mewn rhannau o wledydd Affrica lle doedd dim gwasanaethau ffôn symudol o gwbl; ac roedd 60 y cant o Affricanwyr (tua 600 miliwn o bobl) yn methu cysylltu â'r rhyngrwyd. Er bod y rhaniad digidol byd-eang wedi

TERM ALLWEDDOL

Rhaniad digidol Yr anghydraddoldeb mynediad i'r rhyngrwyd sy'n bodoli rhwng gwahanol grwpiau cymdeithasol mewn gwlad neu rhwng dinasyddion gwahanol wledydd. Gallwn ni wahaniaethu ymhellach rhwng y bobl sy'n gallu defnyddio eu ffonau symudol i ddefnyddio gwasanaethau rhyngrwyd cyflym a'r rhai sy'n defnyddio eu ffonau symudol dim ond i wneud galwadau ffôn.

gostwng dros amser, roedd mwy na 3 biliwn o bobl wedi eu heithrio o hyd yn 2018, gan gynnwys tua hanner poblogaeth Asia. Yn aml iawn, mae hyn i'w weld fel rhaniad gwledig–trefol o fewn gwledydd unigol.

- Un o brif achosion eithrio digidol yw diffyg isadeiledd telathrebu. Efallai nad oes gwasanaethau band llydan sefydlog na symudol ar gael eto, yn enwedig yn yr ardaloedd gwledig hynny lle mae'r heriau o ran pellter ar eu gwaethaf.
- Mae tlodi yn esbonio pam mae llawer o bobl yn dal i fod wedi eu heithrio mewn mannau lle mae gwasanaethau'n dechrau bod ar gael erbyn hyn, ond wedyn mae'n rhaid talu amdanyn nhw.
- Mae sefyllfaoedd wedi codi lle mae'r wladwriaeth wedi rhwystro rhyngweithio byd-eang yn fwriadol (gweler tudalen 51).

◀ **Ffigur 4.19** Mae dronau yn dechnoleg 'byd sy'n lleihau' sy'n cael ei defnyddio erbyn hyn i oresgyn yr heriau datblygu 'milltir olaf', er enghraifft mynediad i ofal iechyd.

Cyfyngiadau sy'n rhwystro'r naid llyffant

Ai TGCh yw'r allwedd mewn gwirionedd i dwf cyflymach ar gyfer cymunedau datblygedig? A all technoleg ymdrin â'r heriau sy'n gysylltiedig â lefelau isel o iechyd, ysgolion, cyflenwadau egni ac isadeiledd trafnidiaeth? Mae Ban Ki-moon, cyn ysgrifennydd cyffredinol y Cenhedloedd Unedig, wedi dadlau bod gwell llifoedd data a gwasanaethau digidol yn golygu bod 'y ganrif nesaf nawr yn perthyn i Affrica'.

Ond a yw'r farn hon yn rhy optimistaidd? Mae rhaniad digidol parhaus yn golygu bod cyfyngiadau mewn rhai cyd-destunau lleol sy'n atal pobl rhag cymryd naid llyffant, er enghraifft lle does dim gwasanaethau ffôn a rhyngrwyd o hyd, neu lle maen nhw o safon isel. Yn wir, weithiau mae bylchau mewn datblygiad yn agor ar raddfa leol rhwng yr ardaloedd ynysig hynny lle mae technoleg ddigidol ar gael a'r mannau hynny lle nad yw ar gael.

Mae'r bobl sy'n ddrwgdybus am y naid llyffant wedi dadlau hefyd bod buddion TGCh yn cael eu gor-werthu i fannau lle does dim gwasanaethau sylfaenol ar gael o hyd. Mae'n beryglus credu bod 'dulliau o drwsio pethau gyda thechnoleg' yn mynd i ddod a datrys popeth, oherwydd mae'n esgusodi methiant parhaus gan lywodraethau i ddarparu isadeiledd hanfodol y mae angen mawr amdano (gweler Ffigur 4.20). Mae nifer o ffermydd yn Affrica is-Sahara sydd heb system ddyfrio neu sy'n methu cael gafael ar well hadau neu wrtaith. Mewn llawer o ardaloedd gwledig mae'r ffyrdd gwael yn dal i rwystro pobl rhag dod â phethau i mewn. Er bod trosglwyddiad data digidol a dronau yn dechrau helpu i ymdrin â rhai o'r heriau a ddaw gyda bod yn anghysbell, pam na chafodd ffyrdd digonol eu hadeiladu flynyddoedd yn ôl?

Gallwn ni ofyn cwestiynau tebyg am y naid llyfant mewn darpariaeth gofal iechyd. Mae cyngor meddygol ar-lein yn ddefnyddiol, mae hynny'n wir, ond oni fyddai rhai cymunedau yn elwa'n fwy o dderbyn y dŵr tap glân a'r ysbytai y maen nhw wedi bod yn aros amdanyn nhw'n llawer rhy hir? Felly, efallai y byddai'r bobl hynny sy'n drwgdybio dulliau naid llyffant yn dod i'r casgliad mai'r hyn fyddai o'r budd mwyaf i gymunedau sy'n datblygu yw gwell llywodraethiant a mwy o wariant cyfalaf ar isadeiledd sylfaenol, yn hytrach nag apiau ffôn newydd.

▲ **Ffigur 4.20** Beth ddylai'r flaenoriaeth bwysicaf fod yn ardaloedd gwledig ynysig Affrica is-Sahara: darparu cysylltiad band llydan neu adeiladu ffyrdd ac ysbytai?

 # Gwerthuso'r mater

▶ *Gwerthuso effeithiau systemau byd-eang ar batrymau daearyddol o anghydraddoldeb*

Nodi cyd-destunau posibl

Ffocws dadl lawn y bennod hon yw anghydraddoldeb. Yr hyn sy'n gwahaniaethu astudiaethau daearyddol am anghydraddoldeb oddi wrth y gwaith sy'n digwydd mewn pynciau eraill, yw'r egwyddor arweiniol bod anghydraddoldeb cymdeithasol hefyd yn ofodol (ac mae'r gwrthwyneb yn wir hefyd). Mae daearyddwyr eisiau deall sut a pham y mae anghydraddoldebau gofodol yn cael eu cynhyrchu a'u hail gynhyrchu dros amser, ac ar gyfraddau amrywiol. Er enghraifft, cwestiynau pwysig i'w gofyn wrth ymchwilio daearyddiaeth ddatblygiadol ac economaidd gwlad yw:

- Oes gan bob un o'r mannau lleol o fewn gwlad yr un lefel o incwm, cyfoeth a chyfle?
- A yw'r holl bobl mewn gwlad neu le lleol, yn cynnwys y merched, y plant a'r gwahanol grwpiau ethnig, yn rhannu'r un cyfleoedd economaidd a chymdeithasol?

Mewn adrannau blaenorol, rydyn ni wedi edrych ar berthynas agos rhwng globaleiddio a datblygiad byd-eang. Mae maint y cyfoeth newydd sydd wedi cael ei greu yn fwy na'r twf a gafwyd yn y boblogaeth bob blwyddyn ers yr Ail Ryfel Byd. Mae hynny'n awgrymu bod mwy a mwy o arian ar gael (gweler tudalen 123, Ffigur 4.8). Mae llawer o wledydd wedi cael eu codi allan o dlodi, os edrychwn ni ar eu tueddiadau Cynnyrch Mewnwladol Crynswth fesul pen. Ond mae'r ffordd y mae cyfoeth newydd yn cael ei ddosbarthu yn gymhleth ac yn anwastad, yn aml iawn. Gallwn ni weld patrymau newydd o anghydraddoldeb o wahanol faint sydd wedi eu siapio gan systemau byd-eang a dydy dosbarthiad 'y rhai sydd â digon a'r rhai sydd heb ddim', ddim o anghenraid yn cyfateb yn agos â phoblogaethau'r gwledydd gwahanol. *Rydyn ni'n gweld yn gynyddol bod patrymau 'trawswladol' cyfoeth a thlodi eithafol yn croesi ffiniau cenedlaethol.*

Syniad pwysig arall i ganolbwyntio arno o'r cychwyn yw'r ffordd y mae *anghydraddoldeb yn gallu gwaethygu, hyd yn oed wrth i'r rhagolygon economaidd cyffredinol wella.* Mae prosesau datblygiad byd-eang wedi helpu i wneud y byd cyfan yn fwy cyfoethog, gan godi cannoedd o filiynau o bobl allan o dlodi hefyd, ond nid yw'r anghydraddoldebau i gyd wedi lleihau ac, yn wir, mae rhai wedi gwaethygu. Meddyliwch amdano fel hyn: os byddwch chi'n codi'r llawr ychydig bach gan godi'r nenfwd o lawer iawn mwy, beth yw'r canlyniad? Mae'r ddau yn uwch nag yr oedden nhw'n arfer bod, ond mae'r bwlch yn fwy nag erioed.

Gwahanol gyfraddau a safbwyntiau daearyddol

Mae anghydraddoldeb sy'n gostwng ac yn cynyddu i'w weld mewn nifer o wahanol ffurfiau mewn systemau byd-eang cyfoes. Mae gan y gwerthusiad hwn ddau faes ffocws daearyddol.

1 *Newidiadau dros amser mewn incymau cenedlaethol cyfartalog.* Er enghraifft, mae llawer o wledydd a oedd wedi eu dosbarthu yn y gorffennol fel rhai incwm isel, wedi mynd trwy ddatblygiad economaidd sylweddol ac maen nhw nawr wedi eu hail ddosbarthu fel economïau cynyddol amlwg (neu 'wledydd incwm canolig' neu 'wledydd sy'n datblygu'n economaidd'). Mae hyn yn golygu bod y bwlch incwm rhwng y gwledydd hyn a nifer o wledydd datblygedig (sydd weithiau'n cael eu galw'n 'wledydd blaengar' neu'n 'wledydd incwm uwch') wedi gostwng.

2 *Patrymau newydd o gyfoeth a thlodi eithafol sy'n croesi ffiniau cenedlaethol.* Yn 2018, derbyniodd y deg y cant cyfoethocaf o enillwyr incwm byd-eang fwy na hanner yr incwm byd-eang cyfan, tra bod y deg y cant tlotaf wedi derbyn llai nag un y cant. Mae'r ddau grŵp hyn yn cynnwys pobl sy'n byw ym mhob gwlad. Yn gyffredinol, mae'r grŵp cyntaf yn cynnwys unigolion sydd â chysylltiadau da (o safbwynt systemau byd-eang). Efallai fod yr ail grŵp, sy'n cynnwys ffermwyr ymgynhaliol yn Affrica is-Sahara, wedi eu hintegreiddio mewn ffordd llawer gwannach i'r economi byd-eang.

Dilysrwydd a dibynadwyedd mesurau anghydraddoldeb

Yn olaf, cyn dechrau adolygu unrhyw dystiolaeth o anghydraddoldeb yn fanwl, mae'n werth oedi i ystyried yn feirniadol a yw'r data sy'n cael ei ddefnyddio yn ddilys ac yn ddibynadwy (gweler tudalen 117–118). Mae dwy her wahanol yma. Dyma nhw: (i) penderfynu beth yw'r anghydraddoldeb a (ii) ystyried beth yw'r ffordd orau o'i fesur.

(i) Mae'r cyntaf yn mynnu ein bod ni'n gofyn cwestiwn ontolegol (athronyddol): pa fathau o anghydraddoldeb (er enghraifft, incwm, cyfoeth neu hapusrwydd) ddylen ni edrych arnyn nhw, a pham?

(ii) Mae'r ail her yn epistemolegol (methodolegol) ac yn golygu gwybod sut i gasglu a dadansoddi data'n ddibynadwy. Dyma rai o'r dangosyddion posibl ar gyfer anghydraddoldeb economaidd a chymdeithasol: y Cynnyrch Mewnwladol Crynswth (CMC) fesul pen, beth yw Mynegrif Datblygiad Dynol y wladwriaeth, sgorau cyfernod Gini, data am ddisgwyliad oes, sgorau mynegrif rhyw, etc. Gallech chi gasglu'r wybodaeth hon i gyd, neu rywfaint ohoni. Yna gallech chi drin y data gyda thechnegau ystadegol a mesurau fel cyfrifiadau cymedrig, moddol neu ganolrif.

Felly, gallech chi ddod i wahanol gasgliadau am faint yr anghydraddoldeb rhwng neu o fewn cymdeithasau *yn dibynnu pa ddangosyddion sy'n cael eu dewis a pha brofion a dulliau sy'n cael eu defnyddio i ddadansoddi'r data*. Er enghraifft, mae dangosyddion tlodi ar gyfer Affrica is-Sahara yn dangos sut mae modd trin data i ddarparu casgliadau cyferbyniol am anghydraddoldeb. Cynyddodd y nifer o bobl sy'n byw yno mewn tlodi llwyr o 100 miliwn i 200 miliwn rhwng 1981 ac 2011. Hefyd, dyblodd poblogaeth gyfan y rhanbarth o 200 miliwn i 400 miliwn. Gan ddefnyddio'r data yma, gallwn ni nodi tri gosodiad am dlodi yn Affrica is-Sahara.

1 Arhosodd tlodi ar 50 y cant.
2 Dyblodd nifer y bobl a oedd yn byw mewn tlodi.
3 Dyblodd nifer y bobl a oedd yn byw heb dlodi.

Mae pob datganiad yn wir ond mae ganddyn nhw oblygiadau gwahanol am yr hyn sydd wedi digwydd i anghydraddoldeb. Rydyn ni'n gweld o hyn ei bod hi'n bosibl trin data meintiol mewn gwahanol ffyrdd i gynhyrchu honiadau gwahanol am anghydraddoldeb ac a yw'n cynyddu neu'n gostwng dros amser.

Gwerthuso anghydraddoldeb – safbwynt *cenedlaethol*

Mae unrhyw ymchwiliad daearyddol o dueddiadau datblygiad byd-eang yn cychwyn fel arfer gyda throsolwg o batrwm newidiol y gwledydd mwy cyfoethog a mwy tlawd. Un ffordd o olrhain newidiadau dros amser o ran y rhai sydd â digon a'r rhai sydd heb ddim yw gwylio'r newidiadau yn y ffordd y mae gwledydd wedi eu dosbarthu'n rhai incwm uchel, incwm canolig neu incwm isel. Mae Ffigur 4.21 yn dangos un tacsonomeg datblygiad a gynigiwyd gan y Gronfa Ariannol Ryngwladol yn 2011. Mae'r dosbarthiad tair rhan hwn yn cynnwys gwledydd datblygedig (GD), gwledydd cynyddol amlwg ac sy'n datblygu (GCAD) a gwledydd incwm isel sy'n datblygu (GIID).

Mae hwn yn batrwm gwahanol iawn i fyd anghyfartal yr 1970au sydd i'w weld yn Ffigur 4.22. Roedd Llinell Brandt yn ddyfais ddadansoddi a fyddai'n cael ei defnyddio'n eang i rannu'r byd i'r patrwm symlach 'y rhai sydd â digon a'r rhai sydd heb ddim', o'r enw 'y gogledd a'r de byd-eang'.

- Mae'r llyfr hwn wedi dangos cymaint mewn gwirionedd y mae gwledydd Asiaidd fel Indonesia (gweler tudalen 62) a China (tudalen 121) wedi datblygu yn economaidd ers yr 1970au, ynghyd â gwledydd eraill sy'n gynyddol amlwg. Er enghraifft, Cynnyrch Mewnwladol Crynswth fesul pen y DU a China yn 1980 oedd tua 28,000 o ddoleri UDA yn y DU a 1,000 o ddoleri UDA yn China (o'i addasu ar gyfer paredd gallu prynu, ar brisiau heddiw). Yn 2018, y ffigurau oedd 45,000 o ddoleri UDA yn y DU a 18,000 o ddoleri UDA. Yn lle bod bron i 30 gwaith yn uwch (fel roedd yn 1980), mae Cynnyrch Mewnwladol Crynswth y DU fesul pen ddim ond dwy i dair gwaith yn uwch nag un China, gan awgrymu bod anghydraddoldeb wedi gostwng.

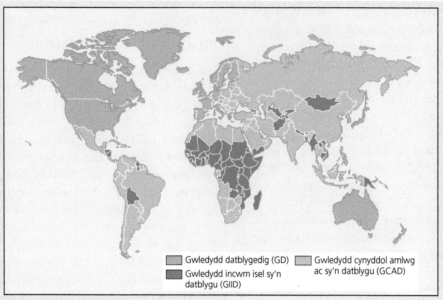

GIID (gwledydd incwm isel sy'n datblygu)

Gwledydd gydag incymau fesul pen sy'n is na'r cyfartaledd, sef tua 1,025 o ddoleri UDA neu'n is (2017). Mae amaethyddiaeth yn chwarae rôl allweddol yn eu heconomïau. Integreiddiad gwan i'r systemau byd-eang, yn enwedig rhanbarthau gwledig.

Afghanistan, Armenia, Bangladesh, Benin, Bhutan, Bolivia, Burkina Faso, Burundi, Cambodia, Cameroon, Cape Verde, Chad, Comoros, Côte d'Ivoire, Djibouti, Dominica, Eritrea, Ethiopia, y Gambia, Georgia, Grenada, Guinea, Guinea-Bissau, Guyana, Gweriniaeth Canolbarth Affrica, Gweriniaeth Congo, Gweriniaeth Ddemocrataidd Congo, Gweriniaeth Ddemocrataidd y Bobl Lesotho, Gweriniaeth Leo, Haiti, Honduras, Kenya, Kiribati, Kyrgyz, Liberia, Madagascar, Malawi, Maldives, Mali, Mauritania, Moldova, Mongolia, Mozambique, Myanmar, Nepal, Nicaragua, Niger, Nigeria, Papua Guinea Newydd, Rwanda, Samoa, São Tomé a Principe, Senegal, Sierra Leone, Somalia, St Lucia, St Vincent a'r Grenadines, Sudan, De Sudan, Tajikistan, Tanzania, Timor-Leste, Togo, Tonga, Uganda, Uzbekistan, Vanuatu, Viet Nam, Yemen, Ynysoedd Solomon, Zambia

GCAD (Gwledydd cynyddol amlwg ac sy'n datblygu)

Cyfraddau uwch o dwf economaidd ar hyn o bryd nag yn y gorffennol, fel arfer o ganlyniad i ddiwydiannu cyflym. Mae rhai GCADau yn cyfateb â grŵp 'incwm canol' Banc y Byd. Mae eraill yn rhai incwm uchel ond newydd ddatblygu, yn cynnwys Qatar a Bahrain.

Albania, Algeria, Angola, Antigua a Barbuda, Ariannin, Azerbaijan, Y Bahamas, Bahrain, Barbados, Belarus, Yr Aifft, Belize, Bosnia a Herzegovina, Botswana, Brasil, Brunei, Darussalam, Bwlgaria, Chile, China, Colombia, Costa Rica, Croatia, De Affrica, Ecuador, El Salvador, Emiradau Arabaidd Unedig, Estonia, Eswatini, Gabon, Guatemala, Guinea Cyhydeddol, Gweriniaeth Arabaidd Syria, Gweriniaeth Dominica, Gwlad Iorddonen, Gwlad Pwyl, Gwlad Thai, Hwngari, India, Indonesia, Iran, Iraq, Jamaica, Kazakhstan, Kuwait, Latvia, Lebanon, Libya, Lithuania, Macedonia, Malaysia, Mauritius, México, Montenegro, Morocco, Namibia, Oman, Pakistan, Palau, Panama, Paraguay, Peru, Pilipinas (*Philippines*), Qatar, România, Rwsia, Saudi Arabia, Serbia, Seychelles, Sri Lanka, St Kitts a Nevis, Suriname, Taleithiau Ffederal Micronesia, Trinidad a Tobago, Tunisia, Twrci, Turkmenistan, Ukrain, Uruguay, Venezuela, Ynysoedd Marshall, Zimbabwe

GD (Gwledydd datblygedig)

Gwledydd datblygedig incwm uchel. Mae mwy o swyddi gwaith swyddfa ac adwerthu erbyn hyn na chyflogaeth mewn ffatri, ac mae hynny wedi creu economi ôl-ddiwydiannol.

Yr Almaen, Awstralia, Awstria, Canada, Cyprus, Denmarc, y Deyrnas Unedig, yr Eidal, Ffindir, Ffrainc, Groeg, Gweriniaeth Korea (De Korea), Gweriniaeth Tsiec, Gwlad Belg, Gwlad yr Iâ, yr Iseldiroedd, Israel, Iwerddon, Japan, Luxembourg, Malta, Norwy, Portiwgal, Sbaen, Seland Newydd, Singapore, Slofacia, Slovenia, Sweden, y Swistir, yr Unol Daleithiau

▲ **Ffigur 4.21** Tri grŵp o wledydd a nodwyd gan ymchwilwyr y Gronfa Ariannol Ryngwladol ac sydd wedi eu dosbarthu yn ôl incwm fesul pen a dynameg datblygiad. I ba raddau ydych chi'n cytuno â'r dosbarthiad hwn? Er enghraifft, a ddylai Qatar gael ei ddisgrifio erbyn hyn fel Economi Cynyddol Amlwg yn hytrach na Gwlad Ddatblygedig? Mae rhai o'r GIID sydd i'w gweld, yn cynnwys Bangladesh, Kenya a Nigeria, bellach wedi eu dosbarthu gan ymchwilwyr eraill fel economïau cynyddol amlwg. Felly, gallai gwahanol bobl deimlo'n wahanol ynglŷn â pha mor briodol yw dadansoddiad y gronfa ariannol ryngwladol.

- Mae gwledydd Dwyrain Ewrop wedi cael cyfnodau o dwf sylweddol hefyd ers diwedd yr Undeb Sofietaidd yn 1991, ac ehangiad yr Undeb Ewropeaidd yn 2004 (pan oedd y Grŵp A8, yn cynnwys Gwlad Pwyl, wedi ymuno â'r Undeb Ewropeaidd).

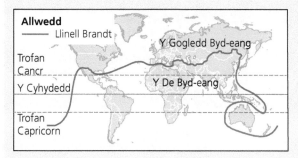

▲ Ffigur 4.22 Llinell Brandt: sut roedden ni'n edrych ar anghydraddoldeb byd-eang yn yr 1970au

Yr amrywiaeth o incymau cyfartalog cenedlaethol sy'n ehangu

Er bod y bwlch incwm rhwng gwledydd datblygedig a gwledydd cynyddol amlwg yn aml wedi lleihau, nid yw rhai o wledydd mwyaf tlawd y byd wedi gwneud unrhyw gynnydd, neu fawr ddim, yn y degawdau diwethaf. Mae ambell wlad – yn enwedig gwladwriaethau llai fel Qatar a Singapore – wedi gweld twf yn eu hincwm o tua 20,000 y cant ers 1970. Yn 1965, roedd Cynnyrch Mewnwladol Crynswth fesul pen Singapore yr un fath ag un Gambia, sef dim ond 500 o ddoleri UDA; yn 2017, roedd yn uwch na 90,000 o ddoleri UDA, ac roedd un Gambia tua 1500 o ddoleri UDA (mae'r holl ffigurau wedi eu haddasu i ystyried paredd gallu prynu). Felly, dyma dystiolaeth o wahaniaethau mewn incwm ar gyfradd genedlaethol yn *lledu* dros amser.

Yn ei ddadansoddiad o systemau byd-eang, roedd yr academydd Manuel Castells yn dadlau bod y gwledydd tlotaf fel Gambia, mewn gwirionedd, yn rhan o'r hyn roedd yn ei alw'n 'bedwerydd byd' o 'leoedd wedi eu datgysylltu' (o edrych arnyn nhw o safbwynt rhwydweithiau). Maen nhw'n wladwriaethau sydd â lefelau gwan o ran cyfalaf dynol, a gallai hynny esbonio pam mai rôl fach iawn yn unig y maen nhw'n ei chwarae yn y ddaearyddiaeth fyd-eang o gynhyrchu a phrynu (gweler Ffigur 4.23). Mae rhai o wledydd tlotaf y byd wedi cynnal Cynnyrch Mewnwladol Crynswth fesul pen o 500 o ddoleri UDA neu lai am nifer o ddegawdau.

Y ffordd y mae'r systemau byd-eang hyn yn gweithredu sydd wedi cyfrannu at ystyfnigrwydd tlodi yn y gwledydd hyn. Mae nifer o ffactorau i'w hystyried.

- *Mynediad gwael i farchnadoedd o fewn y systemau byd-eang.* Mae rhaniad y byd yn flociau masnach yn gallu helpu i esbonio pam mae incymau cenedlaethol rhai gwledydd sy'n datblygu wedi aros yn isel. Er enghraifft, mae'r Undeb Ewropeaidd yn amddiffyn ei ffermwyr ei hun drwy roi tariffau mewnforio ar fewnforion bwyd o'r tu allan i'w ffiniau. O ganlyniad i hynny, mae ffermwyr mewn gwledydd sydd ddim yn yr Undeb Ewropeaidd, fel Kenya, yn ei chael hi'n anodd cael pris da am y bwyd y maen nhw'n ei werthu i archfarchnadoedd Ewropeaidd. Yn ogystal, mae lefelau uchel o gymorth ariannol gan y llywodraeth yn golygu bod llawer o ffermwyr yr Undeb Ewropeaidd yn gallu cynhyrchu cig a llysiau'n rhad. Felly, mae'n rhaid i ffermwyr o Affrica gynnig gwerthu eu cynnyrch nhw am brisiau hyd yn oed yn is i gwmnïau fel Tesco, os ydyn nhw eisiau masnachu. Mae pobl wedi beirniadu Sefydliad Masnach y Byd am gyfnod hir (gweler tudalen 54) am fethu a mynd i'r afael â diffynnaeth amaethyddol yr Undeb Ewropeaidd a Gogledd America.

- *Prisiau isel am nwyddau cynradd.* Yn ôl damcaniaeth mantais gymharol (gweler tudalen 86), dylai nwyddau cynradd gwlad (bwyd heb ei brosesu, pren, mwynau ac adnoddau ynni) ddarparu cyfleoedd i fasnachu gyda gwledydd eraill, gan gynhyrchu'r incwm, felly, sy'n angenrheidiol er mwyn i ddatblygiad economaidd ddigwydd. Mewn gwirionedd,

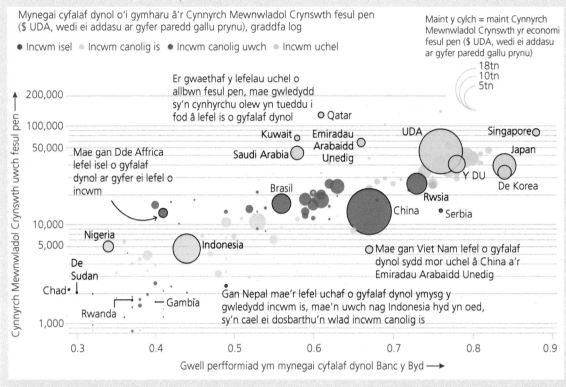

Mynegai cyfalaf dynol o'i gymharu â'r Cynnyrch Mewnwladol Crynswth fesul pen ($ UDA, wedi ei addasu ar gyfer paredd gallu prynu), graddfa log

Maint y cylch = maint Cynnyrch Mewnwladol Crynswth yr economi fesul pen ($ UDA, wedi ei addasu ar gyfer paredd gallu prynu)

- Incwm isel
- Incwm canolig is
- Incwm canolig uwch
- Incwm uchel

18tn
10tn
5tn

Er gwaethaf y lefelau uchel o allbwn fesul pen, mae gwledydd sy'n cynhyrchu olew yn tueddu i fod â lefel is o gyfalaf dynol

Mae gan Dde Affrica lefel isel o gyfalaf dynol ar gyfer ei lefel o incwm

Gan Nepal mae'r lefel uchaf o gyfalaf dynol ymysg y gwledydd incwm is, mae'n uwch nag Indonesia hyd yn oed, sy'n cael ei ddosbarthu'n wlad incwm canolig is

Mae gan Viet Nam lefel o gyfalaf dynol sydd mor uchel â China a'r Emiradau Arabaidd Unedig

Cynnyrch Mewnwladol Crynswth uwch fesul pen

Gwell perfformiad ym mynegai cyfalaf dynol Banc y Byd ⟶

▲ **Ffigur 4.23** Mae anghydraddoldebau byd-eang nodedig i'w cael mewn incymau cyfartalog a lefelau nodweddiadol o gyfalaf dynol: mae cydberthynas gref hefyd rhwng y ddau newidyn hyn. Nodwch fod awduron y siart yma wedi defnyddio amrywiaeth o ddulliau cyflwyno sydd wedi eu dewis yn dda i gyfathrebu eu canfyddiadau. Pa asesiad allech chi ei gynnig o gryfderau'r siart? *Graffigyn FT; Ffynhonnell: Banc y Byd. Mae'r data i gyd ar gyfer 2014 neu'r agosaf*

dydy hyn ddim yn digwydd bob amser, yn aml oherwydd gorgynhyrchu, a dydy gwledydd sy'n masnachu dim ond mewn cynnyrch amaethyddol a defnyddiau crai, ddim bob amser yn cynhyrchu incwm da. Mae hyn yn golygu nad oes ganddyn nhw ddigon o arian i fewnforio cynhyrchion hanfodol wedi'u gweithgynhyrchu o wledydd eraill. Mae'n mynd hyd yn oed yn anoddach i gyflawni nodau datblygu tymor hirach, heb gyfrifiaduron i ysgolion neu offer arbenigol i ysbytai.

- *Pobl fedrus, uchelgeisiol neu ddawnus yn allfudo.* Gallai hyn ddwyn y cyfalaf dynol mwyaf gwerthfawr o wlad, gan greu hyd yn oed mwy o heriau i ddatblygiad y wlad drwy'r broses o adborth cadarnhaol (gweler tudalen 38).

- *Llywodraethiant gwael.* Mae hwn wedi bod yn ffactor mawr sy'n cyfrannu at y tanddatblygiad a welir mewn rhai gwledydd tlawd. Un farn yw bod rhai gwledydd sy'n datblygu heb y cyfalaf dynol yn y gorffennol (e.e. economegwyr medrus) a oedd eu hangen i drefnu cytundebau masnach da (gweler tudalen 165).

- *Canlyniadau annisgwyl cymorth rhyngwladol.* Mae rhoddion elusennol wedi cael eu barnu weithiau am nad ydyn nhw'n datrys tlodi ac yn hytrach, eu bod nhw'n gallu ei barhau, hyd yn oed. Ar ddechrau'r 2000au, fe wnaeth rhoddion elusennol o ddillad i Zambia ddinistrio'r diwydiant tecstilau a oedd newydd gychwyn yn y wlad honno. Er bod y bwriad yn dda, pan gyrhaeddodd y rhoddion, doedd pobl wedyn ddim yn prynu cymaint o ddillad newydd yn y wlad.

Gwerthuso anghydraddoldeb – safbwynt *trawswladol*

Pan fyddwn ni'n siarad am y Cynnyrch Mewnwladol Crynswth fesul pen sydd gan y genedl hon neu'r llall, mae'n rhy hawdd anghofio bod hwn yn werth cyfartalog bras iawn sydd, yn syml iawn, yn rhannu incwm cyfan gwlad gyda'r nifer o bobl sy'n byw yno. Yn wir, gallai'r ffigur hwn roi darlun digon gwallus o fywyd *nodweddiadol* y rhan fwyaf o'r bobl sy'n byw yno. Mae'n bosibl mai ychydig iawn o bobl sy'n ennill y maint cyfartalog cymedrig mewn gwirionedd – mewn llawer o wledydd, mae grŵp elît gweddol fach o bobl yn derbyn cyfran fawr iawn o'r incwm cenedlaethol, tra bod gan y mwyafrif o bobl incwm gwario llawer llai nag y mae'r ffigur Cynnyrch Mewnwladol Crynswth fesul pen yn ei awgrymu mewn gwirionedd. Mae angen i ni dreiddio'n ddyfnach i mewn i'r data i ddeall yn iawn beth yw maint yr anghydraddoldeb o fewn, a rhwng gwledydd.

Twf asedau ac incwm i'r elît byd-eang

Un rheswm pam mae llawer o arsylwyr yn pryderu am effaith globaleiddio ar anghydraddoldeb, yw'r ffordd y mae'r gyfran o incwm sy'n mynd i'r deg y cant cyfoethocaf o bobl y byd wedi cynyddu'n llawer cyflymach na chyfran incwm y deg y cant tlotaf. Mewn geiriau eraill, mae'r bobl hynny a oedd yn gyfoethog yn barod ar ddechrau'r 1990au, wedi cymryd cyfran anghymesur o fawr adref o'r twf economaidd *newydd* yn y blynyddoedd ers hynny. Y rheswm dros hyn yw eu bod nhw yn y safle gorau i wneud buddsoddiadau proffidiol gan ddefnyddio'r cyfalaf oedd ganddyn nhw'n barod: efallai eu bod nhw wedi prynu eiddo yn ninasoedd y byd, fel Llundain a Beijing (a dreblodd yn ei werth rhwng 2005 a 2015) neu gyfranddaliadau mewn cwmnïau technoleg newydd (fel y FANGs - gweler tudalen 38). I'r gwrthwyneb, mae incwm y rhan fwyaf o bobl wedi cynyddu'n llawer arafach dros amser am fod ganddyn nhw lai o asedau ariannol i'w buddsoddi mewn mentrau sy'n cynhyrchu

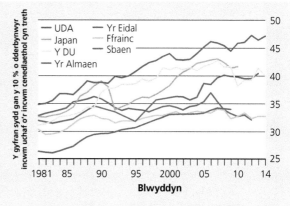

▲ **Ffigur 4.24** Anghydraddoldeb cynyddol o fewn y gwladwriaethau G7 (mae'r blynyddoedd yn amrywio ar gyfer y data mwyaf diweddar sydd ar gael). *Graffigyn FT; Ffynhonnell: Cronfa ddata Anghydraddoldebau'r Byd*

cyfoeth. Mae Pennod 5 yn archwilio sut mae anghydraddoldeb o ran tai ac o ran cyfanheddrwydd (*liveability*) yn codi o'r anghydraddoldeb cyfleoedd hwn (gweler tudalennau 160–161).

Yn Ffigur 4.24 rydyn ni'n gweld y gyfran o incwm cenedlaethol a gymerwyd gan y deg y cant uchaf o dderbynwyr incwm mewn cenhedloedd G7 ers 1981. Dros amser, mae'r deg y cant mwyaf cyfoethog wedi cymryd cyfran gynyddol fawr o'r incwm cenedlaethol. Dydy'r bobl dlawd ddim o anghenraid wedi ennill *llai* yn gyffredinol o ganlyniad i hynny, ond mae'r bobl gyfoethog wedi gallu lluosi eu henillion llawer gwaith, gan symud ymhellach i ffwrdd oddi wrth y bobl dlawd o ran eu dulliau moethus o fyw. Felly, mae'r rhaniadau mewn cymdeithas wedi lledu.

Rôl mudo

Gall mudo chwarae rôl hefyd yn yr anghydraddoldeb incwm cynyddol mewn cyd-destunau lleol. Yn ddiweddar, mae'r bwlch incwm rhwng y bobl gyfoethog iawn a'r bobl dlawd iawn wedi tyfu'n lletach mewn llawer o ddinasoedd y byd am ddau reswm.

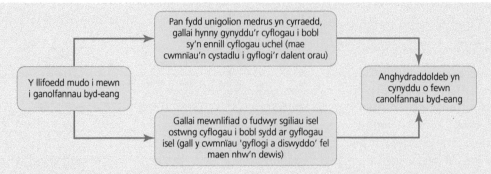

▲ **Ffigur 4.25** Mewn rhai cyd-destunau lleol, gallai mudo rhyngwladol arwain at gynnydd mewn anghydraddoldeb incwm

- Pan fydd niferoedd mawr o weithwyr isel eu sgiliau yn symud i mewn i wlad, mae'n cynhyrchu gwarged llafur, ac mae hyn yn gallu gostwng y cyflogau hyd yn oed ymhellach i bobl sydd ar gyflogau isel (gall cyflogwyr gynnig llai o arian pan fydd mwy o bobl ar gael sydd angen gwaith yn enbyd).
- Pan fydd gweithwyr gyda sgiliau uchel yn symud i mewn i wlad, gall gael effaith i'r gwrthwyneb: mae busnesau'n dechrau cystadlu ymysg ei gilydd am y talent orau sydd ar gael, gan wthio cyflogau'n uwch ar ben uchaf y sbectrwm (gweler Ffigur 4.25).

Felly, gall llifoedd mudo ddod yn gysylltiedig â chynnydd mewn anghydraddoldeb mewn dinasoedd fel Llundain neu Efrog Newydd, heblaw bod y wladwriaeth yn ymyrryd (er enghraifft, deddfwriaeth am isafswm cyflog).

Rhoi popeth ynghyd: 'darlun mawr' anghydraddoldeb byd-eang (Lakner a Milanović)

Un o ganlyniadau arwyddocaol y patrymau a'r tueddiadau a ddisgrifiwyd uchod yw bod y lleihad yn y nifer o bobl sy'n byw mewn tlodi eithafol drwy'r byd i gyd wedi dod law yn llaw â chynnydd

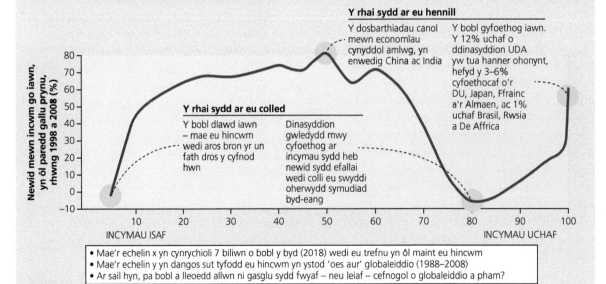

▲ **Ffigur 4.26** Golwg wahanol ar fyd anghyfartal: mae 'siart eliffant' Lakner a Milanovic yn dangos y bobl sydd ar eu colled ac ar eu hennill oherwydd globaleiddio

yn y nifer o bobl sy'n byw mewn tlodi cymharol mewn llawer o gymdeithasau. Pan fydd asedau ac enillion yr hynod gyfoethog yn chwyddo yn eu gwerth, mae lefel gyfartalog (fesul pen) yr incwm yn codi. O ganlyniad, mae rhai o'r bobl fwy tlawd – nad yw eu cyflogau wedi codi, neu y mae eu cyflogau wedi codi ychydig bach yn unig – yn cael eu dosbarthu fel pobl gydag incwm is na'r cyfartaledd, er nad ydyn nhw wedi gweld unrhyw ostyngiad materol yn y maint o arian y maen nhw'n ei wneud. I grynhoi, efallai mai'r ymadrodd hwn yw'r darlun cryno gorau o ddaearyddiaeth anghydraddoldeb gyfoes: 'mae'r cyfoethog yn mynd yn fwy cyfoethog ond dydy'r mwyaf tlawd ddim – ac felly mae'r bwlch yn lledu'.

Cafwyd golwg ddiddorol ar y ffenomen hon gan Christoph Lakner a Branko Milanović yn 2013. Mae i'w gweld ar dudalen 144 yn Ffigur 4.26. Dyma'r 'siart eliffant' (mae'n cael yr enw hwn am ei bod yn atgoffa rhywun ychydig bach o'r anifail mawr hwnnw) ac mae hon yn nodi dau grŵp o bobl sydd wedi gwneud yn arbennig o wael yn ystod y degawdau diwethaf o dwf byd-eang.

1 *Deg y cant tlotaf y byd.* Yn bennaf, mae'r rhain yn bobl mewn gwledydd incwm isel sy'n datblygu fel Chad, Gweriniaeth Ddemocrataidd Congo (*DRC: Democratic Republic of the Congo*) ac Eritrea lle na chafwyd llawer o fuddsoddiad o dramor. Ni chododd eu hincwm nhw, neu ni chododd fwy na rhai canrannau, yn ystod y cyfnod o 1998 i 2008 sydd ar y siart. Gallai'r grŵp hwn – y deg y cant sydd ar y cyflogau isaf yn y byd – hefyd gynnwys pobl ddigartref yn ninasoedd y DU (cofiwch fod y diagram hwn yn dangos *patrymau* trawswladol o dlodi a chyfoeth).

2 *Y rhai sydd ychydig o dan y deg y cant uchaf.* Dyma ddinasyddion y gwledydd datblygedig mwy cyfoethog sydd fwyaf tebygol o'u diffinio eu hunain fel pobl 'coler-las', 'dosbarth-gweithiol' neu 'bobl gyffredin'. Roedd eu hincwm nhw yn ddisymud hefyd; mae rhai wedi dioddef cyfnodau o ddiweithdra

oherwydd newid byd-eang o ran gwaith i economïau cynyddol amlwg.

Yn ôl y data hwn, nid yw unrhyw un o'r ddau grŵp yma wedi gweld cynnydd mewn incymau real ers 1988. Ar y llaw arall, mae grwpiau eraill wedi elwa llawer mwy, yn enwedig yr un y cant uchaf a welodd eu cyflogau'n cynyddu o tua 60 y cant yn ôl Ffigur 4.26. Gallwch hefyd weld twf o 70–80 y cant mewn incwm yn ystod y cyfnod 1998–2008 i bobl yng nghanol yr ystod incwm byd-eang (h.y. y dosbarth canol newydd o economïau cynyddol amlwg).

Dydy'r holl newidiadau sydd i'w gweld yma ddim yn ganlyniad uniongyrchol i effaith systemau byd-eang wrth gwrs. Mae Lakner a Milanović yn dadlau y gallwn ni esbonio'r twf araf yn incymau'r 'bobl gyffredin' mewn economïau datblygedig drwy edrych ar effeithiau cyfunedig y newid technolegol, y globaleiddio a pholisïau economaidd llywodraethau. Hefyd, mae'n anodd gwahanu'r tair effaith hyn, fel y gwelon ni ym Mhenodau 1 a 2.

Dod i gasgliad â thystiolaeth

Pa gasgliad terfynol allwn ni ddod iddo am effeithiau systemau byd-eang ar y patrymau o anghydraddoldeb? I ba raddau mae globaleiddio wedi cynyddu anghydraddoldebau ar amrywiol raddfeydd neu wedi eu culhau nhw drwy feithrin mwy o ddatblygiad a thwf economaidd? Mae hwn yn faes ymholiad sy'n adnabyddus am achosi anghytuno, a gallai gwahanol bobl ddod i gasgliadau gwahanol, yn dibynnu ar ba ffeithiau maen nhw wedi eu gweld.

Mae rhai pobl yn dadlau hyn: Wrth i fwy o wledydd wneud y trosglwyddiad o statws incwm isel i statws incwm canolig, mae'r byd wedi mynd yn llai anghyfartal. Ac eto mae rhai pobl sy'n beirniadu globaleiddio yn parhau i ddweud bod y bobl gyfoethog yn mynd yn fwy cyfoethog a'r bobl dlawd yn mynd yn dlotach. Sut all yr honiad hwn fod yn wir o ddarllen prif newyddion Banc y Byd am y gostyngiad byd-eang parhaus mewn tlodi eithafol? Mae'r ateb yn ymwneud â dadansoddi'r gwahaniaethau *cymharol* mewn cyfoeth. Yn 2017, cyfrifodd Oxfam bod:

- yr un y cant mwyaf cyfoethog o boblogaeth y byd wedi gweld eu cyfran o gyfoeth byd-eang yn cynyddu o 44 y cant yn 2009 i 99 y cant (ac, fel y dywedwyd eisoes, mae gan yr wyth biliwnydd cyfoethocaf yr un cyfoeth â hanner tlotaf y ddynoliaeth)
- mae bron i 1 biliwn o bobl yn dal i fyw ar lai na 1.90 o ddoleri UDA y dydd.

Yn ôl y mesurau hyn, dydy'r byd erioed wedi bod yn llai cyfartal nag y mae heddiw mewn rhai ffyrdd, ac rydyn ni wedi cael 'ffrwydrad mewn anghydraddoldeb'. Ond yr *eithafion* yn y bylchau datblygiad sydd wedi tyfu (yr ystod o werthoedd rhwng pobl a gwledydd cyfoethocaf a thlotaf y byd).

I gloi, dylen ni gofio hefyd bod mwy i anghydraddoldeb nag economeg. Mae gwahaniaethau yn y siawns sydd gan bobl i gymryd cyfleoedd, bod yn llesol a bod yn hapus yn dal i achosi pryder yn fyd-eang, a dyma oedd y sbardun ar gyfer y Nodau Datblygu Cynaliadwy (gweler tudalennau 104 a 112). Mewn llawer o leoedd, mae cyfleoedd bywyd pobl (y tebygolrwydd y byddan nhw'n cael digon o addysg, iechyd a chyflawniad personol) yn dal i gael eu penderfynu gan eu rhyw, ethnigrwydd, cefndir cymdeithasol neu gyfeiriadedd rhywiol. Mae'r cyfleoedd i ddynion yn dal i fod yn fwy nag i ferched yn y mwyafrif o wledydd; mae cyfunrywedd yn dal i fod yn anghyfreithlon mewn llawer o wladwriaethau, yn cynnwys Saudi Arabia ac Uganda. Felly, rhywbeth arall y dylen ni ei gadw mewn golwg yw'r graddau y mae globaleiddio yn helpu i ledaenu agweddau, syniadau a normau mwy goddefgar. Rydyn ni'n dychwelyd at y thema hon ym Mhennod 5.

 TERMAU ALLWEDDOL

Cyfalaf dynol Cais i fesur gwerth net sgiliau poblogaeth. Mae galluoedd pobl yn deillio o'r ffordd y mae eu haddysg, hyfforddiant, galluoedd a syniadau yn cael eu siapio gan rymoedd economaidd, cymdeithasol a diwylliannol o'u hamgylch.

Gorgynhyrchu Mae hyn yn digwydd pan fydd gormod o wledydd yn tyfu'r un cnwd. Mae'r gorgynhyrchu hwn yn gwthio prisiau i lawr drwy'r byd i gyd. Pan fydd cynhyrchion cnydau yn arbennig o uchel oherwydd tywydd da, mae'r broblem yn gwaethygu. Yn ystod rhai blynyddoedd, mae prisiau am ffa coffi, ffa coco neu fananas wedi disgyn yn isel iawn, gan achosi gofid i'r cymunedau sy'n eu cynhyrchu.

Tanddatbygiad Damcaniaeth sy'n awgrymu bod rhai lleoedd wedi datblygu llai nag y bydden nhw fel arall, oherwydd ymyrraeth allanol fel trefedigaethedd a neo-drefedigaethedd.

Cyfanheddrwydd Asesiad o'r ffordd y mae'r cydbwysedd bywyd-gwaith cyffredinol mewn lle yn teimlo, gan gymryd i ystyriaeth yr amodau amgylcheddol, cymunedol, economaidd, tai a chludiant/cymudo.

Tlodi cymharol Pan fydd incwm person yn rhy isel i gynnal y safon o fyw cyfartalog mewn cymdeithas benodol. Mae twf asedau ar gyfer pobl gyfoethog iawn yn gallu arwain at roi mwy o bobl mewn tlodi cymharol.

Cyfleoedd bywyd Y cyfleoedd sydd gan bob unigolyn i wella ansawdd eu bywyd. Mae'r cyfleoedd hyn yn cael eu heffeithio'n gryf gan y ffordd y mae cymdeithasau'n cael eu rheoli a pha bolisïau y mae llywodraethau'n eu mabwysiadu.

Crynodeb o'r bennod

✓ Mae datblygiad yn cwmpasu twf economaidd gwlad a hefyd sbectrwm eang o newidiadau cymdeithasol a gwleidyddol. Mae safbwyntiau yn amrywio ynglŷn â dilysrwydd a dibynadwyedd gwahanol ddangosyddion datblygiad.

✓ Mae patrymau o fasnach fyd-eang a datblygiad yn cydberthyn yn agos â'i gilydd. Mae cysylltiad rhwng datblygiad economïau cynyddol amlwg a thwf masnach de–de, fel mae'n cael ei alw, yn ogystal â masnach gogledd–de. Mae datblygiad economaidd China sydd wedi cyflymu'n ddiweddar yn cyfateb â'r rôl flaenllaw y mae wedi ei chael mewn masnach fyd-eang.

✓ Mae tystiolaeth gref yn cysylltu twf systemau byd-eang gyda gostyngiad tlodi byd-eang ac ymddangosiad dosbarth canol byd-eang newydd. Yn cyd-fynd â hyn, rydyn ni'n gweld cydraddoldeb gwell ar sail rhyw mewn llawer o gymdeithasau. Ond, dydy pob lle ddim wedi elwa i'r un graddau o globaleiddio.

✓ Gall mudo rhyngwladol helpu i esbonio patrymau o dwf economaidd; mae'r gwledydd croesawu a'r gwledydd gwreiddiol yn gallu elwa pan fydd pobl yn symud ar draws ffiniau. Mae mudo yn fewnbwn pwysig i systemau economaidd canolfannau byd-eang (dinasoedd byd). Mae mudo de–de wedi chwarae rôl bwysig yn nhwf rhai o'r economïau cynyddol amlwg.

✓ Mae cyflymiad a lledaeniad llifoedd data byd-eang wedi cysylltu â datblygiad byd-eang mewn llawer o wahanol ffyrdd. Pan fydd cymunedau lleol yn cymryd naid llyffant mewn TGCh, maen nhw'n cael ffyrdd newydd o greu cyfalaf ac ennill arian; gallan nhw ddefnyddio TGCh i wella datblygiad cymdeithasol (addysg ac iechyd) a chymryd camau gwleidyddol democrataidd. Dydy pob cymdeithas ddim yn gallu cyrchu TGCh fodd bynnag, oherwydd y rhaniad digidol byd-eang parhaus.

✓ Mae effeithiau systemau byd-eang ar batrymau daearyddol o anghydraddoldeb yn gymhleth. Mae'n bosibl dehongli data mewn nifer o wahanol ffyrdd i gynhyrchu dadleuon sy'n cyferbynnu â'i gilydd am y cwestiwn a yw anghydraddoldeb wedi cynyddu neu ostwng. Yn aml iawn mae anghydraddoldeb wedi gostwng rhwng gwledydd (yn unol â mesurau incwm fesul pen). Ond mae cynnydd nodedig wedi bod mewn anghydraddoldebau incwm a chyfoeth rhwng pobl fwyaf cyfoethog a mwyaf tlawd y byd (dim ots ym mha wledydd y maen nhw'n byw).

Cwestiynau adolygu

1 Beth yw ystyr y termau daearyddol canlynol? Datblygiad dynol; masnach de–de; tlodi eithafol; dosbarth canol byd-eang.

2 Esboniwch sut mae pobl yn penderfynu ar sgorau mynegrif datblygiad dynol (*HDI: human development index*).

3 Awgrymwch resymau pam mae data CMC (cynnyrch mewnwladol crynswth) fesul pen rhai gwledydd yn annibynadwy.

4 Amlinellwch resymau pam fod tlodi byd-eang wedi gostwng ers yr 1980au.

5 Disgrifiwch newidiadau dros amser yn nosbarthiad y dosbarth canol byd-eang.

6 Amlinellwch ffyrdd y mae gwahanol gyfranogwyr byd-eang wedi helpu i hyrwyddo cydraddoldeb i fenywod a grwpiau lleiafrifol.

7 Gan ddefnyddio enghreifftiau, esboniwch sut mae mudo rhyngwladol yn gallu bod o fudd i (i) y gwledydd croesawu, (ii) y gwledydd gwreiddiol a (iii) canolfannau byd-eang.

8 Beth yw ystyr y termau daearyddol canlynol? Y rhaniad digidol; naid llyffant; y filltir olaf.

9 Gan ddefnyddio enghreifftiau, esboniwch sut mae benthyca rhwng cymheiriaid ar-lein yn gallu helpu i ymdrin â gwahanol fathau o fylchau datblygiad.

10 Esboniwch pam mae anghydraddoldeb yn gallu codi mewn cymdeithas er bod yr enillion cyfartalog yn codi hefyd.

Gweithgareddau trafod

1 Mae'r cwestiwn canlynol yn eich gwahodd chi i feddwl mewn ffordd synoptig (mewn geiriau eraill, gallwch chi wneud defnydd o'r holl destunau daearyddiaeth ddynol a ffisegol gwahanol rydych chi wedi'u hastudio). 'Mae anghydraddoldebau byd-eang yn lleihau ond mae anghydraddoldebau lleol yn tyfu.' Gan gyfeirio at dystiolaeth o ddaearyddiaeth ffisegol a dynol, i ba raddau ydych chi'n cytuno â'r datganiad hwn?

2 'Pwy sydd eisiau bod yn biliwnydd?' Cynhaliwch ddadl i'r dosbarth cyfan ar sail y ffeithiau canlynol:

- Mae systemau byd-eang yn gweithredu mewn ffyrdd sydd wedi caniatáu i grŵp bychan o biliwnyddion gasglu cyfoeth anhygoel o fawr.
- Yn y cyfamser, mae angen ymdrin ar frys â nifer o heriau byd-eang argyfyngus (yn cynnwys newid hinsawdd, tlodi parhaus yn Affrica is-Sahara a chynnydd mewn tensiynau rhyngwladol).
- Eto, mae llawer o lywodraethau'n dweud nad ydyn nhw'n gallu fforddio ymdrin â newid hinsawdd a materion brys eraill.
- A ddylai biliwnyddion orfod ymdrin â heriau byd-eang os oes ganddyn nhw'r gallu ariannol i wneud hynny?
- Pa wahanol safbwyntiau gwleidyddol, economaidd a moesegol sydd yn rhaid eu hystyried?

3 Mewn grwpiau bach, trafodwch bwysigrwydd maint wrth astudio daearyddiaeth datblygiad. Dyma rai o'r cwestiynau pwysig i feddwl amdanynt:

- A oes gan yr holl leoedd lleol mewn gwlad yr un lefel o ddatblygiad? Os nad oes, beth yw'r rheswm dros hynny?
- A yw pob grŵp o bobl yn rhannu yr un cyfleoedd economaidd a chymdeithasol? Os nad ydyn nhw, beth yw'r rheswm dros hynny?

FFOCWS Y GWAITH MAES

Mae ffocws y bennod hon, sydd ar ddatblygiad a thwf, yn rhoi sylfaen gysyniadol i chi ar gyfer gwaith maes sy'n canolbwyntio ar y ffordd y mae llifoedd ariannol sy'n deillio o'r DU, o bosibl yn helpu'r broses ddatblygu mewn gwledydd eraill.

A Cynnal arolwg o gymuned ddiaspora er mwyn archwilio'r rhan y mae trosglwyddo adref yn ei chwarae i gefnogi'r broses ddatblygu mewn gwlad arall. Os ydych chi'n astudio mewn ysgol neu goleg lle mae diwylliannau amrywiol, efallai y byddai'n bosibl i chi greu grŵp sampl bach o rieni neu fam-gu a thad-cu (neu fyfyrwyr eraill rydych chi'n eu hadnabod) a fudodd yn wreiddiol i'r DU o wledydd eraill. Gallai'r cyfweliadau ganolbwyntio ar ddarganfod a gafodd cyflogau eu trosglwyddo adref i'r teulu dramor erioed, a sut roedd hynny wedi eu helpu. Efallai fod mathau eraill o gyfnewidiadau ariannol i'w hystyried hefyd, er enghraifft prynu eiddo neu asedau eraill dramor. Ond cofiwch fod yn ystyriol os byddwch chi'n penderfynu mynd ar drywydd yr wybodaeth hon: mae materion moesegol pwysig i'w hystyried. Bydd angen i chi eirio'r cwestiynau mewn ffordd sensitif: mae angen i chi sicrhau bod y bobl sy'n ateb eich cwestiynau yn fodlon trafod arian a materion eraill. Byddwch yn glir o'r cychwyn cyntaf am beth rydych chi eisiau siarad.

B Ymchwilio mater datblygu pwysig, fel gwella hawliau i fenywod neu gymunedau LGBTQ+ mewn gwledydd sy'n datblygu. Er bod gennych chi ddiddordeb, o bosibl, mewn astudio'r materion hyn, her y gwaith maes fydd cynhyrchu data cynradd o safon. Byddwch yn ofalus eich bod yn osgoi cynhyrchu traethawd hir (wedi ei seilio'n bennaf ar ddarllen) ar draul gwneud gwaith maes go iawn. Un dull, efallai, fyddai gwneud cyfweliadau gyda sampl o'r cyhoedd, sy'n canolbwyntio ar y cwestiwn a yw pobl yn credu ei fod yn bwysig i wlad fel y DU hybu ac amddiffyn hawliau dynol mewn gwledydd eraill. Ond, a fyddai hyn yn cynhyrchu data y gallwch chi ei fapio neu ei ddadansoddi gydag offer ystadegol? Pa fathau eraill o ddata cynradd allech chi ei gasglu?

Deunydd darllen pellach

Dorling, D. (2014) *Inequality and the 1%*. Llundain: Verso.

Lakner, C. a Milanović, B. (2013) *Global Income Distribution: From the Fall of the Berlin Wall to the Great Recession*. Papur Gwaith Ymchwil Polisïau Banc y Byd 6719. Ar gael yn: https://openknowledge.worldbank.org/handle/10986/16935.

Pilling, D. (2018) The limits of leapfrogging. *Financial Times*, 13 Awst. Ar gael yn: https://www.ft.com/content/052b0a34-9b1b-11e8-9702-5946bae86e6d.

Milanović, B. (2011) *The Haves and the Have-Nots: A Short and Idiosyncratic History of Global Inequality*. Efrog Newydd: Basic Books.

Nielsen, L. (2011) *Classifications of Countries Based on their Level of Development: How it is Done and How it Could Be Done*. Papur Gwaith y Gronfa Ariannol Ryngwladol (IMF) 11/31. Ar gael yn: www.imf.org/external/pubs/ft/wp/2011/wp1131.pdf.

Williams, G., Meth, P. a Willis, K. (2014) *Geographies of Developing Areas*. Llundain: Routledge.

Anghyfiawnder byd-eang

Weithiau mae llifoedd anghyfartal o bobl, arian, syniadau a thechnoleg o fewn systemau byd-eang yn hyrwyddo datblygiad, ond gallan nhw hefyd achosi anghyfiawnderau a gwrthdaro. Mae'r bennod hon:

- yn archwilio effeithiau niweidiol buddsoddiad byd-eang a llifoedd masnach ar gyfer gwahanol gymdeithasau
- yn archwilio anghyfiawnderau real a rhai a ddrwgdybir sydd wedi eu hachosi gan symudiadau pobl yn rhyngwladol
- yn ymchwilio i anghyfiawnderau amgylcheddol sy'n cael eu dioddef gan wahanol bobl a lleoedd
- yn gwerthuso ymdrechion i ymdrin â gwahanol fathau o anghyfiawnder lleol sy'n gysylltiedig â systemau byd-eang.

CYSYNIADAU ALLWEDDOL

Cyfiawnder cymdeithasol Trin pobl wahanol mewn ffordd deg, o'i fesur yn nhermau cyfoeth, cyfle a braint. Mae cyfiawnder cymdeithasol yn golygu nad yw cyfleoedd bywyd pobl (y tebygolrwydd y bydden nhw'n cael digon o addysg, iechyd a boddhad personol) wedi eu penderfynu'n amhriodol gan eu cenedligrwydd, rhyw, ethnigrwydd, cefndir neu gyfeiriadedd rhywiol.

Anghyfiawnder Pan mae pobl, lleoedd neu amgylcheddau yn cael eu trin mewn ffyrdd annheg.

Risg Y posibilrwydd y bydd penderfyniad neu broses yn creu canlyniad negyddol. Er enghraifft, mae rhai grwpiau o bobl mewn mwy o berygl o ecsbloetiaeth, niwed corfforol neu ddigartrefedd oherwydd y ffordd y mae systemau byd-eang yn gweithredu.

① Anghyfiawnderau sy'n cael eu creu gan systemau economaidd byd-eang

▶ *Pa wahanol fathau o anghyfiawnder sy'n codi o fuddsoddiad a masnach byd-eang?*

Anghydraddoldeb neu anghyfiawnder?

Roedd y bennod flaenorol yn canolbwyntio ar anghydraddoldebau o fewn systemau byd-eang. Er enghraifft, rydyn ni'n gwybod bod pobl sy'n gyfoethog yn barod yn y sefyllfa orau i fuddsoddi arian mewn systemau byd-eang (er enghraifft, mewn eiddo neu gwmnïau), gan felly sicrhau difidendau mwy fyth iddyn nhw eu hunain. O ganlyniad, mae'r anghydraddoldeb rhwng y bobl fwyaf cyfoethog a'r bobl fwyaf tlawd yn dal i dyfu mewn llawer o gymdeithasau. Ond a yw hyn yn enghraifft o anghyfiawnder hefyd? Byddai llawer o bobl yn anghytuno. Yn y rhan fwyaf o gymdeithasau democrataidd, mae consenws eang ymysg y bobl sy'n byw yno ei bod hi'n deg i bobl etifeddu cyfoeth teuluol (ac wedyn maen nhw'n gallu ei fuddsoddi mewn mentrau newydd). Ond, bydd y safbwyntiau'n gwahaniaethu os byddwch chi'n gofyn a ydy hi'n deg i bobl etifeddu ystadau mawr *cyfan* heb dalu mwy o dreth.

Mewn unrhyw gyd-destun, mae pobl yn debygol o anghytuno i ryw raddau ynglŷn â'r hyn y maen nhw'n ei ystyried yn driniaeth deg ohonyn nhw eu hunain neu o eraill. Ond, mae safbwyntiau pobl am y pethau y maen nhw'n eu hystyried yn anghyfiawnder yn gallu newid dros amser.

- Yn y gorffennol, doedd pobl ddim bob amser yn ystyried bod cyflog a hawliau pleidleisio anghyfartal i ddynion a merched yn *anghyfiawnder.* Y rheswm am hynny oedd mai'r farn bennaf yn y cyfnod hwnnw oedd bod gwahaniaethau biolegol yn cyfiawnhau triniaeth anghyfartal. Ond, gan fod syniadau ynglŷn â rhyw wedi newid ers hynny, mae'r rhan fwyaf o bobl erbyn hyn yn ystyried bod cyflog anghyfartal i ddynion a merched yn fater o anghyfiawnder ac nid anghydraddoldeb yn unig (gweler Ffigur 5.1).
- Yn yr un modd, mae mwy o gydnabyddiaeth erbyn hyn bod pobl frodorol wedi dioddef anghyfiawnderau difrifol pan gafodd eu tir ei oresgyn gan bobl o'r tu allan. Rhwng yr 1500au a'r 1800au, goresgynnodd y pwerau trefedigaethol rannau mawr o Affrica, Asia, America Ladin, Awstralia a Seland Newydd. Dioddefodd lawer o boblogaethau feddiannaeth, dadleoliad a hyd yn oed gaethwasiaeth. Ond, pan oedd yr Ymerodraeth Brydeinig ar ei hanterth, byddai'r rhan fwyaf o ddinasyddion Prydain wedi ystyried bod gweithredoedd eu gwlad dramor yn gwbl deg a chyfiawn (roedd llawer o bobl yn credu eu bod nhw'n 'gwareiddio'r' byd). Heddiw, efallai ein bod ni'n edrych mewn ffordd fwy beirniadol ar y gorffennol. Er enghraifft, mae'r ymgyrch 'Rhodes must fall' yn fudiad gwleidyddol sy'n tynnu sylw pobl at anghyfiawnderau hanesyddol a'i nod yw 'dad-drefedigaethu' prifysgolion o amgylch y byd (gweler Ffigur 5.2).

Anghydraddoldeb (ond nid anghyfiawnder) Er enghraifft, pan mae un gweithiwr yn derbyn cyflog uwch nag un arall, ond mae ganddyn nhw fwy o gyfrifoldebau neu maen nhw wedi gweithio oriau hirach

Cydraddoldeb ac anghyfiawnder Er enghraifft, pan mae dyn a menyw yn gwneud gwaith sydd yn union yr un fath ond maen nhw'n derbyn cyflogau gwahanol

▲ **Ffigur 5.1** Mae rhai achosion o anghydraddoldeb yn anghyfiawnderau hefyd

◄ **Ffigur 5.2** Cychwynnodd yr ymgyrch 'Rhodes Must Fall' yn Ne Affrica yn 2015 a lledaenodd drwy'r byd yn fuan iawn. Galwodd myfyrwyr ym Mhrifysgol Rhydychen am symud delw o Cecil Rhodes o Goleg Oriel. Ar un adeg, roedd pobl yn ystyried Rhodes yn berson gwych a fu'n helpu i ddatblygu De Affrica, ond mae beirniaid modern yn dweud ei fod yn euog o orfodi anghyfiawnderau mawr ar bobl Affrica

Anghyfiawnderau sy'n codi o gyllidoli datblygiad

Mae gwaith diweddar gan ddaearyddwyr academaidd wedi tynnu sylw at anghyfiawnderau sy'n codi o gyllidoli systemau byd-eang. Mae dylanwad cynyddol y gweithredwyr a rhesymeg ariannol ar gyfansoddiad ein bywyd pob dydd wedi gwella lles rhai unigolion a chymdeithasau, ond ar yr un pryd mae wedi erydu cyfleoedd bywyd pobl eraill. Roedd Pennod 2 yn archwilio sut mae sefydliadau rhyng-lywodraethol (Banc y Byd a'r Gronfa Ariannol Ryngwladol) wedi annog (ac weithiau wedi rhoi pwysau ar) lywodraethau cenedlaethol i groesawu syniadau a nodau neo-ryddfrydol. Un safbwynt am hyn yw ei fod wedi creu anghyfiawnderau oherwydd y ffordd y mae grwpiau cymdeithasol bregus wedi dod yn agored i risgiau newydd yn rhan o'r broses gyllidoli.

TERM ALLWEDDOL

Cyllidoli Tuedd gynyddol i fesur popeth (yn cynnwys tir, dŵr ac ecosystemau) yn nhermau ei werth economaidd, yn hytrach nag unrhyw feini prawf eraill. Mae wedi ei gysylltu â lledaeniad gwerthoedd gwleidyddol neoryddfrydol a chyda phŵer a dylanwad cynyddol busnesau ar bob graddfa ofodol.

▲ **Ffigur 5.3** Merch ifanc yn helpu ei mam i gasglu dŵr budr o ffynnon beryglus tu allan i Dar es Salaam, Tanzania. Mae cyllidoli'r broses ddatblygu wedi achosi risgiau newydd i grwpiau bregus

 **TERM ALLWEDDOL**

Rhaniad llafur rhyngwladol newydd (NIDL) Ail strwythuro gweithredoedd cynhyrchiol yn fyd-eang a ddyfnhaodd ar ôl yr 1980au. Yn ei hanfod, symudodd y gwaith sgiliau isel a chyflog isel tuag at y gwledydd cynyddol amlwg oedd yn datblygu, a chafodd y swyddi medrau uwch, cyflog uwch (e.e. rheoli ac ymchwil) eu creu, neu eu cadw, mewn gwledydd datblygedig/mwy blaengar.

Mae effeithiau anghyfiawn cyllidoli i'w gweld yn y stori rybuddiol am yr hyn a ddigwyddodd i ferched ifanc o deuluoedd tlawd pan geisiwyd gwella cyflenwadau dŵr yn Tanzania ar ddechrau'r 2000au. Roedd y gwasanaethau a oedd dan ofal y llywodraeth mewn cyflwr gwael yn yr 1990au, ond yn dal i lwyddo i ddarparu dŵr diogel i rai o'r cartrefi tlotaf yn slymiau'r brifddinas, Dar es Salaam. Mae dŵr glân yn hanfodol os yw'r nodau datblygiad cymdeithasol yn mynd i gael eu cyflawni, er enghraifft gwell presenoldeb gan fechgyn a merched mewn ysgolion. Mae dŵr anniogel yn achosi salwch ac absenoldebau o'r ysgol. Yn y gorffennol, cyn i'r system ddŵr fodoli, roedd merched yn aml yn colli'r ysgol am eu bod nhw'n treulio eu diwrnodau yn cario bwcedi o ddŵr o ble bynnag y gallen nhw ddod o hyd i ddŵr i gartref y teulu.

Aeth Tanzania at Fanc y Byd i gael cymorth. Yn rhan o'u cytundeb, mynnodd Banc y Byd bod Tanzania yn preifateiddio ei gwasanaethau dŵr ac, am hynny, bydden nhw'n cael benthyciad newydd o 143 miliwn o ddoleri UDA. O ganlyniad i hynny, cafodd gwasanaethau dŵr Dar es Salaam eu gwerthu dramor i gonsortiwm wedi ei arwain gan y DU o'r enw City Water, a chymerodd hwn y cyfrifoldeb o redeg cyflenwadau dŵr y ddinas o ddydd i ddydd. Am y tro cyntaf, anfonwyd biliau dŵr i bob cartref oedd yn derbyn dŵr yfed. Pan oedd rhai cartrefi'n methu talu eu biliau, bydden nhw'n cael eu datgysylltu o'r cyflenwad dŵr. O ganlyniad i gyllidoli isadeiledd y ddinas, aeth teuluoedd mwyaf tlawd a bregus Dar es Salaam yn ôl at ddefnyddio ffynonellau dŵr anniogel a dechreuodd y merched golli ysgol eto (gweler Ffigur 5.3).

Yn 2005, llwyddodd llywodraeth Tanzania i ganslo'r contract â'r consortiwm. Heddiw, mae gwasanaethau dŵr Dar es Salaam yn cael eu rhedeg yn lleol unwaith eto, ond gyda chefnogaeth nifer o gyfranogwyr allanol, yn cynnwys Banc Datblygu Affrica. Yn 2012, darparodd Llywodraeth India fenthyciad o 178 miliwn o ddoleri UDA ar gyfer projectau dŵr yn Dar es Salaam. Mae hyn yn symptom o newid ehangach ymysg y gwledydd tlawd i geisio cymorth gan bwerau mawr newydd fel China ac India ochr yn ochr, neu yn lle'r Sefydliadau Bretton Woods neo-ryddfrydol a luniwyd gan UDA a'i chynghreiriaid.

Anghyfiawnderau sy'n codi o'r rhaniad llafur rhyngwladol

Mae'r patrwm byd-eang o waith wedi esblygu ymhell y tu hwnt i'r rhaniad llafur byd-eang traddodiadol (lle mae ffermwyr a mwynwyr mewn gwledydd sy'n datblygu yn cyflenwi deunyddiau crai i weithwyr ffatri Ewrop a Gogledd America eu prosesu, mewn ffyrdd sy'n ychwanegu gwerth). Fel y dangosodd Penodau 1–3, mae rhwydweithiau byd-eang cymhleth o weithgareddau economaidd wedi tyfu dros amser. O ganlyniad i newid byd-eang yr 1970au a'r 1980au, crewyd rhaniad llafur rhyngwladol newydd (NIDL: *new international division of labour*) wedi ei seilio o amgylch diwydiannau cynradd ac eilaidd. Yn dilyn hynny, mae rhaniadau llafur daearyddol wedi datblygu hefyd ar gyfer gwaith y sector gwasanaethau a gwaith cwaternaidd, wedi ei hyrwyddo gan ddatblygiadau mewn TGCh a llifoedd data. Mae Tabl 5.1 yn dadansoddi'r anghyfiawnderau sy'n codi o batrymau ac arferion gofodol pob sector diwydiannol.

Y sector cynradd *(gweithwyr amaeth-fusnes)*	Mae amaethyddiaeth fasnachol yn ddarparwr cyflogaeth byd-eang mawr sydd wedi ei ddominyddu gan gorfforaethau trawswladol enfawr fel Del Monte a Cargill. Mae'r sector diwydiannol yn gyfarwydd iawn ag amodau gweithio caled (gweler Ffigur 5.4). Os byddwn ni'n beirniadu yn ôl safonau cyfreithiol a gweithleoedd y DU, mae'r anghyfiawnderau yn eang. Mae merched a phlant yn arbennig o agored i ecsbloetiaeth mewn rhai cyd-destunau. Dyma rai enghreifftiau:

- Yng Ngwlad Thai, mae ffermwyr reis masnachol yn gweithio shifftiau 12 awr yn plygu drosodd mewn gwres o 38°C – ac eto, dim ond 2 ddoler UDA y dydd y mae rhai ohonyn nhw'n ei dderbyn am y gwaith ailadroddus hwn. Adeg y cynhaeaf, mae llafurwyr yn Indonesia yn y diwydiant dyframaethu corgimychiaid yn gorfod gweithio shifftiau dydd a nos ar fflatiau llaid y llanw. Yn Costa Rica mae cnydau banana yn cael eu chwistrellu â phlaleiddiaid tra bo llafurwyr yn gweithio yn y caeau.

- Mae llafurwyr yn aml iawn yn wynebu ansicrwydd yn y gweithle, byth yn gwybod o flaen llaw am faint o oriau y bydd eu hangen nhw. Mae'r system gyflenwi 'ar y pryd' sy'n cael ei defnyddio gan archfarchnadoedd y DU (gweler tudalen 133) yn gwneud synnwyr ariannol perffaith i'r busnesau hyn. Ond, i ferched gyda chyfrifoldebau gofal plant bob dydd (tudalen 174), mae parhau i weithio mewn amaethyddiaeth bron yn amhosibl o dan amodau gweithio amhendant nad ydyn nhw'n gallu eu cynllunio o flaen llaw. Mae hyn yn anghyfiawnder rhyweddedig, hynny yw anhegwch i un rhyw arbennig.

- Yn ôl Amnesty International, mae plant mor ifanc â saith oed yn cymryd rhan mewn gwaith cloddio graddfa fach am cobalt yng Ngweriniaeth Ddemocrataidd Congo (*DRC*). Mae'r deunyddiau y maen nhw'n helpu i'w cynhyrchu yn mynd i fatris ceir Tesla a BMW. Mae'r rhan fwyaf o'r corfforaethau trawswladol yn ceisio monitro eu cadwynau cyflenwi i ganfod a oes unrhyw weithwyr yn cael eu trin yn annheg (gweler tudalen 170) ond mae angen gwneud llawer mwy na hynny.

Y sector eilaidd *(gweithwyr ffatri)*	Roedd Penodau 1 a 3 yn archwilio'r rhesymau pam mae cymaint o waith gweithgynhyrchu wedi cael ei dramori neu ei allanoli i wledydd lle mae'r cyflogau'n weddol isel a'r cyfreithiau'n caniatáu i bobl weithio oriau hir – a hynny, weithiau, mewn amodau a fyddai'n cael eu hystyried yn anghyfreithlon yn y DU.

- Yn ôl yr amcangyfrifon, bob blwyddyn yn ystod yr 1990au a dechrau'r 2000au, collodd 2500 o weithwyr metel yn Yongkang aelod o'u cyrff neu fys yn ystod y gwaith peiriant ailadroddus a diflas. Pan oedd gweithfeydd yno yn cydosod nwyddau dan gontract i gwmnïau adnabyddus fel Black & Decker, roedd pobl yn galw'r ddinas hon yn 'brifddinas ddatgymalu' China (gweler tudalen 156).

- Yn fwy diweddar, mae ffatrïoedd yn Bangladesh a Viet Nam wedi cael enw gwael am fod yn fannau lle mae arferion gwaith ffatri anghyfiawn yn cael eu goddef. Yn ogystal â risgiau iechyd a diogelwch, mae ansicrwydd am gyflogaeth yn achosi pryder i weithwyr sydd â theuluoedd i'w bwydo: contractau dros dro yw'r norm yn aml iawn. Mae cyfnodau o gynhyrchu dwys a chyflym yn digwydd cyn gwyliau'r gwledydd Gorllewinol, fel y Nadolig a'r Pasg, pan mae mwy o deganau, dillad a rhoddion eraill yn cael eu prynu. Yn dilyn cyfnodau o gynhyrchu mawr, efallai na fydd angen llawer o'r gweithwyr bellach ac fe fyddan nhw heb incwm yn sydyn iawn. Gall y canlyniadau fod yn ofnadwy i oedolion sydd â theuluoedd i'w bwydo.

- Mae'r ffaith bod gweithwyr yn parhau i oddef amodau gwaith mor ansicr ac anghyfiawn mewn llawer o wledydd yn symptomatig o ddiffyg pŵer bargeinio sylfaenol gyda'r cyflogwyr oherwydd (i) bod gormod o weithwyr di-waith ar gael sy'n aros i gymryd lle gweithwyr anufudd, (ii) bod llywodraethau'n gwrthod goddef undebau llafur am eu bod yn ofni **ffoad cyfalaf** (*capital flight*) gan gorfforaethau trawswladol a (iii) yr arfer cyffredin o wrthod talu cyflogau sy'n ddyledus os bydd gweithwyr cyflogedig yn ymddiswyddo. Mewn un achos eithafol, roedd gweithwyr tecstiliau benywaidd yn Nicaragua wedi rhoi tystiolaeth eu bod wedi colli eu swyddi am ymuno ag undebau; roedd rhai yn honni mai'r unig ffordd y gallan nhw gael dyrchafiad gan y rheolwyr oedd trwy wneud ffafrau rhywiol iddyn nhw.

Y sector trydyddol *(gweithwyr canolfannau galwadau)*	Mewn penodau blaenorol, rydyn ni wedi edrych ar y ffordd y mae'r rhyngrwyd band llydan wedi caniatáu i waith coler wen (gwaith swyddfa) gael ei dramori. Mae cyfleoedd newydd wedi gweddnewid bywydau yn Bengaluru, y ddinas sydd wedi tyfu gyflymaf yn India ac sy'n adnabyddus am waith canolfan alwadau ymholiadau ffôn (gweler tudalen 133). Mae gan HP, IBM ac American Express i gyd ganolfannau galwadau yno, ac mae gweithredwyr annibynnol mawr yn gwneud gwaith contract bellach i bob math o sefydliadau, o gwmnïau teithio i ddarparwyr cardiau credyd. Ond mae'r gwaith yn y sector hwn yn gallu bod yn anodd.
	■ Bydd busnes yn aml yn cael ei wneud gyda'r nos – oherwydd y cylchfaoedd amser gwahanol rhwng India a lleoliad y cwsmer yn yr Unol Daleithiau neu'r DU – weithiau mewn shifftiau deg awr, chwe diwrnod yr wythnos.
	■ Weithiau, mae cyflogwyr yn gorchymyn bod y gweithwyr yn mabwysiadu hunaniaeth ffug sy'n fwy Gorllewinol (fel enw wedi'i Seisnigeiddio), yn cuddio eu hacen a ddim yn datgelu lleoliad y ganolfan alwadau i'r cwsmeriaid – gall rhain i gyd achosi tensiwn seicolegol i staff.
Y sector cwaternaidd *(pynciau ymchwil)*	Mae ymchwil a datblygiad technoleg gwybodaeth newydd, biotechnoleg a gwyddor feddygol yn perthyn i sector cwaternaidd diwydiant. Dydy'r lefel uchel o sgil sy'n ofynnol gan y pedwerydd math hwn o gyflogaeth ddim wedi rhwystro ei newid byd-eang, ac mae'n gweithredu mewn ffyrdd sy'n foesegol amheus.
	■ Mae ymchwil meddygol yn gynyddol yn cael ei wneud dramor gan gwmnïau fferyllol rhyngwladol mawr fel Pfizer a GlaxoSmithKline. Yn aml iawn, mae profi clinigol wedi digwydd mewn cenhedloedd Affricanaidd, yn cynnwys Cameroon, Guinea a Nigeria (adroddwyd am hyn gan Ben Goldacre yn *Bad Pharma: How Drug Companies Mislead Doctors and Harm Patients*).
	■ Mae sefydliadau lles rhyngwladol yn bryderus bod gwirfoddolwyr sy'n cael eu talu'n wael am dreialon cyffuriau yn y gwledydd hyn yn cael eu hecsbloetio, ac yn destun arbrawf i brofi meddyginiaeth na fydden nhw byth yn debygol o allu ei fforddio.

▲ **Tabl 5.1** Mae anghyfiawnderau i weithwyr yn rhychwantu pob sector o ddiwydiant ar raddfa fyd-eang. Mae'r arferion yn anghyfiawn o ran y ffaith bod gweithwyr mewn gwledydd sy'n datblygu ac sy'n gynyddol amlwg yn cael eu trin mewn ffyrdd a fyddai fel arfer yn cael eu hystyried yn foesegol annerbyniol mewn gwlad ddatblygedig/flaengar fel y DU

TERM ALLWEDDOL

Ffoad cyfalaf (*Capital flight*) Os yw gweithwyr mewn un wlad yn derbyn tâl ac amodau llawer gwell, gallai'r corfforaethau trawswladol ddewis buddsoddi mewn gwledydd lle mae'r costau llafur yn parhau'n rhatach mewn cymhariaeth.

▶ **Ffigur 5.4** Trawsblannu reis yng Ngwlad Thai: mae gwaith amaethyddol yn cynnwys llafur caled ac oriau hir am ychydig iawn o gyflog

'Gwyddau'n hedfan' (daearyddiaeth ddynamig datblygiad ac anghyfiawnder)

Mae'r ymadrodd 'gwyddau'n hedfan' yn creu darlun o adar yn hedfan, un ar ôl y llall, fel grisiau. Mae pob grŵp yn cael ei ddilyn gan un arall. Mae'r ddelwedd effeithiol hon – a ddefnyddiwyd yn gyntaf gan economegwyr o Japan – yn drosiad am y patrymau newidiol yn natblygiad y byd. Pan fydd economïau un grŵp o wledydd yn dechrau aeddfedu, bydd ffoad cyfalaf yn digwydd. Y rheswm am hyn yw bod yr amodau gwaith a'r cyflogau yn gwella wrth i wladwriaeth ddatblygu. Mae diwydiannau llafur-ddwys sydd eisiau costau cynhyrchu isel yn symud eu gweithredoedd i leoedd llai datblygedig.

O ganlyniad, mae daearyddiaeth yr anghysonderau yn newid drwy'r amser. Mewn un oes hanesyddol ar ôl y llall, mae gwledydd gwahanol wedi cael enw gwael am drin gweithwyr yn anghyfiawn. Ymysg y gwahanol anghyfiawnderau, mae oriau gweithio eithriadol o hir, 'cyflog o ddoler y dydd, swyddi budr, peryglus a diraddiol, tai slym (lle mae clefydau yn lledaenu'n gyflym) a gwahaniaethau cyflog mawr rhwng y rhywiau. Mae Tabl 5.2 yn cynnig un olwg ar y 'symudiad anghyfiawnder' hwn.

- Rhwng yr 1980au a dechrau'r 2000au, roedd gweithwyr ffatri yn China yn dioddef amodau tebyg i'r rhai a welwyd yn y DU yn ystod y bedwaredd ganrif ar bymtheg. Roedd gweithwyr yn China yn gwneud nwyddau tebyg i'r rhai oedd yn cael eu cynhyrchu ar un cyfnod yn Ewrop ac UDA, ond heb y lefelau uchel o dâl a diogelwch y gweithle y mae gweithwyr Ewrop a Gogledd America yn eu disgwyl erbyn hyn (gan olygu ei fod yn ddrutach cynhyrchu yn y gwledydd hyn, sy'n esboniad rhannol am y newid byd-eang).
- Yn fwy diweddar, mae cyflogau sy'n codi yn China wedi annog cwmnïau i symud eu cynhyrchiad i Bangladesh, Viet Nam a gwledydd Asiaidd eraill lle mae'r costau'n is. Yn gynyddol, mae hyn hefyd yn cynnwys busnesau â'u pencadlys yn China yn buddsoddi dramor ochr yn ochr â chorfforaethau trawswladol Gorllewinol (dydy China ddim bellach yn ŵydd sy'n dilyn y gweddill, mae wedi symud ymlaen yn y rhes o wyddau, fel Japan a De Korea o'i blaen).
- Mae'r haen fwyaf newydd hon o wledydd cynyddol amlwg wedi dod yn ffocws ar gyfer pryderon am anghyfiawnder yn y gweithle. Ystyriwyd bod cwymp adeilad Rana Plaza yn Dhaka yn 2013 – a achosodd farwolaeth 1133 o weithwyr – fel 'sbardun a agorodd lygaid pobl' i'r angen brys am ddiwygiadau yn y gweithle yn Bangladesh (gweler tudalen 157).
- Os bydd amodau'n gwella'n sylweddol yn Bangladesh, efallai y byddwn ni'n gweld ffoad cyfalaf tuag at orllewin Affrica yn y dyfodol. Mae llawer o economegwyr yn credu bod gwledydd fel Kenya yn mynd i allu gwerthu eu difidend demograffig os bydd llifoedd byd-eang o fuddsoddi uniongyrchol o dramor yn cael eu hail gyfeirio o Asia i Affrica er mwyn cael costau llafur is.

TERM ALLWEDDOL

Difidend demograffig Cam yn nhwf poblogaeth gwlad sy'n cynnig potensial uchel ar gyfer cynnydd economaidd. Mae cyfradd ffrwythlondeb gwlad yn syrthio wrth iddo ddatblygu'n economaidd. Y canlyniad yw bod llai o blant dibynnol yn y boblogaeth a bod mwy o oedolion a phobl ifanc yn eu harddegau sy'n fwy cynhyrchiol. Mae corff mawr o bobl ifanc, iach ac uchelgeisiol yn gallu bod yn gyfrwng i sicrhau twf economaidd.

Oes	Rhanbarthau lle roedd trin gweithwyr diwydiannol yn anghyfiawn yn aml yn gyffredin
1800au–1900au cynnar	Gorllewin Ewrop a Gogledd America
1940au hwyr	Japan
1950au–1970au	Gwledydd newydd ddiwydiannu haen gyntaf (De Korea, Taiwan, Singapore a Hong Kong)
1970au–1990au	Gwledydd newydd ddiwydiannu ail haen (Malaysia, Gwlad Thai, Indonesia, Brasil, Tunisia a De Affrica)
1980au–2000au cynnar	China a México
2010au	India, Bangladesh, Viet Nam, Pakistan ac Ethiopia

▲ **Tabl 5.2** Un olwg ar ddaearyddiaeth newidiol datblygiad ac anghyfiawnder yn y gweithle

DADANSODDI A DEHONGLI

Astudiwch Ffigur 5.5, sy'n rhoi golwg i ni ar y newid byd-eang o ran anghyfiawnder diwydiannol ers 1844.

Manceinion, Lloegr, 1844

Mae gweithio rhwng y peiriannau yn achosi nifer o wahanol ddamweiniau. Y ddamwain fwyaf cyffredin yw gwasgu un cymal o fys i ffwrdd, ac yn llai cyffredin mae colli bys cyfan, hanner llaw, braich, etc., yn y peiriannau. Mae genglo (*lockjaw*) yn dilyn hynny yn aml iawn, hyd yn oed ar ôl yr anafiadau lleiaf o'r rhai hyn, a daw marwolaeth gyda hynny. Heblaw am bobl sydd wedi anffurfio, mae nifer fawr o bobl gydag anafiadau i'w gweld o gwmpas Manceinion; mae un wedi colli braich neu ran o fraich, un arall wedi colli troed, a'r trydydd wedi colli hanner coes; mae'n debyg i fyw yng nghanol byddin sydd newydd ddychwelyd o gyrch. Yn y flwyddyn 1842, fe wnaeth y Manchester Infirmary drin 962 o achosion o glwyfau ac anffurfiadau a achoswyd gan beiriannau, a chafwyd 2,426 o ddamweiniau eraill o fewn ardal yr ysbyty. Mae'r hyn sy'n digwydd i'r gweithiwr wedyn, os nad yw'n gallu gweithio, ddim yn rhywbeth i'r cyflogwr boeni amdano.

Frederick Engels, *The Condition of the Working Class in England in 1844*

Yongkang, China, 2003

Yongkang, yng Ngweriniaeth Zhejiang gyfoethog ychydig i'r de o Shanghai, yw prifddinas caledwedd China. Mae pobl drwy'r byd i gyd yn gweld darnau a gafodd eu gwneud yn Yongkang. Rhain yw'r darnau hanfodol ar gannoedd o gynhyrchion brandiau fel Bosch, Black & Decker, a Hitachi. Yongkang, sy'n golygu 'iechyd bythol' mewn Tsieinëeg, yw prifddinas datgymaliad China. Yn ôl yr amcangyfrifon answyddogol, mae cymaint â 2,500 o ddamweiniau'n digwydd yma bob blwyddyn.

Mae rhai ffatrïoedd yn debyg i'r gweithrediadau a gafwyd ar ddechrau'r oes ddiwydiannol, lle byddai gweithwyr mudol yn defnyddio peiriannau cyntefig sy'n gallu torri'r aelodau oddi ar gyrff unrhyw un sy'n gadael i'w feddwl grwydro am eiliad.

Yn gyfreithiol, mae colli'r holl fysedd ar un llaw yn anaf chweched radd, sy'n hawlio iawndal gorfodol o 200,000 yuan neu tua 24,000 o ddoleri UDA. Mewn gwirionedd, mae'r rhan fwyaf o berchnogion yn dod i gytundeb â'u gweithwyr am daliadau nominal ac yn talu eu costau teithio i adael yr ardal.

'Gweithwyr China yn peryglu aelodau eu cyrff yn y cyrch i allforio', *New York Times*, 7 Ebrill 2003

▲ **Ffigur 5.5** Newid byd-eang o ran anghyfiawnder diwydiannol

(a)   Gan ddefnyddio Ffigur 5.5, cymharwch y ddwy astudiaeth achos o anghyfiawnder diwydiannol.

CYFARWYDDYD

Mae'r cwestiwn wedi ei dargedu at amcan asesu 3 (AA3) Safon Uwch, sy'n mesur gallu myfyrwyr i weithio gyda gwybodaeth a data. Mae'r ddau destun yn rhoi cyfleoedd i chi drin a chymharu data meintiol (chwiliwch am elfennau tebyg yn y nifer o anafiadau, er enghraifft). Gallwch chi hefyd gymharu'r geiriau neu'r ymadroddion a ddefnyddiwyd, sy'n rhoi tystiolaeth ansoddol i chi am ddifrifoldeb yr anafiadau a'r anghyfiawnderau a gawson nhw. Gan fod y cwestiwn yn canolbwyntio ar anghyfiawnder, dylech chi geisio rhoi enghreifftiau o'r cysyniad hwn, gan ddefnyddio cymaint o syniadau cefnogol ag y gallwch chi.

(b)   Esboniwch pam roedd gweithwyr o China yn 2003 yn dioddef anghyfiawnderau tebyg i'r rhai y byddai gweithwyr yn Lloegr yn eu dioddef yn 1844.

CYFARWYDDYD

Mae'r cwestiwn hwn yn rhoi cyfle i chi ddefnyddio eich gwybodaeth a'ch dealltwriaeth o'r newid byd-eang mewn gwaith ffatri llafur-ddwys. Mae'r themâu pwysig yn cynnwys cynnydd yn y costau llafur a safonau diogelwch uwch mewn ffatrïoedd yn y byd datblygedig. Yn eu tro, mae anghyfiawnderau i weithwyr wedi mynd trwy newid byd-eang, fel y dangosir. Gallech chi hefyd sôn am y ffaith bod y ddwy astudiaeth achos yn rhan o ddarlun fwy o ddatblygiad byd-eang, darlun ar ddull 'gwyddau'n hedfan' (gweler tudalen 154).

ASTUDIAETH ACHOS GYFOES: YMDRIN AG ANGHYFIAWNDER YN SECTOR TECSTILAU BANGLADESH

Arweiniodd cwymp yr adeilad Rana Plaza yn Dhaka, Bangladesh yn 2013 at farwolaeth 1133 o weithwyr tecstilau (gweler Ffigur 5.6).

- Ar ddiwrnod y cwymp, cafodd gweithwyr eu gyrru yn ôl i mewn i'r adeilad gan reolwyr Rana Plaza i gwblhau archebion rhyngwladol mewn pryd ar gyfer eu danfon, er bod holltau mawr wedi ymddangos dros nos yn yr adeilad.

- Roedd Walmart, Matalan a chorfforaethau trawswladol mawr eraill yn allanoli archebion am ddillad i Rana Plaza yn rheolaidd.

Ers hynny, mae llawer o gorfforaethau trawswladol Ewropeaidd wedi llofnodi'r Cytundeb ar Ddiogelwch Tân ac Adeiladau yn Bangladesh, sy'n gytundeb cyfreithiol ynglŷn â diogelwch gweithwyr. Mae'r cwmnïau hyn nawr yn addo sicrhau bod gwiriadau diogelwch yn cael eu gweithredu'n rheolaidd yn yr holl ffatrïoedd yn Bangladesh sy'n cyflenwi dillad iddyn nhw.

- Mae'r Cytundeb yn nodi bod y corfforaethau trawswladol sydd wedi ei lofnodi'n 'ymroddedig i'r nod o gael diwydiant Dillad Parod yn Bangladesh sy'n ddiogel ac yn gynaliadwy, lle does dim angen i unrhyw weithwyr ofni tanau, cwymp adeiladau neu ddamweiniau eraill a allai gael eu hatal gyda mesurau iechyd a diogelwch rhesymol'.

- Mae'r cytundeb yn ymdrin â'r holl gyflenwyr sy'n cynhyrchu cynnyrch ar gyfer y corfforaethau trawswladol. Mae'n gofyn bod y cyflenwyr hyn yn fodlon cael eu harchwilio ac yn rhoi mesurau adferiad ar waith yn eu ffatrïoedd os bydd risgiau diogelwch annerbyniol yn cael eu canfod.

Ond, mae llawer o'r corfforaethau trawswladol sy'n allanoli gwaith i Bangladesh heb lofnodi'r Cytundeb yma eto, er gwaethaf y ffaith bod y Cytundeb yn achosi i gyn lleied â 0.02 o ddoleri UDA gael eu hychwanegu at gost cynhyrchu crys-T. Sicrhau'r elw gorau sy'n dominyddu penderfyniadau'r cwmnïau hynny sydd heb lofnodi. Ar y llaw arall, mae'r cwmni dillad H&M yn y DU nid yn unig wedi llofnodi'r Cytundeb, ond hefyd wedi ymgyrchu i lywodraeth Bangladesh gryfhau'r ddeddfwriaeth diogelwch yn y gwaith a chynyddu isafswm cyflog y wlad.

▲ **Ffigur 5.6** Cwymp ffatri ddillad Rana Plaza yn Bangladesh yn 2013. Roedd gan Rana Plaza berthynas allanoli gyda llawer o gorfforaethau trawswladol mawr.

② Anghyfiawnderau sy'n codi o symudiad pobl

▶ *Pa fathau o anghyfiawnder sy'n codi i bobl a lleoedd oherwydd mudo rhyngwladol?*

Mudo rhyngwladol ac anghyfiawnder

Mae mudo a thwristiaeth yn gallu cael effeithiau niweidiol ar bobl a lleoedd. Fel arfer, mae gan bobl safbwyntiau gwahanol am y cwestiwn: yn gyffredinol, a yw symudiadau'r bobl hyn yn fwy cadarnhaol na negyddol? Efallai fod gan reolwr busnes bach sydd eisiau recriwtio llafur rhad, deimladau mwy cadarnhaol tuag at fudo na rhywun di-waith sy'n credu (yn gywir neu'n anghywir) bod mudwyr wedi achosi prinder tai neu swyddi yn lleol.

Efallai y bydd mudwyr yn teimlo eu bod nhw'n dioddef triniaeth anghyfiawn hefyd. O amgylch y byd i gyd, mae llafurwyr sy'n mudo yn gwneud gwaith y byddai'n well gan bobl leol beidio ei wneud. Am hynny, mae'n bosibl y byddan nhw'n gorfod wynebu senoffobia a gweithio am gyflogau isel. Gallwch chi adolygu adrannau blaenorol o'r llyfr hwn i gael tystiolaeth o

anghyfiawnderau posibl i unigolion a chymdeithasau sydd wedi digwydd, o ganlyniad i fudo. Er enghraifft, a yw'r effaith 'draen dawn' (gweler tudalen 130) yn fath o anghyfiawnder i wledydd sy'n datblygu ac yn gynyddol amlwg? Neu, a yw'r trosglwyddiadau adref yn ad-daliad teg am golli dawn cenedl, efallai'n barhaol?

Mudiadau ffoaduriaid byd-eang

Mae llawer o filiynau o bobl drwy'r byd i gyd nawr yn byw mewn gwersylloedd ffoaduriaid. Mae Ffigur 5.7 yn dangos dosbarthiad ffoaduriaid o Syria yn Ewrop a'r Dwyrain Canol yn 2016. Mae'n amlwg bod y rhai a orfodwyd i ffoi o'u cartrefi a'u heiddo wedi dioddef anghyfiawnder mawr (gweler tudalennau 60–61). I'r un graddau, mae dinasyddion Twrci a gwladwriaethau eraill sydd â niferoedd mawr o ffoaduriaid yn ystyried bod y pwysau sy'n cael ei roi ar eu gwlad nhw eu hunain yn anghyfiawnder hefyd (gweler Tabl 5.3).

Anghyfiawnderau i ffoaduriaid	■ Mewn llawer o wersylloedd ffoaduriaid, dydy oedolion ddim yn gallu gweithio am nad oes cyfleoedd i wneud bywoliaeth. ■ Mae'r Datganiad Cyffredinol o Hawliau Dynol (*UDHR: Universal Declaration of Human Rights*) yn dweud bod gan bawb hawl i addysg. Eto mae'n bosibl na fydd plant ffoaduriaid yn cael eu haddysgu, a bydd yr effeithiau tymor hir i'r plant hyn yn hynod o niweidiol. Yn ôl un amcangyfrif, mae hanner yr holl ffoaduriaid yn 17 oed neu'n iau, a dydy cymaint â 90 y cant ohonyn nhw ddim bellach yn derbyn unrhyw addysg neu addysgu boddhaol.
Anghyfiawnderau i'r gwledydd sy'n croesawu	■ Dydy'r mwyafrif o ffoaduriaid ddim yn ceisio mynd ar daith hir ac uchelgeisiol i wlad bell. Yn lle hynny, dim ond i'r wladwriaeth sydd y drws nesaf i'w gwlad nhw y maen nhw'n mynd iddi'n aml iawn. Mae Ffigur 5.8 yn dangos y baich anghymesur y mae Twrci, Lebanon a Gwlad Iorddonen yn ei hysgwyddo o ganlyniad i argyfwng ffoaduriaid Syria. Mae llawer o drigolion y gwledydd hyn yn dweud bod y sefyllfa'n annheg am eu bod nhw'n gorfod cefnogi cymaint o ffoaduriaid. ■ Er bod holl wladwriaethau'r Undeb Ewropeaidd yn gorfod cymryd ffoaduriaid i mewn am eu bod nhw wedi llofnodi'r *UDHR*, mae rhai llywodraethau Ewropeaidd wedi gwneud llawer mwy nag eraill i helpu. Derbyniodd yr Almaen fwy na 600,000 o ffoaduriaid o Syria rhwng 2010 a 2016. Ar y llaw arall, dim ond i ychydig gannoedd o ffoaduriaid y mae rhai o wladwriaethau'r Undeb Ewropeaidd wedi rhoi lloches. Mae llawer o ddinasyddion yr Almaen yn ystyried bod hyn yn anghyfiawnder: maen nhw'n credu y dylai'r pwysau gael ei rannu'n llawer mwy cytbwys.

▲ **Tabl 5.3** Gwahanol fathau o anghyfiawnderau sy'n gysylltiedig â symudiadau ffoaduriaid byd-eang

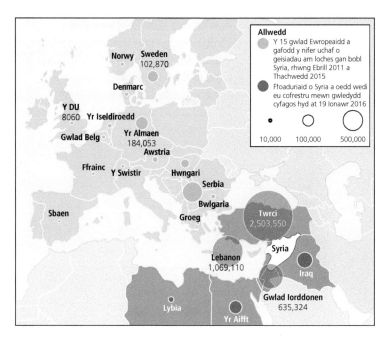

◀ **Ffigur 5.7** Dosbarthiad ffoaduriaid o Syria yn Ewrop a'r Dwyrain Canol, 2016. Ydy hi'n annheg os yw rhai gwledydd yn darparu lloches i niferoedd mawr o ffoaduriaid tra bod eraill yn gwneud fawr ddim i helpu?

Mudo a chaethwasiaeth fodern

Mae llifoedd o bobl mewn systemau byd-eang yn achosi anghyfiawnderau o wahanol ddifrifoldeb. Ymysg y gwaethaf, y mae achosion o fasnachu pobl a chaethwasiaeth fodern. Gallwn ni ystyried masnachu pobl fel 'un o ochrau tywyll globaleiddio' yn ôl y Sefydliad Economeg Llafur (*IZA: Institute of Labor Economics*) yn Bonn, Yr Almaen. Mae Adran y Wladwriaeth yr Unol Daleithiau wedi amcangyfrif bod mwy na 12 miliwn o bobl drwy'r byd i gyd yn dioddef troseddau masnachu pobl, ac mae'r asiantaeth droseddau Interpol yn dosbarthu masnachu pobl fel y drosedd drawswladol fwyaf ar ôl masnachu cyffuriau a masnachu arfau (gweler Ffigur 5.8).

Mae merched sy'n ddioddefwyr masnachu y cafwyd hyd iddyn nhw yn UDA, yn dod o 66 gwlad wahanol (China, México a Nigeria, er enghraifft). Mae'r rhan fwyaf o'r merched sy'n cael eu masnachu yn cael eu gorfodi i mewn i wasanaethau rhywiol masnachol, sy'n fath o gaethwasiaeth fodern.

Er bod llifoedd data a TGCh yn helpu i hyrwyddo datblygiad byd-eang (gweler Pennod 4), maen nhw weithiau wedi chwarae rôl mewn caethwasiaeth fodern hefyd. Mae heddluoedd mewn llawer o wledydd yn bryderus am yr achosion cynyddol o ddefnyddio Facebook a chyfryngau cymdeithasol eraill ar gyfer recriwtio gweithwyr ar-lein yn dwyllodrus a thrwy ecsbloetiaeth, sydd wedyn mewn perygl o ddioddef caethwasiaeth fodern. Mae achosion wedi eu cofnodi o gaethwasiaeth fodern yn cynnwys pobl o România a Nepal a gafodd eu twyllo gan hysbysebion ar-lein a oedd yn cynnig cyflog afrealistig o uchel iddyn nhw, ac wedyn cafodd y bobl hyn o România eu masnachu i Sicilia a'r bobl o Nepal eu masnachu i Kuwait.

Y gred yw bod caethwasiaeth fodern yn gyffredin iawn yn nyfroedd môr mawr y DU. Mae gweithwyr tramor sydd heb ganiatâd i fyw o fewn y DU yn cael

TERMAU ALLWEDDOL

Masnachu pobl Recriwtio a chludo pobl i mewn i sefyllfa lle maen nhw'n cael eu hecsbloetio, drwy ddefnyddio trais, twyll neu orfodaeth. Mae'n fath o drosedd sy'n effeithio ar un rhyw yn llawer mwy na'r llall oherwydd bod y rhan fwyaf o'r dioddefwyr yn fenywod.

Caethwasiaeth fodern Pan fydd rhywun o dan reolaeth person arall sy'n defnyddio trais, cosbau ariannol neu ddulliau eraill i barhau'r ecsbloetiaeth. Mae mudwyr yn arbennig o agored i'r risg o gaethwasiaeth fodern os nad ydyn nhw'n gallu siarad yr iaith leol ac, o ganlyniad, dydyn nhw ddim yn gallu esbonio eu sefyllfa a chael cymorth.

gweithio ar gychod yn gyfreithlon os ydyn nhw ar bellter lle maen nhw y tu hwnt i gyrhaeddiad gwiriadau gan yr heddlu neu gan swyddogion lles y DU. O ganlyniad i hynny, mae'n anodd amddiffyn eu hawliau dynol a monitro faint o dâl y maen nhw'n ei dderbyn, os oes taliad o gwbl. Mae triniaeth rhai o weithwyr fflyd bysgota o Orllewin Affrica yn gyfatebol â chaethwasiaeth fodern (mae adroddiadau am weithwyr sy'n ddioddefwyr masnachu pobl neu'n weithwyr y mae eu cyflogwyr wedi dwyn eu pasbort oddi arnyn nhw).

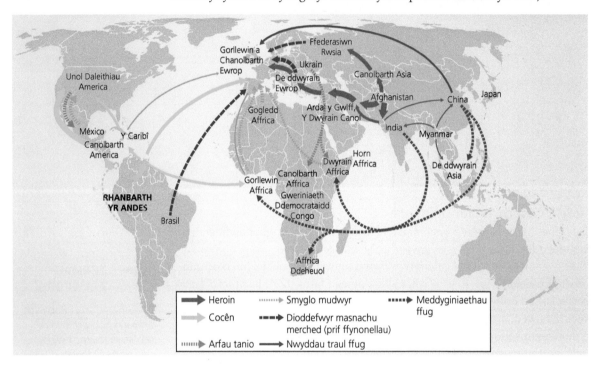

▲ **Ffigur 5.8** Gan ddefnyddio data'r Cenhedloedd Unedig, mae'r map hwn yn dangos llifoedd anghyfreithlon o nwyddau a phobl, yn cynnwys masnachu pobl. Mae lled pob saeth mewn cyfrannedd â'r gwerth amcangyfrifol ar y farchnad. Pa fathau o anghyfiawnder allai fod (i) yn achosi'r llifoedd hyn a (ii) yn ganlyniadau i'r llifoedd hyn?

Anghyfiawnderau tai mewn dinasoedd sy'n ganolfannau byd-eang

Roedd Pennod 4 yn archwilio'r syniad o ddinasoedd sy'n ganolfannau byd-eang (gweler tudalen 130). Ers yr argyfwng ariannol byd-eang, mae prisiau wedi saethu i fyny ym marchnadoedd eiddo mwyaf gwerthfawr y byd. Cododd y prisiau o 30 i 50 y cant ar gyfartaledd yn Llundain a chanolfannau byd-eang eraill rhwng 2010 a 2017. Cofnododd Shanghai gynnydd anhygoel o 150 y cant.

Un canlyniad yw bod dinasyddion cyffredin wedi cael eu gadael ar ôl. Yn ogystal, mae gan yr anghydraddoldebau sy'n gysylltiedig â'r farchnad dai, ddimensiwn pwysig sy'n ymwneud â chenedlaethau gwahanol. Mae cartrefi mor gostus bellach, nes bod plant y Mileniwm (y rhai a gafodd eu geni rhwng 1981 a 2000) yn methu fforddio prynu eu heiddo cyntaf yn aml iawn: mae'n bosibl nawr bod prisiau tai y tu hwnt i'w cyrraedd nhw'n barhaol. I'r gwrthwyneb, prynodd bobl hŷn eu cartrefi pan oedd costau'n llawer is nag ydyn nhw heddiw. Dros amser, maen nhw wedi gwylio eu hasedau eiddo yn lluosi mewn gwerth. Gallai rhai pobl ystyried hyn yn rhywbeth sy'n achosi anghyfiawnder rhwng y cenedlaethau.

Mae Ffigur 5.9 yn dangos beth sydd wedi achosi cynnydd mewn costau tai o fewn systemau byd-eang. Mae dinasoedd sy'n ganolfannau byd yn denu mudwyr sgiliau isel a sgiliau uchel fel magnet. Hefyd, mae llifoedd arian gan fuddsoddwyr eiddo wedi helpu i greu dolen adborth cadarnhaol sydd wedi gyrru prisiau hyd yn oed yn uwch.

- Collodd llawer o unigolion cyfoethog iawn (mewn nifer o wledydd) arian yn ystod yr argyfwng ariannol byd-eang.
- Yn y cyfnod ar ôl yr argyfwng ariannol byd-eang, roedden nhw'n chwilio am fuddsoddiadau mwy diogel (gyda'r cyfalaf oedd ganddyn nhw ar ôl).
- Roedd pobl yn ystyried bod buddsoddi mewn eiddo mewn canolfannau byd-eang yn strategaeth risg isel a allai ddod ag ad-daliad uchel.
- O ganlyniad, mae'r prisiau eiddo yn y mwyafrif o ddinasoedd sy'n ganolfannau byd-eang wedi saethu i fyny i gyd ar yr un pryd.

I grynhoi, mae llifoedd byd-eang o bobl ac arian wedi gyrru'r gystadleuaeth am dai mewn canolfannau byd-eang i uchderau newydd, gan olygu bod prisiau eiddo erbyn hyn ymhell y tu hwnt i gyrhaeddiad pobl gyffredin, iau (gweler Ffigur 5.10).

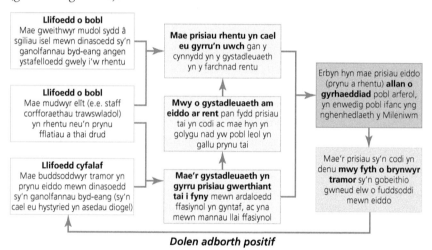

◄ Ffigur 5.9 Mae llifoedd byd-eang wedi achosi i farchnadoedd tai 'or-gynhesu' mewn canolfannau byd-eang fel Llundain, Shanghai a Sydney. Mae prisiau eiddo wedi codi y tu hwnt i gyrhaeddiad llawer o bobl iau a grwpiau incwm is.

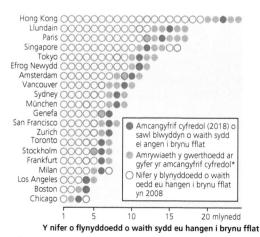

◄ Ffigur 5.10 Newidiadau o ran y nifer o flynyddoedd y mae angen i weithiwr gwasanaeth medrus eu gweithio, er mwyn gallu prynu fflat bach 60m² yn agos i ganol dinas sy'n ganolfan fyd-eang. Mae cyflogau a phrisiau fflatiau hefyd wedi cynyddu ers 2008, ond dydy'r gymhareb ddim wedi aros yr un fath. Bydd yn cymryd mwy o amser erbyn hyn i weithwyr iau gynilo digon o arian i brynu fflat

Gordwristiaeth a'r anghyfiawnder y mae'n ei greu

Mae'r diwydiant twristiaeth byd-eang yn cynhyrchu llifoedd rhyngwladol enfawr o bobl bob blwyddyn. Mae'r llifoedd arian a ddaw ochr yn ochr â hyn yn helpu i drosglwyddo cyfoeth rhwng cymdeithasau, a gallan nhw hefyd annog newidiadau cymdeithasol a diwylliannol cadarnhaol mewn rhai cyd-destunau. Ond, mae twristiaeth yn dod â phwysau ac anghyfiawnderau newydd hefyd. Mae'r gair 'gordwristiaeth' yn cael ei ddefnyddio'n gynyddol i ddisgrifio'r ffordd y mae twf ymwelwyr eithafol yn cael effeithiau niweidiol ar gymdeithasau lleol (nid twristiaid). Mae trigolion yn ysgwyddo cost y twf mewn twristiaeth, yn enwedig mewn mannau lle mae awdurdodau sydd heb baratoi'n dda iawn, heb gydnabod bod angen cyfyngu ar ymwelwyr neu lle does ganddyn nhw ddim pŵer i orfodi cyfyngiad ar ymwelwyr. O ganlyniad:

- mae cymunedau lleol wedi eu prisio allan o'r farchnad eiddo lle maen nhw'n byw, neu mae ganddyn nhw lai o incwm gwario (oherwydd y costau tai a byw eithriadol o uchel)
- mae lles pobl yn dioddef oherwydd bod cyfanheddrwydd eu lle cartref yn dirywio; ymysg y symptomau, y mae lle sy'n orlawn drwy'r flwyddyn, niwed i'r amgylchedd a straen ar yr isadeiledd (pethau y mae'r twristiaid eu hunain yn gorfod eu goddef ddim ond am ychydig ddyddiau neu wythnosau)
- mae siopau cofroddion (*souvenir shops*) yn lledaenu fel pla ac felly'n dwyn eu 'synnwyr o le' eu hunain oddi ar y cymunedau lleol.

Mae'r llifoedd arian byd-eang a lleol sy'n gyrru'r diwydiant twristiaeth (a'r anghyfiawnderau y mae hyn yn ei greu) yn cynnwys (i) buddsoddiadau gan gorfforaethau trawswladol grymus sydd â chadwynau cyflenwi twristiaeth cymhleth a (ii) pobl yn prynu eiddo sy'n gwneud elw o **rentu Airbnb** (gweler Ffigur 5.11). Yn ôl Sefydliad Twristiaeth y Byd y Cenhedloedd Unedig, mae nifer y twristiaid rhyngwladol 40 gwaith yn uwch nag oedden nhw 60 mlynedd yn ôl ac mae twristiaeth erbyn hyn yn cyfrannu at ddeg y cant o'r cynnyrch mewnwladol crynswth (CMC) byd-eang. Ac eto, mae'r mannau mwyaf poblogaidd i ymweld â nhw yn aros yn dragywydd yn fach o ran eu maint. Mae twristiaid wedi bod yn mynd ers blynyddoedd lawer i gydgyfarfod o amgylch y tirnodau allweddol a'r rhanbarthau hanesyddol – lle mae'r strydoedd yn rhai cul o'r oes cyn y diwydiannau mawr yn aml iawn – ond mae niferoedd y twristiaid yn cynyddu ac yn dwysáu drwy'r amser (gweler Tabl 5.4).

Mae'r anghyfiawnderau sy'n codi o ordwristiaeth yn debygol o gynyddu nid gostwng yn y dyfodol, oherwydd:

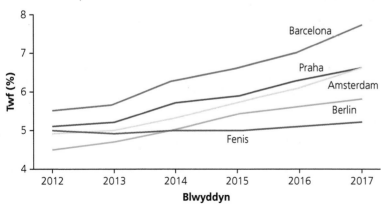

▲ **Ffigur 5.11** Amcangyfrif o faint sy'n aros dros nos mewn Airbnb yn ninasoedd poblogaidd yr Undeb Ewropeaidd, 2012–17. Mae entrepreneuriaid yn prynu tai a fflatiau i'w rhentu i dwristiaid, gan achosi i brisiau eiddo godi y tu hwnt i gyrhaeddiad trigolion lleol cyffredin

- wrth i bobl ddod yn fwy cyfoethog mae cyrchfannau poblogaidd newydd yn agor i ymwelwyr dosbarth canol newydd o India, China, Brasil ac economïau cynyddol amlwg eraill
- mae'r systemau trafnidiaeth sy'n cludo'r llifoedd o ymwelwyr rhyngwladol wedi dod yn gwbl fyd-eang o ran eu cyrhaeddiad a'u heffaith
- mae'r rhyngrwyd yn chwyddo poblogrwydd mannau sy'n boblogaidd yn barod; gall enwau da lleoedd fel mannau y mae'n 'rhaid eu gweld' dyfu'n esbonyddol drwy ddolenni adborth (mae postiadau am leoedd ar y cyfryngau cymdeithasol yn gallu dod â mwy o ymwelwyr sydd – yn eu tro – yn ychwanegu hyd yn oed mwy o bostiadau).

▲ **Ffigur 5.12** Mae Barcelona yn dioddef am fod gormod o dwristiaid yn ymgasglu mewn rhanbarthau hanesyddol fel El Raval a thu allan i'r Sagrada Família, sef yr eglwys fawr a ddyluniwyd gan y pensaer o Gatalonia, Antoni Gaudí

Venezia (Fenis)	Mae 60,000 o ymwelwyr dyddiol wedi troi'r ddinas fach hon yn lle nad yw llawer o'r trigolion yn mwynhau byw ynddi bellach. Gallai'r ddinas golli ei statws Safle Treftadaeth Byd Unesco hynod o werthfawr heblaw ei bod yn gweithredu cyn hir.
Gwlad Thai	Mae traethau'r Môr Andaman wedi dioddef erydiad diwylliannol ac amgylcheddol, yn cynnwys niwed i'r riffiau cwrel. Ym Mae Maya yn unig, mae 4000 o bobl yn ymweld bob dydd.
Gwlad yr Iâ	Rhwng 2010 a 2017, lluosogodd nifer y bobl a gyrhaeddodd o bedair gwaith i gyrraedd 2.5 miliwn. Ond mae poblogaeth Gwlad yr Iâ ei hun ddim ond yn 330,000. Mae costau tai wedi saethu i fyny i bobl leol yn y brifddinas fach, Reykjavik.
Barcelona	Yn 2016 daeth 30 miliwn o dwristiaid rhyngwladol i Barcelona, sef y nifer uchaf erioed, ac roedd cyfran fawr o 1.6 miliwn o drigolion Barcelona wedi eu llethu'n gyfan gwbl gan y llifoedd afreolus o ymwelwyr (gweler Ffigur 5.12). Dyma rai o'r anghyfiawnderau y maen nhw'n eu dioddef: dirywiad ym mharedd gallu prynu gwasanaethau a thai (o'i gymharu ag ymwelwyr a hapfasnachwyr allanol); colli ymdeimlad o berthyn; cyfanheddrwydd eu dinas yn dirywio.

 Tabl 5.4 Mae'r problemau yn y mannau lle mae gormod o dwristiaid yn cynnwys pryderon am gyfiawnder cymdeithasol ac amgylcheddol

③ Anghyfiawnderau amgylcheddol

 TERM ALLWEDDOL

Echdyniaeth 'Dull o gasglu' sy'n dyddio'n ôl o leiaf 500 o flynyddoedd. Mae adnoddau naturiol yn cael eu tynnu a'u cludo i rywle arall cyn cael eu defnyddio. Mae hyn yn golygu nad yw'r bobl a'r lleoedd lle tynnwyd y defnyddiau crai yn derbyn y gwerth sy'n cael ei ychwanegu gan y prosesu a'r gweithgynhyrchu.

▶ *Pa wahanol fathau o anghyfiawnderau amgylcheddol y mae rhai cymdeithasau'n eu dioddef oherwydd y ffordd y mae systemau byd-eang yn gweithio?*

Mae llawer o wahanol anghyfiawnderau amgylcheddol yn digwydd o fewn systemau byd-eang.

- Mae rhai anghyfiawnderau amgylcheddol yn deillio'n *uniongyrchol* o weithredoedd cyfranogwyr byd-eang mawr (gan gynnwys corfforaethau trawswladol, gwladwriaethau pwerus a chronfeydd cyfoeth) ac yn deillio o effeithiau negyddol llifoedd byd-eang o arian, pobl a deunyddiau ar amgylchedd ffisegol lleoedd penodol. Mae'r categori hwn yn cynnwys effeithiau anghyfiawn cipio tir, echdyniaeth a symudiadau gwastraff trawswladol.

▲ **Ffigur 5.13** Cynrychioliad o gipio tir yn Kenya

▲ **Ffigur 5.14** Mae ardaloedd mawr o UDA yn dirweddau dadleuol. Cafodd tir a oedd yn perthyn ar un adeg i lwythau brodorol America, ei basio i ddwylo cyfaneddwyr Ewropeaidd. Fe ddefnyddion nhw ddeddfau eiddo a oedd newydd gael eu hysgrifennu, i gyfiawnhau'r cipio tir a wnaethon nhw. Heddiw, mae sefyllfa gyfreithiol Brodorion America yn parhau'n aneglur wrth sôn am rai materion, fel hawliau olew a nwy

- Daw anghyfiawnderau amgylcheddol eraill yn *anuniongyrchol* o weithrediad systemau byd-eang. Y mwyaf blaenllaw ymysg y rhain yw effeithiau newid hinsawdd ar gymdeithasau bregus, lle mae'r dechnoleg a'r drafnidiaeth yn gyfyngedig, gan olygu nad oes ganddyn nhw ôl-troed carbon bron o gwbl, ac eto, mae'n bosibl mai nhw fydd yn dioddef waethaf o effeithiau'r cynhesu byd-eang.

Cipio tir ac echdyniaeth

Ar ddechrau'r 2000au, cychwynnodd lywodraeth China ar raglen o gaffael tir mewn gwledydd mwy tlawd, yn cynnwys Cuba a Kazakhstan. Nid nhw oedd yr unig rai; roedd eraill, yn cynnwys De Korea a Saudi Arabia wedi cychwyn mentrau tebyg mewn ymateb i bryderon dwysach am ddiogeledd bwyd cenedlaethol yn y tymor hir.

- Er enghraifft, gwariodd y cwmni Saudi Star 200 miliwn o ddoleri UDA yn caffael ac yn datblygu ardal o dir a oedd yn cyfateb i 20,000 o gaeau chwaraeon yn Ethiopia yn ystod dechrau'r 2010au (mae llywodraeth Ethiopia wedi prydlesu 2.5 miliwn hectar o dir i gyd). Mae'r tir, mewn rhanbarth o'r enw Gambella, yn cael ei ddefnyddio bellach i dyfu gwenith, reis, llysiau a blodau ar gyfer marchnad Saudi Arabia. Roedd yn rhaid i rai ffermwyr yn Ethiopia a oedd yn perthyn i'r grŵp ethnig Anuak, symud i rywle arall heb iddyn nhw dderbyn unrhyw iawndal, er bod eu teuluoedd wedi ffermio'r tir ers canrifoedd.
- Yn yr un modd, mae rhai cymunedau brodorol yn Kenya, fel y bobl Ogiek sydd wedi byw yn Fforest Mau ers cenedlaethau, wedi cael trafferth sicrhau cydnabyddiaeth i'w hawliau (gweler Ffigur 5.13).

Mae achosion o gipio tir ac echdyniaeth wedi eu cysylltu ag anghyfiawnder, ond pa mor 'deg' neu 'annheg' yw'r arferion hyn mewn gwirionedd? Efallai nad oes gan y cymunedau ymgynghaliol brodorol unrhyw hawl gyfreithiol, sydd wedi ei chydnabod yn swyddogol, i'w tir hynafiadol. Yn aml iawn, nid oes ganddyn nhw'r addysg na'r llythrennedd sy'n angenrheidiol i leisio a diogelu eu hawliau mewn llys barn. O gwmpas y byd mae nifer o achosion o gipio tir yn annheg, sy'n achosi dadleoli cymdeithasol a symudiad llifoedd o ffoaduriaid. Efallai eich bod yn gyfarwydd yn barod â hanes y llwythau yng nghoedwig law yr Amazon a gollodd eu tir i gwmnïau torri coed.

Efallai fod cipio tir yn berffaith gyfreithiol, ond dydy hynny ddim yn golygu ei fod yn iawn (gweler Ffigur 5.14). Mae ymhell y tu hwnt i gwmpas y llyfr hwn i archwilio'r holl ddadleuon athronyddol ac ymarferol sy'n ymwneud â'r pwnc yma. Ond, mae rhai cwestiynau diddorol i feddwl amdanyn nhw yng ngweithgareddau trafod y bennod hon (gweler tudalen 178).

Echdyniaeth ac anghyfiawnder amgylcheddol yn Affrica gyhydeddol

Mae Georges Nzongola-Ntalaja (Athro mewn Astudiaethau Affricanaidd, Prifysgol Gogledd Carolina) wedi ysgrifennu bod:

Trefedigaethedd wedi sefydlu system o ecsbloetio mwynau a oedd yn cynnwys echdynnu defnyddiau crai i'w hallforio, heb ddim, neu fawr ddim buddsoddiad cynhyrchiol yn y wlad y cawson nhw eu hechdynnu ohoni, a dim ymdrech, neu fawr ddim ymdrech i ddiogelu'r amgylchedd. Mae'r system hon wedi parhau heb newid ers annibyniaeth y gwledydd hyn – fel melltith genedlaethol – am fod cyfoeth enfawr y gwledydd yn denu pobl niferus o'r tu allan sydd, yn y pen draw, yn dod o hyd i bobl leol sy'n barod i'w helpu i ddwyn adnoddau naturiol y wlad.

Mae'r dyfyniad hwn yn cynnwys dau beth pwysig i'w deall am anghyfiawnder amgylcheddol.

Yn gyntaf, mae rhai gwledydd wedi dioddef anghyfiawnder parhaus o'r enw melltith adnoddau. Yng nghanolbarth a gorllewin Affrica, mae adnoddau naturiol wedi cael eu cysylltu'n aml iawn ag anghyfiawnder a gwrthdaro, yn hytrach na thwf a datblygiad.

TERM ALLWEDDOL

Melltith adnoddau Y farn bod gwaddol adnoddau dynol yn gallu arafu yn hytrach na chyflymu datblygiad economaidd a chymdeithasol i rai gwledydd neu ranbarthau, oherwydd y rôl y mae adnoddau'n gallu ei chwarae, yn aml iawn, mewn sbarduno rhyfel, llygredd neu esgeuluso llwybrau datblygu eraill.

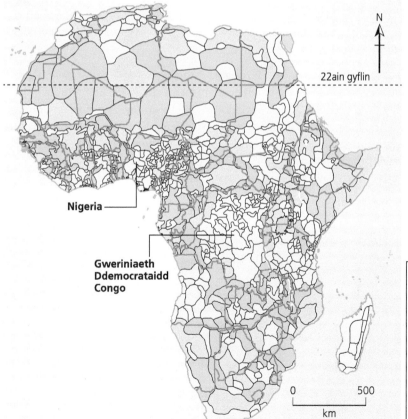

◀ **Ffigur 5.15** Y tiriogaethau lle mae gwahanol grwpiau ethnig yn Affrica yn byw ers y cyfnod cyn y trefedigaethedd a chyn creu cenedl-wladwriaethau Affrica fodern. Mae cwestiynau cyfreithiol, economaidd a moesegol anodd yn codi pan fydd pobl yn ystyried i ba raddau y mae grwpiau ethnig unigol neu lywodraethau gwladwriaethau yn berchen ar y tir a'r adnoddau naturiol ym mhob tiriogaeth, a faint o reolaeth sydd ganddyn nhw dros y tir a'r adnoddau hyn

Allwedd

☐ Grwpiau ethnig heb eu rhannu

☐ Grwpiau ethnig wedi eu rhannu'n rhannol

☐ Grwpiau ethnig wedi eu rhannu'n fawr

Llinellau du – ffiniau mamwledydd ethnig
Llinellau coch – ffiniau gwladwriaethau modern

- Er enghraifft, mae Gweriniaeth Ddemocrataidd Congo (*DCR*) – gwlad a gafodd ei threfedigaethu'n greulon gan Wlad Belg ar ddiwedd yr 1800au – yn gyfoethog o ran ei hadnoddau naturiol. Mae'r rhain yn cynnwys copr, cobalt a diemwntau yn ogystal â phrinfwynau sy'n cynnwys coltan a niobiwm.

- Ond, mae'n dal i fod yn un o'r rhanbarthau mwyaf ansefydlog yn wleidyddol a darniog o ran ethnigrwydd yn y byd (gweler Ffigur 5.15), lle cafodd 5 miliwn o fywydau eu colli i wrthdaro a goresgyniad rhwng 1998 a 2007. Roedd byddinoedd o wledydd cyfagos, yn cynnwys rhai Uganda a Rwanda, yn mynd i mewn i Weriniaeth Ddemocrataidd Congo dro ar ôl tro, er mwyn honni eu bod yn dangos cefnogaeth, naill ai i luoedd y llywodraeth neu i'r grwpiau gwrthryfelwyr. Ond, unwaith yr oedden nhw ar bridd Gweriniaeth Ddemocrataidd Congo, roedd y byddinoedd hyn weithiau yn cipio'r adnoddau iddyn nhw eu hunain. Roedd grwpiau milisia yn gorfodi ffermwyr a'u teuluoedd i adael eu tir os oedden nhw'n tybio bod diemwntau neu fetelau i'w cael oddi tano – neu, yn waeth fyth, roedden nhw'n eu gorfodi nhw i weithio fel cloddwyr.

- Yn 2017, roedd Gweriniaeth Ddemocrataidd Congo yn 176ain yn y mynegrif datblygiad dynol. Dim ond 59 oedd y disgwyliad oes yno, ac roedd y cynnyrch mewnwladol crynswth (CMC) fesul pen ddim ond yn 444 o ddoleri UDA, gyda'r rhan fwyaf o bobl yn byw ar lai na 1.90 doler UDA bob dydd. O ystyried bod hon yn un o'r gwledydd mwyaf cyfoethog yn y byd o ran adnoddau, mae canlyniadau datblygiadol mor wael yn sicr o fod yn cynrychioli anghyfiawnder difrifol.

Yr ail bwynt pwysig a wnaeth Nzongola-Ntalaja yw bod 'cynllwynwyr lleol' yn aml wedi chwarae rhan mewn echdyniaeth a chipio tir. Er enghraifft, efallai y bydd corfforaeth drawswladol yn talu llywodraeth gwlad am yr hawl i echdynnu adnoddau o ardal wledig boblog, ond nid yw'r bobl sy'n byw yno yn derbyn unrhyw gyfran o'r elw. O'u safbwynt nhw, mae'r gorfforaeth drawswladol a'r gwleidyddion sydd wedi cydweithio wedi gwneud anghyfiawnder mawr â nhw.

► **Ffigur 5.16** Delta'r Niger: mae cwmnïau olew byd-eang a llywodraeth Nigeria wedi elwa o adnoddau olew'r ardal hon. Ond mae'r bobl frodorol, yr Ogoni, wedi gorfod brwydro'n eithriadol o galed i gael cyfran o'r cyfoeth

Mae prif gynhyrchydd olew Affrica, Nigeria, yn pwmpio bron i 2.5 miliwn o farilau o olew crai bob dydd. Yn 2018, dyma oedd wythfed allforiwr mwyaf y byd o gynhyrchion olew.

AFFRICA

NIGERIA

Manylion

N I G E R I A

Allwedd

Meysydd olew
Meysydd nwy
Piblinellau

Port Harcourt

Gwlff Guinea

Delta Niger

0   25 km

N

- Mae meysydd olew delta'r Niger yn Nigeria yn safle sydd mewn cyflwr hynod o lygredig. Cafwyd tua 7000 o ollyngiadau olew yno yn ystod yr 1980au a'r 1990au am nad oedd y piblinellau yno a oedd dan berchnogaeth cwmnïau tramor, wedi cael eu cadw mewn cyflwr da (gweler Ffigurau 5.16). Achosodd hyn i diroedd ffermio pobl Ogoni gael eu distrywio. Cafwyd protestiadau a gafodd sylw'r cyfryngau o dan arweiniad yr ysgrifennwr brodorol Ken Saro-Wiwa; cafodd yntau ei ddienyddio gan lywodraeth Nigeria yn 1995, ac achosodd hynny ddrwgdeimlad rhyngwladol.
- Mae cwmnïau gorllewinol, yn cynnwys Royal Dutch Shell ac ExxonMobil, yn gweithio'r meysydd olew; am hynny, mae llywodraeth Nigeria yn derbyn tua 10 biliwn o ddoleri UDA yn flynyddol mewn refeniw. Ar y llaw arall, tan yn ddiweddar, ychydig iawn a gafodd yr Ogoni ac roedd eu colled yn uchel. Yn 2015, yn dilyn ymgyrchu diflino (gyda chymorth Amnesty International), cafodd pobl Ogoni o'r diwedd rywfaint o iawndal gan lywodraeth Nigeria a chwmnïau olew mawr am y niwed a ddigwyddodd i'w tir. Cytunodd Royal Dutch Shell i dalu 70 miliwn o ddoleri UDA yn iawndal i 15,600 o ffermwyr a physgotwyr pan gafodd eu bywydau eu dinistrio gan ddau arllwysiad olew mawr. Ond, mae'r Ogoni yn dadlau mai dim ond ffracsiwn oedd hyn o'r swm yr oedden nhw'n ei haeddu go iawn.

Symudiadau gwastraff trawswladol

Mae llawer o eitemau defnyddwyr sydd wedi torri a'u gwaredu sy'n deillio o wledydd incwm uchel, yn cael eu cludo i wledydd incwm is i gael gwared ohonyn nhw ac i'w hailgylchu. Er enghraifft, mae'r mwyafrif mawr o'r gwaith o ddatgymalu llongau yn fyd-eang (y broses o dynnu llongau'r llynges yn ddarnau os nad ydyn nhw'n cael eu defnyddio mwyach) yn digwydd yn Bangladesh ac India, lle mae costau llafur yn rhatach a lle mae llai o reoliadau iechyd a diogelwch. Mae gan y fasnach hon fuddion economaidd i gwmnïau ailbrosesu gwastraff mewn gwledydd sy'n eu derbyn. Ond, mae'n bosibl bod costau iechyd sylweddol i weithwyr mewn hafanau llygredd.

Y fan lle mae hyn ar ei fwyaf amlwg yw yn y sector e-wastraff – un o'r llifoedd gwastraff trawswladol sy'n tyfu gyflymaf heddiw. Gall hen eitemau gael eu datgysylltu yno a gall y gwastraff gael ei losgi i dynnu metelau gwerthfawr, yn cynnwys aur, arian, cromiwm, sinc, plwm, tun a chopr. Mae rhai mathau o e-wastraff yn cael eu prosesu'n ddiogel mewn cyfleusterau sector ffurfiol wedi eu hadeiladu'n bwrpasol (er enghraifft, mae llawer o e-wastraff y DU yn cael ei allforio i Wlad Belg a Gwlad Pwyl). Ond, mae cyfeintiau mawr o e-wastraff o wledydd incwm uchel yn cael eu prosesu gan gyfranogwyr sector anffurfiol sydd heb eu rheoleiddio'n dda mewn gwledydd sy'n datblygu ac yn gynyddol amlwg. Yno, mae'r gwaith yn creu peryglon iechyd i'r bobl hynny sy'n ei wneud ac mae pobl sy'n beirniadu'r fasnach e-wastraff fyd-eang wedi tynnu sylw at yr anghyfiawnderau y mae'n eu cyflwyno i rai pobl a lleoedd.

Mae niferoedd mawr o bobl yn India a China, yn cynnwys plant sy'n gweithio mewn gweithdai sy'n cael eu rhedeg gan deuluoedd, yn cymryd rhan yn y gwaith o adfer e-wastraff yn anffurfiol. Mae rhai o'r problemau gwaethaf a mwyaf hysbys wedi codi yn Ghana (gweler tudalen 168).

TERMAU ALLWEDDOL

Hafan llygredd Lleoliad cost isel lle mae'r llifoedd gwastraff byd-eang yn cael eu cymryd. Y rheswm am y patrymau symudiad yw cost gymharol cydymffurfio â rheoliadau amgylcheddol mewn lleoedd gwahanol, er enghraifft, mewn perthynas â thrin a chael gwared â gwastraff. O'i esbonio'n syml, mae llifoedd gwastraff yn symud tuag at y lleoedd mewn systemau byd-eang lle mae llai o gostau a llai o fiwrocratiaeth.

E-wastraff (gwastraff trydanol ac electronig) Mae hyn yn cynnwys pob darn o ddefnydd electronig a thrydanol sydd wedi ei daflu i'r sbwriel sy'n perthyn i gyfrifiaduron, cryno ddisgiau, ffonau clyfar a pheiriannau argraffu.

ASTUDIAETH ACHOS GYFOES: PROSESU E-WASTRAFF O FEWN Y SECTOR ANFFURFIOL YN GHANA

Mae Ghana yn derbyn 200,000 tunnell o wastraff electronig wedi'i fewnforio yn flynyddol, y mae 70 y cant ohono yn nwyddau ail law, gan gynnwys rhoddion o hen gyfrifiaduron a anfonwyd i ysgolion gan elusennau (ond mae tua 15 y cant o fewnforion ail law wedi eu torri'n rhy wael i'w trwsio).

Mae anheddiad Agbogbloshie, ar lan chwith yr Afon Odaw yn Accra, yn gartref i tua 6000 o deuluoedd a fudodd yno o ogledd Ghana i ddianc rhag tlodi a gwrthdaro rhwng llwythau. Dros y blynyddoedd y mae wedi datblygu i fod yn dir dympio ar gyfer hen gynhyrchion trydanol ac electronig. Bob mis, mae pobl yn datgymalu cannoedd o dunelli o e-wastraff â llaw i dynnu copr a darnau metelig eraill oddi arnyn nhw.

- Mae'r dull o dynnu ac adfer defnyddiau gwerthfawr o fyrddau cylched hen gyfrifiaduron yn hynod o beryglus (gweler Ffigur 5.17). Mae'r broses losgi yn rhyddhau sylweddau tocsig i'r amgylchedd, i'r pridd ac i'r dŵr, gan gael effaith enbyd ar iechyd.
- Mae'r problemau hysbys sydd wedi effeithio ar blant mor ifanc â deg oed yn cynnwys niwed i'r ysgyfaint ar ôl anadlu mygdarthau o fetelau trwm fel plwm a chadmiwm.

- Mae gwastraff tocsig, metelau trwm ac asidau batri sy'n cael eu rhyddhau i mewn i'r pridd ac i'r dŵr arwyneb, wedi dinistrio bywyd gwyllt yn yr Afon Odaw, a oedd arfer bod yn lle pysgota pwysig i'r cymunedau gerllaw.

▲ **Ffigur 5.17** Gweithio gydag e-wastraff yn Accra, Ghana

Ffoaduriaid newid hinsawdd

Mae achosion newid hinsawdd yn gysylltiedig â thwf y system fyd-eang. Mae'r llifoedd cyflymach a chynyddol o ddefnyddiau a gwastraff trawsffiniol (heb sôn am lawer mwy o bobl yn teithio mewn awyrennau a cherbydau tir sy'n llygru) wedi chwyddo ôl-troed carbon pobl drwy'r blaned gyfan. Dim ond gwaethygu bydd y broblem fyd-eang o gynnydd mewn allyriadau carbon deuocsid a nwyon tŷ gwydr eraill, ac nid oes disgwyl i faint ôl-troed China gyrraedd uchafbwynt a gostwng eto tan tua 2040. Erbyn hyn, mae llawer o wyddonwyr yn ystyried bod cynnydd o 2°C yn nhymheredd cyfartalog y byd yn anochel, gan ddod ag effeithiau niweidiol i leoedd a phobl fregus o ganlyniad i'r cynnydd mewn effaith tŷ gwydr.

Mae'n anghyfiawn bod y cymdeithasau hynny a allai gael eu heffeithio fwyaf wedi gwneud y lleiaf i'w hachosi nhw, yn aml iawn. Er enghraifft, gallai'r diffeithdiro a'r estyniad i'r amodau cras (*arid*) yn Affrica is-Sahara effeithio'n niweidiol ar amaethyddiaeth a dod ag ansicrwydd bwyd i ranbarthau fel Rhanbarth Same yn Tanzania a Rhanbarth Kitui yn Kenya. Mae asiantaethau'r Cenhedloedd Unedig yn amcangyfrif bod bron i 10 miliwn o bobl o Affrica, De Asia a mannau eraill wedi mudo'n barod neu wedi cael eu dadleoli gan ddiraddiad amgylcheddol, trychinebau sy'n ymwneud â thywydd a diffeithdiro yn yr 20 mlynedd diwethaf.

TERM ALLWEDDOL

Ansicrwydd bwyd Pan na fydd pobl yn gallu tyfu neu brynu'r bwyd y maen nhw ei angen at eu hanghenion sylfaenol.

- Mae'r Cenhedloedd Unedig yn rhagweld y gallai 150 miliwn pellach o bobl fregus orfod symud yn y 50 mlynedd nesaf ac mae wedi enwi 28 o wledydd sydd o dan risg eithriadol erbyn hyn yn sgil newid hinsawdd. O'r rhain, mae 22 yn Affrica. Bydd y rhan fwyaf o bobl sy'n cael eu dadleoli gan batrymau tywydd sy'n newid a chynnydd yn lefel y môr yn eithriadol o dlawd.

- Gallai mwy o bobl ddod yn ffoaduriaid newid hinsawdd oherwydd y cynnydd yn lefel y môr. Mae dwsinau o ynysoedd yn rhanbarth Sunderbans yn India yn dioddef llifogydd yn rheolaidd, sy'n bygwth miloedd. Mae'r Maldives, sydd i'r de orllewin o India a Sri Lanka, dan risg difrifol iawn o'r cynnydd yn lefel y môr. Mae'n cynnwys cadwyn o 1190 o ynysoedd iseldir sydd wedi eu hamgylchynu gan ddyfroedd Cefnfor India. Bangladesh yw'r wlad fawr sy'n fwyaf agored i niwed, am fod 60 y cant o'i dir lai na 5 m uwchben lefel y môr. Ni fydd gan bentrefwyr mewn ardaloedd dan lifogydd unrhyw opsiwn ond mudo; bydd llawer ohonyn nhw'n mynd i slymiau'r brifddinas, Dhaka.

Gwerthuso'r mater

▶ *Asesu ymdrechion cyfranogwyr byd-eang i ymdrin ag anghyfiawnderau lleol*

Nodi cyd-destunau, meini prawf a themâu posibl ar gyfer yr asesiadau

Mae dadl olaf y bennod hon yn asesu'r ffyrdd y mae gwahanol gyfranogwyr byd-eang (sydd hefyd yn cael eu galw'n weithredwyr neu'n rhanddeiliaid) wedi ceisio dileu neu wella rhai anghyfiawnderau lleol o fewn y systemau byd-eang. Mae'r asesiad yn canolbwyntio ar ymdrechion tri chategori o gyfranogwyr byd-eang.

- *Sefydliadau rhynglywodraethol (IGOs: intergovernmental organisations).* Mae'r rhain yn chwarae rôl bwysig iawn (gweler tudalen 52). Maen nhw'n creu rheolau, cytundebau, fframweithiau a deddfwriaeth newydd gyda'r nod o ddarparu mwy o gyfiawnder amgylcheddol ac economaidd-gymdeithasol.

- *Corfforaethau trawswladol.* Fel y mae penodau blaenorol wedi dangos, mae corfforaethau byd-eang weithiau'n gyfrifol am ganlyniadau anghyfiawn yn cynnwys trin gweithwyr yn wael, dirywiad amgylcheddol, imperialaeth ddiwylliannol, osgoi treth a thwf rhaniadau cyfoeth eithafol. Ond, mae busnesau'n aml iawn yn ceisio dod â newidiadau cadarnhaol hefyd (roedd tudalen 157 yn archwilio'r camau a gymerwyd ar ôl trychineb Rana Plaza; roedd tudalen 128 yn canolbwyntio ar weithredoedd cadarnhaol).

- *Sefydliadau anllywodraethol.* Mae sefydliadau anllywodraethol (NGOs) fel Amnesty International, Oxfam ac ActionAid yn chwarae rôl hanfodol o ran dadorchuddio a chodi ymwybyddiaeth pobl o anghyfiawnderau economaidd, cymdeithasol neu amgylcheddol sydd wedi eu cysylltu â'r ffordd y mae systemau byd-eang yn gweithio. Weithiau, mae'r sefydliadau di-elw hyn wedi rhoi pwysau ar lywodraeth gwladwriaethau a chorfforaethau trawswladol i weithio'n galetach i leihau anghyfiawnderau.

Mae'r asesiad hefyd yn gofyn ein bod ni'n meddwl am wahanol gategorïau o anghyfiawnder, y mae rhai ohonyn nhw'n fwy anhydrin nag eraill, o bosibl, a dim ond pan fydd gwahanol gyfranogwyr yn

Masnachu pobl (gweler tudalen 160)	Cafodd Confensiwn y Cenhedloedd Unedig yn erbyn Troseddu Trefnedig Trawswladol ei lofnodi yn 2000. Mae'r Senedd Ewropeaidd wedi cydnabod y dimensiwn o fasnachu pobl sy'n ymwneud â'r rhywiau, gan ddweud bod: 'Data ar fynychder y drosedd hon yn dangos bod mwyafrif ei dioddefwyr yn ferched a menywod... sydd wedi eu gorfodi i mewn i wasanaethau rhywiol masnachol.' Y prif offeryn sydd gan yr Undeb Ewropeaidd i geisio atal masnachu pobl yw Cyfarwyddeb 2011/36/EU, a gafodd ei mabwysiadu yn 2011.
Gordwristiaeth (gweler tudalen 163)	Mae Rhwydwaith Dinasoedd De Ewrop yn erbyn Twristiaeth (*SET: Southern European Cities against Tourism*) yn fudiad rhyngwladol newydd sy'n lobïo awdurdodau dinasoedd i ddefnyddio trethi a chyfreithiau yn strategol i annog twristiaeth sy'n cael effaith isel ond sy'n gwario'n uchel, yn hytrach na grwpiau mawr. Mae *SET* yn cynghori twristiaid i (i) osgoi cyrchfannau 'deg uchaf' TripAdvisor ac ymweld â mannau llai adnabyddus a (ii) ymddwyn yn barchus bob amser (oherwydd bod pob man yn gartref i rywun arall).

▲ **Tabl 5.5** Sut mae cyfranogwyr byd-eang wedi ceisio mynd i'r afael ag anghyfiawnderau masnachu pobl a gordwristiaeth (pynciau sydd wedi derbyn sylw yn gynharach yn y bennod hon)

cydweithio mewn partneriaeth y mae'n bosibl mynd i'r afael â nhw. Fel mae'r bennod hon wedi dangos, mae yna faterion economaidd, cymdeithasol ac amgylcheddol sydd angen eu trin (gweler Tabl 5.5).

- Mae *anghyfiawnderau economaidd* yn codi pan mae llifoedd ariannol mewn system fyd-eang yn gweithredu mewn ffyrdd annheg. Mae buddsoddi uniongyrchol o dramor i mewn i wledydd sy'n diwydianeiddio yn creu cyflogaeth newydd, ond dydy gweithwyr ddim bob amser yn cael eu talu'n deg. Ac er bod llifoedd rhwng gwledydd mwy cyfoethog a mwy tlawd yn mynd i ddau gyfeiriad (gweler Ffigur 5.18), mae tlodi wedi parhau dros amser beth bynnag yng Ngweriniaeth Ddemocrataidd Congo (gweler tudalen 166) a gwledydd incwm isel eraill sy'n datblygu. Mae echdyniaeth a damcaniaethau melltith adnoddau yn ein helpu i ddeall pam mae hyn yn digwydd.
- Weithiau mae *anghyfiawnderau cymdeithasol* wedi codi neu waethygu oherwydd cyllidoli (gweler tudalen 152), gan adael grwpiau tlawd ac agored i niwed heb wasanaethau, cartrefi neu dir hanfodol.
- Mae *anghyfiawnder amgylcheddol* yn digwydd pan fydd tir yn cael ei gipio. Gallai grymoedd o'r tu allan feddiannu adnoddau naturiol mewn ffyrdd sydd, ar y gorau, yn difreinio pobl frodorol, ac ar y gwaethaf yn eu hanafu nhw.

Wrth ddadansoddi anghyfiawnder, dylen ni feddwl yn gritigol hefyd am y graddfeydd amser amrywiol y maen nhw'n eu cymryd i ymddangos.

- Mae ymgyrch 'Rhodes Must Fall' yn ein hatgoffa o anghyfiawnderau hanesyddol a ddioddefodd hemisffer deheuol y byd gan rymoedd Ewropeaidd yn ystod yr oes drefedigaethol (gweler tudalen 151). Ym marn rhai pobl, nid yw'r cymdeithasau hynny y cafodd eu hynafiaid eu caethiwo neu y cipiwyd eu tiroedd, wedi derbyn cynnig digonol o iawndal hyd yn hyn.
- Yn yr un modd, mae mathau newydd o anghyfiawnder yn codi drwy'r amser oherwydd y datblygiadau 'byd sy'n lleihau' mewn technoleg ddigidol. Mae llifoedd data 'ffug' yn gallu cael canlyniadau annheg yn y byd go iawn, er enghraifft, os bydd canlyniad etholiad wedi ei ddylanwadu gan gelwyddau a gafodd eu lledaenu ar y cyfryngau cymdeithasol. Gallai fod yn anodd iawn i'r bobl hynny sydd wedi dioddef enllib ar-lein, neu'r ffenomen annifyr 'pornograffi dial', drefnu i'r cynnwys gael ei dynnu'n barhaol oddi ar y we; mae'r methiant hwn i barchu eu 'hawl i gael eu hanghofio' yn un o'r anghyfiawnderau diweddaraf i ddatblygu o fewn systemau byd-eang.

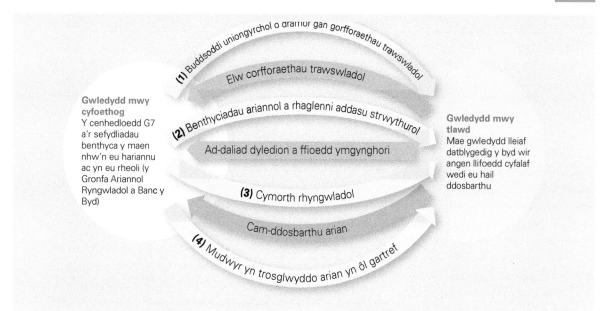

(1) Buddsoddi uniongyrchol o dramor gan gorfforaethau trawswladol

Elw corfforaethau trawswladol

(2) Benthyciadau ariannol a rhaglenni addasu strwythurol

Ad-daliad dyledion a ffioedd ymgynghori

(3) Cymorth rhyngwladol

Cam-ddosbarthu arian

(4) Mudwyr yn trosglwyddo arian yn ôl gartref

Gwledydd mwy cyfoethog
Y cenhedloedd G7 a'r sefydliadau benthyca y maen nhw'n eu hariannu ac yn eu rheoli (y Gronfa Ariannol Ryngwladol a Banc y Byd)

Gwledydd mwy tlawd
Mae gwledydd lleiaf datblygedig y byd wir angen llifoedd cyfalaf wedi eu hail ddosbarthu

▲ **Ffigur 5.18** Mae llifoedd ariannol mewn dau gyfeiriad yn trosglwyddo arian y ddwy ffordd rhwng rhanbarthau 'craidd ac ymylol' yn y systemau byd-eang (gweler tudalen 90). Mae gan wahanol bobl farn wahanol am ganlyniad net y llifoedd hyn i'r gwledydd mwy tlawd – p'un ai twf a datblygiad yw'r canlyniad, ynteu anghyfiawnder a thlodi diddiwedd.

Asesu ymdrechion y corfforaethau trawswladol i fynd i'r afael ag anghyfiawnderau cadwyn gyflenwi

Mae busnesau mawr yn derbyn yn fwy a mwy erbyn hyn bod rhaid cael cyfrifoldeb cymdeithasol corfforaethol. Fel mae Pennod 3 yn esbonio, mae gan y corfforaethau trawswladol mwyaf filoedd o gyflenwyr y maen nhw'n allanoli gwaith iddyn nhw. Mae hyn yn cynyddu'r risg o (i) troseddu yn erbyn hawliau dynol gweithwyr a (ii) cynhyrchion brand gwerthfawr yn dod yn gysylltiedig ag ecsbloetio'r gweithlu.

Mae gan lawer o'r corfforaethau trawswladol a ddefnyddir mewn astudiaethau achos ac enghreifftiau yn y llyfr hwn godau ymarfer tynn sy'n rhwystro ecsbloetio gweithwyr (i) yn y cyfleusterau a dramorwyd y maen nhw'n berchen arnyn nhw (ii) yn eu haen gyntaf o gyflenwyr allanoli. Mae cod ymddygiad yn gwarantu hawliau penodol i weithwyr a gall ddiogelu meysydd cyfreithiol fel buddion iechyd a gwyliau, cyfyngiad uchafswm ar oriau gwaith neu hawliau aelodau undebau llafur. Un llwyddiant penodol yw'r Cytundeb ar Ddiogelwch Tân ac Adeiladau yn Bangladesh a ddilynodd drychineb Rana Plaza yn 2013. Mae mwy na 220 o gorfforaethau trawswladol wedi llofnodi'r cytundeb erbyn hyn (gweler tudalen 157). Erbyn 2018, roedd archwiliadau wedi arwain at welliannau diogelwch mewn mwy na 1600 o ffatrïoedd haen uwch.

Ond, mae anghyfiawnderau yn dal i ddigwydd mewn llawer o gadwynau cyflenwi byd-eang. Mae Pennod 3 yn disgrifio sut y clywodd Apple bod gweithwyr yn ei gwmni cyflenwi trydedd haen, Lianjian Technology, wedi cael eu gwenwyno gan gemegyn glanhau yn 2011. Yn fwy diweddar yn 2018, daeth honiadau i'r wyneb bod Quanta Computer, cwmni cyflenwi o Taiwan, yn cyflogi myfyrwyr yn angyfreithlon yn ninas Chongping yn China i wneud oriorau Apple (dywedwyd wrth y myfyrwyr na fydden nhw'n cael graddio os na fydden nhw'n cymryd rhan). Mae adroddiadau fel y rhain yn codi cwestiynau ynglŷn ag i ba raddau y bydd corfforaethau trawswladol byth yn gallu cael gwared â cham-drin ac anghyfiawnderau o haenau is eu cadwynau cyflenwi cymhleth.

Gorfodi cydsyniad gan y corfforaethau trawswladol

Mae Deddf Diwygio a Diogelu Defnyddwyr Wall Street Dodd-Frank 2010 gan Lywodraeth yr Unol Daleithiau, yn enghraifft o orfodi busnesau i gydsynio. Roedd y ddeddf 'o'r brig i lawr' hon yn ei gwneud hi'n anghyfreithlon i gorfforaethau trawswladol sydd wedi eu cofrestru yn yr Unol Daleithiau i ddefnyddio mwynau gwrthdaro sydd, yn ôl pob tebyg, wedi deillio o Weriniaeth Ddemocrataidd Congo. Mae Dodd-Frank yn gofyn bod cwmnïau yn yr Unol Daleithiau yn dod o hyd i ble mae eu 3T (tun, twngsten a thantalwm) a'u mwynau aur yn dod ac yna'n datgelu a oedd y mwynau hynny'n talu am grwpiau arfog ai peidio. Doedd y rhan fwyaf o'r cwmnïau a oedd yn ddefnyddwyr terfynol ddim yn gwybod o ble roedd eu mwynau wedi deillio cyn Dodd-Frank, felly mae'r ddeddf wedi eu gorfodi nhw i edrych yn ddyfnach i'w cadwynau cyflenwi. O ganlyniad, mae grwpiau milisia yn ei chael hi'n anoddach gwerthu aur a diemwntau erbyn hyn i dalu am ryfeloedd sy'n dinistrio bywydau. Ond, mae rhai pobl yn teimlo bod Dodd-Frank wedi gwaethygu tlodi ac ansefydlogrwydd yn anfwriadol mewn rhannau o Weriniaeth Ddemocrataidd Congo.

- Y rheswm am hyn yw bod rhai corfforaethau trawswladol wedi ymateb drwy osgoi allforion o Weriniaeth Ddemocrataidd Congo yn gyfan gwbl, gan gynnwys cyflenwadau cyfreithlon, am eu bod yn ofni cael eu cysylltu â mwynau gwrthdaro. Maen nhw eisiau sicrhau gweithredoedd heb unrhyw risg o gwbl.
- O ganlyniad, mae'r 'ateb' hwn – sef deddf Dodd-Frank – a gyflwynwyd â phob bwriad da, bellach yn rhan o broblemau parhaus y tlodi a'r cysylltedd byd-eang gwael i Weriniaeth Ddemocrataidd Congo a'i phobl.
- I rai cwmnïau a chydweithfeydd cloddio bach, mae Dodd Frank wedi bod yn drychinebus. Yn

rhanbarth De Kivu, Gweriniaeth Ddemocrataidd Congo, dydy llawer o gloddwyr graddfa fach bellach ddim yn gallu dod o hyd i brynwyr ar gyfer y mwynau 'dim gwrthdaro' y maen nhw wedi eu cynhyrchu, er eu bod nhw'n byw mewn rhanbarth sydd nawr yn un heb unrhyw wrthdaro

Asesu ymdrechion byd-eang i ymdrin ag anghyfiawnder masnach

Mae'n debyg y byddwch chi'n gyfarwydd yn barod ag egwyddorion cyffredinol masnach deg (neu 'fasnach amgen') fel un ffordd o geisio mynd i'r afael â'r anghyfiawnderau masnach a achoswyd gan echdyniaeth. Mae gwaith y Sefydliad Masnach Deg yn arbennig wedi bod yn bwysig iawn i rai cymunedau mewn gwledydd sy'n datblygu. Y nod yw rhoi pris sefydlog boddhaol i gynhyrchwyr am eu nwyddau. Os bydd y pris byd-eang am gnwd arbennig fel coffi yn cwympo, bydd ffermwyr Masnach Deg yn parhau i dderbyn incwm sefydlog sy'n diogelu eu lles. Yr unig bryd y bydd menter yn llwyddo yw pan fydd nifer digonol o siopwyr mewn gwledydd incwm uchel yn cael eu cymell gan (i) credu mewn cyfiawnder masnach a (ii) chwilfrydedd go iawn am gefndir (gwreiddiau) y nwyddau y maen nhw'n eu prynu.

Mae miliynau o bobl sy'n gweithio mewn cloddio graddfa fach a lleol mewn perygl rheolaidd o glefyd, anaf difrifol a marwolaeth. Yn aml iawn mae 'dynion yn y canol' sydd heb gydwybod yn manteisio ar gloddwyr graddfa fach a lleol, yn ôl y Sefydliad Masnach Deg a'r Gynghrair er Cloddio Cyfrifol (*ARM: Alliance for Responsible Mining*). Mae yna dri phryder sy'n plethu yn ei gilydd.

- *Tâl, iechyd a diogelwch.* Mae mwy na chwe gwaith y nifer o ddamweiniau'n digwydd mewn cloddio graddfa fach a lleol o'i gymharu â chloddio ar raddfa fawr, yn bennaf am fod y gweithlu'n fawr – gall gynnwys plant – ac amodau gwaith mwy tlawd.

- *Problemau amgylcheddol.* Mae effeithiau negyddol cloddio am aur yn cynnwys datgoedwigo a diraddiad y tir drwy lygredd aer, dŵr a phridd (cemegau gwenwynig a ddefnyddir i brosesu mwyn aur, yn cynnwys mercwri, cyanid ac asid nitrig). Mae wyth deg y cant o'r holl wenwyno mercwri dynol yn cael ei achosi gan gloddio am aur ar raddfa fach.
- *Gwrthdaro.* Mae tlodi yn gwthio llawer o bobl i mewn i waith mewn cloddfeydd graddfa fach, ond mae rhai yn cael eu gorfodi i wneud hynny gan filisia sy'n gweithredu mewn rhanbarthau lle mae gwrthdaro, ac yn arbennig felly yng Ngweriniaeth Ddemocrataidd Congo.

Mae aur Masnach Deg a Chloddio'n Deg wedi bod ar gael ers llawer o flynyddoedd erbyn hyn. Cydweithfa Gloddio Cotapata yn Bolivia oedd y sefydliad cloddio confensiynol Masnach Deg a Chloddio Teg cyntaf i gael ei ardystio yn 2011. Mae eraill wedi cael eu sefydlu ers hynny yn Colombia, Periw a Mongolia.

- I gael ardystiad, mae'n rhaid i gloddwyr graddfa fach mewn rhanbarth, ddod at ei gilydd yn gyntaf i ffurfio sefydliad y gall Masnach Deg ymdrin ag ef yn uniongyrchol.
- Mae pob sefydliad yn addo cymryd rhan yn natblygiad cymdeithasol eu cymunedau drwy gael gwared â llafur plant (o dan 15 oed) o'u rhanbarth nhw, darparu offer diogelu i'r cloddwyr i gyd a chydnabod hawl yr holl weithwyr i sefydlu ac ymuno ag undebau llafur.
- Mae'n rhaid iddyn nhw hefyd ddefnyddio arferion diogel a chyfrifol i reoli'r cemegau gwenwynig, fel mercwri a cyanid, sy'n rhan o'r broses o adfer yr aur.

Wrth gwrs, mae gwendidau yn y rhwydweithiau masnachu eraill hefyd a'r raddfa y maen nhw'n gallu gweithredu arni. Dydy hi ddim yn bosibl i holl gloddwyr, ffermwyr a chynhyrchwyr eraill y byd ymuno â chynllun sy'n cynnig pris sefydlog uchel am feintiau o gynnyrch a allai fod yn ddiddiwedd (byddai'r system byd gyfalafol gyfan yn methu os byddai hyn yn digwydd). Hefyd, mae pris uwch cynhyrchion Masnach Deg yn golygu bod llawer o siopwyr yn eu hosgoi nhw, yn enwedig mewn cyfnodau o galedi economaidd.

Asesu ymdrechion byd-eang i ddiogelu asedau biolegol lleol

Mae Fforwm Economaidd y Byd, sy'n sefydliad di-elw byd-eang, wedi cefnogi'r project Cronfa Codau'r Ddaear (*EBC: Earth Bank of Codes*) sydd wedi dechrau mapio dilyniannau DNA yr holl rywogaethau ym masn yr afon Amazon. Y nod yw sicrhau bod cymunedau brodorol yn cael cyfran o unrhyw elw yn y dyfodol sy'n deillio o asedau biolegol eu lle cartref (gweler Ffigur 5.19).

- Mae llawer o feddyginiaethau a chynhyrchion gwerthfawr yn deillio'n barod o rywogaethau'r Amazon, ond y cwmnïau fferyllol mawr fydd wedi elwa fel arfer, nid y llwythau brodorol. Annhegwch arall eto sy'n gysylltiedig ag echdyniaeth.
- I atal mwy o anghyfiawnder, bydd asedau biolegol Amazonia wedi eu mapio a'u dadansoddi bellach gan y project *EBC*. Os bydd unrhyw ran o'r data biolegol yn werthfawr yn y dyfodol, mae'n gwarantu y bydd cymunedau brodorol yn derbyn incwm.
- Mae hyn yn cyfateb hefyd â Phrotocol Nagoya y Cenhedloedd Unedig, sef cytundeb rhyngwladol sydd â'r nod yma: 'Rhannu yn deg ac yn gyfiawn unrhyw fuddion sy'n codi o ddefnyddio adnoddau genetig, gan gyfrannu felly at gadwraeth bioamrywiaeth a'i defnyddio'n gynaliadwy.'

Asesu pwysigrwydd bod cyfranogwyr yn gweithio mewn partneriaeth

Weithiau, i frwydro anghyfiawnder yn effeithiol, mae angen i randdeiliaid gwahanol gydweithio. Mae Ffigur 5.20 yn dangos cyfranogwyr byd-eang yn gweithio mewn partneriaeth â grwpiau neu

▲ **Ffigur 5.19** Mae llawer o'r sylweddau sy'n digwydd yn naturiol sydd i'w cael yng 'nghyfanswm genynnol' Amazonia yn cael eu defnyddio fel meddyginiaethau a moddion. Er enghraifft, mae cwinin yn rhin planhigyn trofannol (*tropical plant extract*) sydd wedi cael ei ddefnyddio'n eang i leddfu poen. Os bydd darganfyddiadau newydd gwerthfawr yn cael eu gwneud yn y dyfodol, pwy ddylai elwa'n ariannol? Llwythau lleol, cwmnïau fferyllol byd-eang neu'r ddau?

Gall **gweithwyr ffatri** geisio sefyll ynghyd a brwydro dros eu hawliau gwleidyddol i greu undebau llafur neu negodi isafswm cyflog a buddion eraill

Gall **corfforaethau trawswladol** brynu gan gydweithrediad o weithwyr neu gael nwyddau mewn ffordd foesegol – gallan nhw wneud mwy i orfodi codau ymddygiad ar eu rhwydweithiau eu hunain o **gyflenwyr**

Gall **gweithwyr fferm** drefnu eu hunain yn gydweithfeydd a gallan nhw geisio ail negodi eu telerau masnach â chyflenwyr, yn enwedig sefydliadau masnach deg

Mae cynhyrchwyr a defnyddwyr wedi eu cysylltu â gweithredwyr eraill mewn **mannau** eraill ac ar wahanol **raddfeydd**. Mae'r **pŵer** i weithredu – ac i ddod â **newid** – wedi ei wreiddio i mewn i lawer o wahanol leoliadau o fewn y rhwydwaith; yn aml iawn, mae'r newidiadau mwyaf effeithiol yn dod i mewn gyda'r gweithredwyr neu leoedd gwahanol sy'n cydweithio mewn **partneriaeth**

Gallai **llywodraethau cenedlaethol** wneud mwy i reoleiddio'r corfforaethau trawswladol yn eu gwledydd nhw. Gallai **sefydliadau rhynglywodraethol** fel yr Undeb Ewropeaidd neu Sefydliad Masnach y Byd ddiwygio rheolau sy'n rheoleiddio masnach fyd-eang

Mae'r **defnyddwyr** yn bobl foesol a allai ofyn cwestiynau am y bobl eraill y mae ganddyn nhw gysylltiad â nhw mewn cadwyni cyflenwi; gallan nhw fynd ati'n fwriadol i wrthod nwyddau sy'n camfanteisio ar bobl

Mae **sefydliadau anllywodraethol** ac **elusennau** yn gallu lobïo, codi ymwybyddiaeth gyhoeddus ac ariannu projectau. Gallai **cyrsiau a deunyddiau addysgol** – yn cynnwys y llyfr hwn – chwarae rhan yn hynny.

▲ **Ffigur 5.20** Gallai rhanddeiliaid gwahanol gydweithio mewn rhwydwaith-gyfranogwyr i ddod â newidiadau cadarnhaol a chyfiawnder masnach i gymunedau lleol

▲ Ffigur 5.21 Gertruida Baartman yn mynd i gyfarfod rhanddeiliaid Tesco yn 2007

unigolion lleol i greu newid. Diolch i ymgyrch a gymerodd yr agwedd honno, mae'r amodau wedi gwella'n ddiweddar i fenywod yn Ne Affrica sy'n gweithio yng nghadwyn gyflenwi fyd-eang Tesco.

- Yn 2005, roedd Gertruida Baartman yn gweithio fel casglwr ffrwythau ar fferm yn Ne Affrica ar bwys Cape Town sy'n cyflenwi archfarchnadoedd Ewropeaidd. Ar y pryd, roedd hi'n derbyn isafswm cyflog De Affrica sef dim ond £97.90 y mis.
- Dywedodd y fam sengl wrth bapur newydd: 'Mae fy mhedwar plentyn yn mynd heb fwyd ond rwy'n gwneud fy ngorau. Mae'n rhaid i mi dalu'r ffioedd ysgol ac weithiau mae hynny'n anodd am fod y ffioedd yn uchel. Mae'r gwisgoedd ysgol yn ddrud i mi hefyd a does gen i ddim arian i brynu esgidiau iddyn nhw.'
- Mae dau ym mhob tri o weithwyr mewn swyddi tymhorol ansicr yn Ne Affrica yn fenywod du fel Gertruida. Yn aml iawn, dydyn nhw ddim yn cael yr un buddiannau â dynion, sy'n fwy tebygol o fod ar gontractau parhaol.

Clywodd Action Aid, sy'n Sefydliad Anllywodraethol ac sydd wedi ei lleoli yn y DU, am sefyllfa casglwyr ffrwythau yn Ne Affrica, diolch i'w gysylltiadau â Sikhula Sonke, undeb llafur i weithwyr fferm dan arweiniad menywod yn Ne Affrica. Yn 2007, cafodd Gertruida ei hedfan i Lundain gan ActionAid i gyfarfod rhanddeiliaid

blynyddol y gorfforaeth drawswladol Brydeinig, Tesco (gweler Ffigur 5.21). Roedd y rhanddeiliaid ar eu traed yn ei chymeradwyo hi – pobl a oedd wedi cael braw o glywed am yr amodau ar waelod eu cadwyn gyflenwi. Aeth cynrychiolwyr o Tesco i ymweld â fferm Gertruida a chafwyd gwelliannau yno, er enghraifft rhoddwyd toiled yn y berllan lle mae hi'n gweithio a chafwyd llai o fwlch tâl rhwng y dynion a'r merched. Yn 2012, aeth Sikhula Sonke ymlaen i ennill cynnydd o 50 y cant yn y lleiafswm cyflog i lafurwyr fferm achlysurol yn Ne Affrica yn rhan o weithrediad streic hirfaith.

Mae'r astudiaeth hon yn dangos sut roedd y grym i ddod â newidiadau wedi ei ledaenu ar draws rhwydwaith o wahanol unigolion a sefydliadau.

- Doedd gan Gertruida ddim pŵer ariannol a dim ond un oedd hi, mewn gwirionedd, allan o filoedd o lafurwyr di-lais. Eto, unwaith y cafodd y cyfle ei gynnig, mae'n amlwg bod ganddi hi'r brwdfrydedd a'r penderfynoldeb angenrheidiol i gael gwell canlyniad i'w theulu .
- Mae adnoddau ariannol ActionAid yn gyfyngedig, felly mae angen eu defnyddio'n ofalus ac yn ddoeth er mwyn helpu i sicrhau newid. Yn yr enghraifft hon, sefydlodd gyfarfod rhwng y ddau begwn eithaf yng nghadwyn werth Tesco: y llafurwyr a'r rhanddeiliaid. O ganlyniad, cafodd Gertruida a'r rhanddeiliaid gyfarfod a dechrau dod i ddeall ei gilydd.
- Yn y pen draw, mae gan y rhanddeiliaid y pŵer ariannol a rheoleiddiol sydd eu hangen i ddod â newid (mewn perthynas â'u cadwyn gyflenwi eu hunain). Eto, doedd y wybodaeth ddim ganddyn nhw ar y dechrau am yr amodau gwaith ymhlith eu his-gontractwyr eu hunain. Unwaith yr oedden nhw wedi dysgu am yr anghyfiawnder (ac wedi peryglu enw da eu cwmni eu hunain), aethon nhw ati i weithredu.

Mae'r canlyniad terfynol yn un cadarnhaol, er, mae'n amlwg bod llawer i'w wneud o hyd: mae'r cyflog i weithwyr fferm De Affrica yn dal i fod yn ofnadwy o isel o'i gymharu â safonau'r DU.

Dod i gasgliad gyda thystiolaeth

Pa mor bell y mae corfforaethau trawswladol, sefydliadau anllywodraethol (*NGOs*) a sefydliadau rhyng-lywodraethol (*IGOs*) wedi mynd i'r afael â gwahanol fathau o anghyfiawnder ar gyfer pobl a lleoedd penodol? Yn anochel, mae'r ateb yn benodol i'r cyd-destun. Gallai anghyfiawnderau graddfa lai fod yn haws eu cywiro, yn enwedig pan mae gwahanol gyfranogwyr yn cydweithio (fel a ddigwyddodd yn achos cadwyn gyflenwi De Affrica Tesco). Mae rhai anghyfiawnderau'n fwy tebygol o dderbyn sylw nag eraill am eu bod yn hawdd eu gweld, tra bod rhai eraill yn aros yn y cysgodion. Bydd cynrychiolwyr corfforaethau trawswladol yn monitro amodau gwaith yn haenau uchaf eu cadwynau cyflenwi, ond gallai amodau gwael i weithwyr eraill barhau, wedi eu cuddio o'r golwg, yn yr haenau isaf.

A yw rhai anghyfiawnderau'n rhy fawr i'w trin? Gallwn ni ddadlau nad oes digon o gydnabyddiaeth i'r anghyfiawnderau a ddioddefwyd yn y gorffennol gan lawer o gymdeithasau oherwydd trefedigaethedd ac echdyniaeth. Mae cydnabod bod gan bobl frodorol o bosibl hawliau mewn perthynas ag asedau biolegol (fel y mae project Cronfa Codau'r Ddaear yn ei wneud) yn gam yn y cyfeiriad cywir, ond mae modd gwneud llawer mwy. Yn ogystal, mae rhai ceisiadau i helpu wedi cael canlyniadau negyddol anfwriadol, er enghraifft cwmnïau sy'n bryderus am y risgiau newydd a grewyd o dan Ddeddf Dodds-Frank yn osgoi prynu mwynau Gweriniaeth Ddemocrataidd Congo.

Efallai mai'r ffordd bwysicaf y gall cyfranogwyr byd-eang ddod â newid yw trwy ddefnyddio eu dylanwad i berswadio llywodraethau cenedlaethol i gyflymu prosesau datblygiad gwleidyddol, a fydd o fudd i holl ddinasyddion gwlad. Fel arfer, mae'r amodau gweithio wedi gwella dros amser mewn gwledydd sy'n diwydianeiddio (mae hyn yn nodwedd o'r ffenomen 'gwyddau'n hedfan' a harchwiliwyd ar dudalen 154), ond gallai pwysau gan sefydliadau rhyng-lywodraethol (*IGOs*), sefydliadau anllywodraethol (*NGOs*) a chorfforaethau trawswladol helpu i gyflymu newidiadau sy'n mynd i'r afael â'r anghyfiawnderau mwyaf yn y gweithle. I ryw raddau, mae hyn wedi bod yn digwydd yn Bangladesh ers trychineb Rana Plaza, lle mae corfforaethau trawswladol yn dweud nawr eu bod eisiau gweithio mewn partneriaeth â'r llywodraeth i wella'r amodau gwaith i bawb (gweler tudalen 157). Yn 2018, mewn datganiad i'r wasg, dywedodd H&M – sy'n fuddsoddwr mawr yn y wlad: 'Rydyn ni'n ymroddedig i ddefnyddio ein dylanwad fel un o'r prynwyr mwyaf yn Bangladesh i wella amodau gwaith ymhellach, gan gynnwys cyflogau.' Gobeithio mai dim ond cryfhau dros amser bydd y math hwn o gyfrifoldeb cymdeithasol corfforaethol.

🔑 **TERMAU ALLWEDDOL**

Cyfrifoldeb cymdeithasol corfforaethol Cydnabod y dylai cwmnïau ymddwyn mewn ffyrdd moesegol a moesol yn rhan o'u model busnes.

Mwynau gwrthdaro Cynhyrchion y diwydiannau cloddio, yn deillio o ardaloedd lle mae gwrthdaro ac y mae eu cynhyrchiad wedi cynnwys caethlafur, o bosibl.

Crynodeb o'r bennod

- Mae'r cysyniad o anghyfiawnder yn cwmpasu sbectrwm eang o ganlyniadau annheg i bobl a lleoedd. Mae categorïau economaidd, cymdeithasol ac amgylcheddol o anghyfiawnder (er bod rhain yn aml yn gor-gyffwrdd mewn gwirionedd).

- Mae systemau byd-eang wedi achosi nifer o anghyfiawnderau economaidd, sydd wedi eu cysylltu'n aml iawn gyda chyllidoli datblygiad ac ymddangosiad rhaniad llafur rhyngwladol newydd. Mae lledaeniad gwerthoedd neoryddfrydol drwy'r byd wedi creu tuedd i fesur popeth (o isadeiledd, i ecosystemau) yn nhermau eu gwerth economaidd neu yn nhermau pa mor broffidiol ydyn nhw. Ond, dydy hynny ddim bob amser yn arwain at driniaeth gyfiawn a theg o unigolion a chymdeithasau.

- Mae anghyfiawnder yn un o achosion ac yn un o effeithiau mudo rhyngwladol. Yn aml iawn, mae ffoaduriaid sydd wedi dioddef yn fawr cyn ffoi o'u cartrefi yn gweld bod bywyd yn parhau i fod yn galed ar ôl iddyn nhw gyrraedd lle sy'n weddol ddiogel. Mae rhai mudwyr yn dioddef caethwasiaeth fodern a masnachu pobl. Mae cysylltiad rhwng mudo a thwristiaeth rhyngwladol mewn canolfannau byd-eang (dinasoedd byd) ac amrediad o anghyfiawnderau yn y farchnad dai a swyddi i gymunedau lleol.

- Mae cipio tir ac echdyniaeth yn fathau o anghyfiawnder amgylcheddol sydd wedi parhau dros gyfnod o amser mewn llawer o wledydd. Yn aml iawn, dydy'r bobl frodorol ddim wedi cael unrhyw fudd o'r gwaith sy'n ecsbloetio defnyddiau crai ac asedau biolegol sydd i'w cael yn lleoedd cartref y bobl hyn. Yn lle hynny, mae cyfranogwyr allanol wedi elwa o echdynnu'r adnoddau hyn ac weithiau mae pobl frodorol wedi dioddef oherwydd y broses.

- Enghreifftiau eraill o anghyfiawnder amgylcheddol yw effaith symud gwastraff yn drawswladol a newid hinsawdd byd-eang ar gymdeithasau bregus mewn gwledydd incwm isel.

- Mae cyfranogwyr byd-eang (corfforaethau trawswladol, sefydliadau rhynglywodraethol a sefydliadau anllywodraethol) wedi ceisio ymdrin â gwahanol fathau o anghyfiawnder, gan weithio ar brydiau mewn partneriaeth â llywodraethau cenedlaethol a chymunedau lleol. Er bod rhai camau gweithredu wedi bod yn llwyddiannus, mae newidiadau datblygiadol a thechnolegol yn parhau i greu anghyfiawnderau newydd i wahanol wledydd neu gymdeithasau.

Cwestiynau adolygu

1 Amlinellwch enghreifftiau o anghyfiawnder sydd wedi eu creu gan systemau byd-eang i'r bobl hyn: gweithwyr fferm; gweithwyr ffatri; gweithwyr canolfan alwadau.

2 Gan ddefnyddio enghreifftiau, esboniwch pam mae anghyfiawnderau i weithwyr ffatri yn gallu gostwng wrth i wlad barhau i ddatblygu.

3 Esboniwch achosion a chanlyniadau trychineb Rana Plaza yn Bangladesh.

4 Gan ddefnyddio enghreifftiau, awgrymwch pam mae caethwasiaeth fodern yn broblem sy'n anodd ei datrys.

5 Esboniwch sut mae mudo rhyngwladol yn gallu arwain at heriau yn ymwneud â thai, i gymunedau lleol mewn dinasoedd sy'n ganolfannau byd-eang. Pam mae twristiaeth yn gwneud y broblem hyd yn oed yn waeth mewn rhai dinasoedd?

6 Beth yw ystyr y termau daearyddol canlynol? Cyllidoli; echdyniaeth; melltith adnoddau.

7 Gan ddefnyddio enghreifftiau, esboniwch pam mae lleoedd cartref pobl frodorol yn aml yn agored i'r risg y bydd cyfranogwyr allanol yn cipio'r tir.

8 Awgrymwch gostau a buddion posibl i gymdeithasau mwy tlawd sy'n cael eu creu gan (i) symudiadau gwastraff trawswladol a (ii) hinsawdd sy'n cynhesu.

9 Disgrifiwch gryfderau a gwendidau un cais i ymdrin ag anghyfiawnder sydd wedi ei greu gan systemau byd-eang.

Gweithgareddau trafod

1 Fel gweithgaredd dosbarth cyfan, cymharwch y syniadau o anghydraddoldeb ac anghyfiawnder. Meddyliwch am enghreifftiau posibl sy'n tynnu sylw at y gwahaniaethau rhwng y ddau syniad. Yn ddelfrydol, ceisiwch nodi anghydraddoldebau ac anghyfiawnderau gan ddefnyddio enghreifftiau ar wahanol raddfeydd gofodol. Er enghraifft, gallech chi ddechrau gyda chyd-destun lleol, fel swyddfa lle dydy'r gweithwyr i gyd ddim yn cael yr un tâl. Yna, gallech chi symud i fyny i gyd-destunau rhanbarthol a chenedlaethol, er enghraifft dydy ffioedd prifysgol ddim yr un fath yn yr Alban a Lloegr. Ydy hyn yn deg?

2 Mewn grwpiau, trafodwch yr anawsterau a allai godi wrth geisio diffinio beth yw ystyr 'poblogaeth frodorol' ardal. Am faint o genedlaethau mae'n rhaid i gymdeithas fyw yn rhywle cyn iddyn nhw gael eu hystyried yn bobl frodorol? Dyma rai cwestiynau posibl eraill i'w trafod:

• Beth sy'n digwydd os oes dau neu fwy o grwpiau ethnig yn hawlio rhywbeth iddyn nhw eu hunain, a sut gallai unrhyw wrthdaro fel hyn gael ei setlo'n deg?

• Pa hawliau ddylai pobl leol eu cael dros eu lle cartref neu dirwedd? Yn UDA, mae dinasyddion yn gallu elwa o olew a nwy sydd i'w cael o dan eu tir, ond yn y DU mae Ystâd y Goron yn berchen ar yr adnoddau mwynol sydd o dan y ddaearol. Ydy hi'n deg bod gwahanol reolau'n berthnasol mewn gwahanol leoedd?

• Ydych chi'n cytuno gydag amcanion project Cronfa Codau'r Ddaear (EBC) (gweler tudalen 173)?

• Mae rhai pobl yn galw'r ganrif hon yn 'ganrif mudo'. A ddylen ni fod yn pryderu mwy am hawliau mudwyr yn hytrach na hawliau pobl frodorol?

3 Mewn parau, adolygwch yr astudiaeth achos o gadwyn gyflenwi Tesco yn Ne Affrica (gweler tudalennau 175–176). Pwy oedd y cyfranogwr pwysicaf yn y stori hon, a pham?

4 Mewn grwpiau, trafodwch y pŵer a'r dylanwad cymharol sydd gan gorfforaethau trawswladol, sefydliadau anllywodraethol (NGOs), sefydliadau rhyng-genedlaethol (IGOs) a llywodraethau cenedlaethol, dros y ffordd y mae systemau byd-eang yn gweithio. Pwy sydd â'r pŵer mwyaf i ymdrin â gwahanol fathau o anghyfiawnder, a pham?

FFOCWS Y GWAITH MAES

Gallai ffocws y bennod hon – anghyfiawnder mewn systemau byd-eang – fod yn ffocws da ar gyfer ymchwiliad annibynnol. Mae'r problemau y gallech chi eu hymchwilio yn cynnwys gordwristiaeth, ailgylchu llifoedd gwastraff a symudiad ffoaduriaid

A *Ymchwilio effeithiau lleol y llifoedd byd-eang o dwristiaid.* Os ydych chi'n byw yn agos at ddinas fawr fel Llundain neu Lerpwl, yna mae hwn yn destun gweddol syml i'w ddewis. Mae digonedd o gyfleoedd i chi gasglu data meintiol cynradd (cyfri cerddwyr, data o gyfweliadau) a data ansoddol (ffotograffau ac adysgrifau cyfweliadau). Gallwch gasglu data eilaidd am brisiau tai a nifer yr ymwelwyr a allai helpu i greu 'darlun' llawnach o gostau'r gordwrisitiaeth i bobl leol. Mae modelau a damcaniaethau y gallwch chi eu defnyddio i danategu'r gwaith, gan gynnwys mesurau capasiti.

B *Ymchwilio i sut mae llifoedd gwastraff ailgylchu yn cysylltu cartrefi lleol gyda mannau eraill mewn systemau byd-eang.* Mae cynlluniau ailgylchu awdurdod lleol wedi arwain at anfon mwy o wastraff cartrefi dramor i gael ei ailgylchu. Gallech chi ddyfeisio ffordd o gyfri meintiau'r gwastraff ailgylchu sydd wedi ei gynhyrchu gan gymdogaeth leol benodol (e.e. gallech chi ymweld â sampl o gartrefi a gofyn i bobl faint o fagiau maen nhw'n eu rhoi allan bob wythnos; neu wneud arolwg ffurfiol ar 'fore casglu'r biniau'). Byddech chi angen mynd at eich awdurdod lleol i gael mwy o wybodaeth ynglŷn â lle mae'r gwastraff yn cael ei anfon (gallech chi wneud hyn mewn cyfweliad wyneb-yn-wyneb, dros y ffôn neu ar e-bost). Os byddwch chi eisiau cadw'r ffocws ar 'anghyfiawnder' yna byddai angen i chi wneud ymchwil eilaidd am effeithiau ailgylchu ar gymunedau tramor sy'n prosesu'r gwastraff.

C *Ymchwilio profiadau ffoaduriaid sy'n byw yn y DU.* Mewn egwyddor, mae hwn yn fater diddorol iawn i'w ymchwilio; ond mewn gwirionedd, gallai fod yn anodd ei wneud. Yn rhan o'ch cynllunio, byddech chi angen meddwl yn ofalus iawn am hyn:

- sut i ddod o hyd i bobl i'w cyfweld (dydy hyn ddim o anghenraid yn beth hawdd i'w wneud!)
- pa gwestiynau i'w gofyn (a'r math o ddata y byddai'r cyfweliadau'n eu cynhyrchu)
- a ydych chi'n teimlo y byddai'n gwbl foesegol gofyn i bobl am y caledi y maen nhw wedi eu dioddef o bosibl fel ffoaduriaid.

Deunydd darllen pellach

Burgis, T. (2016) Ethiopia: the billionaire's farm. *Financial Times*, 1 Mawrth. Ar gael yn: https://ig.ft.com/sites/land-rush-investment/ethiopia.

Goldacre, B. (2013) *Bad Pharma: How Drug Companies Mislead Doctors and Harm Patients*. Efrog Newydd: HarperCollins.

Mawdsely, E. (2016) Development geography 11: Financialization. *Progress in Human Geography*, 1–11.

Rice, X. (2007) The water margin. *Guardian*, 16 Awst. Ar gael yn: www.theguardian.com/business/2007/aug/16/imf.internationalaidanddevelopment.

Tourtellot, J. (2017) Overtourism plagues great destinations. Ar gael yn: https://blog.nationalgeographic.org/2017/10/29/overtourism-plagues-great-destinations-heres-why.

Dyfodol y systemau byd-eang

Roedd penodau blaenorol yn esbonio sut mae llifoedd byd-eang wedi dod â datblygiad, rhyngddibyniaeth, anghydraddoldeb ac anghyfiawnderau i bobl a lleoedd. Yn eu tro, mae'r canlyniadau hyn wedi achosi heriau a allai nawr fygwth dyfodol systemau byd-eang. Mae'r bennod olaf hon:

- yn archwilio'r tensiwn sy'n codi rhwng mudiadau cenedlatholgar a chefnogwyr globaleiddio 'busnes fel arfer'
- yn archwilio pa mor agored yw systemau byd-eang i amhariadau economaidd, hinsoddol, technolegol a demograffig
- yn gwerthuso'r farn bod oes newydd o ddadglobaleiddio wedi cychwyn.

CYSYNIADAU ALLWEDDOL

Dadglobaleiddio Y syniad y gallai'r byd fod yn profi gostyngiad mewn integreiddio economaidd gwledydd a llai o symud nwyddau, gwasanaethau a chyfalaf ar draws ffiniau. Mae dimensiynau aneconomaidd dadglobaleiddio yn cynnwys llywodraethiant byd-eang gwanach a mwy o wrthwynebiad i'r cyfnewidiadau diwylliannol a ddaw drwy fudo byd-eang, cyfryngau a rhwydweithio cymdeithasol. Mae dadglobaleiddio'n gysylltiedig ag (i) arafiad economaidd ar raddfa fyd-eang oherwydd problemau â'r system bresennol ei hun a (ii) mudiadau gwleidyddol newydd sy'n amcannu i atal neu arafu gwahanol lifoedd byd-eang.

Globaliaeth (*globalism*) Y gred y dylai systemau byd-eang gael eu hannog i barhau i dyfu. Mae gwrthwynebwyr globaleiddio yn gwrthod globaliaeth fel ideoleg.

Cenedlatholdeb Term ymbarél am sbectrwm o fudiadau gwleidyddol 'poblyddol' (*populist*) newydd sy'n gwrthod athroniaeth globaliaeth neu agweddau sylweddol ohoni. Fel arfer, mae mudiadau cenedlatholgar newydd mewn gwledydd datblygedig yn gofyn bod gwledydd yn rhoi eu buddiannau eu hunain yn gyntaf, a hynny'n glir iawn o flaen materion neu reolau byd-eang. Gall llywodraethau gwladwriaethau ymateb gyda rhwystrau masnach neu fudo.

① Gwrthwynebiad i systemau a llifoedd byd-eang

▶ *Pam mae gwrthwynebiad cynyddol i globaleiddio mewn llawer o wledydd incwm uchel?*

Fel y gwelsom ym Mhennod 1, gallwn ni feddwl am globaleiddio fel proses. Mae Ffigur 6.1 (dros y dudalen) yn dangos sut mae globaleiddio wedi cyflymu neu arafu weithiau mewn ymateb i 'siociau' economaidd neu wleidyddol

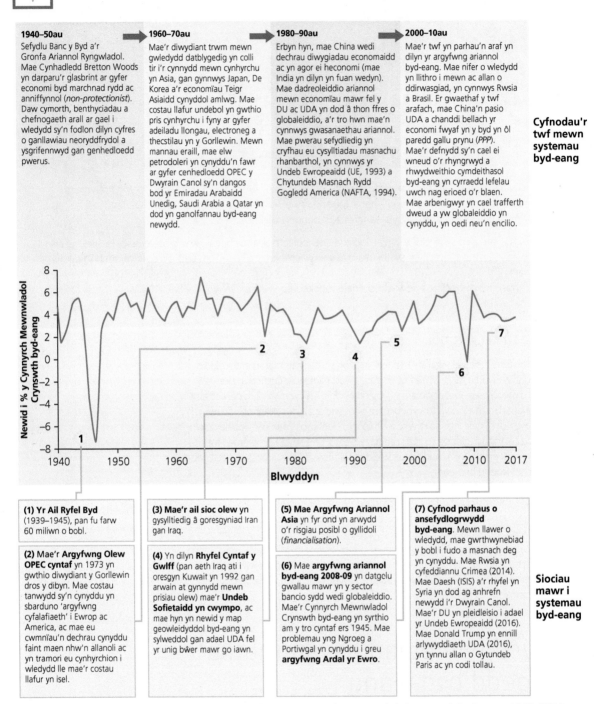

▲ **Ffigur 6.1** Llinell amser yn dangos canran y twf mewn cynnyrch mewnwladol crynswth byd-eang, 1940–2018

mawr. Ond, heblaw am yr ymyriadau tymor byr yma, mae 'lledaeniad' globaleiddio wedi parhau ar gyflymder gweddol sefydlog. Hyd at yn ddiweddar, roedd y mwyafrif o'r llywodraethau cenedlaethol yn cytuno'n allanol bod cynnydd mewn cysylltedd a rhyngddibyniaeth byd-eang, yn ei hanfod, yn *anochel* (oherwydd grymoedd technolegol, er enghraifft) ac yn *ddymunol* (oherwydd y datblygiad a'r twf byd-eang sy'n digwydd o ganlyniad iddo). Roedd rhai ysgrifennwyr yn rhagweld 'diwedd i ddaearyddiaeth' cyn belled ag y byddai cenedl-wladwriaethau'n dod yn amherthnasol mewn 'byd o lifoedd' (gweler tudalen 43). Roedd cyflymiad y rhyng-gysylltrwydd a'r rhyngddibyniaeth rhwng cymdeithasau yn arwydd o fyd newydd sy'n 'lleihau' ac yn fyd 'heb ffiniau', ac erydiad y gwahaniaethau rhwng lleoedd.

Mewn araith enwog yn 1999, gwnaeth Prif Weinidog Prydain, Tony Blair, y rhagfynegiad canlynol am yr unfed ganrif ar hugain:

'Mae pob un ohonon ni'n rhyngwladolion nawr, p'un a ydyn ni eisiau hynny ai peidio. Allwn ni ddim gwrthod cyfranogi mewn marchnadoedd byd-eang os ydyn ni eisiau ffynnu. Allwn ni ddim anwybyddu syniadau gwleidyddol newydd mewn gwledydd eraill os ydyn ni eisiau arloesi. Allwn ni ddim troi ein cefnau ar wrthdaro a throseddu yn erbyn hawliau dynol o fewn gwledydd eraill os ydyn ni eisiau cadw'n ddiogel.'

Safbwynt un llywodraeth Brydeinig ar ôl y llall, yn gyffredin â gwledydd incwm uchel eraill, yw croesawu globaleiddio gan geisio hefyd fynd i'r afael â rhai o'r anghyfiawnderau economaidd, cymdeithasol ac amgylcheddol y mae systemau byd-eang yn eu creu, gartref ac mewn gwledydd eraill. Mae'r DU yn arbennig wedi (i) cadw cyllideb cymorth rhyngwladol ers blynyddoedd i helpu gwledydd sy'n datblygu a (ii) wedi cefnogi nifer o gytundebau amgylcheddol y Cenhedloedd Unedig.

Yn annibynnol ar y llywodraeth, mae nifer o ddinasyddion yn gweithredu mewn ffyrdd a fydd, maen nhw'n gobeithio, yn lliniaru effeithiau gwaethaf systemau byd-eang. Mae rhai ohonyn nhw'n prynu cynhyrchion masnach deg (gweler tudalen 172). Efallai fod eraill yn cyfranogi mewn gwaith codi arian neu ymgyrchoedd eraill i gefnogi cyfiawnder mewn masnach neu achosion amgylcheddol (gweler Ffigur 6.2). Dydy cefnogwyr yr achosion 'blaengar' hyn ddim o anghenraid yn gwrthwynebu globaleiddio *ynddo'i hun*. Efallai'n wir eu bod nhw'n credu mai'r ffordd orau o helpu pobl a lleoedd mewn gwledydd sy'n datblygu yw gyda rheolau byd-eang cryfach a mwy (nid llai) o gydweithredu rhyngwladol. *Yn fyr, maen nhw'n ymddiried yn y ffaith y bydd yr un systemau byd-eang sy'n achosi problemau, hefyd yn darparu'r ffordd orau o'u datrys nhw.*

Ymysg y bobl sydd wedi hyrwyddo achosion blaengar y mae Plaid Lafur y DU a Phlaid Ddemocrataidd UDA.

▲ **Ffigur 6.2** Mae rhai gwrthdystiadau 'gwrth-globaleiddio' wedi eu cysylltu â mudiadau gwleidyddol blaengar. Roedd tua 40,000 o bobl yn galw am well cyfiawnder masnach i wledydd a oedd yn datblygu yng nghynhadledd Sefydliad Masnach y Byd 1999 yn Seattle. Y tu allan i gynhadledd newid hinsawdd Paris 2015 (i'w weld yma), roedd yr ymgyrchwyr wedi gwisgo fel eirth gwyn a phengwiniaid i alw am fwy o gydweithio byd-eang nag erioed ar newid hinsawdd. Yn yr enghreifftiau hyn, ac eraill, mae protestwyr yn eu hystyried eu hunain yn 'ddinasyddion byd-eang pryderus'. Eu nod yw diwygio systemau byd-eang. I'r gwrthwyneb, mae rhai mudiadau cenedlaetholgar newydd sy'n dod i'r amlwg yn cefnogi enciliad rhannol o systemau byd-eang, neu'n eu gwrthod nhw'n llwyr

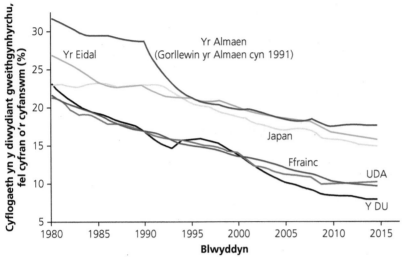

▲ Ffigur 6.3 Mae colli swyddi mewn gweithgynhyrchu wedi dod â chaledi i gymunedau sy'n gweithio ym mhob un o'r gwledydd hyn.
Graffigyn FT; Ffynhonnell: Y Comisiwn Ewropeaidd

- O ganlyniad, mae'r pleidiau gwleidyddol adain chwith hyn yn denu pleidleiswyr sy'n ymwneud yn fwy fel arfer â materion cyfiawnder amgylcheddol a chymdeithasol.
- Ond, mae gwleidyddion adain chwith wedi cael trafferth dod o hyd i safle polisi clir weithiau mewn perthynas â globaleiddio a masnach. Y rheswm dros hynny yw bod dad-ddiwydianeiddio wedi dod â chaledi i gymunedau mwy tlawd a bregus yn y ddwy wlad (gweler Ffigur 6.3). Felly, efallai fod rhai gwleidyddion yn gefnogol o'r syniad o rwystrau masnach os yw'n helpu i atal ffatrïoedd rhag cau yn eu hetholaethau eu hunain.

Ton newydd o genedlaetholdeb

Er bod mudiadau gwleidyddol 'blaengar' eisiau diwygio globaleiddio, mae mudiadau cenedlaetholdeb newydd yn mynd gam ymhellach drwy annog rhywfaint o enciliad o'r systemau byd-eang. Fel mae Tabl 6.1 yn ei ddangos, mae tystiolaeth gynyddol o bobl a phleidiau gwleidyddol yn lleisio eu hatgasedd am y rhyngddibyniaeth y mae globaleiddio yn ei feithrin. O edrych ar eu gweithredoedd nhw, mae'n well ganddyn nhw *annibyniaeth*. Mae arsylwyr cymdeithasol yn dweud bod gwleidyddiaeth yr unfed ganrif ar hugain yn gynyddol wedi ei greu o ddau safbwynt cyferbyniol: globaleiddio a chenedlaetholdeb (gweler Ffigur 6.4).

Mae 'globalwyr' yn fwy tebygol o gefnogi neu werthfawrogi:
- cytundebau a sefydliadau rhynglywodraethol
- tuedd meddwl ryngwladol a ffiniau agored
- amrywiaeth ddiwylliannol a hunaniaethau sy'n newid
- gwneud sefyllfaoedd sy'n cael eu barnu'n anghyfiawnderau byd-eang yn flaenoriaethau ar gyfer gweithredu (e.e. ffoaduriaid, 'siopau chwys' a materion amgylcheddol byd-eang)
- y syniad o ddinasyddiaeth fyd-eang

Mae 'cenedlaetholwyr' yn fwy tebygol o gefnogi neu werthfawrogi:
- sofraniaeth wleidyddol (annibyniaeth genedlaethol)
- ffiniau sydd wedi cau a rhwystrau i fasnach a/neu fudo
- homogenedd diwylliannol (unffurfiaeth ddiwylliannol)
- gwneud sefyllfaoedd sy'n cael eu barnu'n anghyfiawnderau lleol, yn flaenoriaethau ar gyfer gweithredu (e.e. pryderon am gyflogaeth, tai a mewnfudo yn eu hardal leol)
- eu dinasyddiaeth genedlaethol eu hunain uwchlaw dinasyddiaeth pobl eraill

▲ Ffigur 6.4 Dwy system gyfochrog, globaliaeth a chenedlaetholdeb

Y Deyrnas Unedig	Er bod y DU wedi gadael yr UE yn swyddogol nawr, mae cytundebau masnach allweddol sydd heb eu penderfynu eto (ar adeg ysgrifennu'r llyfr), yn arbennig ynglŷn â ffin Gogledd Iwerddon gydag Iwerddon.
UDA	Yn ystod 2018, gorfododd yr Arlywydd Trump dollau mewnforio newydd werth 200 biliwn o ddoleri UDA ar nwyddau (China yn bennaf). Mae hefyd wedi galw am wal ar y ffin rhwng UDA a México ac i ddad-dramori diwydiant America.
Gwlad Pwyl	Gwrthododd y Prif Weinidog Mateusz Morawiecki lofnodi cytundeb mudo newydd gan y Cenhedloedd Unedig. Hefyd, trodd Awstria, Hwngari a gwledydd eraill eu cefnau ar Gytundeb Byd-eang y Cenhedloedd Unedig dros Fudo.
Ffrainc	Mae cefnogaeth yn parhau i dyfu i Front National Marine le Pen (plaid genedlaetholaidd).
Yr Almaen	Yn 2018, roedd bron i 1.5 miliwn o ffoaduriaid yn byw yn yr Almaen – sef tair gwaith yn fwy na'r hyn a oedd mewn unrhyw wlad arall o'r Undeb Ewropeaidd. Ond mae llawer o ddinasyddion yn gwrthwynebu *Willkommenskultur* (diwylliant croesawgar) eu llywodraeth.
Yr Eidal	Y corff gwrthsefydliadol Mudiad y Pum Seren dderbyniodd y nifer uchaf o bleidleisiau yn etholiad cyffredinol 2018.
Brasil	Cafodd etholiad arlywyddol 2018 ei ennill gan Jair Bolsonaro, sy'n cyfaddef ei hun ei fod yn edmygu Trump.
Rwsia	Pan gyfeddiannwyd y Crimea yn 2014, dangosodd hynny am y tro cyntaf bod Rwsia, yn gynyddol, yn diystyru cyfundrefn ryngwladol a seiliwyd ar reolau. Wyth mlynedd yn ddiweddarach, gosododd Rwsia oresgyniad llawn ar Ukrain. Ar y ddau achlysur, cyflwynwyd sancsiynau ysgubol yn erbyn Rwsia gan yr Undeb Ewropeaidd ac UDA.
Venezuela a Bolivia	Mae llawer o lywodraethau De America wedi cipio rheolaeth yn ôl dros eu cyflenwadau egni eu hunain gan gorfforaethau trawswladol tramor fel BP, ExxonMobil a Repsol. Yr enw ar hyn yw 'cenedlaetholdeb adnoddau' (gweler tudalen 112).

▲ **Tabl 6.1** Arwyddion o don newydd o genedlaetholdeb (a globaliaeth yn encilio) mewn gwledydd detholedig. Mae pleidiau a gwleidyddion cenedlaetholgar yn aml yn gwrthwynebu mewnfudo; mae rhai yn gwrthod amlddiwylliannaeth yn llwyr. Ond, dim ond lleiafrif sydd â safbwynt eithafol; mae'r rhan fwyaf o bobl yn llawer mwy cymedrol a rhesymol yn eu galwadau am 'gymryd rheolaeth yn ei ôl'

Yn aml iawn, mae globaliaeth wedi ei ddangos fel ideoleg sy'n cael ei dilyn gan 'elitiau cymdeithasol' (pobl broffesiynol, wedi eu haddysgu mewn prifysgol). Ar y llaw arall, mae cenedlaetholdeb wedi ei bortreadu fel rhywbeth sy'n boblogaidd gyda 'phobl gyffredin sy'n gweithio'. Mae'r realiti yn fwy cymhleth oherwydd bod safbwyntiau pobl yn gallu mynd i un o ddau begwn, yn dibynnu ar oed, ethnigrwydd a lle maen nhw'n byw (trefol neu wledig). Hefyd, dydy'r ddwy system werth *ddim o anghenraid yn gwrthwynebu ei gilydd* er eu bod nhw'n cael eu portreadu felly yn aml iawn. Er enghraifft, mae'n bosibl cael safbwynt byd-eang gan hefyd barhau'n hynod o wladgarol. Yn anffodus, mae tuedd eang ymysg y bobl ar y ddwy ochr i'r ddadl, i'w portreadu ei gilydd yn annheg.

● Yn eu hareithiau, mae rhai arweinwyr gwleidyddol, yn cynnwys Trump a Nigel Farage o'r DU (cyn-arweinydd Plaid Annibyniaeth y DU, neu UKIP) wedi awgrymu bod y globalwyr, fel maen nhw'n cael eu galw, wedi cynllwynio ers degawdau i danseilio llywodraethau cenedlaethol (gweler Ffigur 6.5). Mae'r syniad – bod globaliaeth yn 'broject elitaidd' sy'n cael ei ffafrio gan y cyfoethog – wedi lledaenu'n eang mewn cyfryngau prif ffrwd a chymdeithasol fel ei gilydd.

> Mae globaleiddio yn creu polisïau economaidd lle mae corfforaethau trawswladol yn arglwyddiaethu drosom ni, ac mae hynny'n creu anfodlonrwydd a diweithdra.

Evo Morales, Arlywydd Bolivia, 2006

> Y globaleiddio gwyllt sy'n peryglu ein gwareiddiad... Mae'n rhoi cyfrifoldeb enfawr arnaf i amddiffyn y genedl Ffrengig, ei hundod, ei diogelwch, ei diwylliant, ei ffyniant a'i hannibyniaeth.

Marine Le Pen, arweinydd plaid Front National Ffrainc, 2017

> Mae globalydd yn berson sydd eisiau i'r byd wneud yn dda, heb ofalu cymaint am ein gwlad. A wyddoch chi beth? Allwn ni ddim caniatáu hynny... Wyddoch chi beth ydw i? Rwy'n genedlaetholwr.

Donald Trump, Arlywydd yr Unol Daleithiau, 2018

▲ **Ffigur 6.5** Ar ddechrau'r 2000au, roedd arweinwyr rhai gwledydd oedd yn datblygu, fel Bolivia, yn codi eu lleisiau'n aml yn erbyn globaleiddio. Yn fwy diweddar, mae cenedlaetholdeb wedi dod yn rhan o fywyd gwleidyddol pob dydd ym mhrif economïau'r G7 hefyd

- Yn y cyfamser, dydy'r bobl hynny sy'n cael eu galw'n 'globalwyr' ddim bob amser wedi helpu eu hunain am eu bod yn 'edrych lawr eu trwynau' ar y cenedlaetholwyr. Pan oedden nhw'n ymgyrchu am Lywyddiaeth UDA yn 2016, roedd Hilary Clinton yn gwawdio cefnogwyr Trump drwy eu galw nhw'n 'alaethus', a thrwy eu disgrifio nhw fel pobl 'hiliol, rhywiaethol, homoffobig, senoffobig, Islamoffobig'. Cynhyrfodd hyn lawer o bobl a oedd yn dadlau ei bod hi wedi colli cysylltiad â phryderon digon rhesymol llawer o filiynau o ddinasyddion cyffredin UDA am fewnfudo a masnach.

Pan ddewisodd y mwyafrif o bleidleiswyr y DU i adael yr Undeb Ewropeaidd yn 2016, roedd gwleidyddion a oedd eisiau aros yn Ewrop, yn cynnwys y Prif Weinidog David Cameron (a oedd wedi galw'r refferendwm am aelodaeth, gan ddisgwyl y byddai'r pleidleiswyr dros 'aros' yn yr UE yn ennill yn gyfforddus), yn methu credu'r canlyniad annisgwyl.

- Roedd pobl ym Mhrydain wedi eu denu gan addewid yr ymgyrch 'gadael' am reolau tynnach ar fudo ac adferiad sofraniaeth genedlaethol, ac aethon nhw ati i bleidleisio dros adael eu hundeb economaidd, gwleidyddol a demograffig gyda 27 o wladwriaethau cyfagos.
- Y disgrifiad gan bapur newydd y *Financial Times* o ganlyniad y refferendwm oedd 'rhu o gynddaredd' gan bobl sy'n teimlo wedi eu 'dieithrio gan globaleiddio'.

Esbonio cenedlaetholdeb a'r enciliad oddi wrth globaleiddio

Dydy cenedlaetholdeb ddim yn ffenomen newydd; roedd yn rym pwerus yn negawdau cynnar yr ugeinfed ganrif, er enghraifft. Enw arall ar y grymoedd gwleidyddol cenedlaetholgar newydd sydd wedi codi neu gryfhau mewn llawer o wledydd ers yr argyfwng ariannol byd-eang yw mudiadau 'poblyddol'. Mae hyn yn golygu eu bod nhw'n dibynnu ar gyfres o bryderon 'pob dydd' y mae nifer enfawr o bobl incwm isel a chanolig yn eu teimlo, mae'n debyg. Dyma rai o'r materion sy'n gyfrifol am y don newydd o genedlaetholdeb.

- *Newid byd-eang o ran y gwaith gweithgynhyrchu i ffwrdd o wledydd datblygedig.* Er bod llawer o swyddi wedi cael eu colli i awtomatiaeth, mae tramori wedi chwarae rôl hefyd. Yn UDA, mae cred ymysg llawer o bleidleiswyr bod 'swyddi Americanaidd' wedi cael eu colli'n annheg i México a China. Mae teimlad pellach bod mewnforion rhad o'r gwledydd hynny yn bygwth y gweithgynhyrchu sy'n parhau yn UDA.

Mae adnewyddiad cenedlaetholdeb yn gysylltiedig â dadl ehangach am 'golli sofraniaeth'.

• Trwy gydol ei ymgyrch arlywyddol yn 2016, roedd Donald Trump yn dangos cysylltiadau UDA â'r Cenhedloedd Unedig, NAFTA a NATO (a sefydliadau eraill y bu'n helpu i'w sefydlu) fel 'cytundebau gwael'. Addawodd roi 'America yn Gyntaf' eto.

• Mae cyfran fawr o ddinasyddion Ewropeaidd yn meddwl bod gan yr Undeb Ewropeaidd lawer gormod i'w ddweud am y ffordd y mae eu gwlad nhw eu hunain yn cael ei llywodraethu.

Sofraniaeth
(rhyddid gwleidyddol)

Mae rhai pobl yn credu bod hunaniaeth ddiwylliannol eu gwlad wedi cael ei newid (neu ei 'wanhau') dros amser gan lifoedd mudo rhyngwladol.

• Dylanwadodd y broblem o fewnfudo ar nifer y bobl a bleidleisiodd yn refferendwm y DU yn 2016.

• Cafodd 30% o'r 8 miliwn o drigolion sydd yn Llundain eu geni mewn gwlad arall; mae rhai pobl Brydeinig yn beirniadu maint a chyflymder y newidiadau diwylliannol diweddar gan ddweud eu bod nhw'n ormodol.

Mudo
(problemau gydag amrywiaeth ddiwylliannol)

Symudiad gwaith byd-eang
(materion masnach a chyflogaeth)

Mae barn wedi datblygu, boed hynny'n gywir neu beidio, bod globaleiddio yn gynllwyn sydd o fudd i randdeiliaid corfforaethol trawswladol, ond sy'n cymryd swyddi oddi ar bobl sy'n gweithio oherwydd bod gwaith yn cael ei allanoli a'i dramori (gweler Penodau 1 a 3).

• Yn ôl y syniad hwn, mae'r 'elît' yn ne ddwyrain Lloegr a Washington DC wedi elwa o fasnach fyd-eang, ond nid y 'bobl gyffredin' sy'n byw yng ngogledd Lloegr neu Orllewin canol UDA.

• Mae rhai pobl yn dadlau bod y gystadleuaeth gan fusnesau China yn annheg oherwydd y ffordd y mae llywodraeth China'n darparu cymorth ariannol i'w diwydiannau, gan ostwng y costau cynhyrchu.

▲ **Ffigur 6.6** Fel arfer mae tri phryder sy'n gorgyffwrdd gan fudiadau gwleidyddol cenedlaetholgar newydd (sydd hefyd yn cael eu galw'n 'boblyddol'): sofraniaeth, mudo a newid byd-eang o ran gwaith

🔑 **TERM ALLWEDDOL**

Plethwaith Cyfres o bethau wedi eu cysylltu a'u rhyngysylltu nad oes modd eu deall, neu eu rheoli, ar eu pen eu hunain.

● *Aelodaeth o sefydliadau rhynglywodraethol (IGOs).* Ym marn rhai pobl, mae sefydliadau rhynglywodraethol yn fygythiad i annibyniaeth y genedl-wladwriaeth. Ym meddyliau llawer o'r rhai a bleidleisiodd o blaid Brexit, roedd ei haelodaeth yn yr Undeb Ewropeaidd (ynghyd â Senedd Ewrop a'r Confensiwn Ewropeaidd ar Hawliau Dynol) wedi dwyn sofraniaeth genedlaethol y DU. Mae llawer o ddinasyddion mewn gwladwriaethau eraill o'r Undeb Ewropeaidd yn teimlo yr un fath.

● *Mudo rhyngwladol.* Mae pwysau tystiolaeth yn awgrymu bod economïau yn elwa pan mae mudwyr ifanc ac uchelgeisiol yn cyrraedd. Ond, mae llawer o bobl yn parhau i fod yn fwy pryderus am yr hyn y maen nhw'n ei ystyried yn fygythiad i gydlyniad cymunedol eu gwlad. Mae pleidiau gwleidyddol a sefydliadau sy'n gwrthwynebu symudiad rhydd pobl (yn cynnwys Cytundeb Schengen di-basbort) i'w cael drwy'r Undeb Ewropeaidd gyfan, ac mae'r cefnogaeth iddyn nhw yn tyfu. Yn ôl yr economegydd Martin Wolf, 'globaleiddio mewn cnawd' yw'r mudo.

I grynhoi, mae Ffigur 6.6 yn portreadu cenedlaetholdeb fel plethwaith sy'n cynnwys y tri phryder hyn sy'n gorgyffwrdd â'i gilydd: (i) sofraniaeth, (ii) mudo a (iii) newid byd-eang.

Y syniad sydd gan bobl am anghyfiawnder

Roedd dadansoddiad cynhwysfawr Sianel 4 o anghydraddoldeb (gweler tudalennau 137-146) yn dangos nad ydy ffiniau gwledydd a gwladwriaethau yn cadw'r rhai sydd wedi 'ennill' a'r rhai sydd wedi 'colli' oherwydd globaleiddio, ar wahân i'w gilydd yn daclus. Yn lle hynny, mae patrwm mwy cymhleth yn bodoli. Mae Ffigur 6.7 yn cynnig mwy o dystiolaeth gefnogol o hyn. Mae'n dangos y cyfrannau uchel *iawn* o bobl mewn gwledydd datblygedig yr oedd eu hincymau wedi parhau'n ddisymud neu wedi gostwng rhwng 2005 a 2014. Ond yn ystod yr un cyfnod, cododd incymau yn sylweddol i ddosbarthiadau canol newydd China, Brasil ac economïau cynyddol amlwg eraill (er bod hynny o fan cychwyn isel iawn).

Ffynhonnell: Poorer Than Their Parents? adroddiad gan Sefydliad Byd-eang McKinsey, 2018

▲ **Ffigur 6.7** Gwelodd tua dwy ran o dair o gartrefi mewn gwledydd incwm uchel bod eu hincymau'n ddisymud neu wedi gostwng rhwng 2005 a 2014, ond yn y degawd cyn hynny roedd 98 y cant wedi gweld twf

Yn gywir neu beidio, mae cyfran sylweddol o boblogaethau'r byd datblygedig sydd i'w gweld yn Ffigur 6.7 yn eu hystyried eu hunain yn ddioddefwyr anghyfiawnder economaidd.

● Maen nhw'n dweud bod eu llywodraethau nhw'n araf i gydnabod a lleihau effeithiau negyddol systemau byd-eang ar leoedd lleol, yn enwedig colli swyddi (a achoswyd gan dramori a dad-ddiwydianeiddio) a phrinder tai fforddiadwy. Mae penodau blaenorol wedi dangos bod rhywfaint o wirionedd yn hyn: mae prisiau eiddo mewn dinasoedd poblogaidd fel Llundain wedi saethu i fyny (gweler tudalen 161), yn rhannol o ganlyniad i agweddau laissez-faire tuag at globaleiddio economaidd sy'n cael ei ffafrio gan sefydliadau ariannol a llywodraethau neoryddfrydol (gweler tudalen 44).

● Mae rhyddid gwleidyddol ac economaidd wedi cael eu haddasu i gorfforaethau trawswladol fuddsoddi ynddyn nhw drwy'r byd i gyd ac adeiladu cadwynau cyflenwi eang, gan wneud defnydd llawn o barthau masnach rydd a blociau masnach heb dollau. Yn anffodus, gall y risgiau sy'n lluosogi yn y systemau hyn fynd heb eu hadnabod gan lywodraethau hyd nes y bydd hi llawer yn rhy hwyr: yr argyfwng ariannol byd-eang yw'r enghraifft pennaf o hyn (gweler tudalen 94). Yn y DU yn enwedig, gallwn ni ddadlau'n gryf bod yr elît cymdeithasol wedi elwa'n fawr o'r systemau ariannol a oedd, yn y pendraw, wedi sbarduno'r argyfwng ariannol byd-eang; ond roedd y toriadau yng ngwariant y llywodraeth a ddilynodd hynny wedi cael effeithiau anghymesur o negyddol ar gymdeithasau mwyaf bregus a thlawd Prydain.

Fodd bynnag, mae gwrth-ddadl bwysig sydd weithiau'n cael ei hanghofio o'r safbwynt mai'r poblogaethau incwm is yn y byd datblygedig yw'r rhai sydd ar eu 'colled' yn y systemau byd-eang anghyfiawn. Mae'r llif o nwyddau rhad o China i'r Undeb Ewropeaidd ac UDA wedi dod ag eitemau fel yr iPhone a setiau teledu sgrin fflat i bobl 'gyffredin' a fyddai efallai'n methu fforddio'r pethau hyn, os bydden nhw wedi eu gwneud mewn gwledydd datblygedig gyda chostau llafur llawer uwch. Yn ôl rhai mesurau, mae costau byw yn llawer rhatach nag yr oedden nhw'n arfer bod, diolch i'r newid byd-eang. I'r un graddau, mae rhai amodau gweithio caled yn parhau ar ben arall y gadwyn mewn gwledydd sy'n cael eu hystyried yn 'enillwyr', fel India, De Affrica (gweler tudalen 174), a rhannau o China (gweler tudalen 156).

Yn olaf, mae'n bwysig cofio nad yw'r *holl* bobl sydd ag incymau sy'n ddisymud yn Ffigur 6.7, yn dangos gwrthwynebiad tuag at y systemau byd-eang. Mae gwyddonwyr cymdeithasol sydd wedi dadansoddi patrymau pleidleisio mewn etholiadau diweddar yn Ewrop a Gogledd America wedi gweld nifer o 'raniadau' pwysig rhwng globalwyr a chenedlaetholwyr.

● Mae'r agweddau tuag at globaleiddio yn amrywio'n sylweddol ar gyfer gwahanol grwpiau oed yng ngwledydd yr Undeb Ewropeaidd (gweler Ffigur 6.8).

Ffynhonnell: Arolygon a wnaed ar draws yr Undeb Ewropeaidd yn 2017 gan Eurobarometer

▲ **Ffigur 6.8** Mae barn pobl am fuddion, neu anfanteision globaleiddio yn amrywio'n fawr, yn dibynnu ar oed pobl. Mae barn gadarnhaol gan tua 60 y cant o bobl o dan 25 oed; mae agweddau yn gwahaniaethu'n fawr mewn pobl sydd dros 55 oed

- Roedd pobl a addysgwyd mewn Prifysgol ac a oedd ar gyflogau uwch yn llawer llai tebygol o gefnogi Brexit a Trump na phobl gyda llai o gymwysterau ac incymau is.
- Mae rhaniad yn bodoli rhwng agwedd y bobl wledig a'r bobl ddinesig yn y rhan fwyaf o wledydd. Cafodd Trump ei gludo i'r Tŷ Gwyn gan bleidleisio cryf mewn taleithiau gwledig. Roedd y gefnogaeth i Brexit yn llawer cryfach mewn rhannau gwledig o'r DU nag oedd y gefnogaeth mewn dinasoedd mawr fel Caerdydd a Llundain. Mae gwledydd sy'n datblygu wedi eu rhannu mewn ffordd debyg: yn ardal wledig gogledd ddwyrain Nigeria, mae ymgyrch dreisgar yn erbyn Gorllewineiddio cymdeithas Nigeria yn cael ei harwain gan y grŵp milisia Boko Haram. Ar y llaw arall, mae dinas arfordirol enfawr Lagos yn ganolfan fawr yn yr economi byd-eang.

Cydberthyniad cyson

'Cydberthyniad cyson' yw'r ffordd y disgrifiodd yr athronydd Michel Foucault y tensiwn sy'n codi'n aml iawn pan fydd unigolyn yn dod yn rhan o 'gyfanrwydd'. Mewn geiriau eraill, y mwyaf yw ein synnwyr o berthyn i rywbeth, y mwyaf y gallwn ni ddod i werthfawrogi'r pethau sy'n ein gwneud ni'n wahanol i bawb arall. Ac wrth i globaleiddio gyflymu yn yr 1990au a dechrau'r 2000au, daeth y don newydd o genedlaetholdeb yn fwy amlwg hefyd mewn llawer o leoedd. Dadl yr hanesydd Simon Schama yw hyn: 'Hyd yn oed wrth i'r byd fwynhau'r manteision o gael nwyddau, pobl a syniadau yn symud yn fwy rhydd nag erioed o'r blaen, mae hefyd yn dechrau cilio oddi wrth y pethau hynny.'

ASTUDIAETH ACHOS GYFOES: GWRTHWYNEBIAD I SYSTEMAU BYD-EANG YN INDIA

Mae cwynion gan bleidleiswyr mewn gwledydd Gorllewinol am wendidau globaleiddio yn beth gweddol newydd. Ar y llaw arall, mae gan gymunedau mewn gwledydd sy'n datblygu ac sy'n gynyddol amlwg gwynion llawer mwy hirdymor yn erbyn anghyfiawnderau systemau byd-eang. Er bod rheolaeth drefedigaethol Prydain wedi dod i ben yno yn 1947, mae India yn parhau i gael ei dylanwadu gan rymoedd byd-eang o'r tu allan mewn ffyrdd y mae rhai pobl yn eu hystyried yn negyddol.

Gwrthwynebu dylanwad McDonald's yn India

Er gwaethaf y ffaith bod McDonald's yn globaleoleiddio er mwyn sicrhau lle mewn gwahanol farchnadoedd, yn cynnwys India (gweler Pennod 2, tudalen 75), mae'r cwmni'n cael ei feirniadu'n drwm ar sail y ffaith ei fod yn gyfrifol am homogeneiddio ar raddfa fyd-eang. Mae pobl yn pryderu bod diwylliannau lleol yn cael eu 'diffodd' o ganlyniad i gyflwyniad gwasanaethau unfath (er eu bod wedi eu globaleoleiddio) yn fyd-eang, fel bwytai McDonald's – mae rhai pobl hyd yn oed yn ei alw'n 'McDonaldeiddio'. Mae beirniaid globaleiddio yn pryderu'n fawr y bydd traddodiadau coginio lleol yn cael eu colli oherwydd y bwydlenni bwyd cyflym toreithiog (sy'n cael eu hysgrifennu'n aml mewn Saesneg hefyd, gan gyflymu dirywiad ieithoedd lleol hefyd).

Yn 2012, agorodd McDonald's ddau fwyty llysieuol cwbl ddi-gig yn India. Pan gyrhaeddodd pererinion crefyddol ddau o safleoedd ysbrydol mwyaf sanctaidd India, roedd dau fwa aur McDonalds yno i'w cyfarch nhw.

Cafodd y bwytai llysieuol hyn eu hagor yn Amritsar, sef cartref y Deml Aur, safle mwyaf sanctaidd ffydd lleiafrifol Sikhaidd India, ac yn nhref Katra, y ganolfan i Hindŵiaid sy'n ymweld â'r gysegrfa ar y mynydd, Vaishno Devi, y man prysuraf ond un i bererinion yn India.

Ond, nid yw hyn wedi bod yn boblogaidd gyda rhai pobl. Roedd y grŵp Hindŵaidd cenedlaetholgar Swadeshi Jagran Manch, sy'n gangen o'r Rashtriya Swayamsevak Sangh (RSS) dylanwadol, yn gwrthwynebu cyrhaeddiad McDonald's.

'Mae hwn yn gais nid yn unig i wneud arian ond hefyd i achosi cywilydd bwriadol i Hindŵiaid. Mae'n sefydliad sy'n gysylltiedig â lladd gwartheg. Os byddwn ni'n cyhoeddi'r ffaith eu bod nhw'n lladd gwartheg, bydd pobl yn gwrthod bwyta yno. Yn ddi-os, rydym yn mynd i frwydro hyn,' meddai un siaradwr wrth bapur newydd yn 2012.

Ond, ers hynny, mae McDonald's wedi mynd o nerth i nerth yn India, gan werthu i fwy na 300 miliwn o gwsmeriaid yn 2017, yn cynnwys y rhai yn Amritsar. Mae nifer y canghennau Burger King, KFC a Dunkin' Donuts yn cynyddu yn India hefyd.

ASTUDIAETH ACHOS GYFOES: RÔL NEWIDIOL UDA MEWN SYSTEMAU BYD-EANG

Roedd llyfr blaenorol yn y gyfres hon, *Globalisation* (2011), yn dadlau mai:

Y cenhedloedd sydd wedi elwa fwyaf o'r globaleiddio hyd yma oedd y rheini gyda digon o bwysau geo-wleidyddol i reoli telerau eu rhyngweithio byd-eang eu hunain gyda gwledydd eraill a gyda chorfforaethau trawswladol, mewn ffyrdd sy'n cynhyrchu gwobrwyon economaidd a gwleidyddol sylweddol.

Yn fwy nag unrhyw wlad arall, mae'r honiad hwn yn berthnasol i UDA. Mae'n un o bwerau mawr gwirioneddol y byd lle mae ei ddiwydiannau (yn cynnwys Apple - tudalen 92; Facebook – tudalen 30) wedi elwa'n enfawr o globaleiddio. Ond, mae perthynas UDA â systemau byd-eang yn newid, oherwydd bod nifer cynyddol o'i dinasyddion yn credu erbyn hyn nad ydyn nhw *yn bersonol* wedi elwa o globaleiddio (gweler Ffigur 6.9). Cafodd yr Arlywydd Trump ei ethol yn 2016 gan rannu'r credoau hyn. Unwaith yr oedd yn ei swydd, dechreuodd ddefnyddio ei bŵer a'i ddylanwad i danseilio'r union sefydliadau rhynglywodraethol hynny yr oedd UDA yn wreiddiol yn eu gwthio i gael eu hadeiladu, yn cynnwys y Cenhedloedd Unedig (a'i asiantaethau niferus), NATO a NAFTA (gweler tudalen 88).

Cyrhaeddodd yr Arlywydd Trump y llwyfan gwleidyddol yn cyhoeddi ei fod yn genedlaetholwr (gweler Ffigur 6.5) ac roedd yn ymddangos nad oedd e'n gweld llawer o ddiben i gysyniadau fel rhyngddibyniaeth a dinasyddiaeth fyd-eang. Ar ôl iddo gael ei ethol, parhaodd UDA i fod yn gyfranogwr pwerus mewn systemau byd-eang, ond roedd hynny mewn ffordd wahanol. O dan arweinwyr blaenorol yn dilyn y rhyfel, ceisiodd llywodraeth yr Unol Daleithiau yrru newidiadau byd-eang (er mantais iddi ei hun fel arfer) drwy gymryd rôl 'capten y tîm'. I'r gwrthwyneb, roedd gan yr Arlywydd Trump agwedd newydd, am ei fod yn ymddwyn fel 'y bocsiwr cryfaf yn y cylch bocsio'.

I ba raddau felly y mae UDA yn dal i fod yn rym sy'n gyrru'r systemau byd-eang?

- Yn ystod y blynyddoedd diwethaf, mae UDA wedi datblygu ei hadnoddau nwy siâl ei hun yn llwyddiannus. Am fod ganddi felly fwy o egni domestig ei hun, mae llai o angen i'r Unol Daleithiau gyfranogi'n geowleidyddol dramor yn y Dwyrain Canol lle mae llawer o olew i'w gael.

- Roedd tynnu allan o gytundeb newid hinsawdd Paris yn arwydd o ddadymafael cynyddol yr Unol Daleithiau â systemau byd-eang, o dan yr Arlywydd Trump (sgeptig newid hinsawdd a orchmynodd eu bod yn tynnu allan o'r cytuneb yn 2017). Yn 2021, fe wnaeth yr Arlywydd Biden wrthdroi'r penderfyniad, ac fe wnaeth UDA ailymuno â chytundeb Paris – am y tro, o leiaf.

- Un o ganlyniadau enciliad yr Unol Daleithiau o Gytundeb Paris yw bod China wedi dechrau cymryd rôl arweiniol mewn sgyrsiau am yr hinsawdd, gan lenwi'r bwlch a adawodd UDA. Yn y ffordd hon, ac mewn ffyrdd eraill, rydyn ni'n gweld newid, o fyd un pegwn (lle mai UDA oedd yr unig bŵer mawr a oedd yn gyrru systemau byd-eang) i fyd o begynnau niferus lle mae pŵer a dylanwad wedi eu lledaenu'n fwy cyfartal rhwng Rwsia, China a'r Undeb Ewropeaidd, ymysg eraill.

- Mae Ffigur 6.10 yn dangos y gostyngiad sylweddol mewn ffoaduriaid a adawyd i mewn i UDA yn 2018. Weithiau mae mudwyr anghyfreithlon wedi derbyn triniaeth sy'n greulon ym marn llawer o bobl (mewn un achos a dderbyniodd lawer o gyhoeddusrwydd, cafodd plant eu gwahanu oddi wrth eu rhieni a'u rhoi mewn gwersylloedd cadw a oedd yn agos at y ffin â México). Mae hyn yn nodi enciliad arall o'r systemau byd-eang i UDA. Rhwng 1880 a 1930, cafodd bron i 30 miliwn o newydd-ddyfodiaid eu cofrestru, yn cynnwys taid Donald Trump ei hun, diolch i agweddau a pholisïau 'drws agored' yr oes honno. Mae mwy na 200 miliwn o ddinasyddion yr Unol Daleithiau sy'n fyw heddiw yn ddisgynyddion i fudwyr; ond yn y blynyddoedd diwethaf, mae cyfyngiadau ar fudo wedi cael eu cyflwyno ac mae Cerdyn Gwyrdd yr Unol Daleithiau y mae cymaint o bobl yn ysu i'w chael, wedi dod yn anoddach i'w sicrhau.

A fydd llywodraethau UDA yn y dyfodol yn newid cyfeiriad, er enghraifft drwy ostwng tollau eto? Mae dinasyddion yr Unol Daleithiau yn anghytuno ynghylch y mater hwn a materion eraill, yn aml am fod eu hamgylchiadau'n gwahaniaethu.

- Yn etholiadau canol tymor 2018, dywedwyd bod rhai ffermwyr ffa soia yn anhapus â'r niwed a ddigwyddodd i'w gwerthiannau allforio gan rwystrau masnach newydd yr Arlywydd Trump â China,

- Ar y llaw arall, mae dinasyddion eraill yr Unol Daleithiau yn gobeithio y bydd llywodraethau'r dyfodol yn parhau'r gwaith a ddechreuwyd gan yr Arlywydd Trump: dydyn nhw ddim eisiau i UDA ail ddechrau ei rôl fel y grym y tu ôl i globaleiddio. Maen nhw'n cytuno â chodi rhwystrau masnach a mudo.

- Mae'r sefyllfa wedi ei chymhlethu ymhellach gan y ffordd y mae rhai llywodraethau ar daleithiau yn yr Unol Daleithiau (California yn arbennig) a chorfforaethau trawswladol (Apple, Facebook ac eraill) yn cynnal agwedd fyd-eang gryf ac ymrwymiad i nodau amgylcheddol a datblygiad rhyngwladol.

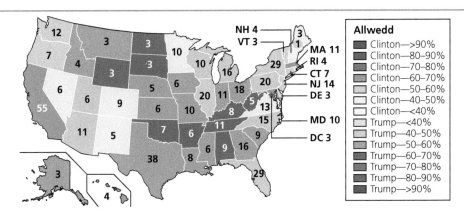

▲ **Ffigur 6.9** Pleidleisiau'r coleg etholiadol fesul talaith yn etholiad arlywyddol UDA 2016. Roedd rhai pobl yn ystyried bod y canlyniad yn 'bleidlais yn erbyn globaleiddio'. Roedd brand cenedlaetholdeb Donald Trump yn boblogaidd iawn mewn taleithiau gwledig a thaleithiau wedi eu dad-ddiwydianeiddio, lle'r oedd llawer o'r pleidleiswyr yn teimlo bod y wlad wedi eu hanghofio nhw. Ar y llaw arall, roedd ei wrthwynebydd, Hillary Clinton, wedi cael llawer o bleidleisiau mewn rhanbarthau gweddol gyfoethog lle mae gan fwy o bobl 'farn fyd-eang' (fel yr Arfordir Gorllewinol, lle mae llawer o gwmnïau technoleg byd-eang, yn cynnwys y FANGs, wedi eu seilio)

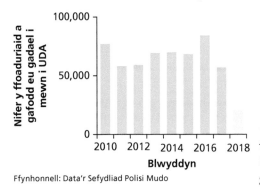

Ffynhonnell: Data'r Sefydliad Polisi Mudo

◀ **Ffigur 6.10** Cafodd y nifer o ffoaduriaid a ganiatawyd i mewn i UDA ei leihau'n sylweddol yn 2018 gan weinyddiaeth Trump

② Heriau byd-eang

▶ *Pam allai systemau byd-eang wynebu risg cynyddol o aflonyddwch yn y dyfodol agos?*

Ochr yn ochr â chenedlaetholdeb, mae grymoedd sylweddol yn bygwth aflonyddu systemau byd-eang ymhellach. Mae nifer o farciau cwestiwn dros iechyd economaidd y byd yn y dyfodol.

- A fydd yr economi byd-eang byth yn gallu adennill y gyfradd dwf uwch a gafodd yn yr 2000au cynnar, cyn yr argyfwng ariannol byd-eang, neu a yw datblygiad wedi arafu'n barhaol?
- A fydd poblogaeth y byd yn dal i dyfu, fel y mae modelau demograffig yn eu hawgrymu? Gallai fod yn anodd ateb anghenion 2 biliwn o bobl ychwanegol erbyn 2050. A allai rhai dadleuon tiriogaethol sy'n bodoli dros dir a dŵr waethygu i achosi gwrthdaro mwy difrifol? Mae'r cynnydd mewn cyfoeth yn Asia a'r Dwyrain Canol yn golygu y gallai fynd yn anoddach ateb galwadau newidiol y cenhedloedd i gyd.

- A allai ymdrechion ar y cyd gan gymuned y byd i leihau newid hinsawdd sicrhau nad yw'r tymheredd byd-eang yn codi o fwy na 1.5 °C? Mae'r gwerth hwn wedi ei bennu erbyn hyn gan y mwyafrif o'r gwyddonwyr blaenllaw fel y trothwy diogelwch critigol.
- A fydd technolegau newydd yn helpu i ddarparu atebion i'r heriau hyn ac i heriau eraill? I'r un graddau, pa risgiau newydd i bobl a lleoedd sy'n cael eu creu gan dechnolegau cynyddol amlwg fel roboteg a Deallusrwydd Artiffisial?

Mae'r adran hon nawr yn mynd i weithio trwy'r cynigion hyn yn eu tro.

Yr her economaidd fyd-eang

Roedd argyfwng ariannol byd-eang 2008 (gweler tudalen 95) yn nodi dechrau pennod newydd i systemau byd-eang. Yn 2018 – deng mlynedd gyfan yn ddiweddarach – roedd effeithiau parhaol yr argyfwng ariannol byd-eang i'w gweld yn glir o hyd.

- Parhaodd twf incwm yn y DU i fod yn isel ar ôl yr argyfwng (gweler Ffigur 6.11). Yn 2018, roedd y Cynnyrch Mewnwladol Crynswth (CMC) fesul pen yn llai nag y byddai pe bai wedi dilyn y patrwm cyn yr argyfwng. Mae hyn yn esbonio, i raddau mawr, pam mae llawer o anfodlonrwydd o hyd ymhlith bobl Brydeinig gyda'r *status quo* gwleidyddol.
- Y flwyddyn 2016 oedd y bumed flwyddyn yn olynol na dyfodd masnach fyd-eang (fel canran o'r CMC). Tyfodd y llifoedd rhyngwladol o fasnach, gwasanaethau a chyllid yn raddol rhwng 1990 a 2007, cyn cwympo ac aros ar yr un lefel. Nid yw'r llifoedd cyfalaf trawsffiniol blynyddol wedi dychwelyd i'w huchafbwynt yn 2007, sef 8.5 triliwn o ddoleri UDA. Mae symudiadau llongau cynhwysydd wedi dirywio hefyd. Cyrhaeddodd Mynegrif Sych y Baltig – sef mesuriad o'r pris ar gyfer cludo nwyddau sych fel mwyn haearn a glo – ei isafbwynt isaf erioed yn 2016 (er ei fod wedi codi o ychydig bach yn ddiweddarach).
- Yn 2017 a 2018, cafodd cynyddiadau bach mewn twf economaidd byd-eang eu cofnodi, ond mae economegwyr yn dal i anghytuno a oes arafiad parhaol wedi digwydd ai peidio mewn masnach fyd-eang a thwf, o'i gymharu â degawdau blaenorol (gweler Ffigur 6.11).

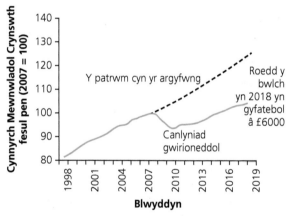

Ffynhonnell: data'r Sefydliad Astudiaethau Cyllidol

▲ **Ffigur 6.11** Twf incwm y DU (gwerthoedd mynegedig), 1997–2019. Mae newidiadau gwirioneddol yn gwahaniaethu'n fawr oddi wrth y llwybr a ragwelwyd cyn yr argyfwng ariannol byd-eang. Yn 2018, roedd cynnyrch mewnwladol crynswth fesul pen tua £6000 y pen yn is nag y byddai wedi bod, o bosibl, petai'r patrwm twf a oedd yn digwydd cyn yr argyfwng ariannol byd-eang wedi parhau. Mae hyn yn awgrymu bod economi'r DU wedi dangos gwydnwch gwael ar y cyfan

Un dylanwad arbennig o bwysig ar fasnach byd yw'r ffordd y mae economi China wedi aeddfedu. Er mai hwn yw prif economi'r byd yn ôl rhai mesurau, roedd ei gyfradd twf wedi mwy na haneru yn ystod y cyfnod 2007–18, o 14 y cant i ychydig yn llai na 6 y cant. China oedd symudwr twf globaleiddio: mae goblygiadau difrifol i bawb pan mae economi mwyaf y byd yn arafu. Ond, mae hwn yn newid parhaol yn hytrach nag yn newid cylchol, oherwydd bod China wedi mynd i mewn i gam newydd ac arafach o ddatblygiad economaidd. Yn lle allforio nwyddau rhad wedi eu masgynhyrchu, mae arweinwyr China wedi ail ganolbwyntio economi China ar gynhyrchu eitemau traul mwy soffistigedig ac o werth uwch ar gyfer marchnadoedd domestig y wlad ei hun.

Mae hyn, yn ei dro, wedi lleihau galw cyffredinol China am adnoddau naturiol, gan ddod â diwedd i ffrwydrad nwyddau traul byd-eang neu 'gylch arbennig' a barhaodd am ddegawd. Mae prisiau'n gostwng pan mae marchnadoedd yn gwanhau ac, yn 2016, cyrhaeddodd prisiau mwyn haearn, alwminiwm, copr, aur, platinwm ac olew eu lefelau isaf ers yr argyfwng ariannol byd-eang.

- O ganlyniad i'r lleihad yn y galw gan China i raddau mawr, roedd y twf economaidd mewn rhai cenhedloedd is-Sahara a oedd yn cynhyrchu adnoddau, wedi haneru erbyn 2018 o'i gymharu â degawd yn gynharach, gan arwain nifer o wledydd (yn cynnwys Mozambique a Zambia) i ofyn i'r gronfa ariannol ryngwladol am fwy o gymorth.
- Rhoddodd gostyngiadau dramatig mewn prisiau olew ar ôl 2014 straen difrifol ar rai o genhedloedd cynhyrchu olew'r byd, yn enwedig Venezuela a Nigeria lle aeth yr economi i ddirwasgiad eto am gyfnod byr yn 2018 (sefyllfa sy'n peri pryder i wlad lle mae'r diweithdra'n uchel ymysg y bobl ifanc ac y bydd ei phoblogaeth yn dyblu eto erbyn 2050).

Mewn cyfnod pan mae nifer o economïau cenedlaethol yn parhau'n weddol wan, mae'n anffodus bod grymoedd gwleidyddol diffynnaeth a chenedlatholgar wedi dechrau gwanhau'r ysbryd cydweithredol byd-eang a fu'n helpu i leihau effeithiau'r argyfwng ariannol diwethaf yn 2008-09. Yr unig ffordd y llwyddwyd i gael adferiad economaidd 2010-11, sydd i'w weld yn Ffigur 6.12, oedd gyda lefel uchel o gydweithrediad rhyngwladol, yn enwedig ymysg aelodau'r G7 a'r OECD (gweler tudalen 58). Ers hynny, mae'n

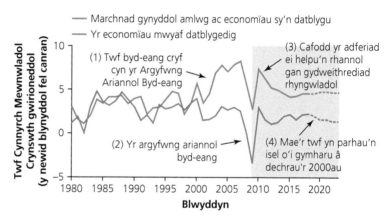

▲ **Ffigur 6.12** Twf cynnyrch mewnwladol crynswth real ar gyfer economïau cynyddol amlwg a datblygedig, 1980-2020 (data hanesyddol a rhagolygon gan y gronfa ariannol rhyngwladol). Un farn yw bod cyfnod 'ffyniannus' a barodd o 1980 hyd at 2007 nawr wedi troi'n gyfnod o ostyngiad parhaol mewn twf

debyg y bydd y tensiwn cynyddol mewn gwleidyddiaeth ryngwladol yn golygu bod systemau byd-eang yn llai gwydn os bydd argyfwng ariannol arall yn datblygu.

Yr her ddemograffig

Mae newidiadau yn y boblogaeth fyd-eang yn cyflwyno mwy o ansicrwydd dros ddyfodol systemau a llifoedd byd-eang. Mae dau ragolwg pwysig yn arbennig o amlwg.

1 Yn fyd-eang, mae'r cyfraddau ffrwythlondeb wedi disgyn yn sylweddol i gyfartaledd cyfredol o 2.3 o blant i bob menyw yn 2018. Mae twf y boblogaeth yn Asia a De America wedi cyrraedd lefel sefydlog i ryw raddau. Ond, dydy hyn ddim yn wir yn llawer o wledydd Affrica, lle mae'r cyfraddau ffrwythlondeb weithiau'n dal i fod yn fwy na chwe phlentyn i bob menyw (yn Niger a Mali, er enghraifft). Ar hyn o bryd, does dim ffordd o wybod am faint o amser y bydd ffrwythlondeb yn parhau'n uchel mewn llawer o wledydd a rhanbarthau yn Affrica. Bydd hynny'n dibynnu ar ba mor gryf y bydd y gwrthwynebiad lleol i newid diwylliannol yn parhau. Am y rheswm hwn, mae rhagolygon am boblogaeth Affrica yn 2100 yn amrywio o 2.5 biliwn i 4 biliwn o bobl (mae'r rhif olaf yn cynrychioli sefyllfa lle mae'r boblogaeth

Poblogaeth sy'n heneiddio Strwythur poblogaeth lle mae'r gyfran o bobl sy'n 65 oed ac yn hŷn, yn uchel ac yn codi. Y cynnydd mewn disgwyliad oes sy'n achosi hyn, a gall y cyfraddau genedigaeth isel gael effaith arno hefyd. Enw arall arno yw poblogaeth 'sy'n britho'.

bresennol yn lluosogi bedair gwaith). Gallwn ni ragweld y bydd yr holl wladwriaethau Affricanaidd yn gweld eu cyfraddau ffrwythlondeb yn gostwng yn y pen draw; ond, allwn ni ddim dweud yn hyderus iawn pryd y bydd hyn yn digwydd. Mae pob senario yn achosi goblygiadau mawr i batrymau byd-eang o fuddsoddiad, masnach a mudo.

2   Mae'r broblem fyd-eang o boblogaeth sy'n heneiddio yn bwysig hefyd. Yn Japan, Gwlad yr Iâ, Awstralia, Yr Almaen a nifer o wledydd eraill, mae'r disgwyliad oes yn 80 neu'n uwch. Mae mwy nag 20 y cant o'r boblogaeth yn y gwledydd hyn yn 65 oed neu'n hŷn ar hyn o bryd. Yn y dyfodol, bydd y gyfran o ddinasyddion hŷn mewn gwledydd datblygedig yn tyfu'n uwch fyth, tra bo'r mwyafrif o wledydd incwm canolog hefyd yn dechrau gweld effeithiau heneiddio eang. Fel rydyn ni wedi'i weld, mae gwrthsafiad i fewnfudo yn un o'r grymoedd sy'n gyrru mudiadau cenedlaetholgar newydd. Ac eto, mae'n sicr yn wir y bydd y gwledydd mwyaf datblygedig angen denu mwy o fewnfudwyr ifanc yn y blynyddoedd nesaf er mwyn cael poblogaeth gymharol ifanc sy'n gallu cynnal cynhyrchiant economaidd. Mae llywodraeth Japan ers blynyddoedd lawer wedi codi rhwystrau yn erbyn mudo rhyngwladol parhaol (gweler tudalen 50). Ond, yn 2018, cyhoeddodd y Prif Weinidog Shinzō Abe y bydd y rheolau wedi eu hymlacio i gydnabod mai Japan yw'r wlad sy'n heneiddio gyflymaf yn y byd.

DADANSODDI A DEHONGLI

Astudiwch Ffigur 6.13, sy'n dangos y newidiadau sy'n cael eu rhagweld ym maint y dinasoedd mawr.

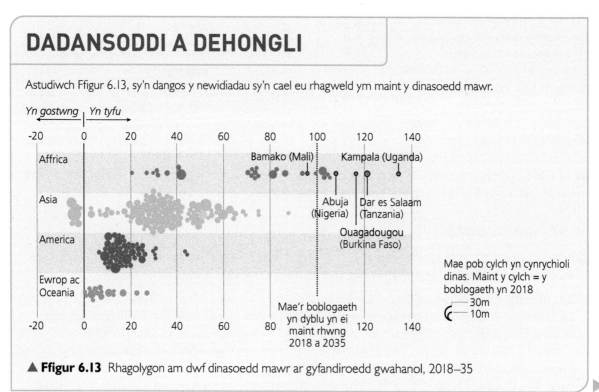

▲ **Ffigur 6.13** Rhagolygon am dwf dinasoedd mawr ar gyfandiroedd gwahanol, 2018–35

(a) Amcangyfrifwch (i) beth fydd maint dinas fwyaf Affrica yn ôl y rhagolygon yn 2035, a (ii) nifer y dinasoedd yn Affrica a fydd wedi mwy na dyblu yn eu maint yn ôl y rhagolygon erbyn 2035.

CYFARWYDDYD

Gwnewch yn siŵr eich bod chi'n amcangyfrif maint y ddinas fwyaf yn ofalus gan ddefnyddio graddfa cylch cyfrannol.

(b) Esboniwch pam mae dinasoedd yn Ewrop ac Ynysoedd y De yn mynd i dyfu o ddim mwy na 30 y cant, ond y bydd dinasoedd yn Affrica yn dyblu yn eu maint.

CYFARWYDDYD

Mae'r ateb hwn yn gofyn i chi ddefnyddio eich gwybodaeth Safon Uwch am lifoedd byd-eang gan hefyd ddangos dealltwriaeth o egwyddorion demograffig allweddol. Mae cyfraddau ffrwythlondeb yn isel iawn erbyn hyn mewn gwledydd datblygedig. Yr unig reswm y gallwn ni ei roi am y twf mewn dinasoedd a welwn yn Ewrop ac Ynysoedd y De (Awstralia a Seland newydd) yw mudo mewnol a rhyngwladol. Does dim amheuaeth bod y rhan fwyaf o'r dinasoedd wedi'u lleoli yn yr Undeb Ewropeaidd: bydd ateb da yn archwilio'r rhesymau pam mae dinasoedd fel Paris a Berlin yn debygol o barhau i dyfu oherwydd y rhyddid i symud (un o egwyddorion craidd yr Undeb Ewropeaidd). Ar y llaw arall, bydd y twf sy'n digwydd yn y mwyafrif o ddinasoedd Affrica wedi dod o gyfuniad o fudo a chynnydd naturiol (cyfraddau ffrwythlondeb uchel).

(c) Awgrymwch sut gallai'r newidiadau sy'n cael eu dangos ar gyfer dinasoedd Asiaidd effeithio ar faint **dau** lif byd-eang sy'n cysylltu Asia â rhannau eraill o'r byd.

CYFARWYDDYD

Mae'r posibiliadau yn cynnwys llifoedd o ddeunyddiau crai, nwyddau wedi'u gweithgynhyrchu, gwasanaethau, buddsoddiad, pobl (mudwyr neu dwristiaid) neu ddata. Er enghraifft, gallech chi ganolbwyntio ar y maint cynyddol o lifoedd masnach a buddsoddiad a allai godi o dwf poblogaeth. I roi ateb rhagorol, ceisiwch gynnig awgrymiadau sydd ddim yn rhy simplistig a chofiwch y gall newidiadau hefyd fod yn amodol ar ffactorau daearyddol lleol. Peidiwch â chymryd yn ganiataol y bydd y lleoedd i gyd yn newid yn yr un ffordd. Er enghraifft, gallai dinas sy'n tyfu ddenu llifoedd o fuddsoddiad os yw'n cael ei rheoli'n dda gan awdurdodau dinas (gallai gwella'r isadeiledd trafnidiaeth wneud dinas yn lleoliad allanoli da i gorfforaethau trawswladol, yn enwedig os yw'r ddinas ar yr arfordir). Ond, os yw'r ddinas yn fewndirol, heb ei rheoli'n dda ac yn mynd yn gynyddol brysur, mae'n bosibl na fydd yn denu buddsoddwyr newydd.

Her yr hinsawdd

Ar ryw bwynt yn y dyfodol, bydd cynhyrchiad a defnydd tanwydd ffosil byd-eang yn cyrraedd uchafbwynt cyn dirywio. Hyd hynny, y disgwyl yw y bydd yr allyriadau carbon anthropogenig yn codi, fel sgil-gynnyrch annymunol i'r twf a'r datblygiad y mae systemau byd-eang wedi helpu i'w creu (gweler Ffigur 6.14a). Mae gwyddonwyr newid hinsawdd yn dweud bod rhaid rhoi'r gorau i ddefnyddio tanwydd ffosil – mwy neu lai ar unwaith – i atal newid hinsawdd peryglus. Mae Ffigur 6.14b yn dangos beth ddylai ddigwydd yn ôl y gwyddonwyr – ond mae hyn yn gwrthdaro â diddordebau cyfranogwyr byd-eang pwerus, yn cynnwys cwmnïau egni a chenhedloedd sy'n cynhyrchu olew.

Mae Ffigur 6.14c yn dangos sut mae systemau byd-eang wedi cychwyn rhywbeth sy'n cael ei alw yn broblem ddrwg sydd â nifer o elfennau gwleidyddol, economaidd, ffisegol a thechnolegol rhyng-gysylltiedig.

 TERM ALLWEDDOL

Problem ddrwg (*Wicked problem*) Mae rhai heriau a phroblemau'n llawer anoddach i'w trin na rhai eraill. Nid oes modd eu datrys nhw'n hawdd gan ddefnyddio rhesymeg gwneud penderfyniadau confensiynol neu ddadansoddiad cost-budd. Yn lle hynny, maen nhw'n parhau fel 'problemau drwg'.

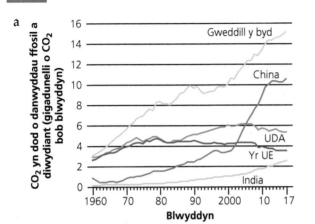

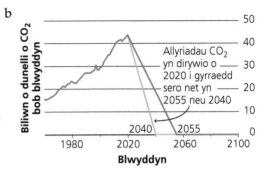

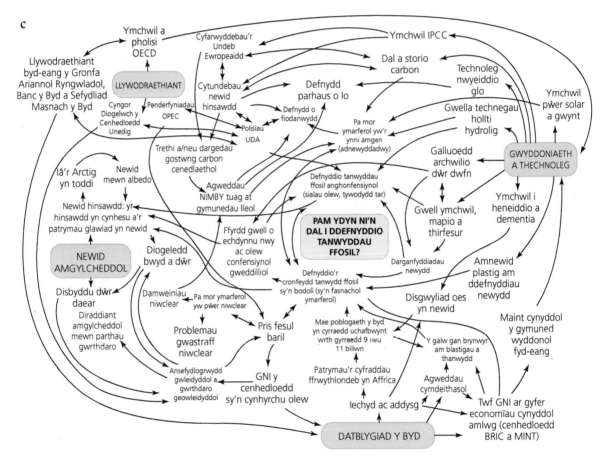

▲ **Ffigur 6.14** Mae dibyniaeth systemau economaidd byd-eang ar danwydd ffosil yn rhoi problem ddrwg i wneuthurwyr polisi ei datrys. Mae'r darluniadau hyn yn dangos (a) bod allyriadau nwy tŷ gwydr yn mynd i godi, (b) bod angen torri allyriadau ar unwaith er mwyn cyfyngu cynhesu byd-eang i 1.5 °C, ond (c) bod tanwydd ffosil yn cael ei effeithio gan ormod o newidynnau. *Mae (a) a (b) yn Graffigau FT; Ffynhonnell: Project Carbon Byd-eang*

- Mae newid hinsawdd wedi codi o'r gorgyffwrdd rhwng dwy system gymhleth: y system atmosfferig a'r system economaidd fyd-eang. Mae'r ddau yn cynnwys nifer o rannau rhyngddibynnol nad ydyn ni'n deall yn iawn sut maen nhw'n gweithio.

- Mae amrywiaeth o amgylcheddau a chymdeithasau ffisegol wedi eu bygwth bellach mewn ffyrdd niferus a rhyng-gysylltiedig.
- Bydd rhai pobl a lleoedd wedi eu heffeithio'n llawer mwy nag eraill, gan olygu bod yr impetws gwleidyddol i weithredu yn anghyfartal.
- Dydy hi ddim yn bosibl ymdrin yn ddigonol â'r mater o ddefnyddio tanwydd ffosil heb gydweithrediad nifer o gyfranogwyr ar amrywiol gyfraddau daearyddol, yn cynnwys llywodraethau cenedlaethol.
- Gallai unrhyw atebion a gynigir gael effeithiau cymhleth sydd, dros amser, yn creu mwy o broblemau.

I grynhoi, mae cymhlethdod y systemau byd-eang yn ei gwneud hi'n anodd gosod nod i leihau newid hinsawdd yn effeithiol, fel y gwelwn ni yn Ffigur 6.14c sy'n dangos y plethwaith cymhleth o faterion a chyfranogwyr rhyng-gysylltiedig sydd wedi eu cynrychioli.

Newidiadau, heriau ac atebion technolegol

Fel rydyn ni wedi'i weld, mae technoleg wedi bod yn un o'r grymoedd sydd wedi gwthio globaleiddio. Mae gwelliannau i dwf cyfathrebu a thrafnidiaeth wedi dod â thwf a datblygiad newydd yn aml iawn: er enghraifft, mae swyddi newydd mewn canolfannau galwadau yn India a'r Pilipinas (*Philippines*) yn cefnogi'r ddadl hon. Ond, mae pob ton newydd o dechnoleg yn dinistrio swyddi hefyd –meddyliwch am y ffordd y collwyd cymaint o swyddi mewn gwledydd datblygedig yn ystod yr ugeinfed ganrif, pan gyflwynwyd peiriannau ar ffermydd ac yna pan gyrhaeddodd gweithgynhyrchu yn ddiweddarach.

Newidiadau a heriau technolegol sy'n dod i'r amlwg ar gyfer systemau byd-eang

'Marc cwestiwn' mawr arall dros ddyfodol y systemau byd-eang yw'r graddau y bydd technolegau newydd yn parhau i greu swyddi mewn gwledydd sy'n datblygu. Roedd Pennod 4 yn edrych ar y ffordd y mae cynnydd cyfartalog mawr mewn incwm ymysg gweithwyr ffatri wedi dod â datblygiad, ar brydiau, i wledydd incwm canolog yn cynnwys China, India, Indonesia, Brasil, México, Nigeria a De Affrica. Ers blynyddoedd, mae pobl wedi ystyried diwydianeiddio yn gam cyntaf tuag at ffyniant i'r cenhedloedd amaethyddol, ar sail profiadau blaenorol y gwledydd datblygedig.

Y broblem nawr, yn ôl yr economegydd o Harvard, Dani Rodrick, a nifer gynyddol o sylwebwyr ariannol sy'n defnyddio'r data hwn, yw bod cyflogaeth mewn gweithgynhyrchu wedi cyrraedd ei huchafbwynt yn barod mewn rhai gwledydd, dim ond degawdau ar ôl i'r ffatrïoedd gyrraedd am y tro cyntaf. Yn ogystal, mae hyn yn digwydd ar adeg pan mae poblogaethau'n dal i dyfu, er bod hynny ar gyfraddau sy'n arafu. Mae data Rodrik i'w weld yn Ffigur 6.15.

- Dydy economïau cynyddol amlwg ddim yn ennill yr un canran uchel o gyflogaeth gweithgynhyrchu ag yr oedd rhai gwledydd datblygedig ar un adeg. Yn fwy na hynny, mae cychwyniad 'uchafbwynt diwydianeiddio' (pan mae cyflogaeth mewn gweithgynhyrchu'n cyrraedd uchafbwynt, o'i

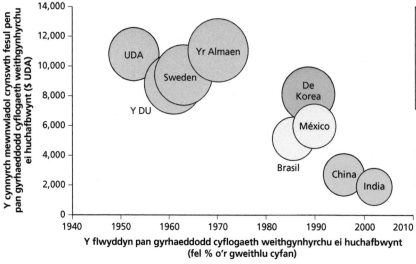

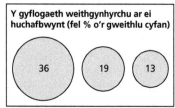

◀ **Ffigur 6.15** Llwyddodd cenhedloedd a oedd wedi diwydianeiddio'n gynnar, fel yr Almaen, i gyrraedd uchafbwynt ar gyfran o 30 y cant o'r cyflogaeth weithgynhyrchu gyfan, ond dydy'r economïau cynyddol amlwg ddim wedi gwneud hanner cystal, gyda Brasil yn cyrraedd ei huchafbwynt ar 16 y cant ac India ar ddim ond 13 y cant

🔑 **TERM ALLWEDDOL**

Dad-ddiwydianeiddio cynamserol
Gostyngiad cynnar ym mhwysigrwydd cymharol cyflogaeth mewn gweithgynhyrchu, a allai olygu nad yw gwlad yn cael y buddion cymdeithasol llawn sy'n dod yn y pen draw gyda datblygiad diwydiannol.

fesur fel cyfran o'r gwaith i gyd) yn dechrau'n llawer cynharach yn sampl Rodrik o economïau cynyddol amlwg nag y gwnaeth yn y mwyafrif o wledydd datblygedig.

● Mae'r bwlch byrrach rhwng cychwyn ac uchafbwynt diwydianeiddio mewn economïau cynyddol amlwg yn golygu bod yr enillion o ran incwm fesul pen yn y cyfnod hwn o ddatblygiad economaidd, wedi bod yn is nag oedden nhw i wledydd datblygedig.

Beth sy'n cyfrif am y dad-ddiwydianeiddio cynamserol hwn? Un ddadl yw bod datblygiadau mewn deallusrwydd artiffisial (AI) a roboteg yn cyflym ostwng y nifer o weithwyr sydd eu hangen mewn ffatrïoedd, hyd yn oed mewn gwledydd lle mae'r cyflogau'n isel.

● Mae cynnydd yr hyn sy'n cael ei alw'n 'SEWBOTS' yn achosi pryder arbennig i Bangladesh, lle mae niferoedd mawr o bobl yn gweithio yn y maes cynhyrchu tecstilau. Cafodd SEWBOT ei ddatblygu gan SoftWear Automation, ac mae'n robot gwnïo hynod o ddeallus a chwbl awtomataidd.

● Yn ddiweddar, cyhoeddodd y grŵp electroneg o Taiwan Foxconn, sy'n gwneud Apple iPhones, ei fod yn bwriadu gosod robotau yn ei weithfeydd i gymryd lle traean o'i weithlu. Mae llawer o'i waith yn cael ei wneud yn China lle'r oedd y cyflogau cyfartalog fesul awr wedi codi i 3.60 o ddoleri UDA yn 2018, sy'n golygu bod mabwysiadu technoleg Deallusrwydd Artiffisial yn dod ag arbedion costau clir.

Mae dad-ddiwydianeiddio cynamserol yr economïau cynyddol amlwg yn dod â heriau a chyfleoedd i systemau byd-eang.

● Yn anffodus, gallai'r dybiaeth y bydd gweithgynhyrchu'n darparu swyddi i boblogaeth gynyddol Affrica yn y dyfodol, (gweler tudalen 194) beidio â digwydd ac efallai fydd y difidend demograffig yn cael ei wastraffu mewn llawer o wledydd. Yn eu tro, mae pesimistiaid yn ofni y bydd mwy o ansefydlogrwydd a chamreoli mewn gwledydd sydd â lefelau uchel o ddiweithdra ymysg yr ifanc.

- Ar y llaw arall, meddai'r optimistiaid, os gall y poblogaethau gael eu haddysgu'n llwyddiannus, gallai hyn olygu bod cenedlaethau'r dyfodol yn gallu osgoi diflastod y swyddi 'siopau chwys' (ar yr amod bod digon o waith yn cael ei greu yn y sector trydyddol). Opsiwn arall yw bod cyflogau'n parhau yn ddigon isel mewn rhai economïau yn Affrica a De Asia i olygu y byddai'n gwneud synnwyr busnes i ddal ymlaen i ddefnyddio llafur dynol am flynyddoedd i ddod.

Ond, mae un peth yn sicr. Mae'n rhaid i unrhyw gais i ymdrin ag anghyfiawnderau canfyddedig sy'n gysylltiedig ag amodau gwaith gwael (mewn gwledydd incwm isel) neu golli swyddi pan fydd gwaith yn cael ei dramori (er enghraifft, yn UDA), gofio hefyd am y tueddiadau mewn Deallusrwydd Artiffisal a roboteg. Mae'n bosibl y gallai'r galw am waith gweithgynhyrchu gyda chyflogau uwch fod yn 'bwynt di-droi'n-ôl' sy'n arwain nifer o gorfforaethau trawswladol i awtomeiddio eu gweithrediadau ymhellach.

A allai systemau byd-eang ddarparu'r atebion technolegol yr ydyn ni eu hangen?

Ers llawer o flynyddoedd mae'r Cenhedloedd Unedig wedi arwain galwadau am wneud systemau byd-eang yn fwy cyfatebol â thargedau ac egwyddorion datblygiad cynaliadwy (gweler tudalen 119). Roedd yr adran uchod sy'n ymdrin â newid hinsawdd yn dangos pa mor bell oddi wrth gyflawni'r dyheadau hyn y mae realiti mewn gwirionedd. Yn wir, mae'r meddylfryd academaidd cyfredol mewn daearyddiaeth a gwyddorau cymdeithasol eraill wedi dechrau canolbwyntio ar gysyniad newydd o'r enw'r Anthroposen sydd, yn ei hanfod, yn cymryd yr olwg bragmataidd bod newidiadau amgylcheddol mawr, di-droi'n ôl, wedi dechrau digwydd yn barod.

Yn ganolog i lawer o'r meddylfryd Anthroposen yw'r sylweddoliad difrifol mai atebion technolegol yw'r unig ffordd realistig o ymdrin â materion amgylcheddol brys fel newid hinsawdd, colli bioamrywiaeth a llygredd plastig yng nghefnforoedd y Ddaear. Felly, mae gan bobl obeithion uchel am decholegau cynyddol amlwg, fel pŵer solar, hydroponeg a chasglu a storio carbon (CCS). Gallai systemau byd-eang hefyd helpu'r ddynoliaeth i ddarparu'r atebion hyn.

- Un o ganlyniadau twf a datblygiad byd-eang yw'r twf o flwyddyn i flwyddyn mewn niferoedd byd-eang o raddedigion prifysgol a thechnolegau newydd ar batent. Ar yr amod bod prifysgolion a llywodraethau cenedlaethol yn fodlon cyfnewid data a syniadau, gallai cynnydd technolegol cyflym ddarparu'r atebion yr ydyn ni eu hangen yn gynharach yn hytrach nag yn hwyrach.
- Ond, unwaith eto, mae hyn yn ddibynnol ar fwy o gydweithredu rhyngwladol. Yn anffodus, mae'r ofnau dwysach yn ddiweddar am seiberddiogelwch, lladrad data a newyddion ffug (gweler Pennod 3) yn lleihau'r siawns y bydd UDA, China a phwerau byd eraill yn cydweithio.

TERMAU ALLWEDDOL

Anthroposen Y syniad bod ein planed wedi mynd i mewn i oes newydd lle mae gweithredoedd dynol ar y cyd yn ail siapio systemau ffisegol a chyflwr bywyd ar y Ddaear gyfan.

Ateb technolegol Arloesiad sy'n gallu helpu pobl i oresgyn problem argyfyngus. Mae astudiaethau anthropolegol yn awgrymu bod pobl yn dod yn fwy creadigol pan mae cymdeithasau'n wynebu heriau amgylcheddol, gan olygu bod technolegau newydd yn cael eu creu sy'n diogelu lles pobl.

③ Gwerthuso'r mater

▶ **I ba raddau y mae oes newydd o ddadglobaleiddio wedi cychwyn?**

Adnabod cyd-destunau, meini prawf a thystiolaeth posibl

Mae adran lawn y bennod hon yn gwerthuso'r syniad o ddadglobaleiddio. Os yw globaleiddio'n cynnwys tynnu'r rhwystrau sy'n atal llifoedd arian, pobl a syniadau, yna mae dadglobaleiddio yn creu

rhwystrau. Mae'r bennod hon wedi dangos bod pobl mewn llawer o wledydd datblygedig wedi dechrau eu pellhau eu hunain oddi wrth bobl y bydden ni'n eu hystyried yn globalwyr pan maen nhw'n bwrw eu pleidlais; dydyn nhw ddim yn ystyried bod globaleiddio yn anochel nac yn ddymunol. O ganlyniad, mae rhwystrau i lifoedd byd-eang yn codi nawr mewn rhai rhannau o'r byd.

Llifoedd a chysylltiadau byd-eang	Cwestiynau ymholiad
Llifoedd masnach a buddsoddi	A yw eu gwerth wedi disgyn, ac a oes rhwystrau wedi codi i fasnach? Beth yw'r tueddiadau presennol ar gyfer buddsoddiad, cydsoddiadau a chaffael tramor trawsffiniol?
Cytundebau rhyngwladol	Yn gyffredinol, a yw'r dystiolaeth yn awgrymu bod cydweithredu byd-eang yn cynyddu neu bod y byd yn encilio'n raddol o amlochraeth (*multilateralism*)? Beth yw safbwynt y prif bwerau mawr byd-eang?
Mudo rhyngwladol	A yw nifer y symudwyr yn dal i gynyddu'n fyd-eang? Faint o bobl sy'n byw y tu allan i'r wlad lle cawson nhw eu geni o'i gymharu ag ychydig flynyddoedd yn ôl, a pha dueddiadau sy'n cael eu rhagweld?
Llifoedd syniadau a gwybodaeth	A yw'r effaith o fyd sy'n lleihau wedi cyrraedd ei uchafbwynt yn barod neu a fydd rhwydweithiau cymdeithasol yn parhau i ddod â phobl a diwylliannau at ei gilydd ar-lein, dim ots ble maen nhw yn y byd go iawn?

▲ **Tabl 6.2** Ymchwilio i ddadglobaleiddio: a yw 'dad-gyplu' cysylltiadau byd-eang yn digwydd go iawn?

Mae dadglobaleiddio (fel globaleiddio) yn gysyniad eang. Mae dimensiynau economaidd, cymdeithasol, diwylliannol a gwleidyddol i'w achosion a'i effeithiau. Gallwn ni werthuso'r gwahanol linellau hyn yn systematig, fel mae Tabl 6.2 yn ei ddangos.

Er bod rhwystrau'n cynyddu mewn rhai lleoedd i rai llifoedd byd-eang penodol, mae'n bosibl nad yw'r cymdeithasau hynny'n gwrthod pob agwedd o globaleiddio. Yn ogystal, fel mae'r dadansoddiad o genedlaetholdeb yn y bennod hon wedi'i ddangos, mae tensiwn yn aml iawn rhwng yr hyn y mae *llywodraeth* gwlad ei eisiau (ac yn ei wneud) a'r credoau gwahanol sydd gan y *dinasyddion*. Mewn

democratiaeth, mae'n bosibl bod mwyafrif y bobl yn anfodlon â'r dewisiadau y mae eu gwleidyddion yn eu gwneud. Mae hyn wedi achosi daearyddiaeth gymhleth o wrthwynebiad i'r globaleiddio.

● O dan yr Arlywydd Trump, tynnodd UDA allan, dros dro, o Gytundeb Paris y Cenhedloedd Unedig ar newid hinsawdd. Ond, mae llawer o daleithiau UDA wedi penderfynu'n annibynnol i gadw eu hymrwymiad blaenorol i ostwng targedau carbon. Mae gan Gyngor Dinas Seattle Gynllun Gweithredu ar Hinsawdd sy'n dal i anelu at wneud y ddinas yn garbon-niwtral erbyn 2050. Pan mae newyddiadurwyr y cyfryngau yn dweud bod 'UDA' yn dod yn fwy ynysig, maen nhw'n siarad am agweddau a gweithredoedd newidiol llywodraeth y wlad. Dydy llawer o wahanol daleithiau, dinasoedd a phobl UDA ddim yn rhannu'r agweddau hyn.

- Yn yr un modd, pleidleisiodd llawer o bobl yn y DU i'w gwlad i adael yr Undeb Ewropeaidd yn refferendwm 2016. Ond, bydd y mwyafrif ohonyn nhw'n dal i fod eisiau teithio dramor ar eu gwyliau. Byddan nhw'n parhau i fwyta bwydydd a gwylio sioeau teledu o wledydd eraill. Hefyd, bydd busnesau'r DU yn dal i fod eisiau cadw eu cysylltiadau â'r Undeb Ewropeaidd mor agos ag sy'n bosibl, ar gyfer masnach ac i gael gweithwyr oddi yno.

Yn olaf, mae angen i ni gwestiynu beth yw ystyr 'oes newydd' yn y datganiad: 'I ba raddau y mae oes newydd o ddadglobaleiddio wedi cychwyn?' Efallai fod newid parhaol wedi cychwyn; ond eto, efallai mai dim ond 'smic' dros dro yw oes Trump a Brexit yn llinell amser hirach y globaleiddio. Mae daearyddwyr dynol a ffisegol fel ei gilydd yn defnyddio'r syniad o ecwilibriwm cyflwr sefydlog wrth ymchwilio i newidiadau amserol mewn systemau.

- Dyma'r cysyniad o system sy'n newid, ond ar ôl cyfnod, mae'n dychwelyd eto i'w ffurf gwreiddiol (fel pendil yn siglo'n araf un ffordd ac yna yn ôl eto).
- Amser a ddengys os bydd yr oes o dwf arafach yn y systemau byd-eang a'r cynnydd mewn diffynnaeth (a gychwynnodd yn 2008 gyda'r argyfwng ariannol byd-eang) yn siglad pendil dros dro, neu'n newid cyfeiriad parhaol. Fe ddaw'n glir hefyd a yw cwrs cenedlatholgar UDA a fabwysiadwyd o dan yr Arlywydd Trump yn 2016 yma i aros, neu a fydd yn gwyrdroi o dan arweiniad yr Arlywydd Biden a'i olynwyr.

Gwerthuso newidiadau mewn masnach a buddsoddiad byd-eang

Gan edrych yn gyntaf ar globaleiddio economaidd, mae digonedd o dystiolaeth i awgrymu bod rhwystrau i lifoedd masnach fyd-eang wedi cynyddu'n ddiweddar mewn rhai lleoedd. Ers argyfwng ariannol byd-eang 2008-09, mae twf economaidd arafach wedi arwain rhai llywodraethau i geisio amddiffyn eu diwydiannau er mwyn arbed swyddi. Fel rydyn ni wedi'i weld, gorfodwyd y tollau uchaf erioed ar lifoedd nwyddau traul UDA-China yn 2018. Dyma rai enghreifftiau eraill o gynnydd mewn diffynnaeth.

- *Canada – rhaid i* gwmnïau sydd eisiau prynu busnes yng Nghanada ofyn am gymeradwyaeth y llywodraeth bellach o dan Ddeddf Buddsoddiad Canada. Mae hyn yn cynnwys pasio prawf diogelwch cenedlaethol a dangos y bydd y cynigion yn dod â buddion net i Ganada. Cafodd rhai cytundebau eu rhwystro.
- *Awstralia* – mae'r llywodraeth wedi tynhau'r rheolau ar brynwyr tramor sydd eisiau prynu eiddo ac maen nhw wedi rhwystro bidiau am dir ffarm gan fuddsoddwyr o China. Yn 2016, rhwystrwyd corfforaeth drawswladol o China rhag prynu cyfranddaliad rheoli yn rhwydwaith trydan mwyaf y wlad, Ausgrid.

Ffenomen dad-dramori

Yn ôl Richard Ward, cyn-brif weithredwr Lloyd's of London:

'Yr hyn y mae pobl yn sylweddoli nawr yw'r rhyng-gysylltrwydd mewn masnach fyd-eang – mae un sglodyn coll o Japan yn gallu cau ffatri (Americanaidd) Ford ar ochr arall y byd.'

Roedd tudalen 109 yn archwilio'r risgiau dynol a ffisegol y mae busnesau yn eu hwynebu pan maen nhw'n datblygu rhwydweithiau cynhyrchu byd-eang estynedig. Nawr mae rhai corfforaethau trawswladol yn ceisio addasu'r risgiau hyn drwy adeiladu cadwynau cyflenwi mwy gwydn. Mae hyn yn cynnwys lledaenu eu gweithredoedd yn llai tenau nag oedden nhw'n gynt ar draws llai o wledydd. Yn ogystal, efallai fod rhai cwmnïau o'r Unol Daleithiau yn ateb galwadau gan yr Arlywydd Trump i 'ddod â swyddi Americanaidd yn ôl' a gollwyd i newid byd-eang. Mae Tabl 6.2 yn dangos

Apple	■ Roedd Pennod 3 yn disgrifio problemau cadwyn gyflenwi Apple (gweler tudalen 92). Yn 2012, cyhoeddodd y cwmni ei fod yn bwriadu dad-dramori rhannau o'i weithrediadau, er bod y costau llafur yn uwch nôl yn yr Unol Daleithiau. Mae'r cwmni wedi buddsoddi 100 miliwn o ddoleri UDA er mwyn gallu cynhyrchu rhai o'i gynhyrchion gartref eto.
Corfforaethau trawswladol eraill UDA	■ Mae'r cawr adwerthu Walmart wedi gwneud ymrwymiad i gynyddu ei wariant ar nwyddau sy'n deillio o UDA yn y dyfodol. Ar hyn o bryd, mae llawer o'r nwyddau y mae eu hangen yn cael eu hallanoli i gwmnïau yn China a Viet Nam. Ond, mae costau llafur yn codi yn China ac mae amhariadau ar y gadwyn gyflenwi yn Viet Nam oherwydd gwrthdystiadau gwleidyddol, wedi gostwng yr arbedion costau yr oedd UDA yn eu gwneud drwy allanoli.
	■ Mae General Electric wedi gwario bron i 1 biliwn o ddoleri UDA yn ail-sefydlu gweithgynhyrchu mewn cyfleuster yr oedd wedi ei esgeuluso bron yn llwyr yn Kentucky; mae Otis wedi dod â gwaith cynhyrchu lifftiau yn ôl o México i dde Carolina; mae Wham-O wedi dod â gwaith cynhyrchu ffrisbis yn ôl o China i California.
Adwerthwyr bwyd y DU	■ Lleihaodd y cadwynau cyflenwi cig ar gyfer archfarchnadoedd y DU ar ôl i gig ceffyl gael ei ddarganfod mewn cynhyrchion a oedd wedi eu labelu fel cig eidion yn 2013. Rhoddwyd y bai ar gadwynau cyflenwi bwyd cymhleth a oedd yn mynd drwy Ffrainc, Luxembourg, Cyprus, yr Iseldiroedd a România: ar ryw bwynt yn y rhwydwaith cyflenwi, roedd rhywun wedi cam-labelu bwyd yn fwriadol. Ymatebodd gwasg y DU yn wyllt (dydy pobl Prydain ddim fel arfer yn ystyried ceffylau yn anifeiliaid i'w bwyta). Fe wnaeth gwerthiannau cig mewn archfarchnadoedd ostwng yn sylweddol.
	■ Sylweddolodd y corfforaethau trawswladol mewn adwerthu bod eu cadwynau cyflenwi wedi mynd yn rhy gymhleth i'w monitro'n foddhaol; mae llawer ohonyn nhw'n prynu mwy o gig gan gyflenwyr lleol o fewn y DU erbyn hyn.
Y diwydiant awyrofod	■ Byrhaodd Boeing ac Airbus eu cadwynau cyflenwi hefyd pan gafodd modelau awyrennau newydd eu cyflwyno'n ddiweddar. Y nod yw gwella gwydnwch eu cadwynau cyflenwi. Am eu bod nhw'n dylunio darnau hynod o arbenigol, ychydig iawn o gyflenwyr wrth gefn sydd ar gael i'r naill gwmni a'r llall eu defnyddio os bydd oedi yn eu cadwynau cyflenwi hir (gweler Ffigur 6.16). Mae argraffu 3D hefyd yn helpu i leihau'r cadwynau cyflenwi yn y diwydiant yma.

▲ **Tabl 6.3** Enghreifftiau diweddar o gorfforaethau trawswladol yn dad-dramori neu'n agosdramori

enghreifftiau diweddar o gorfforaethau trawswladol yn dad-dramori ac yn agosdramori eu gweithrediadau.

Nid dad-dramori yw'r unig ffordd o reoli risg wrth gwrs. Gallai corfforaethau trawswladol ddewis:

● ymestyn eu rhwydweithiau cynhyrchu byd-eang ymhellach i gynnwys ffynonellau wrth gefn gwahanol o nwyddau a gwasanaethau, gan felly adeiladu cadwynau cyflenwi gwydn

● cyflwyno gwiriadau mwy gwydn a chytundebau lefel cytundeb (gweler tudalen 157); gallan nhw osod eu gweithwyr eu hunain yng nghyfleuster y contractiwr, i gadw llygad agosach ar bethau.

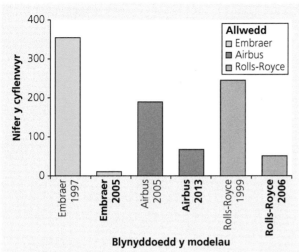

▲ **Ffigur 6.16** Gostwng risg yn y diwydiant awyrennau: mae'r modelau diweddaraf (a ddangosir mewn print trwm) yn defnyddio llawer llai o gyflenwyr gwahanol

Tirwedd wleidyddol newidiol y cytundebau masnach

Mae canlyniad refferendwm Brexit y DU a rhethreg genedlatholgar arw rhai o'r arweinwyr byd blaenllaw – yn cynnwys yr Arlywydd Trump yn UDA, yr Arlywydd Putin yn Rwsia, a'r Arlywydd Bolsonaro yn Brasil – yn gallu rhoi'r argraff bod cymorth byd-eang i gydweithrediad rhyngwladol ar fasnach a materion eraill yn gwanhau. Ond, efallai y bydd pobl yn y dyfodol yn edrych yn ôl ar y digwyddiadau a'r bobl hyn fel elfennau a achosodd amhariad dros dro mewn darlun mwy o bartneriaethau byd-eang sy'n ehangu a thwf hirdymor.

- Mae ardaloedd masnachu mawr fel yr Undeb Ewropeaidd a De America (Mercosur) yn parhau i ffynnu a gallan nhw ehangu eu haelodaeth ymhellach yn y dyfodol. Mae nifer o gyfranogwyr yn dal i lunio cytundebau masnach deg newydd sbon, er enghraifft rhwng yr Undeb Ewropeaidd a Chanada yn 2017.
- Mae cytundeb eang, newydd Ymylon y Cefnfor Tawel (sy'n cael ei alw'n Gytundeb Cynhwysfawr a Blaengar am Bartneriaeth y Cefnfor Tawel neu'r *CPTPP: Comprehensive and*

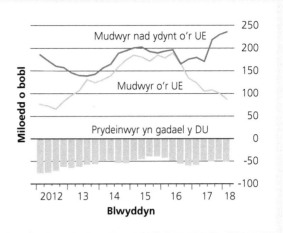

▲ **Ffigur 6.17** Gostyngodd cyfraddau mudo net o'r Undeb Ewropeaidd i mewn i'r DU yn 2018 i'w lefel isaf ers sawl blwyddyn. Mae ansicrwydd am y dyfodol wedi annog nifer o ddinasyddion yr Undeb Ewropeaidd i holi a oes ganddyn nhw ddyfodol yn byw yn y DU.
Graffigyn FT; Ffynhonnell: ONS

Progressive Agreement for Trans-Pacific Partnership) wedi gwneud datblygiadau er gwaethaf y ffaith bod UDA wedi cerdded i ffwrdd o'r trafodaethau. Mae'n cynnwys Japan a deg gwlad arall: Malaysia, Viet Nam, Singapore, Brunei, Awstralia, Seland Newydd, Canada, México, Chile a Pheriw.
- Er bod sancsiynau yr Undeb Ewropeaidd wedi arwain at leihad mewn llifoedd masnach Rwso-Ewropeaidd ar ôl argyfwng y Crimea, aeth Rwsia yn syth i mewn i gytundebau newydd gydag India, Twrci, a China (China yw'r prif gyrchfan erbyn hyn ar gyfer allforion Rwsia, a dyblodd gwerth y rheini o 20 i 40 biliwn o ddoleri UDA rhwng 2016 a 2018).
- Does dim arwydd o ddirywiad yn y buddsoddi mewnol i gyrchfannau allanoli poblogaidd, fel Bangladesh neu India. Mae'r graffiau ar gyfer masnach byd, twf cynnyrch mewnwladol crynswth a chyfuniadau corfforaethol rhyngwladol, i gyd yn dangos llinellau eang yn symud ar i fyny yn 2017 a 2018, er bod hynny ar gyfraddau twf arafach na'r rhai a gofnodwyd ar ddechrau'r 2000au.

I grynhoi, un olwg ar fasnach byd sy'n dod yn amlwg yw bod globaleiddio 'busnes fel arfer' wedi parhau, ond heb UDA yn y sedd yrru.

Gwerthuso newidiadau mewn mudo byd-eang

Mewn rhai rhannau o'r byd, mae'r rhwystrau i fudo wedi cynyddu. Pleidleisiodd y DU i adael yr Undeb Ewropeaidd, i raddau helaeth, oherwydd adwaith llawer o ddinasyddion Prydain yn erbyn mewnfudo. Mae llawer o ddinasyddion yr UE wedi gadael y DU ers hynny am eu bod yn ansicr am y dyfodol (gweler Ffigur 6.17). Mewn ardaloedd eraill, mae mudiadau cenedlaetholgar newydd yn cynyddu drwy Ewrop a Gogledd America i gyd (gweler tudalennau 184 a 185).

Ond, mae her y boblogaeth sy'n heneiddio sy'n wynebu gwledydd yn y rhanbarthau hyn yn golygu y gallai'r rhwystrau tymor hir i fewnfudo wneud mwy o ddrwg nag o dda i'r wlad (gweler tudalen 194). Yn y dyfodol, efallai y byddwn ni'n gweld llai yn hytrach na mwy o rwystrau i symudiad. Yn cefnogi'r farn hon, y mae symudiad diweddar llywodraeth Japan i leddfu rheolau mudo a dinasyddiaeth (gweler tudalen 50).

Mewn rhannau eraill o'r byd mae brwdfrydedd cynyddol am symudiad rhydd pobl a theithio heb fisa. Mae'r Undeb Affricanaidd yn cymryd camau i wneud symudiad yn haws i bob un o'i 55 o aelod-wladwriaethau. Hefyd, mae gwledydd yn Ne America wedi cytuno i'w gwneud hi'n haws cael hawliau preswylio dros dro. Felly, mae'n aneglur a yw mudo byd-eang yn codi neu'n gostwng yn gyffredinol. Ar hyn o bryd, mae'r nifer uchaf erioed o bobl, sef 250 miliwn, yn byw y tu allan i'r wlad lle cawson nhw eu geni ac mae'n edrych yn annhebygol y bydd y nifer hwn yn gostwng yn fuan.

Gwerthuso'r newidiadau mewn llifoedd data byd-eang

Yn olaf, ystyriwch ddata byd-eang a llifoedd gwybodaeth. Maen nhw'n chwarae rhan hanfodol

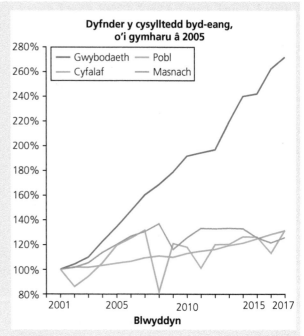

▲ Ffigur 6.18 Mae Mynegrif Cysylltedd Byd-eang DHL (adroddiad 2018) – sy'n tracio llifoedd masnach, arian (cyfalaf), pobl a gwybodaeth – yn awgrymu nad yw globaleiddio wedi troi am yn ôl

mewn globaleiddio economaidd am fod gwasanaethau a nwyddau'n cael eu masnachu'n gynyddol ar-lein yn rhyngwladol. Hefyd, mae llifoedd data yn cyfrannu at y globaleiddio diwydiannol drwy rannu cerddoriaeth, syniadau, ieithoedd ac agweddau eraill o ddiwylliant. Byddwch chi'n gwybod o'ch profiadau eich hun pa mor hanfodol yw'r rhyngrwyd erbyn hyn fel offeryn addysgol. Ar draws y byd, mae myfyrwyr yn dibynnu'n gynyddol ar safleoedd newyddion byd-eang ffurfiol fel CNN ac Al Jazeera ochr yn ochr â stôr gwybodaeth 'cyffredin i bawb' Wikipedia.

Mae'n wir nad ydy llawer o wladwriaethau'n rhoi mynediad digyfyngedig i ddinasyddion i'r rhyngrwyd, a'u bod nhw'n dewis yn hytrach i ddatblygu 'rhwygrwyd' sydd wedi ei integreiddio'n rhannol yn unig i mewn i'r we fyd-eang. Mae tua 40 o lywodraethau'r byd yn cyfyngu rhyddid eu dinasyddion i gyrchu gwybodaeth ar-lein (mae lluniau treisgar neu rywiol yn cael eu sensro

2013	Ehangodd yr Undeb Ewropeaidd ymhellach i gynnwys Croatia; mae gwladwriaethau eraill y Balcanau yn gobeithio ymuno cyn hir hefyd.
2015	Roedd Cynhadledd Newid Hinsawdd y Cenhedloedd Unedig ym Mharis yn llwyddiant mawr i lywodraethiant byd-eang ym marn llawer o bobl, er gwaethaf y ffaith bod UDA wedi tynnu allan yn ddiweddarach.
2015	Cyrhaeddodd buddsoddiad China yn Ewrop ac UDA ei gyfanswm uchaf erioed, sef bron i 40 biliwn o ddoleri UDA.
2016	Cyhoeddodd yr Undeb Affricanaidd gynlluniau i'w holl aelod-wladwriaethau wneud cais am deithio heb fisa.
2016	Cyrhaeddodd nifer y mudwyr rhyngwladol y lefel uchaf erioed, sef 250 miliwn.
2017	Cofrestrodd Facebook 2 biliwn o ddefnyddwyr am y tro cyntaf, gan gynrychioli cysylltedd dynol na welwyd ei fath erioed o'r blaen.
2018	Aeth y cytundeb masnach 11 aelod CPTPP i mewn i'w gam cadarnhau terfynol.

▲ **Tabl 6.4** Arwyddion o gryfhau nid gwanhau, systemau byd-eang a rhyngddibyniaeth

mewn llawer o wledydd; ond, mae 'gwe dywyll' yn bodoli hefyd sy'n anoddach ei rheoli). Er gwaethaf y cyfyngiadau hyn, ac eraill, mae llifoedd data byd-eang yn dal i dyfu wrth i fwy o bobl gael ffonau clyfar neu ddyfeisiau eraill sydd ar rwydwaith. Mae Mynegrif Cysylltedd Byd-eang DHL, fel Mynegrif Globaleiddio KOF (gweler tudalen 16), yn triongli ffynonellau data niferus er mwyn ceisio cyfri tueddiadau'r llifoedd byd-eang. Mae Ffigur 6.18 yn dangos canfyddiadau DHL ar gyfer 2018: cynyddodd y llifoedd data trawsffiniol o 60 y cant rhwng 2005 a 2015, a'r disgwyl yw y bydd yn dal i godi'n serth wrth i fwy o bobl mewn economïau cynyddol amlwg groesi'r rhaniad digidol a chael mynediad i'r rhyngrwyd.

Dod i gasgliad â thystiolaeth

Ychydig iawn o amheuaeth sydd bod 'oes aur' globaleiddio a barhaodd o'r 1980au hyd at ddechrau'r 2000au, wedi dod i ben erbyn hyn. Yr argyfwng ariannol byd-eang oedd yr arwydd cyntaf y gallai globaleiddio gymryd cam yn ôl. Pan ddatgysylltodd y cysylltiadau byd-eang yn sydyn yn 2008, tynnodd hynny sylw at risgiau uwch rhyngddibyniaeth. Chwalwyd cyfoeth ar raddfa fwy nag erioed o'r blaen yn ystod yr argyfwng hwn. Ers hynny, mae twf masnach fyd-eang wedi parhau'n weddol isel o'i gymharu â degawdau blaenorol. Efallai fod yr arafu hwn – o'i gymharu â thon newydd o genedlaetholdeb a diffynnaeth – yn awgrymu bod globaleiddio wedi oedi neu encilio. Ond, mae tueddiadau llifoedd byd-eang eraill sydd i'w gweld yn Ffigur 6.18 – yn enwedig data llifoedd gwybodaeth – yn awgrymu bod globaleiddio ymhell o fod yn rym sydd wedi dod i ben. Mae Tabl 6.4 yn crynhoi rhai ffeithiau allweddol y gallwn ni hefyd eu defnyddio i wrthod yr honiad bod oes newydd o ddadglobaleiddio wedi cychwyn.

Mae'r syniad o ddadglobaleiddio yn ddefnyddiol, cyn belled ag y mae'n ein hannog ni i ddadansoddi a gwerthuso sut mae systemau byd-eang yn newid ac yn esblygu dros amser. Ond, mae'r farn bod globaleiddio – yn ei gyfanrwydd – wedi 'troi yn ei ôl' yn gyfan gwbl, rywsut yn llawer rhy simplistig. Mae'n fwy tebygol bod systemau byd-eang wedi mynd i mewn i gam newydd lle mae newidiadau i'w cael ym mhwysigrwydd cymharol y gwahanol lifoedd.

- Mae rhai llifoedd nwyddau traul a llifoedd ariannol wedi gostwng yn eu maint neu'n tyfu'n arafach nag oedden nhw yn y gorffennol. Mae twf diffynnaeth yn golygu bod masnach mewn nwyddau traul yn annhebygol o gyflymu'n fuan iawn.
- I'r gwrthwyneb, mae llifoedd data yn parhau i ehangu yn eu maint, ynghyd â'r defnydd o'r cyfryngau cymdeithasol drwy'r byd i gyd.
- Mae'n debygol y bydd llifoedd mudo byd-eang yn parhau i godi, heblaw bod llawer iawn mwy o wledydd yn ail osod mesurau rheoli ffiniau. Mae'n debyg y bydd llifoedd y trosglwyddiadau adref yn dal i dyfu yn unol â'r mudo.

Felly, mae'r byd yn dal i leihau mewn llawer o agweddau, er gwaethaf yr ansicrwydd dros dueddiadau yn y dyfodol mewn llifoedd masnach ffisegol trawsffiniol.

Mae systemau byd-eang yn newid mewn ffordd bwysig arall hefyd: yn y blynyddoedd diwethaf, mae integreiddiad diwylliannol ac economaidd yn llai amlwg o fod wedi'i yrru gan UDA. Mae hyn, yn rhannol, oherwydd y ffordd y mae'r ddadl wleidyddol yn yr Unol Daleithiau bellach wedi datblygu i edrych tuag i mewn, gyda grymoedd gwrthwynebol yn mynd i 'ryfel diwylliant' ffyrnig ar faterion domestig, fel rheolaeth gynnau ac erthylu. Efallai ei bod hi'n gwneud mwy o synnwyr i ddadlau ein bod yn cychwyn oes hanesyddol sydd wedi ei 'ddad-Americaneiddio' – yn hytrach na'i ddad-globaleiddio.

- Un farn yw y gallai China – wedi'i yrru gan ei Menter Rhanbarth a Llwybr (gweler tudalen 69) – gymryd mantell arweinyddiaeth fyd-eang yn lle UDA.
- Yn wir, roedd trosglwyddo grym i China yn digwydd cyn cyrhaeddiad yr Arlywydd Trump yn y Tŷ Gwyn. Mae holltau yn y ddelwedd o hegemoni'r Unol Daleithiau yn dyddio'n ôl at ymosodiad al-Qaeda ar Ganolfan Fasnach y Byd yn 2001. Un o effeithiau parhaol yr argyfwng ariannol byd-eang yn 2008 oedd taflu amheuaeth ar athroniaeth economaidd neoryddfrydol yr oedd gwneuthurwyr polisïau yn Washington, DC, wedi bod yn ei hyrwyddo ers degawdau. Dioddefodd eu dull hwy o systemau fethiannau catastroffig yn ystod yr argyfwng ariannol byd-eang.
- Efallai nad yw'n syndod bod cymaint o wledydd sy'n datblygu yn fodlon ymuno â Menter Rhanbarth a Llwybr China fel opsiwn arall, yn lle ceisio cymorth gan Fanc y Byd a'r Gronfa Ariannol Ryngwladol sydd â'i phencadlys yn Washington.

Mae daearyddiaeth newydd yn ffurfio erbyn hyn o gylch globaleiddio, wedi ei siapio'n gynyddol gan China a phwerau cynyddol amlwg eraill, ynghyd â Ffederasiwn Rwsiaidd mwy ymosodol. Mae'r gwledydd hyn yn dilyn gwahanol lwybrau datblygu i'r rhai yr oedd Ewrop a Gogledd America yn eu teithio yn y gorffennol. O ganlyniad, mae'n anodd gweld sut gallai pethau ddychwelyd i'r globaleiddio 'busnes fel arfer' yr oedd yr Unol Daleithiau yn ei arwain. Efallai y byddai'n well dweud ein bod ni wedi symud o 'Globaleiddio 1.0' i 'Globaleiddio 2.0', yn hytrach na dadlau bod yr holl beth ar ben.

🔑 **TERMAU ALLWEDDOL**

Ecwilibriwm cyflwr sefydlog Mae'r cydbwysedd tymor hir yn parhau ond efallai y bydd newidiadau tymor byr yng nghyflwr y system.

Agosdramori (*Nearshoring*) Mae hyn yn cynnwys osgoi cyrchfannau allanoli pell ac, yn lle hynny, ddefnyddio cwmnïau mewn gwladwriaethau drws nesaf neu gyfagos. Gall hyn leihau y risgiau a'r costau sy'n gysylltiedig ag allanoli ymhellach i ffwrdd.

Crynodeb o'r bennod

✔ Mae mwy o lywodraethau'n dangos arwyddion o wrando ar bleidleiswyr sy'n ddrwgdybus o'r globaleiddio; mae llawer o ddinasyddion mewn gwledydd datblygedig yn teimlo, erbyn hyn, bod globaleiddio wedi dod â buddion anghyfiawn i'r elît byd-eang, ond nid i bobl gyffredin. Canlyniad hyn yw bod mwy o gefnogaeth mewn etholiadau i bleidiau a pholisïau cenedlaetholgar.

✔ Mae gwrthwynebiad i fudo rhyngwladol, tramori ac aelodaeth o flociau masnach wedi cynyddu mewn rhai gwledydd, yn enwedig ymysg grwpiau cymdeithasol sy'n credu nad ydyn nhw wedi elwa o'r globaleiddio a'r rhyngddibyniaeth. Gallwn ni weld hyn yn y DU ac UDA yn arbennig.

✔ Mae llifoedd ariannol a masnach byd wedi arafu ers 2008 oherwydd yr argyfwng ariannol byd-eang a'r anawsterau y mae rhai economïau cynyddol amlwg, China yn arbennig, wedi eu cael wrth geisio cynnal cyfraddau twf uchel y gorffennol. Dyma rai o'r heriau eraill sy'n argyfyngus ac yn gynyddol amlwg i systemau byd-eang: newid hinsawdd; problemau demograffig (cyfraddau ffrwythlondeb parhaol o uchel mewn rhai gwledydd, a phoblogaethau sy'n heneiddio mewn eraill); a goblygiadau technolegau newydd i gyflogaeth fyd-eang.

✔ Mae'r syniad o globaleiddio yn gymhleth ac yn cynnwys nifer o brosesau a llifoedd, a dydy'r rhain i gyd ddim wedi cael eu hoedi neu eu gwyrdroi. Er bod twf a masnach nwyddau traul byd-eang China wedi arafu, mae'r defnydd sy'n cael ei wneud o'r rhyngrwyd yn fyd-eang yn parhau i gyflymu.

Cwestiynau adolygu

1 Beth yw ystyr y termau daearyddol canlynol? Cenedlaetholdeb; diffynnaeth; dadglobaleiddio.

2 Amlinellwch y rhesymau pam mae twf economaidd byd-eang wedi gostwng mewn rhai blynyddoedd blaenorol cyn codi eto.

3 Gan ddefnyddio enghreifftiau, esboniwch beth yw ystyr dad-dramori.

4 Gan ddefnyddio enghreifftiau, amlinellwch y rhesymau am y don newydd o genedlaetholdeb mewn rhai gwledydd datblygedig.

5 Esboniwch pam mae twf masnach fyd-eang wedi parhau'n weddol isel ers 2008.

6 Beth yw ystyr y termau daearyddol canlynol? Difidend demograffig; poblogaeth sy'n heneiddio; dad-ddiwydianeiddio cynamserol; Anthroposen.

7 Cymharwch a chyferbyniwch y tueddiadau twf mwyaf diweddar mewn llifoedd masnach, llifoedd mudo a llifoedd data.

8 Amlinellwch enghreifftiau diweddar o (i) cytundebau masnach rhyngwladol newydd a (ii) polisïau i annog mudo.

Gweithgareddau trafod

1   Mewn parau, trafodwch y goblygiadau os bydd poblogaeth Affrica yn tyfu o 1 biliwn i 4 biliwn erbyn 2100. Meddyliwch sut gallai hyn effeithio ar faint a phatrwm llifoedd byd-eang gwahanol (nwyddau gwerthu, buddsoddiad a phobl).

2   Mewn grwpiau bach, trafodwch oblygiadau Deallusrwydd Artiffisial ar gyfer systemau byd-eang. Gallai 'robot-gynghorwyr' arwain at golli siopau gwyliau traddodiadol y stryd fawr; gallai ceir heb yrwyr olygu nad yw gyrwyr tacsi'n gallu ennill bywoliaeth. Pa swyddi, os oes rhai o gwbl, fyddai'n ddiogel rhag y cynnydd mewn Deallusrwydd Artiffisial? A fydd Deallusrwydd Artiffisial yn arwain at fwy o dwf a datblygiad neu fwy o anghyfiawnder ac anghydraddoldeb yn y dyfodol?

3   Mewn grwpiau bach, trafodwch y posibiliadau eraill sydd ar gael efallai yn lle'r model presennol o gyfalafiaeth fyd-eang. A allai globaleiddio esblygu yn y dyfodol i gynnwys egwyddorion sosialaidd (rhannu) yn hytrach na neoryddfrydiaeth a marchnadoedd rhydd?

4   Trafodwch y newidiadau mewn technoleg sydd wedi digwydd yn ystod eich bywyd chi. Pa dechnolegau neu apiau ydych chi'n dibynnu arnyn nhw ar hyn o bryd oedd ddim ar gael yn y gorffennol i bobl o'r un oed ag ydych chi nawr? Sut mae'r technolegau hyn yn gwneud i chi deimlo'n rhan o gymdeithas neu system fyd-eang, os ydyn nhw o gwbl?

5   Fel ymarfer i'r dosbarth cyfan, trafodwch y cwestiynau llawn canlynol:

- Mae rhai pobl yn barnu bod pleidlais poblogaeth y DU yn 2016 i adael yr UE yn afresymegol, o ystyried yr angen brys am gael mwy o gydweithredu rhyngwladol i ymdrin â'r bygythiadau dirfodol sy'n amrywio o newid hinsawdd a phandemigau i derfysgaeth. Mae pobl eraill yn dweud mai dyma oedd y peth cywir i'w wneud. Beth yw eich barn chi?

- A allai globaleiddio gyflymu unwaith eto gydag UDA yn brif bŵer byd-eang, neu a yw'r cydbwysedd pŵer tymor hir dros systemau byd-eang yn symud yn barhaol tuag at China? Faint o wahaniaeth allai arlywydd newydd UDA ei wneud yn y dyfodol?

- Yn eich barn chi, pa her(iau) cyfoes yw'r rhwystr mwyaf i dwf economaidd cynaliadwy'r gymuned fyd-eang? Rhowch resymau dros eich ateb.

FFOCWS Y GWAITH MAES

Mae globaleiddio, mudo, sofraniaeth a pherthynas newidiol y DU gyda gweddill Ewrop (gweler tudalennau 183–189) yn faterion sydd wedi dominyddu gwleidyddiaeth a'r newyddion dros y blynyddoedd diwethaf. Mae digonedd o gyfle i wneud arolwg o agweddau cymdeithasol tuag at y materion hyn a materion cyfoes eraill. Efallai y byddai'n ddiddorol dyfeisio sampl haenedig, er enghraifft drwy ganolbwyntio ar wahanol grwpiau oedran, neu boblogaethau sy'n byw mewn dwy ardal gyferbyniol. Neu, gallech chi ymchwilio mathau eraill o wrthwynebiad i globaleiddio, fel gweithredoedd prynu cynnyrch lleol, neu wrthwynebiad i gyrhaeddiad corfforaeth drawswladol (fel McDonald's) mewn canol tref (efallai fod rhai pobl leol yn pryderu bod eu lle cartref yn troi'n dref clôn).

Mae'r newidiadau technolegol sydd wedi eu hamlinellu ar dudalennau 197–200 (yn cynnwys y twf mewn siopa ar-lein a datblygiadau newydd mewn deallusrwydd artiffisial) yn dechrau effeithio ar strydoedd siopa drwy'r DU gyfan. Gallai eich ymchwiliad annibynnol ddefnyddio cymysgedd o ddata cynradd ac eilaidd i archwilio pa mor bell y mae newidiadau yn y nifer o ymwelwyr mewn lle penodol yn ymwneud efallai â faint mae'r gymuned leol yn defnyddio siopa ar-lein (sydd wedi dod yn bosibl oherwydd twf systemau gwybodaeth byd-eang).

Deunydd darllen pellach

Castles, C. a Davidson, A. (2000) *Citizenship and Migration: Globalization and the Politics of Belonging.* Llundain: Routledge.

Ghemawat, P. (2017) Globalization in the Age of Trump. *Harvard Business Review.* Ar gael yn: https://hbr.org/2017/07/globalization-in-the-age-of-trump.

Mapiwr Data'r Gronfa Ariannol Ryngwladol. Ar gael yn: www.imf.org/external/datamapper/NGDP_RPCH@WEO/OEMDC/ADVEC/WEOWORLD.

Y Sefydliad Astudiaethau Cyllidol (2018) *10 Years On – Have We Recovered From the Financial Crisis?* Ar gael yn: www.ifs.org.uk/publications/13302.

MacKinnon, D. a Cumbers, A. (2018) *An Introduction to Economic Geography: Globalization, Uneven Development and Place.* Llundain: Routledge.

Canllawiau astudio

① Safon Uwch Daearyddiaeth CBAC Prosesau a Phatrymau Mudo Byd-eang

Canllaw i'r cynnwys

Mae'n rhaid i fyfyrwyr CBAC astudio'r testun gorfodol Prosesau a Phatrymau Mudo Byd-eang sy'n cael ei gefnogi'n llawn gan y llyfr hwn. Nodwch bod yna deitl ar wahan yng nghyfres Safon Uwch Daearyddiaeth Meistroli'r Testun Hodder sydd yn cefnogi astudio maes Llywodraethiant Byd-eang o Gefnforoedd y Ddaear.

Terminoleg datblygiad ac astudiaethau achos

Dyma'r termau dewisol ar gyfer cwrs CBAC:

- *Economïau datblygedig* (yn y llyfr hwn, mae'r termau 'gwlad incwm uchel', 'gwlad ddatblygedig' neu 'wlad flaengar' yn cael eu defnyddio yn lle hyn yn aml iawn).
- *Economïau cynyddol amlwg* (yn y llyfr hwn, mae'r term 'gwlad gynyddol amlwg' yn cael ei ddefnyddio weithiau yn lle hyn).
- *Economïau sy'n datblygu* (yn y llyfr hwn, mae'r termau 'gwlad sy'n datblygu' neu 'wlad incwm isel' yn cael eu defnyddio weithiau yn lle hyn).

Nid oes angen astudiaethau achos manwl, ond mae disgwyl i chi ddefnyddio enghreifftiau dangosiadol.

Cwestiwn ymholiad a chynnwys	Defnyddio'r llyfr hwn
1 Globaleiddio, mudo a byd sy'n lleihau Mae'r adran hon yn rhoi trosolwg o systemau a llifoedd byd-eang. Mae hefyd yn cynnwys dosbarthiad y mudwyr a'r ffactorau sy'n gyfrifol am yr effaith 'byd sy'n lleihau' (technoleg cyfathrebu a thrafnidiaeth).	Pennod 1, tudalennau 1–41
2 Achosion mudo economaidd rhyngwladol Mae'r ffocws fan hyn ar ffactorau sy'n gyrru allfudo rhyngwladol, yn cynnwys tlodi ac anghyfiawnderau eraill. Ymysg yr elfennau pwysig sy'n gyrru'r mudo, y mae cymunedau diaspora, sefydliadau rhyngwladol (y Gymanwlad a'r Undeb Ewropeaidd) a dylanwad anghymesur gwladwriaethau'r pwerau mawr (fel canolfannau mudo byd-eang).	Pennod 2, tudalennau 42–70 Pennod 3, tudalennau 101–103

Cwestiwn ymholiad a chynnwys	Defnyddio'r llyfr hwn
3 Canlyniadau a dulliau rheoli mudo economaidd rhyngwladol Mae'r adran hon yn asesu effeithiau mudo ar leoedd. Mae hyn yn cynnwys edrych ar y ffordd y mae llifoedd byd-eang: yn gallu cynyddu anghydraddoldeb neu hyrwyddo twf a sefydlogrwydd; yn gallu chwarae rhan mewn meithrin cyd-ddibyniaeth gwahanol wledydd a chymdeithasau; angen eu rheoli'n ofalus o bosibl.	Pennod 3, tudalennau 71–91, 104–115 Pennod 4, tudalennau 137–149 Pennod 5, tudalennau 169–180 Pennod 6, tudalennau 181–209
4 Achosion, canlyniadau a dulliau rheoli symudiadau ffoaduriaid Y ffocws fan hyn yw symudiad gorfodol ffoaduriaid a Phobl wedi eu Dadleoli'n Fewnol. Dylech chi ddeall yr achosion a'r canlyniadau, yn cynnwys cipio tir ac anghyfiawnderau eraill. Dylai myfyrwyr wybod hefyd am reoli ffoaduriaid ar raddfeydd byd-eang, cenedlaethol a lleol, a chyfyngiadau rheolaeth (e.e. mewn parthau gwrthdaro ac ar ffiniau mewn ardaloedd anghysbell).	Pennod 2, tudalennau 59–61 Pennod 5, tudalennau 157–166
5 Achosion, canlyniadau, a dulliau rheoli'r mudo gwledig–trefol mewn gwledydd sy'n datblygu Mae'r adran derfynol hon yn ymdrin â'r ffactorau sy'n gwthio a thynnu'r mudo o'r wlad i'r dinasoedd. Dylech chi archwilio'r ffactorau hyn yng nghyd-destun systemau byd-eang drwy edrych ar y ffordd y mae grymoedd byd-eang pwerus yn gwthio pobl o'r tir ac yn eu denu nhw i ddinasoedd. Yn olaf, dylai'r myfyrwyr edrych yn fyr ar faterion rheoli a strategaethau ar gyfer tyfu ardaloedd dinesig y byd sy'n datblygu.	Pennod 4, tudalennau 130–132 Pennod 5, tudalennau 157–166

Canllaw asesu

Mae Systemau Byd-eang yn cael eu hasesu yn rhan o'r canlynol:

- *Uned 3.* Mae'r arholiad hwn yn para 2 awr ac mae ganddo ddyraniad marciau cyfan o 96. Mae dyraniad o 35 marc am asesiad cyfun o Brosesau a Phatrymau Mudo Byd-eang a Llywodraethiant Byd-eang o Gefnforoedd y Ddaear, sy'n dangos y dylech chi dreulio tua 45 munud wrth ateb. Mae'r 35 marc yn cynnwys:
  - dau gwestiwn ateb byr strwythuredig – un am Prosesau a Phatrymau Mudo Byd-eang ac un am Llywodraethiant Byd-eang o Gefnforoedd y Ddaear (a gyda'i gilydd maen nhw werth 17 marc)
  - un traethawd gwerthuso 18 marc (gan ddewis un o ddau – un am Brosesau a Phatrymau Mudo Byd-eang ac un am Llywodraethiant Byd-eang o Gefnforoedd y Ddaear).

Cwestiynau atebion byr

Mae cwestiynau atebion byr 1 a 2 ar eich papur arholiad yn cynnwys nifer o wahanol fathau o gwestiynau atebion byr, fel arfer yn dilyn ymlaen o ffigur (map, siart neu adnodd arall).

Bydd Rhan (a) o un cwestiwn – *ond nid y llall* – yn cael ei dargedu fel arfer ar AA3 (amcan asesu 3) ac mae werth 3 marc. Mae hyn yn golygu y bydd gofyn i chi ddefnyddio sgiliau daearyddol (AA3) i ddadansoddi neu dynnu gwybodaeth neu dystiolaeth ystyrlon allan o'r ffigur. Mae'n debyg y bydd y cwestiynau hyn yn defnyddio'r geiriau gorchymyn 'disgrifiwch', 'dadansoddwch' neu 'cymharwch'.

Yn rhan (b) o un o'r cwestiynau, sydd werth 5 marc, efallai y bydd gofyn i chi ddefnyddio eich gwybodaeth a'ch dealltwriaeth o Systemau Byd-eang mewn ffordd annisgwyl. Yr enw ar hyn yw tasg gwybodaeth gymhwysol; mae wedi ei dargedu at AA2 (amcan asesu 2). Er enghraifft, efallai y byddwch chi'n cael y cwestiwn hwn: 'Awgrymwch resymau pam mae gwerth y trosglwyddiadau adref yn fyd-eang yn amrywio o un flwyddyn i'r llall.' Er mwyn sgorio marciau llawn, mae'n rhaid i chi (i) defnyddio gwybodaeth a dealltwriaeth ddaearyddol yn y cyd-destun newydd hwn a (ii) sefydlu cysylltiadau clir iawn rhwng y cwestiwn sy'n cael ei ofyn a'r defnydd ysgogi (yn yr achos hwn, graff yn dangos gwerth newidiol y trosglwyddiadau adref byd-eang).

Bydd y cwestiynau ateb byr sy'n weddill fel arfer yn rhai sydd wedi eu seilio ar wybodaeth yn unig, wedi eu targedu at AA1 (amcan asesu 1). Byddan nhw werth 4 neu 5 marc ac, yn fwy tebygol, byddan nhw'n defnyddio'r geiriau gorchymyn 'esboniwch', disgrifiwch' neu 'amlinellwch'. Er enghraifft: 'Esboniwch ddau reswm am gyfraddau uchel o fudo o'r wlad i'r ddinas mewn economïau cynyddol amlwg.' Bydd marciau uchel yn cael eu rhoi i fyfyrwyr sy'n gallu ysgrifennu atebion cryno, manwl sy'n cynnwys ac yn cysylltu amrediad o syniadau, cysyniadau neu ddamcaniaethau daearyddol at ei gilydd.

Ysgifennu traethawd gwerthuso

Fe gewch chi ddewis o ddau draethawd 18 marc (10 marc AA1, 8 marc AA2) i'w hysgrifennu (*naill ai* cwestiwn 3 *neu* gwestiwn 4). Mae'n debygol y bydd y traethodau hyn yn defnyddio'r geiriau gorchymyn 'aseswch' neu 'archwiliwch'. Er enghraifft:

Archwiliwch newidiadau diweddar ym mhatrwm byd-eang y mudo.

Aseswch i ba raddau y mae'r datblygiad a'r twf economaidd sydd wedi ei achosi gan fudo yn dod law yn llaw, fel arfer, â chynnydd mewn anghydraddoldeb ac anghyfiawnder.

Mae'r blwch isod yn rhoi cyfarwyddyd ar sut i ateb y cwestiynau hyn.

Ysgrifennu traethawd gwerthuso am Systemau Byd-eang

Mae pob pennod yn y llyfr hwn yn cynnwys adran o'r enw 'Gwerthuso'r mater'. Mae'r rhain wedi eu dylunio'n benodol i'ch cefnogi i ddatblygu sgiliau ysgrifennu traethawd gwerthuso. Wrth i chi ddarllen pob adran 'Gwerthuso'r mater' talwch sylw arbennig i'r canlynol.

- *Mae tybiaethau tanategol a chyd-destunau posibl wedi eu nodi o'r cychwyn.* Meddyliwch yn ofalus iawn am y mathau o gyd-destunau cyferbyniol y gallech chi ddewis ysgrifennu amdanyn nhw. Ystyriwch deitl y traethawd yn ofalus: 'Mae twf economaidd a datblygiad sy'n cael ei achosi gan lifoedd byd-eang yn dod law yn llaw â chynnydd mewn anghydraddoldeb ac anghyfiawnder fel arfer. I ba raddau ydych chi'n cytuno â'r farn hon? Yn eich ateb, mae angen i chi benderfynu pa gyd-destunau a meini prawf i ysgrifennu amdanyn nhw. Gallai'r llifoedd gynnwys: pobl, syniadau, diwylliant, arian, nwyddau a llawer mwy. Mae anghyfiawnderau yn cynnwys: cipio tir, ecsbloetio gweithwyr, erydiad diwylliannol, diraddiad amgylcheddol etc.

- *Gallwch chi strwythuro ysgrifennu estynedig yn ofalus o amgylch gwahanol themâu, sylwadau, cysyniadau neu raddfeydd o ddadansoddiad mewn paragraffau.* Yn aml iawn, bydd cwestiynau traethawd yn gofyn i chi drafod neu werthuso 'rôl', 'arwyddocâd', 'pwysigrwydd' neu

'fuddion' rhywbeth (mewn perthynas â gwahanol ddylanwadau neu lifoedd o systemau byd-eang, er enghraifft). Ystyriwch y cwestiwn traethawd enghreifftiol hwn: 'Aseswch rôl gwahanol lifoedd byd-eang ar broses datblygiad economaidd mewn gwahanol wledydd a lleoliadau.' Gofynnwch i chi'ch hun: pa wahanol lifoedd allwch chi ysgrifennu amdanyn nhw wrth ymateb? Beth yw'r raddfa amser ar gyfer y llifoedd a'r prosesau datblygu hyn? A yw'r holl leoliadau mewn gwlad yn profi costau a buddion y llifoedd mudo, neu ddim ond rhanbarthau canolbwynt ac aneddiadau penodol? Dylech chi feddwl am gwestiynau pwysig fel rhain, ar gam cynllunio eich traethawd, ac efallai y byddan nhw'n helpu i ffurfio cyflwyniad.

Mae geiriau ac ymadroddion gorchymyn fel 'gwerthuswch', 'i ba raddau' a 'trafodwch' yn gofyn eich bod chi'n ffurfio barn derfynol. Defnyddiwch yr holl ddadleuon a'r ffeithiau rydych chi wedi eu cyflwyno ym mhrif gorff y traethawd, ewch ati i bwyso a mesur eich tystiolaeth a dywedwch a ydych chi – ar y cyfan – yn cytuno neu'n anghytuno â'r cwestiwn a ofynnwyd i chi. Fel canllaw, dyma dair rheol syml.

- *Peidiwch byth ag aros yn hollol niwtral.* Mae teitlau traethawd yn cael eu creu'n fwriadol i gynhyrchu trafodaeth sy'n gwahodd beirniadaeth derfynol yn dilyn dadl. Er enghraifft, mae'r cwestiwn: 'I ba raddau y mae globaleiddio wedi bod o fudd i bob lle a chymdeithas?' Peidiwch â disgwyl derbyn marc uchel iawn os ydych chi'n gorffen eich ymateb gyda'r frawddeg: 'Felly, yn gyffredinol, mae rhai lleoedd wedi elwa ac eraill heb.'

■ *I'r un graddau, mae'n well osgoi cytundeb neu anghytundeb eithafol.* Yn arbennig, ni ddylech chi gychwyn eich traethawd drwy wrthod un safbwynt yn llwyr, er enghraifft: 'Yn fy marn i, mae globaleiddio wedi bod o

fudd mawr i'r byd, a bydd y traethawd hwn yn esbonio'r holl resymau pam mae hynny'n wir.' Mae'n hanfodol i chi ystyried amrediad o ddadleuon neu safbwyntiau.

■ *Y safbwynt gorau i'w gymryd fel arfer yw beirniadaeth 'cytuno, ond...' neu 'anghytuno, ond...'.* Mae hwn yn safbwynt aeddfed sy'n dangos eich bod yn gallu rhoi eich safbwynt chi ar fater gan hefyd gofio am safbwyntiau a barnau eraill.

Daearyddiaeth synoptig

Yn ogystal â'r tri phrif amcan asesu, bydd rhai o'ch marciau'n cael eu rhoi am 'synoptigedd'. Mae'r blwch isod yn esbonio beth yw ystyr hyn.

Meddwl yn synoptig

Yn lle canolbwyntio ar un testun ynysig, mae disgwyl i chi dynnu gwybodaeth a syniadau at ei gilydd o'r fanyleb gyfan. Byddwch yn gwneud cysylltiadau rhwng gwahanol 'barthau' o wybodaeth, yn enwedig y cysylltiadau rhwng pobl a'r amgylchedd (h.y. cysylltiadau ar draws daearyddiaeth ddynol a daearyddiaeth gorfforol). Mae'r adran ar genedlaetholdeb ym Mhennod 6 yn enghraifft dda o ddaearyddiaeth synoptig oherwydd y cysylltiadau pwysig rhwng systemau byd-eang a'r effeithiau ar leoedd lleol sy'n newid (yn enwedig mewn perthynas â mudo); mae astudio ffoaduriaid newid hinsawdd (gweler tudalen 168) yn enghraifft dda hefyd, oherwydd mae'n cysylltu globaleiddio â dynameg cylchredau carbon.

Drwy gydol eich cwrs, talwch sylw manwl o'r themâu synoptig ble bynnag maen nhw'n ymddangos yn eich gwersi ac wrth ddarllen. Dyma rai enghreifftiau o themâu synoptig: effaith buddsoddiad byd-eang gan gorfforaethau trawswladol ar strydoedd siopa mawr lleol; y pwysau ar adnoddau'r gylchred ddŵr, wedi ei gysylltu â thwf economïau cynyddol amlwg mewn systemau byd-eang; cysylltiadau rhwng systemau economaidd byd-eang a strwythurau llywodraethiant byd-eang. Pryd bynnag y byddwch chi'n gorffen darllen pennod yn y llyfr hwn, gwnewch nodyn gofalus o unrhyw themâu synoptig sydd wedi dod i'r amlwg (efallai fod y llyfr yn tynnu sylw at y rhain, neu efallai eich bod wedi gweld y cysyllteddau drosoch chi eich hun).

Asesiad synoptig

Mae rhan o Uned 3 y cwrs wedi'i neilltuo ar gyfer synoptigedd, sy'n cael ei archwilio gan ddefnyddio asesiad o'r enw 'Sialensiau'r 21ain Ganrif'. Mae'r ymarfer synoptig hwn yn cynnwys cyfres o bedwar ffigur cysylltiedig (mapiau, siartiau neu ffotograffau) gyda dewis o ddau gwestiwn traethawd cysylltiedig. Mae uchafswm o 26 marc ar gyfer y cwestiwn hwn. Dyma enghraifft o gwestiwn posibl:

'Mae prosesau ffisegol yn gallu achosi i hunaniaeth lle newid yn gyflym ond mae gweithgaredd dynol bob amser yn dod â newidiadau arafach.' Trafodwch y gosodiad hwn.

Fel rhan o'ch ateb, bydd angen i chi ddefnyddio ystod o wybodaeth o wahanol destunau a gwneud defnydd dadansoddol da o'r adnoddau nad ydych chi wedi'u gweld o'r blaen er mwyn ennill credyd AA3 (mae'r cwestiynau Dadansoddi a dehongli yn y llyfr hwn wedi'u cynllunio'n ofalus i'ch helpu yn hyn o beth). Mae'r testun Prosesau a Phatrymau Mudo Byd-eang yn hynod o berthnasol i'r teitl sydd i'w weld uchod.

● Mae llifoedd mudo yn gweithredu dros raddfeydd amser amrywiol. Mae'n bosibl i niferoedd mawr o bobl gyrraedd man lleol dros gyfnod byr iawn o amser (meddyliwch am symudiadau ffoaduriaid).
● Felly, mae'r traethawd hwn yn caniatáu i chi gyflwyno dadleuon amrywiol gan ddefnyddio gwybodaeth am fudo, ynghyd ag unrhyw syniadau a dynnwyd o rannau gwahanol eraill o'r fanyleb Safon Uwch.

Cydnabyddiaeth